示范性软件学院联盟软件工程系列教材

教育部－华为公司产学合作协同育人项目成果

openGauss 数据库实验教程

○ 王鑫　主编

○ 李森　陈世展　张小旺　王赞　李杰　刘雪莉　编

中国教育出版传媒集团

高等教育出版社·北京

内容提要

本书以国产关系数据库管理系统 openGauss 为实验平台，通过一系列实验，帮助读者深入理解并掌握数据库的原理和方法。通过在系统软件 openGauss 源代码上进行实验验证的形式，让读者掌握 openGauss 的编译与安装、openGauss 的调试、表的创建与系统表、表的页面存储结构、查询处理、索引的构建与使用、日志与恢复、并发控制与锁等。通过在 openGauss 数据库上进行 SQL 综合实验，巩固关系数据库设计、SQL 语言运用、各类数据库对象操作、数据库编程等。全书共 12 章，即 12 个实验，每个实验都包括实验介绍、实验目的、实验原理、实验步骤、实验结果、讨论与总结等部分，帮助读者深入理解实验内容，掌握实验技巧，通过实验加强对数据库原理知识的学习效果。

本书的特色是通过试错—修正—反馈的交互实验方式，构建进阶型实验步骤，启发读者在实验过程中思考并理解原理知识，进而强化和提升系统软件的开发实践能力。

本书适合作为高校软件工程、计算机科学与技术等专业本科数据库原理相关课程的配套实验教材，也可以作为数据库技术与应用相关从业者的自学用书。

图书在版编目（CIP）数据

openGauss数据库实验教程 / 王鑫主编. -- 北京 : 高等教育出版社，2025. 6. -- ISBN 978-7-04-064219-3

Ⅰ. TP311.138

中国国家版本馆CIP数据核字第2025690SY8号

openGauss Shujuku Shiyan Jiaocheng

策划编辑 倪文慧　　责任编辑 倪文慧　　封面设计 李小璐　　版式设计 杨 树
责任绘图 于 博　　责任校对 高 歌　　责任印制 张益豪

出版发行 高等教育出版社
社　　址 北京市西城区德外大街 4 号
邮政编码 100120
印　　刷 唐山嘉德印刷有限公司
开　　本 787 mm× 1092 mm　1/16
印　　张 23
字　　数 470 千字
购书热线 010-58581118
咨询电话 400-810-0598

网　　址 http://www.hep.edu.cn
　　　　 http://www.hep.com.cn
网上订购 http://www.hepmall.com.cn
　　　　 http://www.hepmall.com
　　　　 http://www.hepmall.cn
版　　次 2025 年 6 月第 1 版
印　　次 2025 年 6 月第 1 次印刷
定　　价 55.00 元

物 料 号 64219-00

新形态教材网使用说明

openGauss 数据库实验教程

1 计算机访问https://abooks.hep.com.cn/1866360或手机微信扫描下方二维码进入新形态教材网。

2 注册并登录后，计算机端进入"个人中心"，点击"绑定防伪码"，输入图书封底防伪码（20位密码，刮开涂层可见），完成课程绑定；或手机端点击"扫码"按钮，使用"扫码绑图书"功能，完成课程绑定。

3 在"个人中心"→"我的学习"或"我的图书"中选择本书，开始学习。

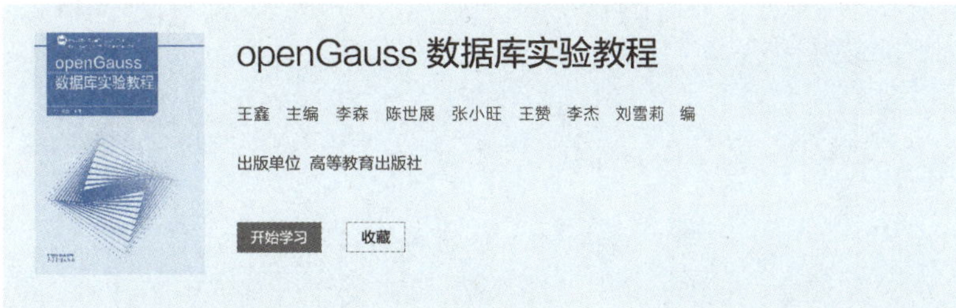

受硬件限制，部分内容可能无法在手机端显示，请按照提示通过计算机访问学习。如有使用问题，请直接在页面点击答疑图标进行咨询。

https://abooks.hep.com.cn/1866360

前　言

数据库管理系统是支撑现代信息技术的重要基础软件。openGauss 作为一款国产的关系数据库管理系统，具有高性能、高可用、高安全、易运维、全开放的特点，广泛应用于金融、电信、互联网等行业。为了帮助读者深入理解并掌握 openGauss 数据库的原理和使用方法，我们编写了这本实验教程。

本书主要针对已经了解数据库基本理论与应用的读者，一方面通过数据库数据管理与开发功能的实验帮助读者掌握数据库应用方法与技术；另一方面采用系统软件源代码级实验的形式，帮助读者理解并掌握 openGauss 的编译与安装、调试、表的创建与系统表、表的页面存储结构、查询处理过程、索引的构建与使用、日志与恢复、并发控制与锁等。同时，通过在 openGauss 数据库上进行 SQL 综合实验，帮助读者巩固关系数据库设计、SQL 语言运用、各类数据库对象、数据库编程等知识。

本书分为基础篇、系统篇和进阶篇三个部分。其中，基础篇包括第 1~4 章，主要介绍 openGauss 的架构与安装配置、基本数据管理与高级数据管理，以及数据库应用编程开发内容。系统篇包括第 5~9 章，主要介绍 openGauss 对源代码的编译与调试、表的创建与存储，以及查询处理的相关源代码分析和验证。进阶篇包括第 10~12 章，主要介绍索引的构建与使用、日志与恢复、并发控制与锁等数据库管理系统高级管理机制相关源代码的分析和验证。

本书每章对应一个实验，共 12 个实验。每个实验都包括实验介绍、实验目的、实验原理、实验步骤、实验结果、讨论与总结等部分，帮助读者深入理解实验内容，掌握实验技巧，通过实验加强对数据库原理知识的学习效果。各章内容具体如下：

- 第 1 章（实验 1）openGauss 初探：让读者初步了解 openGauss 数据库的特性与架构、安装和基本使用方法。
- 第 2 章（实验 2）基本数据管理：让读者掌握 SQL 语言的基本数据管理功能，包括数据定义、数据查询、数据更新、表结构修改和 gsql 元命令。
- 第 3 章（实验 3）高级数据管理：让读者掌握 SQL 语言的高级数据管理功能，包括视图、索引、存储过程、触发器、事务管理和权限管理。
- 第 4 章（实验 4）数据库开发：让读者掌握关系数据库的设计方法，包括由 E-R 模型向关系模型的转化，通过 JDBC、ODBC 和 Python 库 Psycopg2 进行数据库应用的开发。

- 第 5 章（实验 5）openGauss 的编译与安装：让读者掌握 openGauss 源代码的开发环境、编译方法，以及编译后 openGauss 的安装与启动过程。
- 第 6 章（实验 6）openGauss 的调试：让读者掌握 openGauss 源代码的调试环境、配置方法与调试步骤。
- 第 7 章（实验 7）表的创建与系统表：让读者通过源代码分析深入了解关系表的创建，理解如何利用系统表管理和维护与表定义有关的元数据。
- 第 8 章（实验 8）表的页面存储结构：让读者深入了解 openGauss 中表的页面存储物理结构，理解表的页面结构高效存取数据的机制。
- 第 9 章（实验 9）查询处理：带领读者分析 openGauss 服务器中嵌套循环连接算法的实现源代码，理解和验证嵌套循环连接算法的实现机制。
- 第 10 章（实验 10）索引的构建与使用：引导读者分析 openGauss 与构建 B+ 树索引相关的实现源代码，理解和验证索引的构建流程、使用方法与系统开销。
- 第 11 章（实验 11）日志与恢复：通过分析 openGauss 日志与恢复部分的实现源代码，验证数据库日志与恢复的相关原理与机制。
- 第 12 章（实验 12）并发控制与锁：借助 openGauss 开源代码，对数据库的并发控制与锁机制原理进行工程实践，通过复现方式验证各种类型的并发控制与锁机制。

本书的特色是以 openGauss 的真实源代码为平台，通过试错—修正—反馈的交互实验方式构建进阶型实验步骤，以启发读者在实验过程中思考并理解所学原理和知识，“真刀真枪”地开展系统软件实践开发能力的强化与提升。本书在突出系统能力培养的同时，兼顾数据库系统的应用开发，通过基础篇、系统篇和进阶篇的设计，能够同时满足应用型与系统型两种类型数据库课程的实验需求。此外，本书以我国高铁运行数据管理系统为代表性实验案例，通过实验让学生了解我国在工程技术领域取得的长足发展，增强“四个自信”，充分体现了课程育人功能。

本书适合作为高校软件工程、计算机科学与技术等专业本科数据库原理相关课程的配套实验教材，特别适用于以 openGauss 为例，以数据库系统应用开发能力以及系统软件开发能力为培养目标的需求，也可以作为数据库技术与应用相关从业者的自学用书。读者需要具备一定的数据库原理基础和编程语言基础，包括 SQL 语言和 C 语言等。

本书提供配套的实验教学资源，包括实验平台工具、实验源代码、实验数据、教学 PPT 等，方便读者学习使用。

在教学建议方面，对于应用型数据库课程，可使用本书的基础篇进行基于 openGauss 数据库的实验教学。对于系统型数据库课程，可使用本书的系统篇和进阶篇进行基于 openGauss 源代码的系统能力实验教学。因为这部分涉及

openGauss 的若干底层系统机制，包括较多的系统软件源代码阅读与分析细节，具有一定的工程复杂性和实践挑战性。面向原理与应用兼顾的数据库类课程可完成基础篇和系统篇中的若干章节。任课教师可根据数据库原理相关课程的教学要求合理分配实验学时，从本书中选取适当的实验章节进行数据库原理实验环节的授课，以增强和提高学生的实验学习兴趣和动手操作能力为目标。同时，教师可以引导学生进行分组实验和自主探究，培养学生的自主实践能力和团队协作精神。

本书由王鑫主编，天津大学智能与计算学部数据库课程教学团队的李森、陈世展、张小旺、王赞、李杰、刘雪莉等教师共同参与编写。

硕士研究生王谦、李成国、尹永琪、王羽、张美晗对全书文字与绘图整理做了大量工作。中国人民大学信息学院柴云鹏教授认真审阅了全书，并对内容提出了很多中肯的意见与建议。本书的编写过程中也参考借鉴了一些业内人员的技术文献，同时得到了各方面的帮助和支持，在此向他们表示衷心的感谢。

限于时间和水平，本书肯定会存在各方面的疏漏，恳请广大同仁和读者提出宝贵的意见和建议（作者邮箱：wangx@tju.edu.cn）。

目 录

第 1 章 openGauss 初探 ······ 1

1.1 实验介绍 ······ 1
1.2 实验目的 ······ 1
1.3 实验原理 ······ 1
1.3.1 openGauss 简介 ······ 1
1.3.2 openGauss 架构 ······ 2
1.4 实验步骤 ······ 9
1.4.1 获取 openGauss 安装包 ······ 9
1.4.2 准备软硬件安装环境 ······ 10
1.4.3 修改操作系统配置 ······ 12
1.4.4 安装 openGauss ······ 13
1.4.5 使用 gsql 连接数据库 ······ 16
1.4.6 使用 Data Studio 连接数据库 ······ 18
1.5 实验结果 ······ 23
1.6 讨论与总结 ······ 23

第 2 章 基本数据管理 ······ 24

2.1 实验介绍 ······ 24
2.2 实验目的 ······ 24
2.3 实验原理 ······ 25
2.3.1 关系数据库语言 SQL ······ 25
2.3.2 数据定义 ······ 26
2.3.3 数据查询 ······ 29
2.3.4 数据更新 ······ 30
2.3.5 gsql 元命令 ······ 31
2.4 实验步骤 ······ 31
2.4.1 创建数据库与数据表 ······ 31
2.4.2 查询数据——基本查询 ······ 35
2.4.3 查询数据——连接查询 ······ 46
2.4.4 查询数据——子查询 ······ 52
2.4.5 查询数据——集合查询 ······ 58
2.4.6 更新数据 ······ 59
2.4.7 修改表结构 ······ 62
2.5 实验结果 ······ 63
2.6 讨论与总结 ······ 64

第 3 章 高级数据管理 ······ 65

3.1 实验介绍 ······ 65
3.2 实验目的 ······ 65
3.3 实验原理 ······ 65
3.3.1 视图 ······ 65
3.3.2 索引 ······ 67
3.3.3 存储过程 ······ 68
3.3.4 触发器 ······ 73
3.3.5 事务管理 ······ 74
3.3.6 权限管理 ······ 76
3.4 实验步骤 ······ 81
3.4.1 使用视图 ······ 81
3.4.2 使用索引 ······ 87
3.4.3 使用存储过程 ······ 92
3.4.4 使用触发器 ······ 99
3.4.5 使用事务机制 ······ 101
3.4.6 使用权限 ······ 106
3.5 实验结果 ······ 108

3.6 讨论与总结 …… 108

第 4 章 数据库开发 …… 110

4.1 实验介绍 …… 110
4.2 实验目的 …… 110
4.3 实验原理 …… 110
4.3.1 由 E-R 模型到关系模型的转换 …… 110
4.3.2 JDBC …… 112
4.3.3 ODBC …… 115
4.3.4 Psycopg2 …… 118
4.4 实验步骤 …… 120
4.4.1 数据库设计 …… 120
4.4.2 基于 JDBC 开发 …… 123
4.4.3 基于 ODBC 开发 …… 127
4.4.4 基于 Python 开发 …… 136
4.5 实验结果 …… 140
4.6 讨论与总结 …… 140

第 5 章 openGauss 的编译与安装 …… 142

5.1 实验介绍 …… 142
5.2 实验目的 …… 142
5.3 实验原理 …… 143
5.3.1 openGauss 编译环境 …… 143
5.3.2 Linux 配置与编译工具 …… 143
5.4 实验步骤 …… 144
5.4.1 准备用户和目录 …… 144
5.4.2 下载相关文件 …… 144
5.4.3 配置环境变量 …… 146
5.4.4 配置 swap 分区 …… 147
5.4.5 进行编译 …… 148
5.4.6 进行安装 …… 150
5.4.7 初始化数据库 …… 150
5.4.8 启动数据库服务器 …… 151
5.4.9 连接数据库 …… 153
5.5 实验结果 …… 154
5.6 讨论与总结 …… 154

第 6 章 openGauss 的调试过程 …… 155

6.1 实验介绍 …… 155
6.2 实验目的 …… 155
6.3 实验原理 …… 155
6.3.1 VS Code 远程开发 …… 155
6.3.2 VS Code 远程调试 …… 156
6.4 实验步骤 …… 157
6.4.1 配置 VS Code 远程开发环境 …… 157
6.4.2 配置 openGauss 调试环境 …… 162
6.4.3 openGauss 单步调试 …… 163
6.4.4 以 attach 方式进行 openGauss 调试 …… 167
6.5 实验结果 …… 170
6.6 讨论与总结 …… 171

第 7 章 表的创建与系统表 …… 172

7.1 实验介绍 …… 172
7.2 实验目的 …… 172
7.3 实验原理 …… 172
7.3.1 系统表 …… 172
7.3.2 系统表的关联 …… 173
7.3.3 相关结构体 …… 173
7.4 实验步骤 …… 174
7.4.1 使用 CREATE TABLE 创建关系模式 …… 174
7.4.2 查询系统表 …… 176
7.4.3 浏览和阅读重要结构体与系统表源代码 …… 181
7.4.4 输出 CREATE TABLE 相关信息 …… 183
7.5 实验结果 …… 185
7.6 讨论与总结 …… 186

第 8 章 表的页面存储结构 …… 187

8.1 实验介绍 …… 187
8.2 实验目的 …… 187

8.3 实验原理 188
8.3.1 openGauss 数据文件 188
8.3.2 堆表存储结构 188
8.3.3 元组的更新和删除过程 189
8.3.4 pageinspect 插件及其函数介绍 190
8.3.5 相关结构体 190
8.4 实验步骤 193
8.4.1 安装 pageinspect 插件 193
8.4.2 创建示例表模式并插入示例数据 194
8.4.3 使用 pageinspect 插件分析表的页面存储结构 197
8.5 实验结果 200
8.6 讨论与总结 200

第 9 章 查询处理 201

9.1 实验介绍 201
9.2 实验目的 201
9.3 实验原理 202
9.3.1 嵌套循环连接算法原理 202
9.3.2 浏览嵌套循环连接算法源代码的主要流程图 203
9.3.3 相关结构体与源代码 203
9.4 实验步骤 206
9.4.1 嵌套循环连接算法源代码定位 206
9.4.2 连接数据库：准备查询数据 206
9.4.3 添加代码：输出 ExecNestLoop 函数调试信息 208
9.4.4 添加代码：输出嵌套循环连接算法的比较信息 213
9.5 实验结果 221
9.6 讨论与总结 221

第 10 章 索引的构建与使用 222

10.1 实验介绍 222
10.2 实验目的 222
10.3 实验原理 223
10.3.1 索引结构 223
10.3.2 B+ 树索引 223
10.3.3 CREATE INDEX 语句 225
10.3.4 索引相关的函数与结构体 227
10.3.5 btree 索引创建过程 230
10.4 实验步骤 236
10.4.1 构建 btree 索引 236
10.4.2 索引相关的系统表 239
10.4.3 索引的作用与开销 243
10.4.4 添加代码：分析 btree 索引构建过程 248
10.4.5 使用 pageinspect 插件分析索引页面 251
10.5 实验结果 253
10.6 讨论与总结 253

第 11 章 日志与恢复 255

11.1 实验介绍 255
11.2 实验目的 255
11.3 实验原理 256
11.3.1 WAL 日志文件 256
11.3.2 XLOG 日志记录 262
11.3.3 日志写入过程 269
11.3.4 检查点机制 270
11.3.5 数据库恢复 272
11.3.6 数据库备份与 PITR 274
11.4 实验步骤 275
11.4.1 查看 WAL 日志文件 275
11.4.2 验证数据库恢复 277
11.4.3 分析代码：数据库恢复过程 280
11.4.4 添加代码：在数据库恢复过程中输出信息 297
11.4.5 验证数据库备份与 PITR 301
11.5 实验结果 304

11.6 讨论与总结 305

第 12 章 并发控制与锁 306

12.1 实验介绍 306

12.2 实验目的 306

12.3 实验原理 307

12.3.1 openGauss 的事务处理 307

12.3.2 openGauss 的锁机制 322

12.3.3 关键数据结构及函数 333

12.4 实验步骤 341

12.4.1 查看锁信息 341

12.4.2 复现 Share 锁 343

12.4.3 复现 Access Share 锁 344

12.4.4 复现 Row Exclusive 锁 345

12.4.5 复现 Access Exclusive 锁 347

12.4.6 添加代码：输出获取与释放锁的信息 348

12.5 实验结果 353

12.6 讨论与总结 354

第 1 章　openGauss 初探

1.1　实验介绍

openGauss 是华为公司开源发布的一款多模态关系数据库管理系统（ralational database management system，RDBMS），具有多种优越的特性，在内核架构上也有多方面的创新与改进。在本实验中，我们将进行 openGauss 初探。首先介绍 openGauss 的特性与架构，学习如何准备 openGauss 的安装环境，掌握 openGauss 服务器的启动控制操作，学习 gsql 客户端连接数据库的基本命令用法。本实验是系列 openGauss 数据库“实验之旅”的开端。

1.2　实验目的

- 了解 openGauss 的特性与架构。
- 掌握 openGauss 极简版的安装方法。
- 掌握 openGauss 服务器的控制方法。
- 掌握 openGauss gsql 客户端连接数据库的方法。
- 掌握 openGauss Data Studio 客户端连接数据库的方法。

1.3　实验原理

1.3.1　openGauss 简介

openGauss 支持关系、图、时序等数据模型，提供面向多核架构、全链路业务、数据安全、基于 AI 的调优和高效运维的能力。openGauss 深度融合华为公司在数据库领域多年的研发经验，结合企业级场景需求，持续构建具有竞争力的特性。openGauss 社区官方网站提供了有关 openGauss 的最新信息。

① openGauss 是数据库管理系统。数据库是结构化的数据集合。数据库管理系统可以对数据库进行统一的管理和控制，以保证数据库的安全性和完整

性。高效、系统、可靠地处理大量数据是计算机所擅长的任务，因此数据库管理系统作为独立系统或其他应用程序的一部分，在信息系统中发挥着核心作用。

② openGauss 数据库是关系型的。关系数据库是指采用关系模型来组织数据的数据库，它以行和列的形式存储数据。关系模型可以简单理解为二维表模型，一个关系数据库就是由二维表及其之间的关系组成的一个数据组织。openGauss 的 SQL 部分代表“结构化查询语言”。SQL 是人们访问和处理数据库时最常用的标准计算机语言。

③ openGauss 是开源的。开源意味着任何人在遵守使用协议的前提下，都可以下载并使用 openGauss 软件而无须支付费用。使用者可以研究源代码并对其进行更改以满足特定需要。openGauss 使用木兰宽松许可证 V2 来定义软件的使用范围。

④ openGauss 数据库具有高性能、高可用、高安全、易运维、全开放的特点。

高性能：openGauss 提供面向多核架构的并发控制技术并结合了鲲鹏硬件优化。针对当前硬件多核非统一内存访问（non-uniform memory access，NUMA）的架构趋势，在内核关键结构上采用了 NUMA-Aware 数据结构。提供 SQL Bypass 智能快速引擎技术。针对频繁更新场景，提供 Ustore 存储引擎。

高可用：openGauss 支持主备同步、异步以及级联备机多种部署模式。数据页支持循环冗余校验（cyclic redundancy check，CRC），损坏的数据页可通过备机自动修复。备机实现了并行恢复。提供基于 Paxos 分布式一致性协议的日志复制和主框架选择。

高安全：openGauss 数据库支持全密态计算、访问控制、加密认证、数据库审计、动态数据脱敏等安全特性。

易运维：openGauss 基于 AI 的智能参数调优和索引推荐，提供 AI 自动参数推荐。它具有慢 SQL 诊断，多维性能自监控视图，实时掌控系统的性能表现，能够提供在线自学的 SQL 时间预测。

全开放：openGauss 采用木兰宽松许可证协议 V2，允许对代码自由修改、使用、引用，其数据库内核能力全开放。

1.3.2 openGauss 架构

openGauss 的初始版本由华为公司组织开发，并于 2020 年 6 月 30 日进行了开源。继 1.0.0 版本发布后，在半年的时间内 openGauss 已进入国产数据库流行度排名前十的队列。目前 openGauss 开源社区由华为公司主导，其生态合作企业共同建设。

openGauss 源于 PostgreSQL-XC 项目，其内核基于 Postgres 9.2.4，总代码量约 120 万行（内核代码约 95 万行）。openGauss 结合企业级场景需求，新增或修改了内核代码约 70 万行，内核代码修改比例约占总内核代码量的 74%。它保留了约 25 万行 PostgreSQL 的接口和公共函数代码，使其与现有的 PostgreSQL 生态具有良好的兼容性。openGauss 在存储引擎、SQL 优化、事务管理、鲲鹏芯片适配以及安全性等方面做了大量改进，实现了高性能、高安全、易运维、全开放等关键特性。

图 1.1 给出了 openGauss 数据库的系统架构图。通过该图可以了解 openGauss 数据库管理系统的组成。具体说明如下：

1. 硬件与 OS 平台

① ARM+openEuler。目前 openGauss 支持 openEuler 和麒麟 V10 这两款 Linux 操作系统。openEuler 是华为发布的开源 Linux 操作系统，支持 x86 架构和鲲鹏 ARM 架构处理器。

② x86+CentOS。在 x86 平台上，openGauss 目前支持 CentOS 和 openEuler 这两款 Linux 操作系统。

2. 存储引擎

① 行存引擎。openGauss 的行存引擎是将表按行存储到硬盘分区上，支持高并发读写、低时延。它主要面向联机事务处理（online transaction processing，OLTP），其特点是随机小 I/O 操作频繁，数据变化较大，常见于那些交易型事务处理场景，例如银行交易系统、订货/发货系统等。

openGauss 的行存引擎与 PostgreSQL 相同，采用多版本并发控制（multiversion concurrency control，MVCC）技术。在更新行数据时，不是直接修改页面上的行数据版本，而是保留已有行数据版本并在该页面或新页面上（如果原页面空间不足）创建新的行数据版本。这样，同一行数据的不同版本都存储在同一（或相邻）页面中。事务在读取行数据的不同快照版本时，对该数据的读写不会产生冲突，并发性能好。检索行数据的历史版本可以在页面本身或邻近页面完成，执行效率高。

本实验仅关注 openGauss 的行存引擎。

② 列存引擎。列存引擎是针对联机分析处理（online analytical processing，OLAP）场景设计的，通常用于分析决策场景，例如为销售决策所做的当年某产品在各个区域的销售情况。列存引擎的存储基本单位是压缩单元（compression unit，CU），即表的一列的一部分数据组成的压缩数据块。相比行存引擎，列存引擎按照不同列将整个表划分为多个 CU，以 CU 为单位进行管理。

③ 内存优化表。内存优化表（memory-optimized table，MOT）也称内存引擎，是 openGauss 中一种高性能存储引擎，与传统磁盘存储引擎（行存引擎和列存引擎）同时存在。它基于全内存数据存储，可以提供高吞吐量的实时数据处理和分析能力，以及低延迟的事务处理。MOT 内存引擎有专门设计的数据组织形式和索引结构，采用基于 NUMA 架构的内存管理机制、优化的数据处理算法以及事务管理机制等。在相应的业务负载场景下，其事务处理能力可以达到其他引擎的 3~10 倍。

④ CSN 快照。CSN 即事务提交序列号（commit sequence number），用于 MVCC

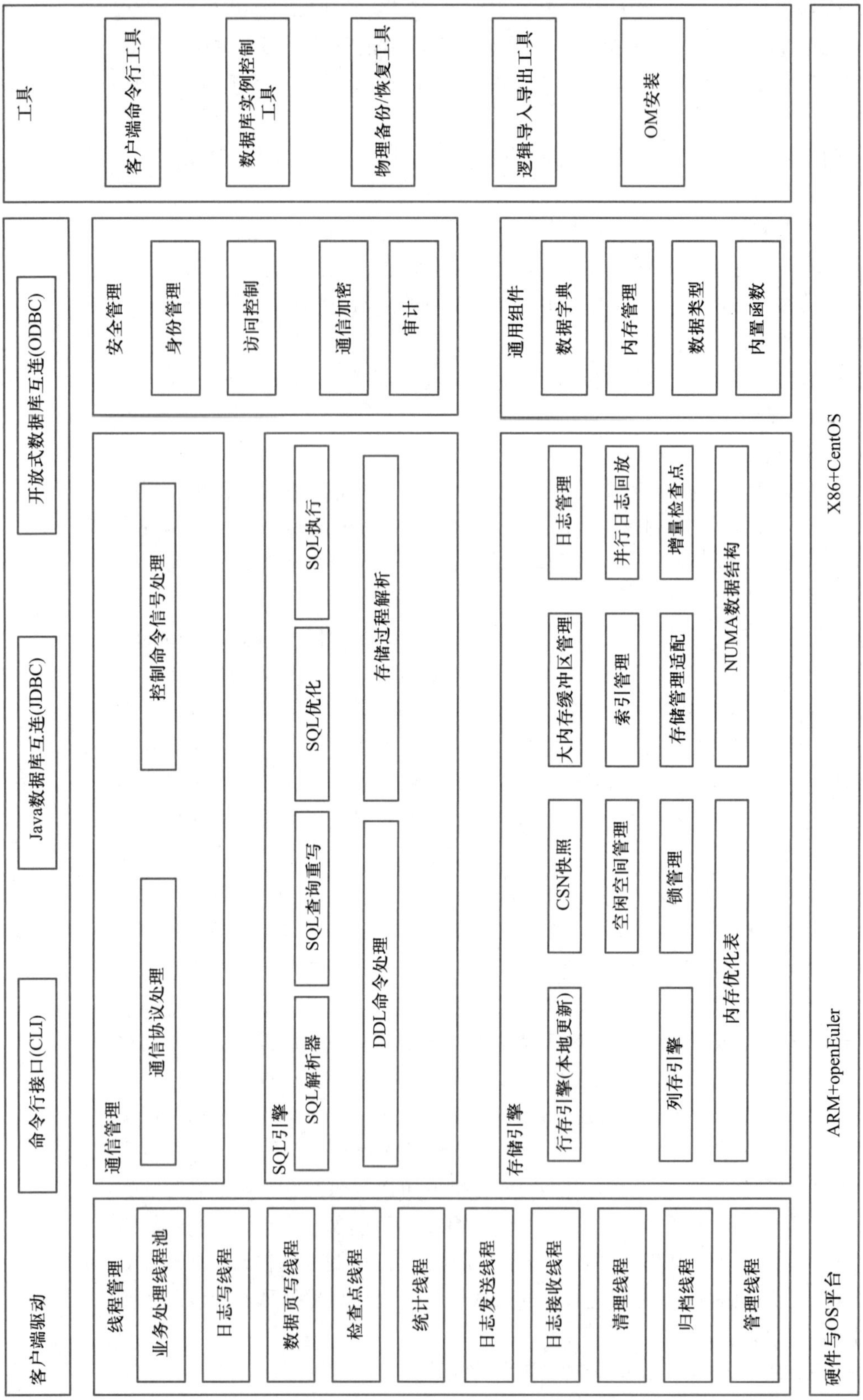

图 1.1 openGauss 数据库系统架构图

机制中的事务可见性判断。openGauss 内部用一个全局自增的长整数作为逻辑时间戳，模拟数据库内部时序。每个事务启动时都会创建 CSN 快照。

⑤ 空闲空间管理。openGauss 使用 MVCC 机制，在执行修改和删除操作时不会直接删除页面中的数据，因此随着数据库的长时间使用会导致大量历史版本堆积而造成空间浪费。为了保证数据库的健康运行，存储引擎需要定期清理历史数据并进行空闲空间管理。空闲空间管理分为页面级、表级和数据库级。

⑥ 锁管理。锁管理管理事务在并发访问过程中对数据库对象的加锁操作，决定两个事务访问同一对象时加的锁是否兼容，以及是否允许事务在该对象上加锁。锁管理记录、跟踪和管理事务在并发访问过程中使用的锁。

⑦ 大内存缓冲区管理。大内存缓冲区位于数据存储引擎和外部文件系统之间，旨在与外部文件系统进行页面交换，使用最近最少使用（least recently used，LRU）算法淘汰内存共享页面的脏页并写入磁盘，以保证内存的高效使用和减少磁盘访问次数。

⑧ 索引管理。索引可以有效提高数据的访问效率，索引管理主要包括索引结构的创建、更新与维护。

⑨ 存储管理适配。存储管理适配是指对物理存储介质进行管理，为不同的存储介质提供适配封装，从而避免上层数据访问受到底层不同存储介质差异（例如机械硬盘与固态硬盘差异）的影响。

⑩ 日志管理。日志记录之间存在顺序依赖关系，数据库通常采用串行写日志的设计。openGauss 的日志管理采用并行设计，由多个日志写线程同时写日志记录，消除了串行写日志的锁定瓶颈问题，可充分发挥固态硬盘的多通道 I/O 能力。

⑪ 并行日志回放。并行日志回放是指将日志中记录的数据更新操作在数据库系统中重新执行的过程。通常在数据库故障恢复阶段将自动执行并行日志回放机制，主备数据库实例进行数据同步时也将执行该机制，在备机实例上通过日志回放重做主机实例上的数据更新，以保证主备实例状态一致。

⑫ 增量检查点。日志检查点用于让存储引擎将缓存中的脏页写入磁盘。这样，当数据库进行故障恢复时，即可直接从检查点时刻的日志序号（log serial number，LSN）开始执行回放操作，以减小日志回放代价，缩短故障恢复时间。openGauss 采用了增量检查点机制，默认每分钟执行一次。该机制维护一个按 LSN 顺序排列的脏页队列，由后台数据页写 PageWriter 线程定期将脏页写入磁盘（刷盘），并记录已刷盘脏页的最新日志序号（recLSN）。在增量检查点被触发时无须等待所有脏页刷盘，只需将 recLSN 作为检查点的日志序号位置来进行刷盘操作，从而大幅减少了需要刷盘的脏页数量。增量检查点使得数据库系统 I/O 性能更平滑，系统故障的恢复时间更短。

⑬ NUMA 数据结构。openGauss 根据鲲鹏处理器多核 NUMA 架构的特点，进行了一系列优化设计。

3. SQL 引擎

该模块包含用于执行 SQL 语句的各个组件。其中：

① SQL 解析器。该组件解析从客户端接收到的 SQL 语句，依次进行词法解析（由 SQL 语句生成单词 Token 序列）、语法解析（由单词 Token 序列生成抽象语法树）、语义解析（由抽象语法树生成逻辑执行计划）等。

② SQL 查询重写。该组件利用关系代数运算和 SQL 语句特性，对逻辑执行计划进行等价重写。

③ SQL 优化。SQL 优化是指优化器基于代价估算模型，在众多等价的候选执行路径中选出执行效率较优的一种执行路径的过程。SQL 优化是 openGauss 中最为复杂的组件功能之一。

④ SQL 执行。SQL 语句真正的执行工作由 SQL 执行器完成，执行器的输入是优化器生成的查询执行计划树，SQL 执行遍历整株计划树，对每个树结点中的算子执行相应的操作。执行器会调用存储接口，对存储引擎中的数据进行实际读取操作。

⑤ DDL 命令处理。DDL 即数据定义语言（data definition language），DDL 命令执行词法解析、语法解析和语义解析等操作，与进行查询和更新操作的 SQL 语句不同，DDL 命令基本不需要做优化处理。DDL 命令在解析完成后即可开始执行相应的实际操作。

⑥ 存储过程解析。存储过程是保存在数据库管理系统中且由 SQL 语句编写的函数。存储过程的执行效率高于逐条执行的 SQL 语句。

4. 线程管理

openGauss 将 PostgreSQL 的多进程架构改造为更高效的多线程架构。通过介绍 openGauss 后台线程，可以让读者了解数据库在运行时后台在做的工作。

① 业务处理线程池。业务处理线程池负责处理客户端请求任务。客户端发送的连接请求首先由管理线程处理，管理线程会分配相应的业务处理子线程给该客户端使用，客户端的后续请求将由该业务处理子线程负责。

② 日志写线程（WalWriter）。WalWriter 线程负责将内存中的预写日志(Write ahead logging，WAL) 页数据刷新到预写日志文件中，确保那些已提交的事务都被永久记录，不会丢失。

③ 数据页写线程（PageWriter）。PageWriter 线程负责将脏页数据复制到双写（double-writer）区域并写入磁盘，然后将脏页转发给 BgWriter 子线程进行数据写入磁盘操作。BgWriter 子线程负责对共享缓冲区的脏页数据进行写入磁盘操作。

④ 检查点线程（CheckPointer）。CheckPointer 线程会周期性地发起数据库检查点。检查点是事务日志中的一个点，在该点会将数据脏页刷新到磁盘的数据文件中，确保数据库的一致性。当数据库从崩溃状态恢复时，已做过检查点的更改就不再需要从预写日志中恢复，从而大幅加快数据库系统的恢复速度。

openGauss 提供全量检查点和增量检查点。

⑤ 统计线程（StatCollector）。StatCollector 线程负责统计 openGauss 的各种信息，包括硬件资源使用信息、数据库对象使用信息、SQL 语句运行信息、锁信息、线程信息等，该线程会将收集到的统计信息保存在 pgstat.stat 文件中。StatCollector 线程收集到的统计信息用于数据库的性能分析、故障分析、状态监控和健康检查等任务。

⑥ 日志发送线程（WalSender）。WalSender 线程在 openGauss 主备环境的主节点上运行，负责发送预写日志给备节点。

⑦ 日志接收线程（WalReceiver）。WalReceiver 线程在 openGauss 主备环境中备节点上运行，负责接收预写日志记录。

⑧ 清理线程（Autovacuum）。Autovacuum 线程负责对数据库事务处理过程中积累的大量过期数据进行后台清理，并回收表或索引中已经删除的行所占据的存储空间。

⑨ 归档线程。当数据库归档周期到达时，将自动切换预写日志以启动归档线程，将数据库日志归档到指定路径。

⑩ 管理线程（GaussMaster）。GaussMaster 线程相当于一个多线程指挥中心，它本身不参与 openGauss 的具体任务操作，只是在必要时启动相应的子线程去完成各种操作。图 1.2 给出了 openGauss 服务响应流程，即管理线程响应客户端请求的交互过程。

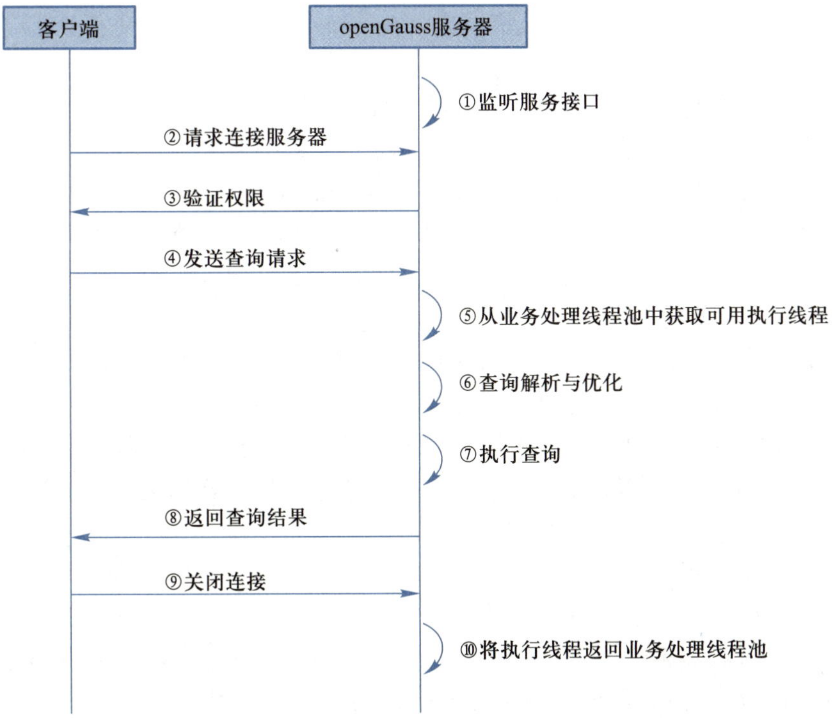

图 1.2 openGauss 服务响应流程

5. 通信管理

① 通信协议处理。协议处理包含 openGauss 数据库前端与后端的通信协议。

② 控制命令信号处理。openGauss 数据库线程之间的通信机制需要信号处理。信号是一种软件中断机制，常见的信号有 SIGTERM、SIGQUIT、SIGCHILD、SIGUSR1、SIGUSR2 等。

6. 安全管理

① 身份管理。openGauss 采用认证机制来实现身份管理，以限制用户对数据库的访问，包括通过口令认证、证书认证等机制保障认证过程的安全，通过黑白名单限制访问 IP，通过数据库属性或用户属性限制连接数等。

② 访问控制。实现基于角色的访问控制机制，提供对于数据库资源和对象的访问权限控制。

③ 通信加密。为了保障数据的隐私安全，提供数据加密、数据脱敏、加密数据导入/导出等机制。

④ 审计。提供基础审计能力，审计内容包括事件发起者、事件发生时间和事件内容等。

7. 通用组件

① 数据字典。数据字典是 openGauss 数据库中的元数据集合，即描述数据库及其管理的数据库对象自身属性的重要数据。用户可以通过查询数据字典获取数据库及数据库对象的各种相关信息，例如数据库的属性、表的属性、数据类型的属性等。

② 内存管理。内存管理模块根据 openGauss 数据库的参数配置，规划数据库系统内部对于内存资源的各种分配。

③ 数据类型。数据类型定义了数据库中不同的数据类别。实际上，除了内置的基本数据类型外，每个关系表都定义了一种数据类型。

④ 内置函数。内置函数是在数据库内定义的函数代码。通过内置函数可以实现数据库的特定功能需求，例如数值计算、数据库信息查询、数据库管理等操作。

8. 客户端驱动

① 命令行接口（command line interface，CLI）。CLI 是指 openGauss 自带的 gsql 命令行客户端工具。通过 gsql 可连接数据库服务器，对其进行操作与维护。gsql 的基本功能包括连接数据库、执行 SQL 语句、执行元命令等。使用 gsql 元命令可查看数据库对象信息、缓存区信息、格式化 SQL 输出结果，以及连接到新数据库等。

② Java 数据库互连（JDBC）。JDBC（Java database connectivity）是 Java 程序执行 SQL 语句和进行数据库操作的标准 API。openGauss 支持 JDBC 4.0 特性。

③ 开放式数据库互连（ODBC）。ODBC（open database connectivity）是 C/C++ 程序用于访问数据库和执行 SQL 语句的标准应用程序接口（application program interface，API）。openGauss 支持 ODBC 3.5 版本。

9. 工具

① 客户端命令行工具。openGauss 的客户端命令行工具是 gsql。

② 数据库实例控制工具。openGauss 的数据库实例控制工具包括：

- gaussdb：数据库服务器进程。
- gs_ctl：启动/停止/重启数据库、加载配置文件、主备状态切换和查询等。
- gs_initdb：初始化数据库实例、生成数据库目录和系统表，并创建默认的数据库和模板数据库等。

③ 物理备份/恢复工具。openGauss 提供的物理备份/恢复工具包括：

- gs_basebackup：基础的物理备份。
- gs_backup：备份数据库集群各个节点。

恢复数据库时，可使用 gsql 直接导入纯文本备份，通过 f 参数指定备份文件即可。对于其他格式的备份恢复，可使用 gs_restore 完成。

④ 逻辑导入导出工具。openGauss 提供的逻辑导入导出工具包括：

- gs_dump：以纯文本格式、目录归档格式、tar 归档格式，以及用户自定义格式导出一个数据库的对象，如模式、表、视图等。
- gs_dumpall：以纯文档格式导出数据库的所有数据。

⑤ OM 安装。OM 是 openGauss 的运维管理（operation manager）模块，提供集群日常运维、配置管理接口与工具。openGauss 提供 gs_om 工具数据库实例进行维护。

1.4 实验步骤

1.4.1 获取 openGauss 安装包

1. 下载 openGauss 极简版安装包

openGauss 开源社区上提供了安装包的获取方式。从 openGauss 开源社区可以下载对应平台的安装包。

访问 openGauss 开源社区网站的下载页面。选择 openGauss 5.0.0① 版本对应的极简版安装包（openGauss 5.0.0 为长期支持版本，即 LTS 版本，该版本的结束日期为 2026 年 3 月 31 日）。本实验云主机上安装的是 openEuler 操作系统（基于 ARM 架构），所以选择下载 AArch64 版本的安装包；对于其他硬件架构和操作系统，则需要根据实际情况进行相应选择。如图 1.3 所示。

可以使用诸如 sftp 等工具将下载的 openGauss 安装包传输到云主机上。也可以直接在云主机上使用 wget 命令进行下载：

① 截至本书完稿时，openGauss 开源社区网站提供下载的版本为 openGauss 5.0.0。

图 1.3　下载 openGauss 极简版安装包

```
[dblab@eduog ~]# mkdir simple
[dblab@eduog ~]# cd simple/
[dblab@eduog simple]# wget
https://opengauss.obs.cn-south-1.myhuaweicloud.com/5.0.0/arm/openGauss-
5.0.0-openEuler-64bit.tar.bz2
```

2. 解压安装包

```
[dblab@eduog simple]# tar -jxf openGauss-5.0.0-openEuler-64bit.tar.bz2
```

3. 查看目录

显示解压后的目录及文件内容：

```
[dblab@eduog simple]$ ll
total 92M
drwx------ 2 dblab dbgrp 4.0K Dec 15 20:42 bin
drwx------ 3 dblab dbgrp 4.0K Dec 15 20:42 etc
drwx------ 3 dblab dbgrp 4.0K Dec 15 20:42 include
drwx------ 4 dblab dbgrp 4.0K Dec 15 20:42 jre
drwx------ 5 dblab dbgrp 4.0K Dec 15 20:42 lib
-rw------- 1 dblab dbgrp  91M Dec 19 19:36 openGauss-5.0.0-openEuler-
64bit.tar.bz2
drwx------ 5 dblab dbgrp 4.0K Dec 15 20:42 share
drwx------ 2 dblab dbgrp 4.0K Dec 15 20:42 simpleInstall
-rw------- 1 dblab dbgrp   32 Dec 15 20:42 version.cfg
```

在后续步骤中，将会使用另一用户 omm 进行 openGauss 数据库的安装和使用。

1.4.2　准备软硬件安装环境

1. 硬件环境要求

表 1.1 仅列出了 openGauss 官方文档给出的极简版硬件环境要求的部分内容。实际上，进行本实验时并不一定要达到表中所列的配置要求。例如，本实验所用云主机规格为华为云服务器“鲲鹏通用计算增强型 | kc1.large.4 | 2vCPUs | 8 GB”。

表 1.1　openGauss 极简版硬件环境要求的部分内容

硬件	配置要求
内存	功能调试建议 32 GB 以上； 性能测试和商业部署时，单实例部署建议 128 GB 以上
CPU	功能调试最小 1 × 8 核，2.0 GHz； 性能测试和商业部署时，建议 1 × 16 核，2.0 GHz； 个人开发者最低配置 2 核 4 GB，推荐配置 4 核 8 GB
硬盘	至少 1 GB 用于安装 openGauss 的应用程序； 每个主机大约需 300 MB 用于元数据存储； 预留 70% 以上的磁盘剩余空间用于数据存储
网络	300 Mb/s 以上以太网

2. 软件环境要求

表 1.2 列出了 openGauss 极简版的操作系统要求。实验中所用云主机是基于华为云镜像“openEuler 20.03 64bit with ARM”创建的。

表 1.2　openGauss 极简版的操作系统要求

操作系统	要求
Linux 操作系统	ARM：openEuler 20.03 LTS（推荐采用此操作系统）、麒麟 V10； x86：openEuler 20.03 LTS、CentOS 7.6
Linux 文件系统	剩余 inode 个数 > 15 亿（推荐）

表 1.3 列出了 openGauss 极简版软件包依赖要求。

表 1.3　openGauss 极简版软件包支持要求

软件包	建议版本
libaio-devel	建议版本：0.3.109-13
flex	要求版本：2.5.31 以上
bison	建议版本：2.7-4
ncurses-devel	建议版本：5.9-13.20130511
glibc-devel	建议版本：2.17-111
patch	建议版本：2.7.1-10
redhat-lsb-core	建议版本：4.1
readline-devel	建议版本：7.0-13
libnsl（openEuler+x86 环境中）	建议版本：2.28-36

1.4.3　修改操作系统配置

1. 以 root 用户登录主机

注意： 操作完成后请及时注销 root 用户，以避免误操作。

2. 关闭操作系统防火墙

openGauss 目前仅支持在防火墙关闭的状态下进行安装。

（1）将/etc/selinux/config 文件中的“SELINUX”值修改为“disabled”

① 使用 vim 打开 config 文件：

```
[root@eduog ~]# vim /etc/selinux/config
```

② 将“SELINUX”的值修改为“disabled”，保存并退出 vim：

```
SELINUX=disabled
```

（2）重新启动操作系统

```
[root@eduog ~]# reboot
```

（3）检查防火墙是否关闭

```
[root@eduog ~]# systemctl status firewalld
```

若防火墙状态显示为 active (running)，则表示防火墙未关闭，需要执行下面的命令以关闭防火墙：

```
[root@eduog ~]# systemctl disable firewalld.service
[root@eduog ~]# systemctl stop firewalld.service
```

若防火墙状态显示为 inactive (dead)，则无须再关闭防火墙。

3. 关闭 RemoveIPC

CentOS 操作系统默认为关闭，可以跳过该步骤。

（1）将/etc/systemd/logind.conf 文件中的“RemoveIPC”值修改为“no”

① 使用 vim 打开/etc/systemd/logind.conf 文件：

```
[root@eduog ~]# vim /etc/systemd/logind.conf
```

② 将“RemoveIPC”值修改为“no”：

```
RemoveIPC=no
```

（2）重新加载配置参数

```
[root@eduog ~]# systemctl daemon-reload
[root@eduog ~]# systemctl restart systemd-logind
```

（3）检查修改是否生效

```
[root@eduog ~]# loginctl show-session | grep RemoveIPC
```

```
RemoveIPC=no
[root@eduog ~]# systemctl show systemd-logind | grep RemoveIPC
RemoveIPC=no
```

4. 修改 limits.conf

打开/etc/security/limits.conf 文件，修改命令如下：

```
* soft nofile 1000000
* hard nofile 1000000
```

1.4.4 安装 openGauss

1. 创建安装用户及其属组

创建 openGauss 数据库的安装用户 omm 及其属组 dbgrp：

```
[root@eduog ~]# groupadd -g 1000 dbgrp
[root@eduog ~]# useradd -g dbgrp -u 1000 -d /home/omm omm
```

2. 由 root 用户切换到 omm 用户

```
[root@eduog ~]# su - omm
```

3. 创建 openGauss 安装路径

```
[omm@eduog ~]$ mkdir opengauss
```

4. 进入 openGauss 安装路径

```
[omm@eduog ~]$ cd opengauss
```

5. 下载 openGauss 安装包

```
[omm@eduog opengauss]$ wget
https://opengauss.obs.cn-south-1.myhuaweicloud.com/5.0.0/arm/
openGauss-5.0.0-openEuler-64bit.tar.bz2
```

6. 解压 openGauss 安装包

```
[omm@eduog opengauss]$ tar -jxf openGauss-5.0.0-openEuler-64bit.tar.
bz2
```

7. 进入 openGauss 极简版安装脚本目录

```
[omm@eduog opengauss]$ cd simpleInstall
[omm@eduog simpleInstall]$
```

8. 执行 install.sh 脚本以安装 openGauss

```
[omm@eduog simpleInstall]$ sh install.sh  -w GaussDB@123 -p 26000
```

install.sh 脚本的参数说明

① -w 要求初始化数据库密码，出于安全考虑，必须设置此参数。

② GaussDB@123 为数据库用户设置的密码（建议用户自行设置密码）。

③ -p 要求指定 openGauss 端口号，如果不指定则默认为 5432。此次指定为 26000。

在执行安装脚本过程中，系统会询问是否创建示例数据库，输入 yes，然后回车：

```
Would you like to create a demo database (yes/no)? yes
```

执行 install.sh 脚本的完整输出如下：

```
[omm@eduog simpleInstall]$ sh install.sh  -w GaussDB@123 -p 26000
[step 1]: check parameter
[step 2]: check install env and os setting
[step 3]: change_gausshome_owner
[step 4]: set environment variables
[step 5]: init datanode
...
[step 7]: start datanode
...
[2025-02-23 10:56:19.257][3304336][][gs_ctl]: done
[2025-02-23 10:56:19.257][3304336][][gs_ctl]: server started
(/home/omm/opengauss/data/single_node)
import sql file
```

这时，安装脚本会询问是否创建演示数据库，输入 yes 以创建演示数据库：

```
Would you like to create a demo database (yes/no)? yes
Load demoDB [school,finance] success.
```

最后会看到如下输出，这表示 openGauss 数据库安装成功，同时给出了启动和停止数据库服务器的命令：

```
[complete successfully]: You can start or stop the database server using:
gs_ctl start|stop|restart -D $GAUSSHOME/data/single_node -Z single_node
```

注意：第一次安装过程可能会出现如下错误提示：

```
step [6]: init datanode
home/omm/opengauss/bin/gaussdb: error while loading shared libraries:
libaio.so.1: cannot open shared object file: No such file or director
no data was returned by command "" /home/omm/opengauss/bin/gaussdb" -V'
The program "gaussdb" is needed by gs_initdb but was not found in the
same directory as "/home/omm/opengauss/bin/gs_initdb".
Check your installation.
sed: can't read /home/omm/opengauss/data/single_node/postgresql.conf:
No such file or directory
```

这是因 libaio-devel 包缺失而导致的安装失败，在 root 用户下使用命令 yum install -y libaio-devel 进行安装，然后重新运行 install.sh 脚本即可。

9. 使环境变量生效

在第 8 步中运行 install.sh 脚本时设置了环境变量，用 source 命令使环境变量生效

```
[omm@eduog simpleInstall]$ source ~/.bashrc
```

10. 查看 gaussdb 进程

安装执行完成后，使用 ps 查看 gaussdb 进程：

```
Omm   3304339  0.7  8.8 6029632 615360 ?  Ssl  10:56  0:04
/home/omm/opengauss/bin/gaussdb -D /home/omm/opengauss/data/single_node
Omm   3305283  0.0  0.0 213568  1152 pts/0  S+  11:06  0:00 grep
--color=auto gaussdb
```

11. 查看 openGauss 数据库服务器运行状态

使用 gs_ctl 查看 openGauss 数据库服务器运行状态。如果服务器正常运行，则显示如下：

```
[2025-02-23 11:06:47.431][3305372][][gs_ctl]: gs_ctl status,datadir is
/home/omm/opengauss/data/single_node
gs_ctl: server is running (PID: 3304339)
/home/omm/opengauss/bin/gaussdb "-D" "/home/omm/opengauss/data/
single_node"
```

12. 测试数据库服务器

通过 gsql 测试数据库服务器，执行如下 gsql 命令：

```
gsql ((openGauss 5.0.0 build a07d57c3) compiled at 2023-03-29
    03:08:05 commit 0 last mr  )
Non-SSL connection (SSL connection is recommended when requiring
    high-security)
Type "help" for help.

openGauss=#
```

13. 查询数据库版本信息

执行 SQL 语句以查询数据库版本信息：

```
openGauss=# SELECT version();
                                  version
----------------------------------------------------------------------
(openGauss 5.0.0 build a07d57c3) compiled at 2023-03-29 03:08:05
commit 0 last mr on aarch64-unknown-linux-gnu, compiled by g++ (GCC)
7.3.0, 64-bit
(1 row)
```

此时可以正确执行 SQL 查询。

14. 退出 gsql

执行如下命令退出 gsql：

```
openGauss=# \q
[omm@eduog simpleInstall]$
```

15. 停止数据库服务器

执行如下命令以停止数据库服务器：

```
[omm@eduog simpleInstall]$ gs_ctl stop -D $GAUSSHOME/data/single_node
    -Z single_node
[2024-02-23 11:36:07.718][3307963][][gs_ctl]: gs_ctl stopped ,datadir
    is /home/omm/opengauss/data/single_node
waiting for server to shut down.... done
server stopped
```

1.4.5　使用 gsql 连接数据库

gsql 是 openGauss 数据库的命令行客户端工具，可通过该工具连接 openGauss 数据库服务器并对其进行各项操作和维护工作。

1. 以 omm 用户身份登录

```
[root@eduog ~]# su - omm
```

2. 启动数据库服务器

```
[omm@eduog ~]$ gs_ctl start -D $GAUSSHOME/data/single_node -Z single_
    node
```

命令说明：

① 启动数据库服务器：

```
gs_ctl start -D $GAUSSHOME/data/single_node -Z single_node
```

② 停止数据库服务器：

```
gs_ctl stop -D $GAUSSHOME/data/single_node -Z single_node
```

③ 重启数据库服务器：

```
gs_ctl restart -D $GAUSSHOME/data/single_node -Z single_node
```

3. 客户端连接数据库服务器

```
[omm@eduog ~]$ gsql -d postgres -p 26000 -r
```

gsql 命令参数说明：

① -d：指定数据库为 postgres，该数据库是 openGauss 安装完成后默认生成的。openGauss 安装完成后可以连接到此数据库进行新数据库的创建。

② -p：指定数据库服务器的端口号为26000。可以在安装openGauss时指定。

③ -r：指定使用行编辑和历史命令上下键查找功能。

4. 创建新的数据库用户

初始默认只有安装 openGauss 时创建的管理员用户（本实验中是 omm）可以访问初始数据库。下面新建另一个数据库用户：

```
openGauss=# CREATE USER testuser WITH PASSWORD "DBlab@123";
CREATE ROLE
```

上述 SQL 语句创建了一个用户名为 testuser，密码为 DBlab@123 的用户。

5. 创建新的数据库

```
openGauss=# CREATE DATABASE testdb OWNER testuser;
CREATE DATABASE
```

上述 SQL 语句创建了一个名为 testdb 的数据库，其所有者为 testuser 用户。

6. 使用新用户连接新建数据库

退出当前 gsql：

```
openGauss=# \q
```

使用用户 testuser 连接到数据库 testdb，以便执行接下来的创建表等操作：

```
[omm@eduog ~]$ gsql -d testdb -p 26000 -U testuser -W DBlab@123 -r
gsql ((openGauss 5.0.0 build a07d57c3) compiled at 2023-03-29
    03:08:05 commit 0 last mr  )
Non-SSL connection (SSL connection is recommended when requiring
    high-security)
Type "help" for help.

testdb=>
```

gsql 命令参数说明：

① -U：指定连接数据库服务器的数据库用户名。

② -W：指定数据库用户的登录密码。

7. 创建模式（schema）

执行以下语句，创建名为 testschema 的模式，其所有者为 testuser：

```
testdb=> CREATE SCHEMA testschema AUTHORIZATION testuser;
CREATE SCHEMA
```

一个数据库可以包含多个模式，一个模式又可以包含数据库对象，包括表、视图、函数等。同一对象名可以在不同模式中使用而不会引起冲突。例如，schema1 和 schema2 都可以包含表 testtable。

8. 创建表

在 testschema 中创建一个名为 testtable 的表，只有一个名为 testcol 的属性列，数据类型为 int：

```
testdb=> CREATE TABLE testschema.testtable (testcol INT);
CREATE TABLE
```

注意：此处表 testtable 的名称前要加上模式名称 testschema。在模式中创建或访问对象，其完整的对象名称由模式名称和对象名称组成，中间由符号“.”隔开。

9. 向表中插入数据

```
testdb=> INSERT INTO testschema.testtable values (2024);
INSERT 0 1
```

输出结果“INSERT 0 1”表示插入数据操作执行成功。

① 0：表示 OID（object identifier）。

② 1：表示插入的数据行数。

10. 查看表中数据

执行 SELECT 语句以返回表中的所有行：

```
testdb=> SELECT * FROM testschema.testtable;
 testcol
---------
    2024
(1 row)
```

1.4.6　使用 Data Studio 连接数据库

Data Studio 是在 Windows 操作系统上运行的 openGauss 图形界面客户端工具，它能够帮助数据库管理员和开发者进行数据库的管理、维护和开发工作。

1. 打开 openGauss 远程访问权限

① 修改 postgresql.conf 文件，添加 listen_addresses = '*'，以监听所有 IP 地址：

```
[omm@eduog ~]$ vim $GAUSSHOME/data/single_node/postgresql.conf
...
#------------------------------------------------------------------------------
# CONNECTIONS AND AUTHENTICATION
#------------------------------------------------------------------------------

#-Connection Settings-

#listen_addresses='localhost' # what IP address(es) to listen on;
                              # comma-separated list of addresses;
                              # defaults to 'localhost'; use '*' for all
                              # (change requires restart)
listen_addresses = '*'
...
```

② 修改 pg_hba.conf 文件，允许任意用户从任意机器上以密码方式访问数据库：

```
[omm@eduog ~]$ vim $GAUSSHOME/data/single_node/pg_hba.conf
```

注释掉“#IPv4 local connections:”下原有的一行，并在该行下添加一行：

```
#IPv4 local connections:
#host    all        all         127.0.0.1/32        trust
host     all        all         0.0.0.0/0           sha256
```

③ 重启数据库服务器：

```
[omm@eduog ~]$ gs_ctl restart -D $GAUSSHOME/data/single_node -Z
single_node
```

④ 配置云主机，开放端口。在安全组配置中，配置入方向规则，开放 26000 端口的访问。我们的远程 openGauss 服务器运行在华为云主机上，配置界面如图 1.4 所示。对于其他远程服务器或云主机，可能配置界面不尽相同。

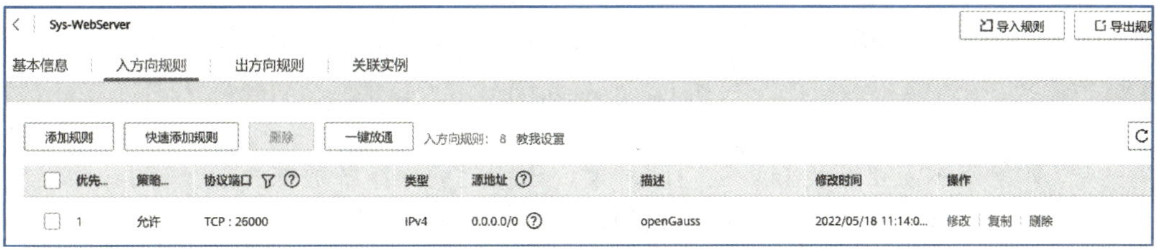

图 1.4　配置华为云主机开放端口

2. 配置 Data Studio 客户端

① 下载 Data Studio 客户端。在 openGauss 下载页面找到 openGauss Tools 部分，从“架构”中选择“x86_64”，再从“操作系统”中选择“Windows”，然后单击“立即下载”按钮，下载 Data Studio 工具，如图 1.5 所示。

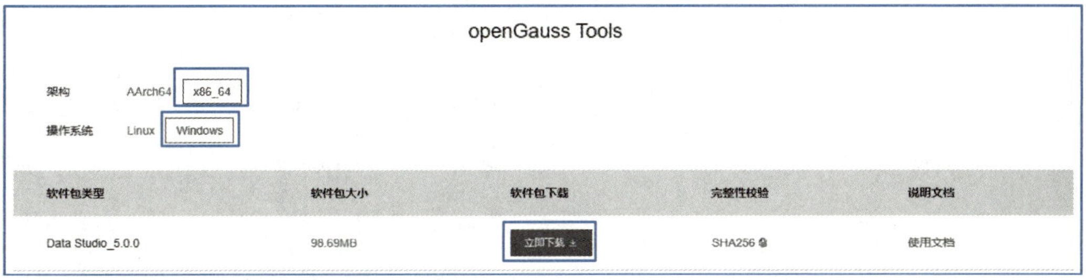

图 1.5　下载 Data Studio 工具

② 解压到指定的安装路径，解压后目录如图 1.6 所示。

③ 双击 Data Studio.exe 启动 Data Studio。Data Studio 的运行依赖于 Java 环境，

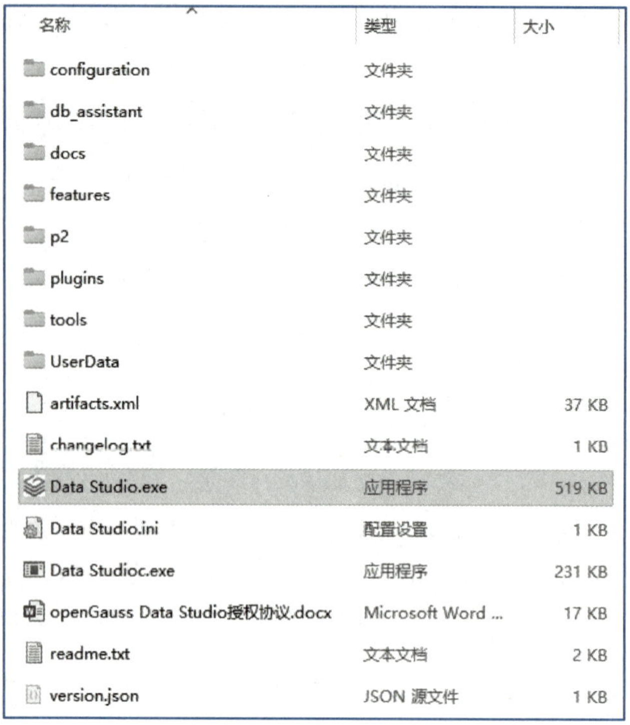

图 1.6　Data Studio 工具安装目录

如果提示需要安装 Java 运行时环境，表明当前操作系统中尚未安装 Java 环境，需要安装 JDK。具体安装步骤请读者自行在网上查找。

如图 1.7 所示，在 Data Studio 中输入数据库连接信息，具体如下：

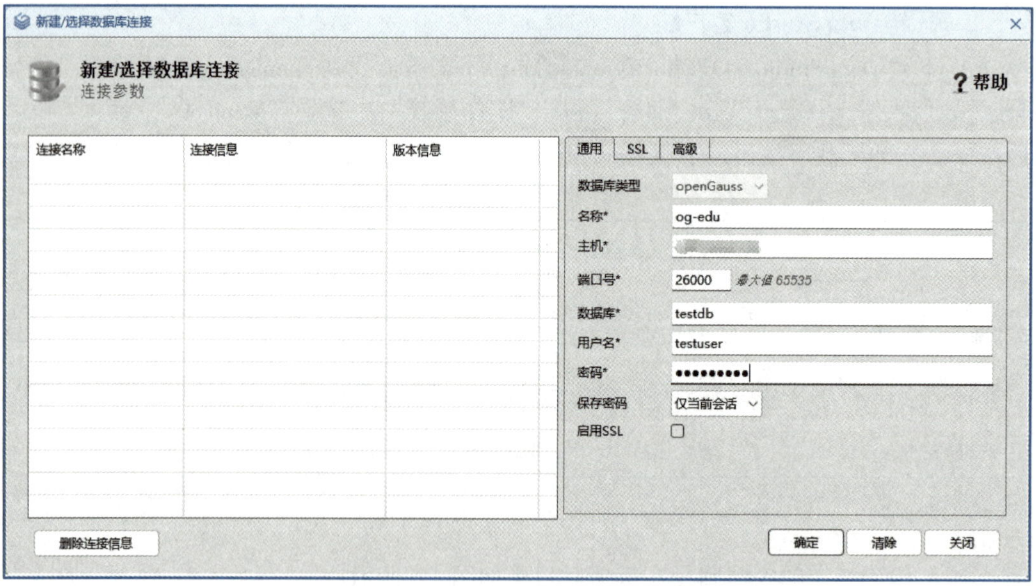

图 1.7　Data Studio 工具连接数据库

名称：可根据需要自行拟定。

主机：远程 openGauss 服务器 IP 地址。

端口号：26000（根据前面安装 openGauss 数据库时指定的端口号）。

数据库：要连接的数据库名称，这里访问前面创建的 testdb 数据库。

用户名：连接使用的用户名称（不能是安装数据库的初始用户 omm），这里使用前面创建的 testuser 用户，该用户是 testdb 数据库的所有者。

密码：连接使用的用户密码，这里是 testuser 用户的密码。

保存密码：选“仅当前会话”。

启用 SSL：不勾选。

单击“确定”按钮，在弹出的如图 1.8 所示的对话框中单击“继续”。

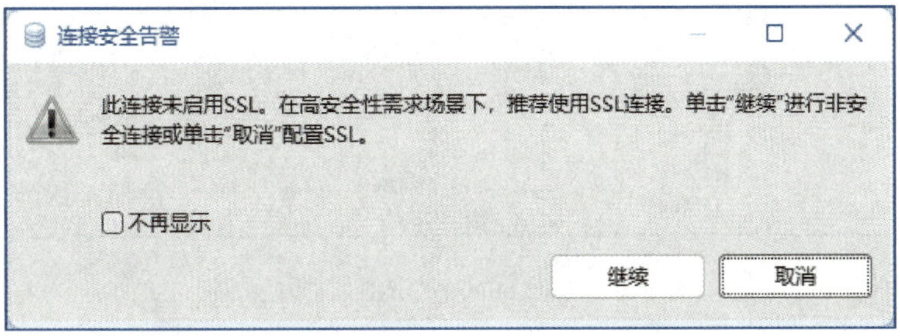

图 1.8 Data Studio 工具连接安全告警对话框

如果数据库连接成功，将显示如图 1.9 所示的界面。

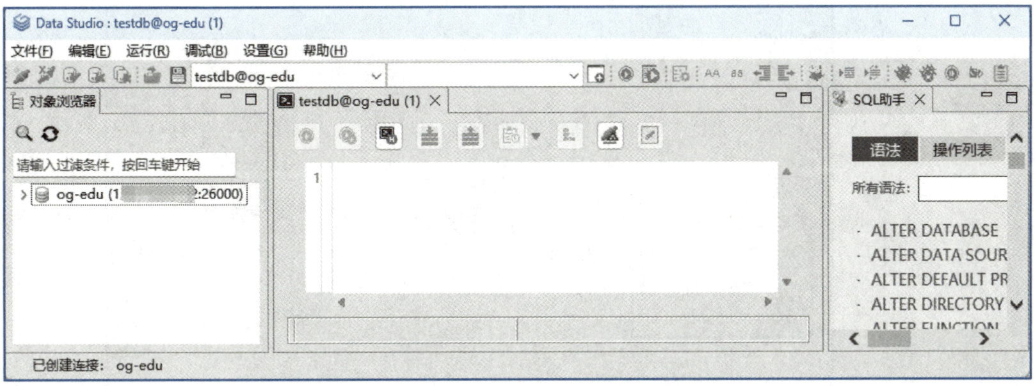

图 1.9 Data Studio 工具连接数据库成功界面

可以通过左侧的“对象浏览器”查看表中数据。这里，我们依次查看 og-edu 数据库服务器→ testdb 数据→ testtable 表。右键单击 testtable 表，选择“查看数据”，则在右侧会以表格形式返回 testtable 表中的数据，如图 1.10 所示。

可以使用 Data Studio 工具执行 SQL 语句。如图 1.11 所示，在 SQL 编辑器中输入 SELECT 语句，然后单击编译/执行工具按钮以查询 testtable 表中的数据，查询结果将在下方“结果”选项卡窗口中显示。

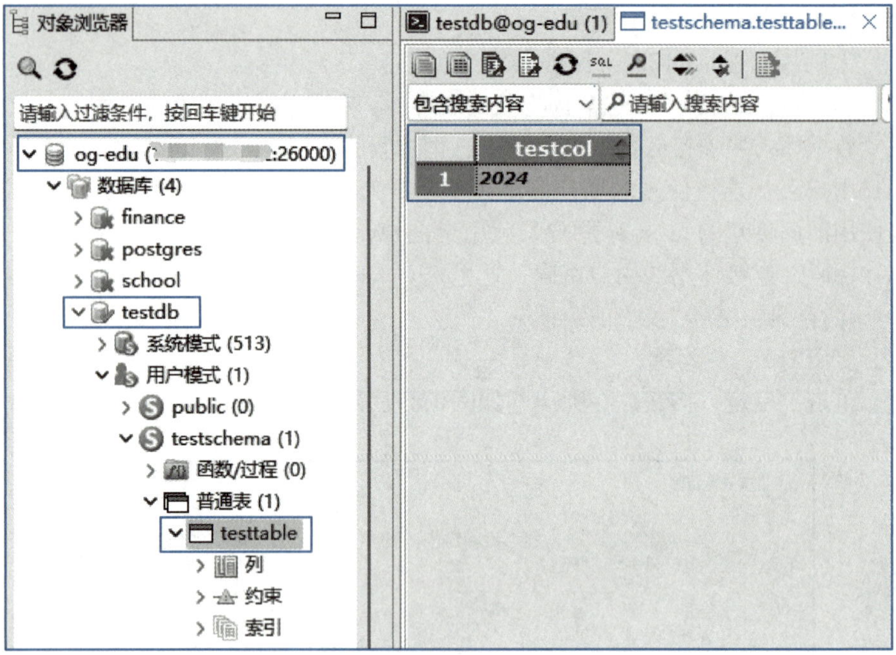

图 1.10　Data Studio 工具查看表中数据

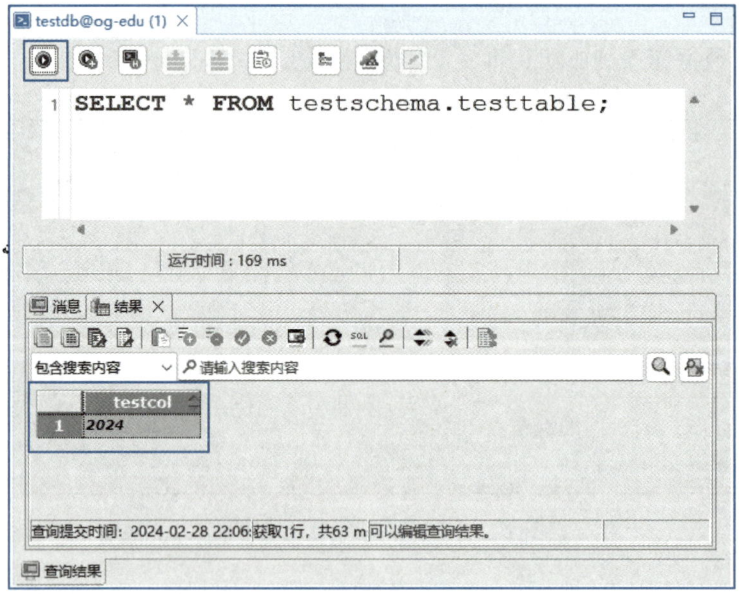

图 1.11　Data Studio 工具执行 SQL 语句

如果在关闭 Data Studio 后再次启动，若遇到如图 1.12 所示的报错情况，则可删除 Data Studio 安装目录下的 UserData\< 用户名 >\.lock 文件，然后重新启动 Data Studio.exe 即可。

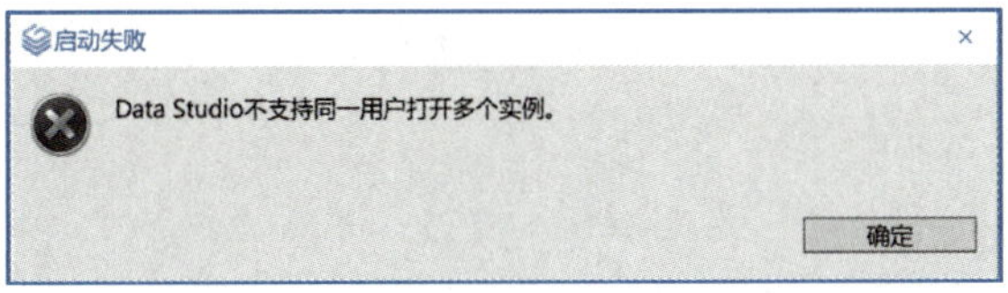

图 1.12　Data Studio 工具启动失败报错

1.5　实验结果

请按照如下要求完成实验操作：

① 完成实验步骤 1.4.1 小节。
② 完成实验步骤 1.4.2 小节。
③ 完成实验步骤 1.4.3 小节。
④ 完成实验步骤 1.4.4 小节，安装 openGauss 极简版。
⑤ 完成实验步骤 1.4.5 小节，使用 gsql 连接数据库。
⑥ 完成实验步骤 1.4.6 小节，使用 Data Studio 连接数据库。

1.6　讨论与总结

请列出实验中遇到的问题及解决办法与思考讨论，并对本实验进行总结。

实验中遇到的问题及解决办法：

思考讨论：

实验总结：

第 2 章 基本数据管理

2.1 实验介绍

作为关系数据库管理系统，openGauss 的主要功能是进行关系数据的管理，包括数据定义、数据查询、数据更新等基本数据管理操作。数据定义是进行数据管理的第一步工作，需要创建数据库和定义所有数据表，以便作为装载具体数据的框架结构。数据查询是要在数据库中查找满足各种条件要求的数据，是数据库最重要的功能之一，需要通过大量实验操作和练习才能掌握编写查询语句的技巧。数据更新是要实现数据添加、修改和删除操作。本章将在 openGauss 中使用结构化查询语言 SQL 创建数据库和数据表，完成基本查询、连接查询、子查询和集合查询等各类数据查询，进行数据更新和数据表结构的修改。本章将实践 openGauss 的基本数据管理功能。

2.2 实验目的

- 掌握在 openGauss 中使用 SQL 创建数据库和数据表。
- 掌握在 openGauss 中使用 SQL 进行基本查询。
- 掌握在 openGauss 中使用 SQL 进行连接查询。
- 掌握在 openGauss 中使用 SQL 进行子查询。
- 掌握在 openGauss 中使用 SQL 进行集合查询。
- 掌握在 openGauss 中使用 SQL 进行数据更新，包括添加、修改、删除数据。
- 掌握在 openGauss 中使用 SQL 修改表结构。

2.3 实验原理

2.3.1 关系数据库语言 SQL

SQL 是关系数据库的标准语言，以统一的方式管理和操作关系数据。SQL 具有如下特点：

① 功能全面。SQL 主要包括数据定义、数据查询、数据操纵和数据控制等功能，具有功能全面、语法风格统一的特点。使用 SQL 可以独立完成数据库生命周期中的全部活动。

② 声明式语言。SQL 是一种声明式语言，在使用 SQL 语句表达要做的事情时，用户只需声明想做什么，无须具体指出完成这件事情的详细步骤。如何执行 SQL 语句的详细步骤交由数据库管理系统（DBMS）内部自动完成。从用户的角度看，SQL 只关心“做什么”，而不在乎“怎么做”。

③ 面向集合。关系实际上就是元组的集合。将元组集合作为 SQL 语句的输入，查询语句的输出结果是满足条件的元组集合，更新语句所影响的范围也是一个元组集合。SQL 以面向集合的操作方式对数据进行处理。

④ 使用方式灵活。SQL 既可以用作交互式语言，又可以用作嵌入式语言。作为交互式语言，用户可以直接在数据库客户端程序中输入 SQL 命令以查看执行结果；作为嵌入式语言，SQL 可以通过各种方式嵌入主流编程语言，供程序开发人员使用。

⑤ 易学易用。SQL 经过精心设计，语言十分简洁。SQL 作为进行数据管理的计算机语言，其语法与英语类似，非常容易学习和使用。

SQL 的核心功能由以下 4 个部分组成：

① 数据定义语言（DDL），用于定义数据库对象。数据定义语言还可以修改或删除数据库对象的定义。

② 数据查询语言（data query language，DQL），用于根据指定条件查询数据。由于查询操作是用户最常使用的功能，数据查询语言是 SQL 最重要的组成部分。

③ 数据操纵语言（data manipulation language，DML），用于更新指定的数据，包括插入新数据、修改已有数据和删除数据。

④ 数据控制语言（data control language，DCL），用于管理对于数据的访问授权。控制数据库中的用户对数据项的查看或修改。

表 2.1 列出了上述 SQL 组成部分及对应语句的关键字动词。

表 2.1　SQL 组成部分与对应语句的关键字动词

SQL 组成部分	关键字动词
数据定义语言（DDL）	CREATE, ALTER, DROP

续表

SQL 组成部分	关键字动词
数据查询语言（DQL）	SELECT
数据操纵语言（DML）	INSERT, UPDATE, DELETE
数据控制语言（DCL）	GRANT, REVOKE

2.3.2　数据定义

从本章开始，我们引入“学生-课程”数据库（命名为 dbsc）作为实践 openGauss 功能的示例。dbsc 数据库描述了学生选修课程的情景，记录学生数据、课程数据和选课数据。图 2.1 是“学生-课程”数据库的 E-R 图，这是一个典型的多对多关系，一个学生可以修多门课程，一门课程也可以由多个学生来选修。

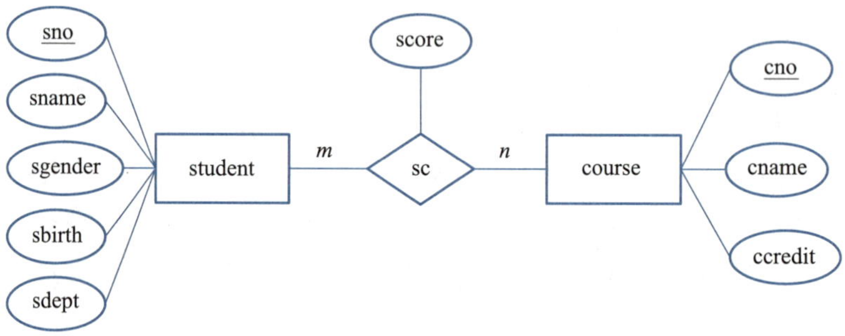

图 2.1　dbsc 数据库的 E-R 图

dbsc 数据库包括 3 个关系表，它们分别是：

- 学生表：student (sno, sname, sgender, sbirth, sdept)
- 课程表：course (cno, cname, ccredit)
- 选课表：sc (sno, cno, score)

带有下划线的字段表示该字段为主键。表 2.2、表 2.3 和表 2.4 分别列出了学生表 student、课程表 course 和选课表 sc 中的示例数据。

表 2.2　学生表 student 的示例数据

sno（学号）	sname（姓名）	sgender（性别）	sbirth（出生日期）	sdept（系别）
22001	张三	男	2002-05-19	CS
22002	李四	女	2002-01-09	CS
22003	王五	女	2001-12-08	CE
22004	赵六	男	2001-08-30	IS

表 2.3 课程表 course 的示例数据

cno（课号）	cname（课程名）	ccredit（学分）
1	高等数学	4
2	数据库原理	5
3	操作系统	3
4	信息系统	4

表 2.4 选课表 sc 的示例数据

sno（学号）	cno（课号）	score（成绩）
08001	1	92
08001	2	85
08001	3	88
08002	2	90
08002	3	80

在关系数据库中，关系数据模型由相互关联的若干表构成。表的创建、修改和删除操作是 SQL 中最常用的数据定义语句。

1. 创建表

在 SQL 中，使用 CREATE TABLE 语句定义基本表，语法格式如下：

```
CREATE TABLE <表名>
(
    <列名 1> <数据类型> [列级完整性约束],
    <列名 2> <数据类型> [列级完整性约束],
    ...
    [表级完整性约束 1],
    [表级完整性约束 2],
    ...
);
```

创建表时需要指定表名、表中每个列的定义，以及完整性约束要求。可以将创建表想象为搭建用于容纳数据的结构框架或容器。描述这个框架本身的数据称为元数据（metadata），即关于数据的数据，例如表名、列名和列的数据类型等。

2. 修改表

如果用户的需求发生了变化，表的结构要进行相应的调整。对于已经装载了大量数据的表，或者被其他数据库对象引用（例如参照完整性）的表，调整表结构不宜采取删除重建的办法。SQL 提供了 ALTER TABLE 语句用于修改基本表，语法格式如下：

```
ALTER TABLE <表名>
{ ADD <列名> <数据类型> [ 完整性约束 ]
  | DROP <列名> [ RESTRICT | CASCADE ]
  | ALTER COLUMN <列名> <数据类型>
};
```

其中：要修改的表由 <表名> 指定；ADD 子句用于向基本表中添加新列，描述新列的语法格式与 CREATE TABLE 中定义列的格式相同；DROP 子句用于删除表中已有的列；ALTER COLUMN 子句用于修改已有列的定义。

注意：ALTER TABLE 修改的是表本身的结构（即表的定义），而不是表中装载的数据。

3. 删除表

如果不再需要某个基本表，可以使用 DROP TABLE 语句将其删除，该语句的语法格式如下：

```
DROP TABLE <表名> [ RESTRICT | CASCADE ];
```

该语句会将基本表连同其中存储的数据一并删除。如果只想清空表中的数据而不想删除表本身，则不要使用 DROP TABLE 语句。

如果指定了 CASCADE 方式，则进行级联删除，即在删除基本表时，依赖于该表的其他数据库对象会被一并删除。

如果指定了 RESTRICT 方式，则进行限制删除，即要删除的表不能被其他数据库对象所引用，否则 DBMS 会拒绝删除该基本表。

如果不指定删除方式，默认删除方式是 RESTRICT。

4. 数据类型

SQL 数据类型规定了一个属性的类型和取值范围。数据类型直接对应于关系模型中域的概念。关系中的每个属性必须来自一个域。表中每个列的取值必须符合定义表时指定的数据类型。表 2.5 列出了 SQL 提供的主要数据类型。

表 2.5　SQL 的主要数据类型

	数据类型	描述
字符串型	CHAR(*n*)	长度为 *n* 的定长字符串
	VARCHAR(*n*)	最大长度为 *n* 的变长字符串
数值型	INT	长整数（也可写作 INTEGER），通常为 4 B
	SMALLINT	短整数，通常为 2 B
	REAL	单精度浮点数
	DOUBLE PRECISION	双精度浮点数

续表

	数据类型	描述
数值型	NUMERIC(p, s)	定点数，由 p 位数字组成（不包括符号和小数点），小数点后有 s 位数字（也可写作 DECIMAL(p, s)）。p 称为精度（precision），s 称为刻度（scale）。例如，23.5141 的精度为 6，刻度为 4，即 p=6，s=4。不等式 $0 \leqslant s \leqslant p$ 成立
位串型	BIT(n)	长度为 n 的定长二进制位串
	BIT VARYING(n)	最大长度为 n 的变长二进制位串
日期时间型	DATE	日期，包含年、月、日，格式为 YYYY-MM-DD
	TIME	时间，包含一日的时、分、秒，格式为 HH:MM:SS

2.3.3 数据查询

数据查询是 SQL 的核心。声明式 SELECT 语句提供了全面的 SQL 数据查询功能。SELECT 语句的查询返回结果称为结果集（result set）。可以将结果集想象为内存中的一张新表，SELECT 语句描述如何生成该表的行和列。

在 SQL 中，SELECT 语句的语法格式如下：

```
SELECT [ ALL | DISTINCT ] <列表达式>, ···
FROM <表名>, ···
[WHERE <条件表达式>]
[GROUP BY <列名>, ··· [HAVING <条件表达式>] ]
[ORDER BY <列名> [ASC | DESC], ···];
```

其中，SELECT 后的 <列表达式> 指定结果表将包含哪些列，FROM 后的 <表名> 指定数据来自哪里，WHERE 后的 <条件表达式> 指定结果表中每行数据要满足的条件。

SELECT 语句的总体执行步骤是：

① 根据 WHERE 子句的条件，从 FROM 子句指定的表中找出满足条件的元组。

② 再按 SELECT 子句选出指定的列，形成结果表。

③ 如果有 GROUP BY 子句，则结果按 <列名> 的值分组，属性值相等的元组分为一组；通常会在每组中作用聚合函数。如果带有 HAVING 子句，则只返回满足条件的组。

④ 如果有 ORDER BY 子句，则结果表还要按 <列名> 的值升序或降序排序。

SELECT 语句既可以完成简单的单表查询，也可以完成复杂的连接查询和子查询。

通过 WHERE 子句可以选择表中满足指定条件的行。WHERE 子句中主要的查询条件如表 2.6 所示。WHERE 子句中指定的 <条件表达式> 也称为谓词。

表 2.6　WHERE 子句的查询条件

查询条件	谓词
比较	=, >, <, >=, <=, <>
范围	BETWEEN…AND，…NOT BETWEEN…AND…
集合	IN, NOT IN
字符匹配	LIKE, NOT LIKE
空值	IS NULL, IS NOT NULL
逻辑运算	AND, OR, NOT

2.3.4　数据更新

SQL 中的数据操纵语言（DML）用于更新指定的数据，包括插入新数据（INSERT 语句）、修改已有数据（UPDATE 语句）和删除数据（DELETE 语句）这 3 类操作。

1. 插入数据

INSERT 语句用于向表中插入新的行，有两种形式：一种是插入一个元组，另一种是插入子查询的结果。

（1）插入元组

向表中插入一个元组的 INSERT 语句格式如下：

```
INSERT INTO <表名> [(<列 1>, <列 2>, ···)]
VALUES (<值 1>, <值 2>, ···)
```

其功能是向 < 表名 > 指定的表中插入一行新数据。< 表名 > 后是属性列的列表，属性列的顺序可以不同于表中列的顺序。VALUES 后是值的列表，指定新元组各列的取值。< 列 1> 的取值为 < 值 1>，< 列 2> 的取值为 < 值 2>，以此类推。

（2）插入子查询结果

INSERT 语句中可以嵌套 SELECT 子查询，用于将其他表或视图中满足要求的数据行批量插入指定表。语法格式如下：

```
INSERT INTO <表名> [(<列 1>, <列 2>,···)]
<子查询>
```

2. 修改数据

修改数据库中已有的数据称为更新操作。使用 UPDATE 语句可以更新表中满足条件的行；可以单独更新一列数据，而不影响其他列。UPDATE 语句的格式如下：

```
UPDATE <表名>
SET <列名 1> = <新值> [, <列名 2> = <新值> ···]
[WHERE <条件>]
```

要执行一个更新操作，需要指明以下 3 项信息：表名和要更新的列、该列的新值，以及要更新哪些行。

3. 删除数据

DELETE 语句用于删除表中的行。语法格式如下：

```
DELETE FROM <表名>
[WHERE <条件>]
```

其功能是从指定表中删除满足 WHERE 子句条件的行。如果省略 WHERE 子句，表示删除表中的全部行。DELETE 语句删除的是表中的数据，而不是表的定义，表的定义仍在数据库的数据字典中。要想删除表的定义，应使用 DROP 语句删除数据库对象。

2.3.5　gsql 元命令

gsql 客户端提供若干元命令，元命令可帮助管理员查看数据库对象的信息、格式化 SQL 输出结果，以及连接到新的数据库等。表 2.7 给出了 gsql 提供的部分元命令及其功能说明。

表 2.7　gsql 提供的部分元命令及其功能说明

元命令	功能说明
\h [NAME]	给出指定 SQL 语句的语法帮助
\q	退出 gsql 程序
\dt[S+] [PATTERN]	列出表 PATTERN 信息，+ 会列出更详细的信息，S 包括系统对象
\l	列出所有数据库的信息
\c [NAME]	连接到一个新的数据库 NAME
\timing [on|off]	以毫秒为单位显示每条 SQL 语句的执行时间
\set [NAME [VALUE]]	设置内部变量 NAME 的值为 VALUE
\unset NAME	删除变量 NAME

2.4　实验步骤

2.4.1　创建数据库与数据表

首先，创建 dbsc 数据库和其中的数据表。具体步骤如下：

1. 以 omm 用户身份登录

```
[omm@eduog ~]$
```

2. 启动数据库服务器

```
[omm@eduog ~]$ gs_ctl start -D $GAUSSHOME/data/single_node -Z single_
    node
```

3. 连接数据库服务器

```
[omm@eduog ~]$ gsql -d postgres -p 26000 -r
```

4. 创建“学生-课程”数据库 dbsc

```
openGauss=# CREATE DATABASE dbsc;
CREATE DATABASE
```

5. 列出所有的数据库

```
openGauss=# \l
                              List of databases
Name        | Owner    | Encoding |  Collate     |    Ctype     | Access privileges
-----------+---------+----------+-------------+-------------+-------------------
dbsc        | omm      | UTF8     | en_US.UTF-8 | en_US.UTF-8 |
finance     | omm      | UTF8     | en_US.UTF-8 | en_US.UTF-8 |
postgres    | omm      | UTF8     | en_US.UTF-8 | en_US.UTF-8 |
school      | omm      | UTF8     | en_US.UTF-8 | en_US.UTF-8 |
template0   | omm      | UTF8     | en_US.UTF-8 | en_US.UTF-8 | =c/omm+omm=CTc/omm
template1   | omm      | UTF8     | en_US.UTF-8 | en_US.UTF-8 | =c/omm+omm=CTc/omm
testdb      | testuser| UTF8     | en_US.UTF-8 | en_US.UTF-8 |
(7 rows)
```

可以看到其中包括刚创建的 dbsc 数据库，所有者为 omm 用户。

6. 连接 dbsc 数据库

创建数据库并不会改变当前客户端连接的数据库。需要使用 \c 命令指定连接某个数据库：

```
openGauss=# \c dbsc
Non-SSL connection (SSL connection is recommended when requiring
    high-security)
You are now connected to database "dbsc" as user "omm".
dbsc=#
```

这样，后续创建数据表的操作才能在 dbsc 数据库中进行。否则，将在默认连接的系统数据库 postgres 中创建数据表。

7. 创建学生数据表 student

在 gsql 中输入以下 CREATE TABLE 语句：

```
CREATE TABLE student
(
   sno          CHAR(5),
```

```
    sname       VARCHAR(10)  NOT NULL,
    sgender     CHAR(4)      NOT NULL,
    sbirth      DATE         NOT NULL,
    sdept       CHAR(2),
    CONSTRAINT pk_student PRIMARY KEY(sno)
);
```

返回如下信息，表明数据表创建成功：

```
NOTICE:  CREATE TABLE / PRIMARY KEY will create implicit index "pk_
    student" for table "student"
CREATE TABLE
```

NOTICE 一行是指 CREATE TABLE 语句会自动创建主键列上的索引。

8. 创建课程数据表 course

```
CREATE TABLE course
(
    cno         SMALLINT,
    cname       VARCHAR(20)  NOT NULL,
    ccredit     SMALLINT     NOT NULL,
    CONSTRAINT pk_course PRIMARY KEY(cno)
);
```

9. 创建选课数据表 sc

```
CREATE TABLE sc
(
    sno         CHAR(5),
    cno         SMALLINT,
    score       SMALLINT,
    CONSTRAINT pk_sc PRIMARY KEY(sno, cno),
    CONSTRAINT fk_student FOREIGN KEY(sno) REFERENCES student(sno),
    CONSTRAINT fk_course FOREIGN KEY(cno) REFERENCES course(cno)
);
```

10. 可以使用 gsql 元命令来查看当前数据库的相关信息

例如，使用元命令 \d 查看数据表的结构。查看 student 表结构的命令如下：

```
dbsc=# \d student
                Table "public.student"
 Column    |              Type                   | Modifiers
-----------+-------------------------------------+-----------
 sno       | character(5)                        | not null
 sname     | character varying(10)               | not null
 sgender   | character(4)                        | not null
 sbirth    | timestamp(0) without time zone      | not null
 sdept     | character(2)                        |
```

```
    Indexes:
        "pk_student" PRIMARY KEY, btree (sno) TABLESPACE pg_default
    Referenced by:
    TABLE "sc" CONSTRAINT "fk_student" FOREIGN KEY (sno) REFERENCES
student(sno)
```

例如，使用元命令 \dt 可以列出所有数据表。例如列出 dbsc 数据库中所有表的信息：

```
dbsc=# \dt
                         List of relations
 Schema |  Name   | Type  | Owner |              Storage
--------+---------+-------+-------+----------------------------------
 Public | course  | table | omm   | {orientation=row,compression=no}
 Public | sc      | table | omm   | {orientation=row,compression=no}
 public | student | table | omm   | {orientation=row,compression=no}
(3 rows)
```

其中，Schema 列为表所在模式，Name 列为表名，Type 列为数据库对象类型，Owner 列为表所属的用户，Storage 列中是有关表的存储信息。

11. 向数据表中插入数据

```
INSERT INTO student VALUES ('22001', '张三', '男', '2002-05-19', 'CS');
INSERT INTO student VALUES ('22002', '李四', '女', '2002-01-09', 'CS');
INSERT INTO student VALUES ('22003', '王五', '女', '2001-12-08', 'CE');
INSERT INTO student VALUES ('22004', '赵六', '男', '2001-08-30', 'IS');

INSERT INTO course VALUES (1, '高等数学', 4);
INSERT INTO course VALUES (2, '数据库系统', 5);
INSERT INTO course VALUES (3, '操作系统', 3);
INSERT INTO course VALUES (4, '信息系统', 4);

INSERT INTO sc VALUES ('22001', 1, 96);
INSERT INTO sc VALUES ('22001', 2, 85);
INSERT INTO sc VALUES ('22001', 3, 88);
INSERT INTO sc VALUES ('22002', 2, 90);
INSERT INTO sc VALUES ('22002', 3, 80);
```

12. 查看表中的数据

列出 student 表中的数据：

```
dbsc=# SELECT * FROM student;
  sno  | sname | sgender |        sbirth        | sdept
-------+-------+---------+----------------------+-------
 22001 | 张三  | 男      | 2002-05-19 00:00:00 | CS
 22002 | 李四  | 女      | 2002-01-09 00:00:00 | CS
 22003 | 王五  | 女      | 2001-12-08 00:00:00 | CE
```

```
 22004 | 赵六    | 男      | 2001-08-30 00:00:00 | IS
(4 rows)
```

列出 course 表中的数据：

```
dbsc=# SELECT * FROM course;
 cno |   cname    |  ccredit
-----+------------+----------------
   1 | 高等数学   |       4
   2 | 数据库系统 |       5
   3 | 操作系统   |       3
   4 | 信息系统   |       4
(4 rows)
```

列出 sc 表中的数据：

```
dbsc=# SELECT * FROM sc;
  sno   | cno | score
--------+-----+-------
 22001 |   1 | 96
 22001 |   2 | 85
 22001 |   3 | 88
 22002 |   2 | 90
 22002 |   3 | 80
(5 rows)
```

2.4.2 查询数据——基本查询

本节开始以“学生-课程”数据库上的查询任务为例，演练使用 SQL 中的 SELECT 语句进行数据查询操作。

基本查询操作一般仅涉及一个表，因此也称为单表查询。

1. 选择表中的列

由 SELECT 指定列名，选择表中的全部列或部分列，这对应于关系代数中的投影运算。

（1）查询指定列

如果用户只对表中的一部分属性列感兴趣，可以在 SELECT 后的 <列表达式> 中指定要查询的属性列。

【例 2.1】查询全体学生的姓名与性别。

```
SELECT sname, sgender
FROM student;
sname  | sgender
-------+---------
 张三  | 男
 李四  | 女
```

```
 王五    | 女
 赵六    | 男
(4 rows)
```

【例 2.2】查询全体学生的姓名、学号和所在系。

```
SELECT sname, sno, sdept
FROM student;
sname  |  sno   | sdept
-------+-------+-------
 张三   | 22001 | CS
 李四   | 22002 | CS
 王五   | 22003 | CE
 赵六   | 22004 | IS
(4 rows)
```

（2）查询全部列

要获取表中的全部属性列，可以将 SELECT 后的 <列表达式> 指定为 * 字符。

【例 2.3】查询全体学生的所有信息。

```
SELECT *
FROM student;
  sno  | sname  | sgender |        sbirth         | sdept
-------+--------+---------+---------------------+-------
 22001 | 张三    | 男       | 2002-05-19 00:00:00 | CS
 22002 | 李四    | 女       | 2002-01-09 00:00:00 | CS
 22003 | 王五    | 女       | 2001-12-08 00:00:00 | CE
 22004 | 赵六    | 男       | 2001-08-30 00:00:00 | IS
(4 rows)
```

该查询等价于在 SELECT 后列出表的所有列：

```
SELECT sno, sname, sgender, sbirth, sdept
FROM student;
```

（3）对查询列进行计算

SELECT 后的 <列表达式> 除了是表中的属性列之外，还可以是任意复杂的表达式。

【例 2.4】查询全体学生的姓名和年龄。

```
SELECT sname AS 姓名, AGE(CURRENT_DATE, sbirth) AS 年龄
FROM student;
 姓名  |              年龄
------+-------------------------------
 张三  | 21 years 9 mons 6 days
 李四  | 22 years 1 mon 16 days
 王五  | 22 years 2 mons 17 days
```

```
 赵六   | 22 years 5 mons 26 days
(4 rows)
```

该查询使用了 openGauss 提供的时间日期函数。CURRENT_DATE 函数返回当前日期；AGE 函数计算年龄，即将两个日期的差值以相差的年月日的形式返回。使用 AS 关键字指定经过计算的列的别名。

如果仅需返回年份部分，可以使用 EXTRACT 函数对 AGE 函数返回值提取年份部分，查询语句如下：

```
SELECT sname AS 姓名, EXTRACT('YEAR' FROM AGE(CURRENT_DATE, sbirth))
    AS 年龄
FROM student;
 姓名  |  年龄
------+------
 张三  |   21
 李四  |   22
 王五  |   22
 赵六  |   22
(4 rows)
```

（4）消除重复行

查询表中的列被指定后，结果可能出现重复的行，见下例。

【例 2.5】查询选修了课程的学生的学号。

```
SELECT sno FROM sc;
  sno
-------
 22001
 22001
 22001
 22002
 22002
(5 rows)
```

加上 DISTINCT 关键字可消除重复的行：

```
SELECT DISTINCT sno FROM sc;
  sno
----------
 22002
 22001
(2 rows)
```

2. 选择表中的行

通过 WHERE 子句可以选择表中满足指定条件的行，这对应于关系代数中的选择运算。

（1）比较大小

比较大小操作使用比较运算符实现，比较运算符包括：=（等于）、>（大于）、<（小于）、>=（大于或等于）、<=（小于或等于）和 <>（不等于）。

【例 2.6】查询计算机科学系（CS）全体学生的名单。

```
SELECT sname
FROM student
WHERE sdept = 'CS';
 sname
-------
 张三
 李四
(2 rows)
```

WHERE 子句就像是一个过滤器，它将不满足条件的行排除在结果表之外，而只允许满足条件的行返回。

【例 2.7】查询有不及格课程成绩的学生学号。

```
SELECT DISTINCT sno
FROM sc
WHERE score < 60;
sno
-----
(0 rows)
```

查询结果显示不存在有不及格课程成绩的学生。

（2）确定范围

使用谓词 BETWEEN…AND…（或 NOT BETWEEN…AND…）可以查找属性值在（或不在）指定范围内的元组，其中 BETWEEN 后是范围的下限，AND 后是范围的上限。即：

a BETWEEN *x* AND *y*　　　等价于 *a* >= *x* AND *a* <= *y*

a NOT BETWEEN *x* AND *y*　等价于 *a* < *x* OR *a* > *y*

【例 2.8】查询 2 号课程成绩在 80~89 的学生学号。

```
SELECT sno
FROM SC
WHERE cno = 2 AND score BETWEEN 80 AND 89;
  sno
-------
 22001
(1 row)
```

在 BETWEEN…AND…中的范围包括上下限（即上述查询条件包括 80 和 89），而在 NOT BETWEEN…AND…中的范围不包括上下限，这两个谓词确定的范围是互补的。

【例 2.9】查询 2 号课程成绩不在 80~89 的学生学号。

```
SELECT sno
FROM SC
WHERE cno = 2 AND score NOT BETWEEN 80 AND 89;
  sno
-------
 22002
(1 row)
```

（3）确定集合

谓词 IN 用于判断属性值是否属于指定集合中的元素。如果属性值属于该集合，则返回“真”。

【例 2.10】查询计算机科学系（CS）和计算机工程系（CE）的学生姓名及性别。

```
SELECT sname, sgender
FROM student
WHERE sdept IN ('CS', 'CE');
sname  | sgender
-------+---------
 张三   | 男
 李四   | 女
 王五   | 女
(3 rows)
```

与 IN 相反的谓词是 NOT IN，它用于判断属性值是否不属于指定集合中的元素。如果属性值不属于该集合，则返回“真”。

【例 2.11】查询不是计算机科学系（CS）和计算机工程系（CE）的学生姓名、性别和所在系。

```
SELECT sname, sgender, sdept
FROM student
WHERE sdept NOT IN ('CS', 'CE');
sname  | sgender    | sdept
-------+-----------+-------
 赵六   | 男          | IS
(1 row)
```

（4）字符匹配

谓词 LIKE 用于进行字符串模式匹配。LIKE 的语法格式如下：

```
<字符串> LIKE <模式> [ ESCAPE <转义符> ]
```

谓词 LIKE 判断属性值 <字符串> 与 <模式> 是否匹配。实际上，<模式> 定义了一个字符串集合。如果表示属性值的 <字符串> 包含在 <模式> 定义的这个字符串集合中，则 LIKE 谓词返回“真”。

<模式>的写法也是一个字符串，其中可以含有通配符 _ 和 %。通配符 _ 代表任意单个字符，% 代表由 0 个或多个字符组成的任意字符串。

【例 2.12】查询所有姓张的学生的学号、姓名和性别。

```
SELECT sno, sname, sgender
FROM student
WHERE sname LIKE '张%';
  sno   | sname  | sgender
-------+--------+---------
 22001 | 张三    | 男
(1 row)
```

【例 2.13】查询所有姓张且姓名为两个字的学生的学号、姓名和性别。

```
SELECT sno, sname, sgender
FROM student
WHERE sname LIKE '张_';
  sno   | sname  | sgender
-------+--------+---------
 22001 | 张三    | 男
(1 row)
```

注意：这里数据库采用 Unicode 字符编码，故 '张_' 中的下划线匹配一个汉字。openGauss 采用的字符编码可以查看 server_encoding 系统参数，命令如下：

```
dbsc=# SHOW server_encoding;
 server_encoding
-----------------
 UTF8
(1 row)
```

谓词 NOT LIKE 与 LIKE 相反，用于查找属性值与<模式>不匹配的元组。LIKE 返回“真”时，NOT LIKE 返回“假”，反之亦然。

【例 2.14】查询所有不姓张的学生的学号、姓名和性别。

```
SELECT sno, sname, sgender
FROM student
WHERE sname NOT LIKE '张%';
  sno   | sname | sgender
-------+-------+---------
 22002 | 李四   | 女
 22003 | 王五   | 女
 22004 | 赵六   | 男
(3 rows)
```

如果要匹配的字符串本身就含有 _ 或 % 字符，则应当对其进行转义，将其还原为字面含义，即下划线或百分号，而不再是通配符。默认的转义符为反斜线“\”。

【例 2.15】查询课程名为 DB_Course 的课程的课号和学分。

```
SELECT cno, ccredit
FROM course
WHERE cname LIKE 'DB\_Course';
cno | ccredit
----+---------
(0 rows)
```

可以使用 ESCAPE 关键字指定某字符为转义符。

【例 2.16】查询课程名以 DB_ 开头且倒数第 2 个字符为 s 的课程的课号和学分。

```
SELECT cno, ccredit
FROM course
WHERE cname LIKE 'DB^_%s_' ESCAPE '^';
cno | ccredit
----+---------
(0 rows)
```

可以使用正则表达式完成更复杂的字符匹配需求。正则表达式定义了一个字符串集合。如果一个字符串是正则表达式所描述的集合的元素时，我们就说这个串匹配该正则表达式。openGauss 支持符合 POSIX 语法的正则表达式。表 2.8 给出了 openGauss 支持的正则表达式匹配运算符。

表 2.8 openGauss 支持的正则表达式匹配运算符

运算符	描述	示例
~	匹配正则表达式，大小写敏感	'openGauss' ~ '.*openGauss.*'
~*	匹配正则表达式，大小写不敏感	'openGauss' ~* '.*opengauss.*'
!~	不匹配正则表达式，大小写敏感	'openGauss' !~ '.*opengauss.*'
!~*	不匹配正则表达式，大小写不敏感	'openGauss' !~* '.*openeuler.*'

【例 2.17】查询所在系的名称以 C 开头的学生的学号、姓名和系名。

```
SELECT sno, sname, sdept
FROM student
WHERE sdept ~ '^C.*';
  sno   | sname | sdept
-------+-------+-------
 22001 | 张三   | CS
 22002 | 李四   | CS
```

```
 22003 | 王五   | CE
(3 rows)
```

（5）判断空值

谓词 IS NULL 用于判断属性值是否为空，若属性值为空，则返回“真”。

【例 2.18】查询成绩为空的学生的学号和所选课程的课号。

```
SELECT sno, cno
FROM sc
WHERE score IS NULL;
sno | cno
----+-----
(0 rows)
```

注意： 不要写作 score = NULL。

相反地，谓词IS NOT NULL用于判断属性值是否为非空，若属性值为非空，则返回“真”。

【例 2.19】查询成绩不为空的学生的学号和所选课程的课号。

```
SELECT sno, cno
FROM sc
WHERE score IS NOT NULL;
  sno  | cno
-------+------
 22001 |   1
 22001 |   2
 22001 |   3
 22002 |   2
 22002 |   3
(5 rows)
```

（6）逻辑运算

逻辑运算符 AND 和 OR 可用来连接多个简单查询条件，从而构成复杂查询条件。

【例 2.20】查询计算机科学系（CS）的男生信息。

```
SELECT *
FROM student
WHERE sdept = 'CS' AND sgender = '男';
  sno  | sname | sgender |        sbirth         | sdept
-------+-------+---------+-----------------------+-------
 22001 | 张三   | 男       |  2002-05-19 00:00:00 | CS
(1 row)
```

【例 2.21】查询计算机科学系（CS）、计算机工程系（CE）和信息科学系（IS）的学生姓名和性别。

```
SELECT sname, sgender
FROM student
WHERE sdept = 'CS' OR sdept = 'CE' OR sdept = 'IS';
sname | sgender
------+---------
 张三  | 男
 李四  | 女
 王五  | 女
 赵六  | 男
(4 rows)
```

3. 排序

ORDER BY 子句将按照指定列的升序或降序排列查询结果。如果没有指定 ORDER BY 子句，则结果表的行的顺序可能是随意的。如要确保查询结果的输出顺序，需要使用 ORDER BY 子句。

【例 2.22】查询选修了 2 号课程的学生学号及其成绩，按分数降序排列。

```
SELECT sno, score
FROM sc
WHERE cno = 2
ORDER BY score DESC;
  sno  | score
-------+-------
 22002 | 90
 22001 | 85
(2 rows)
```

ASC 关键字指定排序方向为升序，DESC 关键字指定排序方向为降序。如果不指定排序方向，则默认为升序。

【例 2.23】查询全体学生的信息，查询结果按照所在系的名称升序排列，同一个系的学生按照姓名的降序排列。

```
SELECT *
FROM student
ORDER BY sdept ASC, sname COLLATE "zh_CN.utf8" DESC;
  sno  | sname | sgender    |        sbirth        | sdept
-------+-------+------------+---------------------+-------
 22003 | 王五   | 女          | 2001-12-08 00:00:00 | CE
 22001 | 张三   | 男          | 2002-05-19 00:00:00 | CS
 22002 | 李四   | 女          | 2002-01-09 00:00:00 | CS
 22004 | 赵六   | 男          | 2001-08-30 00:00:00 | IS
(4 rows)
```

升序将较小的值排在前面，降序将较大的值排在前面。字符串的升序就是字符串的字典排序。因此，首先根据 sdept 列的升序排列，得到 'CE' < 'CS' < 'IS'；对于 sdept 列值相同的行（即 sdept'CS' 的行），再根据 sname 列的降序排

列，得到 '张三' > '李四'。注意，要使用 COLLATE "zh_CN.utf8" 指明按照中文 UTF-8 字符集进行排序，才能保证按照中文拼音排序。

4. 聚合函数

聚合函数的作用是由一组输入值计算出一个输出值。一组输入值一般是表在某列上的投影所产生的若干行，输出值只有一个。"聚合"的含义就是将一组值聚合在一起求出一个值。表 2.9 给出了 SQL 中常用的聚合函数。

表 2.9　常用的 SQL 聚合函数

聚合函数	描述
COUNT(*)	计算元组的个数
COUNT(< 列名 >)	计算一列中值的个数
SUM(< 列名 >)	计算一列值的总和（该列必须是数值型）
AVG(< 列名 >)	计算一列值的平均值（该列必须是数值型）
MAX(< 列名 >)	求一列值中的最大值
MIN(< 列名 >)	求一列值中的最小值

【例 2.24】查询学生的总人数。

```
SELECT COUNT(*)
FROM student;
count
-------
  4
(1 row)
```

一个学生可以选修多门课程，sc 表中可能存在多条选课记录。要查询选修了课程的学生人数，同一学生的选课记录不能重复计算。要在聚合函数中使用 DISTINCT 关键字，在计算聚合函数之前消除指定列中的重复值。

【例 2.25】查询选修了课程的学生人数。

```
SELECT COUNT(DISTINCT sno)
FROM sc;
count
-------
  2
(1 row)
```

【例 2.26】计算 3 号课程的平均成绩。

```
SELECT ROUND(AVG(score), 2) AS avg
FROM sc
WHERE cno = '3';
avg
```

```
-------
 84.00
(1 row)
```

ROUND 函数用于将平均成绩舍入为保留两位小数。

【例 2.27】计算 3 号课程的最高分数。

```
SELECT MAX(score)
FROM sc
WHERE cno = '3';
max
-------
 88
(1 row)
```

【例 2.28】计算学生 22001 所选课程的总成绩。

```
SELECT SUM(score)
FROM sc
WHERE sno = '22001';
 sum
-------
 269
(1 row)
```

5. 分组

GROUP BY 子句可将查询结果按某些指定列的值进行分组，值相等的行分为一组。分组的目的往往是细化聚合函数的作用对象。如果未分组，聚合函数将作用于整个查询结果。分组后聚合函数将作用于每一个组，即每一组都有一个聚合函数值。

【例 2.29】求各个课程号及相应的选课人数。

```
SELECT cno, COUNT(sno)
FROM sc
GROUP BY cno;
 cno | count
-----+-------
   1 |     1
   3 |     2
   2 |     2
(3 rows)
```

该查询对结果按 cno 分组，具有相同 cno 值的行分为一组，对每一组使用聚合函数 COUNT 进行计数。

若只对分组后的某些组感兴趣，可使用 HAVING 关键字指定筛选条件，筛选出满足指定条件的组。

【例 2.30】查询至少选修了 3 门课程的学生学号。

```
SELECT sno
FROM sc
GROUP BY sno
HAVING COUNT(*) >= 3;
  sno
-------
 22001
(1 row)
```

该查询先用 GROUP BY 按 sno 进行分组，再用聚合函数 COUNT(*) 对每一组计数。用 HAVING 指定要选出的组须满足的条件，即 COUNT(*) >= 3，表示此学生选修的课程大于或等于 3 门。

2.4.3　查询数据——连接查询

之前的查询只涉及一张数据表。当需要获取的数据来自两个以上的表时，应执行连接查询。SQL 提供的连接查询分为内连接（inner join）和外连接（outer join）两大类型。

1. 内连接

将两个表连接在一起的条件称为连接谓词（join predicate）或连接条件。内连接只返回两个表中与连接谓词匹配的行，不匹配的行不会被输出。

内连接包括等值连接（equijoin）和交叉连接（cross join）。

（1）等值连接

等值连接是指连接谓词中只含有 = 运算符的内连接，其语法格式如下：

```
SELECT <列名>,···
FROM <左表> INNER JOIN <右表>
ON <左表>.<主键> = <右表>.<外键>
```

等值连接是最常用的一种连接查询类型。在 FROM 子句中指定两个待连接的表和连接谓词。INNER JOIN 关键字表示进行内连接，关键字左侧的表称为左表，右侧的表称为右表。ON 关键字后面是连接谓词。通常情况下，等值连接的谓词是一个表的主键等于另一个表的外键。正是通过数据库中定义的主外键关系，表与表才能按数据查询需求连接在一起。连接谓词中出现的列称为连接字段。

【例 2.31】查询每个学生及其选课情况。

学生信息在 student 表中，选课情况在 sc 表中，本查询需涉及这两个表。两个表之间的联系是通过 student 表的主键 sno 和 sc 表的外键 sno 的主外键关联实现的。

```
SELECT *
FROM student INNER JOIN sc
```

```
ON student.sno = sc.sno;
  sno  |sname|sgender|       sbirth        |sdept| sno  |  cno  |score
------+-----+-------+-------------------+-----+-----+------+------
 22001| 张三  | 男     |2002-05-19 00:00:00|CS    |22001|   1    |96
 22001| 张三  | 男     |2002-05-19 00:00:00|CS    |22001|   2    |85
 22001| 张三  | 男     |2002-05-19 00:00:00|CS    |22001|   3    |88
 22002| 李四  | 女     |2002-01-09 00:00:00|CS    |22002|   2    |90
 22002| 李四  | 女     |2002-01-09 00:00:00|CS    |22002|   3    |80
(5 rows)
```

内连接的连接谓词也可在 WHERE 子句中指定。这种形式的内连接是旧式语法。与上述查询等价的旧式语法内连接为:

```
SELECT *
FROM student, sc
WHERE student.sno = sc.sno;
```

建议使用 JOIN 关键字指定连接表和连接谓词，可以清晰地表示出连接操作。

上述结果表中存在两个 sno 列，它们正是连接字段，一个是 student 表的主键 sno，一个是 sc 表的外键 sno。通过直接指定输出列名，可以去掉结果表中的重复列。在结果表中只出现一次连接字段的等值连接即为自然连接（natural join）。

【例 2.32】使用自然连接查询每个学生及其选课情况。

```
SELECT student.sno, sname, sgender, sbirth, sdept, cno, score
FROM student INNER JOIN sc
ON student.sno = sc.sno;
  sno  |sname |sgender |       sbirth        |sdept |  cno   |score
------+------+--------+-------------------+------+-------+-------
 22001| 张三   | 男      |2002-05-19 00:00:00|CS     |   1    |96
 22001| 张三   | 男      |2002-05-19 00:00:00|CS     |   2    |85
 22001| 张三   | 男      |2002-05-19 00:00:00|CS     |   3    |88
 22002| 李四   | 女      |2002-01-09 00:00:00|CS     |   2    |90
 22002| 李四   | 女      |2002-01-09 00:00:00|CS     |   3    |80
(5 rows)
```

（2）交叉连接

交叉连接操作返回两个表的笛卡儿积。可以将交叉连接理解为连接谓词总为真的内连接。这样，左表的每一行都能与右表的全部行连接起来，形成的结果表的行数是左、右两个表行数的乘积。交叉连接使用 CROSS JOIN 关键字实现。

【例 2.33】对 student 表和 sc 表进行交叉连接操作。

```
SELECT *
FROM student CROSS JOIN sc;
```

```
  sno |sname|sgender |        sbirth        |sdept| sno |cno|score
------+-----+--------+-------------------+-----+-----+---+-------
 22001| 张三 | 男     |2002-05-19 00:00:00|CS   |22001|  1|96
 22002| 李四 | 女     |2002-01-09 00:00:00|CS   |22001|  1|96
 22003| 王五 | 女     |2001-12-08 00:00:00|CE   |22001|  1|96
 22004| 赵六 | 男     |2001-08-30 00:00:00|IS   |22001|  1|96
 22001| 张三 | 男     |2002-05-19 00:00:00|CS   |22001|  2|85
 22002| 李四 | 女     |2002-01-09 00:00:00|CS   |22001|  2|85
 22003| 王五 | 女     |2001-12-08 00:00:00|CE   |22001|  2|85
 22004| 赵六 | 男     |2001-08-30 00:00:00|IS   |22001|  2|85
 22001| 张三 | 男     |2002-05-19 00:00:00|CS   |22001|  3|88
 22002| 李四 | 女     |2002-01-09 00:00:00|CS   |22001|  3|88
 22003| 王五 | 女     |2001-12-08 00:00:00|CE   |22001|  3|88
 22004| 赵六 | 男     |2001-08-30 00:00:00|IS   |22001|  3|88
 22001| 张三 | 男     |2002-05-19 00:00:00|CS   |22002|  2|90
 22002| 李四 | 女     |2002-01-09 00:00:00|CS   |22002|  2|90
 22003| 王五 | 女     |2001-12-08 00:00:00|CE   |22002|  2|90
 22004| 赵六 | 男     |2001-08-30 00:00:00|IS   |22002|  2|90
 22001| 张三 | 男     |2002-05-19 00:00:00|CS   |22002|  3|80
 22002| 李四 | 女     |2002-01-09 00:00:00|CS   |22002|  3|80
 22003| 王五 | 女     |2001-12-08 00:00:00|CE   |22002|  3|80
 22004| 赵六 | 男     |2001-08-30 00:00:00|IS   |22002|  3|80
(20 rows)
```

如使用旧式连接语法，交叉连接就是没有 WHERE 子句的内连接。换言之，内连接的结果集可以看作是在交叉连接的结果上用 WHERE 子句施加过滤条件构成的。与上面查询等价的旧式语法交叉连接为：

```
SELECT *
FROM student, sc;
```

2. 外连接

如果希望连接操作将左表或右表中不匹配的行也输出，需要使用外连接。外连接分为左外连接（left outer join）、右外连接（right outer join）和完全外连接（full outer join）。外连接使用 OUTER JOIN 关键字。

（1）左外连接

左外连接的结果会返回左表中的全部行（即使在右表中没有找到匹配的行）。如果左表中某行在右表中没有匹配的行，则在结果表中对应的行上，来自右表的属性为空值（NULL）。左外连接使用 LEFT OUTER JOIN 关键字。

【例 2.34】查询每个学生及其选修课程的情况，没有选课的学生也要列出。

```
\pset null 'NULL'

SELECT *
FROM student LEFT OUTER JOIN sc
```

```
ON student.sno = sc.sno;
  sno |sname|sgender|       sbirth        |sdept| sno | cno|score
------+-----+-------+-------------------+-----+-----+----+-------
 22001| 张三 | 男     |2002-05-19 00:00:00|CS   |22001|   1|96
 22001| 张三 | 男     |2002-05-19 00:00:00|CS   |22001|   2|85
 22001| 张三 | 男     |2002-05-19 00:00:00|CS   |22001|   3|88
 22002| 李四 | 女     |2002-01-09 00:00:00|CS   |22002|   2|90
 22002| 李四 | 女     |2002-01-09 00:00:00|CS   |22002|   3|80
 22003| 王五 | 女     |2001-12-08 00:00:00|CE   |NULL |NULL|NULL
 22004| 赵六 | 男     |2001-08-30 00:00:00|IS   |NULL |NULL|NULL
(7 rows)
```

gsql 命令 \pset null 'NULL' 是设置 NULL 的输出显示，gsql 默认以空串的形式表示 NULL。

（2）右外连接

与左外连接相对应，右外连接的结果会返回右表中的全部行，即使在左表中没有找到匹配的行。如果右表中的某行在左表中没有匹配的行，那么在连接结果表中对应的行上，来自左表的属性为空值（NULL）。右外连接使用 RIGHT OUTER JOIN 关键字。

【例 2.35】查询选课情况及相应每门课程信息，没有被选的课程也要列出。

```
SELECT *
FROM sc RIGHT OUTER JOIN course
ON sc.cno = course.cno;
  Sno  | cno  | score  | cno |    cname    | ccredit
-------+------+--------+-----+-------------+---------
 22001 |    1 | 96     |   1 | 高等数学     |       4
 22001 |    2 | 85     |   2 | 数据库系统   |       5
 22001 |    3 | 88     |   3 | 操作系统     |       3
 22002 |    2 | 90     |   2 | 数据库系统   |       5
 22002 |    3 | 80     |   3 | 操作系统     |       3
 NULL  | NULL | NULL   |   4 | 信息系统     |       4
(6 rows)
```

（3）完全外连接

完全外连接将左外连接和右外连接的结果组合在一起，形成的结果表包含左表和右表中全部的行，没有匹配上的列值使用 NULL 填充。完全外连接使用 FULL OUTER JOIN 关键字。

为了演练完全外连接，在“学生-课程”数据库中创建系别表 department 并插入数据。

```
CREATE TABLE department
(
    id        CHAR(2),
    name      VARCHAR(20)
```

```
);
INSERT INTO department VALUES('CS', '计算机科学');
INSERT INTO department VALUES('CE', '计算机工程');
INSERT INTO department VALUES('IS', '信息科学');
INSERT INTO department VALUES('SE', '软件工程');
```

同时，在 student 表中增加一条学生记录，具体语句如下：

```
INSERT INTO Student VALUES ('22005', '孙七', '男', '2001-11-01',
    NULL);
```

【例 2.36】查询每个系及其中学生的情况，要求同时列出尚无学生的系和尚未分配系的学生。

```
SELECT *
FROM department FULL OUTER JOIN student
ON department.id = student.sdept;
  id |   name   |sno  |sname|sgender|      sbirth         |sdept
-----+----------+-----+-----+-------+---------------------+--------
 CS  |计算机科学|22002|李四 | 女    |2002-01-09 00:00:00|CS
 CS  |计算机科学|22001|张三 | 男    |2002-05-19 00:00:00|CS
 CE  |计算机工程|22003|王五 | 女    |2001-12-08 00:00:00|CE
 IS  |信息科学  |22004|赵六 | 男    |2001-08-30 00:00:00|IS
 SE  |软件工程  |NULL |NULL | NULL  |NULL               |NULL
 NULL|NULL      |22005|孙七 | 男    |2001-11-01 00:00:00|NULL
(6 rows)
```

可见，软件工程系目前没有学生，同时，学生孙七也还没有被分配系。

3. 自连接

自连接（self-join）是一个表与其自身进行连接操作。自连接并不是一种新的连接类型，是一种特殊的内连接。

为了演练自连接，创建新表 student_p，其在 student 表基础上增加了表示省份的 province 列。

```
CREATE TABLE student_p
(
    sno         CHAR(5),
    sname       VARCHAR(10)     NOT NULL,
    sgender     CHAR(4)         NOT NULL,
    sbirth      DATE            NOT NULL,
    sdept       CHAR(2),
    province    VARCHAR(10),
    CONSTRAINT pk_student_p PRIMARY KEY(sno)
);

INSERT INTO student_p VALUES ('22001', '张三', '男', '2002-05-19',
```

```
    'CS', '北京');
INSERT INTO student_p VALUES ('22002', '李四', '女', '2002-01-09',
    'CS', '天津');
INSERT INTO student_p VALUES ('22003', '王五', '女', '2001-12-08',
    'CE', '河北');
INSERT INTO student_p VALUES ('22004', '赵六', '男', '2001-08-30',
    'IS', '北京');
```

【例 2.37】列出来自相同省份的学生的学号、姓名和省份。

将 student_p 表与其自身连接，需要分出一个表的两个副本，以给表起别名的方式实现。

```
SELECT s1.sno, s1.sname, s2.sno, s2.sname, s1.province
FROM student_p s1 INNER JOIN student_p s2
ON s1.province = s2.province
WHERE s1.sno <> s2.sno
ORDER BY s1.sno, s2.sno;
  sno  | sname  |  sno  | sname  | province
-------+--------+-------+--------+-----------
 22001 | 张三   | 22004 | 赵六   | 北京
 22004 | 赵六   | 22001 | 张三   | 北京
(2 rows)
```

WHERE 条件 s1.sno <> s2.sno 表示过滤掉一个学生与自己匹配的行，但观察结果表发现，输出的两行只是左右表顺序颠倒，信息内容一样。将 WHERE 条件改为 s1.sno < s2.sno 可以解决这一问题。

4. 多表连接

多表连接即两张以上的表进行连接操作。多表连接需要使用多个 JOIN 关键字。

【例 2.38】查询每个学生的学号、姓名、选修的课程名及成绩。

学生的学号和姓名在 student 表中，课程名在 course 表中，成绩在 sc 表中。本查询涉及 3 张表，应使用多表连接完成。

```
SELECT s.sno, s.sname, c.cname, sc.score
FROM student s INNER JOIN sc ON s.sno = sc.sno
               INNER JOIN course c ON sc.cno = c.cno;
  sno  | sname  |   cname    | score
-------+--------+------------+--------
 22001 | 张三   | 高等数学   | 96
 22001 | 张三   | 数据库系统 | 85
 22001 | 张三   | 操作系统   | 88
 22002 | 李四   | 数据库系统 | 90
 22002 | 李四   | 操作系统   | 80
(5 rows)
```

由于内连接运算满足交换律和结合律，多张表的连接顺序不会改变结果表。所以 DBMS 不一定按照表的先后顺序依次执行每个连接，而是根据执行代价选择最优的连接顺序。

2.4.4　查询数据——子查询

查询块是一个 SELECT-FROM-WHERE 语句结构。将一个查询块嵌套在另一个查询块中所构成的查询称为嵌套查询或子查询。例如：

```
SELECT sname        /* 外层查询，父查询 */
FROM student
WHERE sno IN (
    SELECT sno      /* 内层查询，子查询 */
    FROM sc
    WHERE cno = 2
)
```

括号中的内层查询块嵌套在外层查询块的 WHERE 条件中。外层查询块称为**外层查询**或**父查询**，内层查询块称为**内层查询**或**子查询**。可用子查询结构将多个简单查询块构造为复杂查询，从而分步求解一个复杂的查询问题。

1. IN 谓词子查询

子查询的结果往往是一个集合，这时外层查询可用谓词 IN 连接内层查询。

【例 2.39】查询与“李四”在同一个系学习的学生。

按照子查询思路编写此查询的步骤是：先完成简单子查询，再构造嵌套查询。

① 确定“李四”所在系的名称。

```
SELECT sdept
FROM student
WHERE sname = '李四';
sdept
-------
 CS
(1 row)
```

② 查找所有在 CS 系学习的学生。

```
SELECT sno, sname, sdept
FROM student
WHERE sdept = 'CS';
  sno   | sname  | sdept
-------+--------+-------
 22001 | 张三   | CS
 22002 | 李四   | CS
(2 rows)
```

使用 IN 谓词，将第①步查询块嵌入第②步查询块的 WHERE 条件，构造如下嵌套查询：

```
SELECT sno, sname, sdept
FROM student
WHERE sdept IN (
    SELECT sdept
    FROM student
    WHERE sname = '李四'
);
  sno    | sname  | sdept
--------+--------+-------
 22001  | 张三    | CS
 22002  | 李四    | CS
(2 rows)
```

这里的子查询是**不相关子查询**，子查询的查询条件不依赖于父查询，因而可先执行子查询，再执行父查询。在不相关子查询中，子查询的结果用于建立父查询的查找条件。

【例 2.40】查询选修了“数据库系统”课程的学生的学号和姓名。

本查询涉及学号、姓名和课程名，学号和姓名存放在 student 表中，课程名存放在 course 表中。student 表与 course 表之间没有直接联系，需要通过 sc 表来建立二者之间的联系。因而本查询涉及 3 张表。使用子查询实现如下：

```
SELECT sno, sname        /* 3. 在 student 表中取出 sno 和 sname */
FROM student
WHERE sno IN (
    SELECT sno           /* 2. 在 sc 表中找出选修了 2 号课程的学生的学号 */
    FROM sc
    WHERE cno IN (
        SELECT cno       /* 1. 在 course 表中找出 "数据库系统" 的课程号为 2 */
        FROM course
        WHERE cname = '数据库系统'
    )
);
  sno   | sname
-------+-------
 22001 | 张三
 22002 | 李四
(2 rows)
```

本查询问题也可以用连接查询来实现：

```
SELECT s.sno, s.sname
FROM student s INNER JOIN sc ON s.sno = sc.sno
               INNER JOIN course c ON sc.cno = c.cno
```

```
WHERE c.cname = '数据库系统';
```

2. 比较运算符子查询

父查询与子查询之间通过比较运算符连接，构成带有比较运算符的子查询。

【例 2.41】找出每个学生超过其选修课程平均成绩的课程号。

```
SELECT sno, cno
FROM sc x
WHERE score > (
    SELECT AVG(score)
    FROM sc y
    WHERE y.sno = x.sno
);
  sno  | cno
-------+------
 22001 |   1
 22002 |   2
(2 rows)
```

本查询可以这样理解：父查询中 sc 表的别名为 x，可以认为 x 表示 sc 表中的一行；子查询计算一个学生所有选修课程的平均成绩，至于是哪个学生，就要看 x.sno 的值了，该值取决于父查询中当前 x 代表哪个元组。因此，子查询的查询条件依赖于父查询，这类子查询称为**相关子查询**。在相关子查询中，子查询与父查询相关联，因而要多次求解子查询。

3. ANY 或 ALL 谓词子查询

如果子查询返回多个值，连接子查询的比较运算符前面要用 ANY 或 ALL 谓词修饰。ANY 表示“某个、其中之一”，ALL 表示“所有、全部”。表 2.10 列出了 ANY、ALL 与 6 种比较运算符搭配构成的 12 个谓词及其语义。

表 2.10 ANY、ALL 与 6 种比较运算符搭配构成的谓词及其语义

谓词	语义	谓词	语义
>ANY	大于某个值	<=ANY	小于或等于某个值
>ALL	大于所有值	<=ALL	小于或等于所有值
<ANY	小于某个值	=ANY	等于某个值
<ALL	小于所有值	=ALL	等于所有值
>=ANY	大于或等于某个值	<>ANY	不等于某个值
>=ALL	大于或等于所有值	<>ALL	不等于所有值

【例 2.42】查询其他系中比 IS 系某一学生出生日期晚的学生的姓名、出生日期和所在系。

```
SELECT sname, sbirth, sdept
FROM student
WHERE sbirth > ANY (
    SELECT sbirth
    FROM student
    WHERE sdept = 'IS'
)
AND sdept <> 'IS';
sname  |       sbirth        | sdept
-------+---------------------+-------
 张三  | 2002-05-19 00:00:00 | CS
 李四  | 2002-01-09 00:00:00 | CS
 王五  | 2001-12-08 00:00:00 | CE
(3 rows)
```

本查询首先执行子查询，找出 IS 系中所有学生的出生日期，构成一个集合；然后处理父查询，查找不在 IS 系且出生日期大于（即晚于）子查询结构集合中某一元素的学生。

本查询也可用聚合函数来实现。实际上，大于某个值等价于大于最小值。首先用子查询找出 IS 系学生的最早出生日期（即最小值），然后在父查询中查找所有非 IS 系且出生日期大于该最小值的学生。具体查询语句如下：

```
SELECT sname, sbirth, sdept
FROM student
WHERE sbirth > (
    SELECT MIN(sbirth)
    FROM student
    WHERE sdept = 'IS'
)
AND sdept <> 'IS';
```

【例 2.43】查询其他系中比 IS 系所有学生出生日期都晚的学生的姓名、出生日期和所在系。

```
SELECT sname, sbirth, sdept
FROM student
WHERE sbirth > ALL (
    SELECT sbirth
    FROM student
    WHERE sdept = 'IS'
)
AND sdept <> 'IS';
```

大于所有值等价于大于最大值，因此本查询也可以用聚合函数实现如下：

```
SELECT sname, sbirth, sdept
```

```
FROM student
WHERE sbirth > (
    SELECT MAX(sbirth)
    FROM student
    WHERE sdept = 'IS'
)
AND sdept <> 'IS';
```

谓词之间存在着若干等价关系，例如，=ANY 等价于 IN，<>ALL 等价于 NOT IN，>ANY 等价于 >MIN()，>ALL 等价于 >MAX() 等，如 2.11 所示。

表 2.11　ANY、ALL 谓词与聚合函数和 IN 谓词的等价关系

谓词	=	<>	<	<=	>	>=
ANY	IN	—	<MAX	<=MAX	>MIN	>=MIN
ALL	—	NOT IN	<MIN	<=MIN	>MAX	>=MAX

4. EXISTS 谓词子查询

EXISTS 称为存在量词。EXISTS 引出的子查询相当于进行存在测试，即父查询测试子查询是否返回结果。子查询不产生任何数据，只返回逻辑真假值 TRUE 或 FALSE。如果子查询能够返回至少一行，则 EXISTS 谓词结果为“真”；否则，结果为“假”。

【例 2.44】查询所有选修了 2 号课程的学生的姓名。

思路是在 student 表中依次取出每个元组的 sno 值，用此值去检查 sc 表。若 sc 表中存在这样的元组：其 sno 值等于此 student.sno 值并且其 cno=2，则取此 student.sname 放入结果中。具体查询语句如下：

```
SELECT sname
FROM student
WHERE EXISTS (
    SELECT *
    FROM sc
    WHERE sc.sno = student.sno AND cno = 2
);
sname
-------
 张三
 李四
(2 rows)
```

EXISTS 谓词只关心子查询的结果是否存在，不关心结果的具体内容，因此子查询 SELECT 后面通常为 *。这里子查询的查询条件 sc.sno = student.sno 依赖于父查询中的 student.sno 值，因此也是相关子查询。

与 EXISTS 谓词相反，NOT EXISTS 谓词表示不存在。若 NOT EXISTS 引导

的子查询没有结果，则父查询的 WHERE 子句返回真值，否则返回假值。

【例 2.45】查询没有选修 2 号课程的学生的姓名。

```
SELECT sname
FROM student
WHERE NOT EXISTS (
    SELECT *
    FROM sc
    WHERE sc.sno = student.sno AND cno = 2
);
sname
-------
 王五
 赵六
(2 rows)
```

SQL 中没有全称量词，使用两个 NOT EXISTS 可以表示全称量词。

【例 2.46】查询选修了全部课程的学生的学号和姓名。

用两个否定的存在量词 NOT EXISTS 构造嵌套的子查询，表示等价的存在量词，即将查询问题转化为：查询这样的学生，没有一门课程是他不选的。

```
SELECT s.sno, s.sname
FROM student AS s
WHERE NOT EXISTS (          /* 没有一门课程 */
    SELECT *
    FROM course AS c
    WHERE NOT EXISTS (      /* 是该学生不选的 */
        SELECT *
        FROM sc
        WHERE sc.sno = s.sno AND sc.cno = c.cno
    )
);
```

该查询没有返回结果，说明目前还不存在选修了全部课程的学生。

这时，在 sc 表中添加一条记录：

```
INSERT INTO sc VALUES ('22001', 4, NULL);
```

即 22001 这个学生选修了 4 号课。再次执行上面查询，得到结果：

```
  sno   | sname
-------+-------
 22001 | 张三
(1 row)
```

即学生张三选修了全部课程。

2.4.5　查询数据——集合查询

SELECT 语句的查询结果是元组的集合，两个查询结果可以进行集合操作。集合操作包括集合并操作 UNION、集合交操作 INTERSECT 和集合差操作 EXCEPT。语法格式如下：

```
<查询 1> UNION <查询 2>
<查询 1> INTERSECT <查询 2>
<查询 1> EXCEPT <查询 2>
```

参加集合操作的 <查询 1> 和 <查询 2> 的结果列数和对应列的数据类型必须兼容。集合操作可以扩展到多个查询之间，例如：

```
<查询 1> UNION <查询 2> UNION <查询 3>
```

【例 2.47】查询 CS 系的学生及所有男学生。

本查询是求 CS 系的学生与所有男学生的并集。UNION 执行查询结果的集合并操作会自动去掉重复的元组。

```
SELECT *
FROM student
WHERE sdept = 'CS'
UNION
SELECT *
FROM student
WHERE sgender = '男';
  sno  | sname  | sgender  |        sbirth          | sdept
-------+--------+----------+---------------------+--------
 22004 | 赵六    | 男        | 2001-08-30 00:00:00 | IS
 22001 | 张三    | 男        | 2002-05-19 00:00:00 | CS
 22002 | 李四    | 女        | 2002-01-09 00:00:00 | CS
(3 rows)
```

【例 2.48】查询 CS 系的男学生。

该查询是查找 CS 系学生与男学生的交集。INTERSECT 执行查询结果的集合交操作。

```
SELECT *
FROM student
WHERE sdept = 'CS'
INTERSECT
SELECT *
FROM student
WHERE sgender = '男';
  sno  | sname | sgender |        sbirth          | sdept
-------+-------+---------+---------------------+--------
 22001 | 张三   | 男       | 2002-05-19 00:00:00 | CS
```

```
(1 row)
```

该查询使用复合条件实现为：

```
SELECT *
FROM student
WHERE sdept = 'CS' AND sgender = '男';
```

【例 2.49】查询不在 CS 系的女学生。

该查询是查找女学生与 CS 系学生的差集。EXCEPT 执行查询结果的集合交操作。

```
SELECT *
FROM student
WHERE sgender = '女'
EXCEPT
SELECT *
FROM student
WHERE sdept = 'CS';
  sno   | sname | sgender |        sbirth        | sdept
-------+-------+---------+---------------------+-------
 22003 | 王五   | 女       | 2001-12-08 00:00:00 | CE
(1 row)
```

2.4.6 更新数据

1. 插入数据

使用 INSERT 语句向指定表中插入一行数据。

【例 2.50】将一条新生记录（学号：22005，姓名：孙七，性别：男，出生日期：2001-11-01，系别：CE）插入 student 表：

```
INSERT INTO student
VALUES ('22005', '孙七', '男', '2001-11-01', 'CE');
```

INSERT INTO 后指定了表名 student，但省略了列名，表示为表中所有列赋值。这种情况下插入行数据必须在每个具有 NOT NULL 约束的列上都有值，且顺序要与表中列的顺序一致。如果指定了列名，则值的顺序必须与对应的列一致。例如：

```
INSERT INTO student (sno, sname, sgender, sdept, sbirth)
VALUES ('22005', '孙七', '男', 'CE', '2001-11-01');
```

这里 sdept 列在前 sbirth 列在后，不同于表定义中列的顺序。

【例 2.51】插入一条选课记录 ('22005', 4)。

```
INSERT INTO sc (sno, cno)
VALUES ('22005', 4);
```

因为没有提供score列的值，数据库将在新插入行的score列上自动赋空值。或者等价地写为：

```
INSERT INTO sc
VALUES ('22005', 4, NULL);
```

因为没有指出 sc 表的列名，则在 score 列上要明确给出空值。

INSERT 语句中嵌套 SELECT 子查询，可将一个表中满足条件的行批量插入另一表中。

【例 2.52】将 CS 系学生的学号和姓名存放到一张单独的表中。

```
首先建立一个新表 student_cs：
CREATE TABLE student_cs
(
    sno     CHAR(5),
    sname   VARCHAR(10)
);
```

然后查询 CS 系学生的学号和姓名，将结果插入 student_cs 表。

```
INSERT INTO student_cs(sno, sname)
SELECT sno, sname
FROM student
WHERE sdept = 'CS';
```

查看 student_cs 表中数据：

```
SELECT * FROM student_cs;
  sno   | sname
-------+-------
 22001 | 张三
 22002 | 李四
(2 rows)
```

2. 修改数据

使用 UPDATE 语句进行数据修改操作。UPDATE 语句指明修改数据所需的 3 项信息：UPDATE 后面是表名，SET 子句指定要修改的列和修改后的新数据值，WHERE 子句指定修改行所满足的条件。如果没有 WHERE 子句，则表示要修改表中的所有行。

【例 2.53】将学生 22005 的系别改为 IS。

```
UPDATE student
SET sdept = 'IS'
WHERE sno = '22005';
```

【例 2.54】将所有学生所选课程成绩增加 1 分。

```
UPDATE sc
```

```
SET score = score + 1;
```

在 UPDATE 语句的 WHERE 条件中可以嵌套子查询，用以构造修改数据的条件。

【例 2.55】将 CS 系全体学生的成绩设置为零。

```
UPDATE sc
SET score = 0
WHERE 'CS' = (
    SELECT sdept
    FROM student
    WHERE student.sno = sc.sno
);
```

3. 删除数据

使用 DELETE 语句进行数据删除操作。DELETE 语句从指定表中删除满足 WHERE 子句条件的行。如果没有 WHERE 子句，则表示删除表中全部行。

【例 2.56】删除学号为 22005 的学生记录。

```
DELETE FROM student
WHERE sno = '22005';
ERROR:  update or delete on table "student" violates foreign key
    constraint "fk_student" on table "sc"
DETAIL:  Key (sno)=(22005) is still referenced from table "sc".
```

出现报错信息，原因是删除 student 表中的行违反了 sc 表上的外键约束。故而要先删除 sc 表中 22005 学生的选课记录，执行如下语句：

```
DELETE FROM sc
WHERE sno = '22005';
```

然后，再次执行前面的删除 22005 学生记录的操作，返回操作成功。

【例 2.57】删除所有的学生选课记录。

该操作就是要删除 sc 表的所有行，即清空 sc 表，可使用没有 WHERE 条件的 DELETE 语句。

```
DELETE FROM sc;
```

DELETE 语句中也可以嵌套查询，用以构造删除数据的条件。

【例 2.58】删除 CE 系所有学生的选课记录。

```
DELETE FROM sc
WHERE 'CE' = (
    SELECT sdept
    FROM student
    WHERE student.sno = sc.sno
);
```

2.4.7　修改表结构

有时需要对表结构本身进行修改，而不是修改表中的数据。一种办法是将整张表删除后再重新创建。如果表中已有大量数据，或者该表被其他表引用（例如外键约束），则删除表重建将带来很多不便。SQL 中的 ALTER TABLE 语句可以应对这种情况，仅对表结构进行修改，而保持表中数据不变。

1. 添加列

【例 2.59】在 course 表中添加 description 列，用于保存课程描述。

```
ALTER TABLE course ADD COLUMN description TEXT;
```

可以看到语句中指定了列类型 TEXT。实际上，只要是可在 CREATE TABLE 语句中进行的列定义，在 ALTER TABLE 语句中都可以指定。

2. 删除列

【例 2.60】将 description 列从 course 表中删除。

```
ALTER TABLE course DROP COLUMN description;
```

删除列时，该列中的数据会一并删除掉。但如果有其他表通过外键约束依赖该列，那么为了维护参照完整性，数据库将进行提示而非直接删除该列。可以添加 CASCADE 关键字，在删除列时一并删除所有依赖该列的数据库对象。

```
ALTER TABLE course DROP COLUMN description CASCADE;
```

3. 添加约束

【例 2.61】在 sc 表中添加约束，确保 score 的值大于或等于 0 且小于或等于 100。

```
ALTER TABLE sc ADD CHECK (score >= 0 AND score <= 100);
```

【例 2.62】在 sc 表中添加约束，确保 score 列不为空值。

```
ALTER TABLE sc ALTER COLUMN score SET NOT NULL;
```

注意：添加非空约束的语法采用 ALTER COLUMN 和 SET NOT NULL。

数据库会检查表中已有数据是否满足准备添加的约束，如果不满足，则该约束的添加会失败。

4. 删除约束

删除一个约束时，需要知道该约束的名称。

【例 2.63】在 sc 表中删除外键约束 fk_student。

```
ALTER TABLE sc DROP CONSTRAINT fk_student;
```

同样，删除非空约束时，需要采用单独的语法。

【例 2.64】在 sc 表中删除 score 列上的非空约束。

```
ALTER TABLE sc ALTER COLUMN score DROP NOT NULL;
```

5. 设置默认值

使用 ALTER TABLE 语句可以为某一列设置默认值。

【例 2.65】在 sc 表中，为 score 列设置默认值 0。

```
ALTER TABLE sc ALTER COLUMN score SET DEFAULT 0;
```

注意：设置默认值不会改变表中该列的已有数值，只会影响新插入行在该列上的默认值。

【例 2.66】在 sc 表中，删除 score 列上设置的默认值。

```
ALTER TABLE sc ALTER COLUMN score DROP DEFAULT;
```

6. 修改列数据类型

【例 2.67】在 sc 表中，将 score 列的数据类型改为 NUMERIC(5, 2)。

```
ALTER TABLE sc ALTER COLUMN score TYPE NUMERIC(5, 2);
```

注意：只有当该列的已有数据值能够通过默认类型转换转为指定的新数据类型时，修改列数据类型语句才能执行成功。

7. 重命名列

【例 2.68】在 sc 表中，将 score 列名称改为 grade。

```
ALTER TABLE sc RENAME COLUMN score TO grade;
```

8. 重命名表

【例 2.69】将 sc 表的名称改为 student_course。

```
ALTER TABLE sc RENAME TO student_course;
```

2.5 实验结果

请按照如下要求完成实验操作：

① 完成实验步骤 2.4.1 小节。

② 完成实验步骤 2.4.2 小节。

③ 完成实验步骤 2.4.3 小节。

④ 完成实验步骤 2.4.4 小节。

⑤ 完成实验步骤 2.4.5 小节。

⑥ 完成实验步骤 2.4.6 小节。

⑦ 完成实验步骤 2.4.7 小节。

2.6 讨论与总结

请列出实验中遇到的问题、解决办法与思考讨论，并对本实验进行总结。

实验中遇到的问题描述、解决办法：   思考讨论：   实验总结：

第 3 章　高级数据管理

3.1　实验介绍

本章将实验 openGauss 的高级数据管理功能，涉及各类数据库对象，包括视图、索引、存储过程、触发器、事务管理、权限管理等。其中，视图可用于简化查询和保护数据，索引用于提高查询效率，存储过程用于封装复杂业务逻辑，触发器可以自动化数据操作以维护完整性，事务管理可以确保数据库系统的 ACID 特性，权限管理可以确保数据库系统的安全性。本章将通过实验操作帮助读者掌握这些 openGauss 数据库对象的使用方法，以验证这几类数据库对象所实现的数据库原理。

3.2　实验目的

- 掌握 openGauss 中视图的使用方法。
- 掌握 openGauss 中索引的使用方法。
- 掌握 openGauss 中存储过程的使用方法。
- 掌握 openGauss 中触发器的使用方法。
- 掌握 openGauss 中的事务管理机制。
- 掌握 openGauss 中的权限管理机制。

3.3　实验原理

3.3.1　视图

视图是由存储在数据库中的查询所定义的虚拟表（virtual table）。视图所对应的查询称为视图定义，它规定了如何从一个或几个基本表（base table）中导出视图。数据库中只存放视图的定义，不存放视图对应的数据，这些数据仍存放在导出视图的基本表中。修改基本表中的数据时，相应视图中的数据也将随之改变。视图就像一个窗口，人们透过它可以在数据库中看到自己感兴趣的数据。

在 SQL 中，定义视图是设计数据库外模式的基本手段。采用视图机制的优点如下：

① 保证数据的逻辑独立性。前面介绍过数据库的外模式与模式之间形成了数据的逻辑独立性。当数据库的模式结构发生变化时，只需调整外模式到模式的映射关系，无须改变外模式的定义。这样做的目的是保证用户的应用程序不必重新编写。视图作为虚拟表，它的定义实际上就是外模式到模式的映射。有了视图，可以在不改变基本表结构的前提下，仅通过修改视图的定义就能够更新这种映射关系，从而实现数据的逻辑独立性。

② 简化用户操作。在实际的数据库系统中，全部基本表的结构和联系往往是复杂的，通常不同部门的用户只对数据库中的一部分数据感兴趣。视图机制正好满足了用户的这种需求，即为不同的用户定义各自的视图，使用户可以将注意力集中在所关心的数据上，用户所做的只是对虚拟表的查询，至于这个虚拟表是怎样得到的用户无须了解。

③ 提供数据的安全保护。视图机制还能够为数据提供一定的安全保护功能，只提供用户访问视图的权限，对用户保密的基本表不用来定义视图。这样用户只能透过视图访问到所需的那部分数据，而不会影响到其他数据。

1. 定义视图

SQL 用 CREATE VIEW 语句在基本表上定义视图，其语法格式如下：

```
CREATE VIEW <视图名> [(<列名 1>, <列名 2>, …)]
AS <子查询>
[WITH CHECK OPTION];
```

其中 <子查询> 可以是任意复杂的 SELECT 语句，它定义了如何从基本表中获取视图数据。每次使用视图时，<子查询> 都会执行。既然视图也是一种表（虚拟表），视图中的行是无序的，因此在定义视图的 <子查询> 中不允许出现 ORDER BY 子句。

WITH CHECK OPTION 选项与视图的更新有关，如果使用该选项，则对视图进行 INSERT、UPDATE 和 DELETE 操作时，要确保插入、修改和删除的行满足 <子查询> 中的条件表达式。如果不满足条件，则拒绝此更新操作。这样做的目的是保证更新操作的效果能够反映到视图中。

2. 删除视图

使用 DROP VIEW 语句可以删除数据库中已有的视图，语法格式如下：

```
DROP VIEW <视图名> [ CASCADE ]
```

如果该视图上还导出了其他视图，则使用 CASCADE 级联删除选项，可将该视图和由它导出的所有视图一并删除。

删除某个基本表后，由该表导出的视图并没有被删除，但由于依赖的基本表已不存在，导出的所有视图均无法使用了。要删除这些视图，仍需要使用 DROP VIEW 语句。

3. 修改视图

由于视图是不实际存储数据的虚拟表，因此对视图的更新最终要转换为对基本表的更新。SQL 92 标准规定只允许更新由单张基本表通过选择和投影操作定义的视图，且视图定义中不允许使用聚合函数。这样的视图称为可更新视图（updatable view）。在可更新视图上的更新操作总可以通过更新相应的基本表来实现。

4. 物化视图

在有些场景下，视图定义是一个复杂且耗时的查询，这时可以使用物化视图将视图定义中的查询结果保存下来，后面查询该视图时不需要再次执行该视图定义的查询。也就是说，物化视图既具有传统视图定义的优势，又不同于传统视图的虚拟表，是实际存储的数据表，能实现高效率数据访问。物化视图一般用在数据仓库及商业智能应用场景中。定义物化视图的语法格式如下：

```
CREATE MATERIALIZED VIEW <物化视图名> [(<列名1>, <列名2>, …)]
AS <子查询>;
```

当所依赖的表数据发生更新时，物化视图不会自动更新，需要使用专门的语句进行物化视图的刷新，其语法格式如下：

```
REFRESH MATERIALIZED VIEW [物化视图名];
```

删除物化视图的语法格式如下：

```
DROP MATERIALIZED VIEW [物化视图名];
```

3.3.2 索引

索引是数据库提供的一种存储结构，其作用是通过将已有数据组织存储为一定的结构，用以加速按条件对表中行记录的查找。如同一本书的目录或索引一样，为读者提供根据内容查找所在页位置的途径。当然，构建索引需要一定的存储空间和时间开销，索引维护也需要在数据更新时花费额外的代价。应根据对数据库的查询和更新需求，权衡决定索引的构建策略。

1. 创建索引

使用 CREATE INDEX 语句创建索引，其语法格式如下：

```
CREATE INDEX <索引名>
ON <表名> (<列1>, <列2>,…);
```

CREATE INDEX 语句可以在一个表的一列或多列上创建索引。默认情况下，CREATE INDEX 语句会使用 B+ 树结构来实现索引。

2. 索引类型

openGauss 提供的索引类型主要包括：

① B+ 树索引，也称 btree 索引。btree 索引基于 B+ 树结构，它将数据记录

维护为平衡搜索树。btree 索引可在对数时间复杂度内实现数据查找和更新，是最常用的一种索引类型。

② 哈希索引，也称 Hash 索引。哈希索引基于哈希函数实现，可以支持等值比较（即 = 运算）查询的快速执行。

③ GIN（generalized inverted）索引，即通用倒排索引。GIN 索引一般用于加速多值列上的查找，例如存储数组、JSON 或范围类型数据的列。

④ GiST（generalized search tree）索引，即通用搜索树索引。GiST 索引适用于几何和地理等多维数据类型和集合数据类型。

可使用如下语法指定索引类型：

```
CREATE INDEX <索引名>
ON <表名> USING <索引类型> (<列 1>, <列 2>, …);
```

其中，<索引类型>取值为 btree、hash、gin 或 gist。

3.3.3　存储过程

存储过程是保存在数据库内部的函数，通过使用存储过程可实现较为复杂的业务逻辑和流程。编写存储过程的代码通常要使用 SQL 的过程式编程扩展语言 PL/SQL。openGauss 继承自 PostgreSQL，其存储过程的编写语言也是 PL/pgSQL。

存储过程使执行商业规则的代码可以从应用程序中移动到数据库后端。这样，涉及业务逻辑和数据的代码只需在数据库中存储一次就能够被多个程序使用。用户可以对存储过程进行反复调用，从而减少 SQL 语句的重复编写数量，节省数据库服务器与客户端的通信开销，达到提高工作效率的目的。

1. 定义存储过程

定义存储过程的语法格式如下：

```
CREATE OR REPLACE PROCEDURE <存储过程名> [ ( <参数列表> ) ]
{ IS | AS }
BEGIN
    <存储过程代码体>
END
```

其中：

① OR REPLACE 表明如果存在同名的存储过程，则替换数据库中原有的存储过程。

② <参数列表>的格式为<参数项 1>，<参数项 2>，…，<参数项 *n*>。每个参数项的格式如下：

```
[<参数模式>] <参数名> <数据类型> [= <缺省值>]
```

<参数模式>包含如下参数：

IN：输入参数。在调用存储过程时需要从外部传入该参数到存储过程中使用。

OUT：输出参数。表示该参数可在存储过程内部被改变，并可传出到存储过程外部。

INOUT：输入输出参数。它兼具 IN 参数和 OUT 参数的性质，可用于传入和传出值。

若不指定参数模式，默认为 IN。

调用存储过程的语法格式如下：

```
CALL <存储过程名> ( <参数表达式> );
```

删除存储过程的语法格式如下：

```
DROP PROCEDURE <存储过程名>;
```

还可以使用 CREATE FUNCTION 语句定义函数，在 openGauss 中函数也是一种存储过程，具有返回值。

```
CREATE FUNCTION <函数名> (<参数列表>)
RETURNS <返回值类型>
AS
$$
DECLARE
      <变量声明>
BEGIN
      <代码体>
END;
$$ LANGUAGE plpgsql;
```

其中：RETURNS 指定返回值类型；AS 后面本应是一个字符串，用两个 $$ 括起来的代码段不必考虑符号转义等，起到增加代码可读性作用；LANGUAGE plpgsql 表示编写函数的语言是 PL/pgSQL，即 openGauss 继承自 PostgreSQL 的 SQL 过程编程语言扩展。

2. 控制语句

（1）条件语句

条件语句的主要作用是判断是否满足给定条件，根据判断结果执行相应的操作。具体包含如下几种条件语句：

① IF-THEN 语句

```
IF <条件> THEN
    <语句块>
END IF;
```

② IF-THEN-ELSE 语句

```
IF <条件> THEN
```

```
    <语句块>
ELSE
    <语句块>
END IF;
```

③ IF-THEN-ELSIF 语句

```
IF <条件 1> THEN
    <语句块>
ELSIF <条件 2>
    <语句块>
ELSIF <条件 3>
    <语句块>
……
ELSE
    <语句块>
END IF;
```

（2）循环语句

具体包含以下几种循环语句：

① LOOP 语句

```
LOOP
    <语句>
END LOOP;
```

LOOP 语句会无限次执行 <语句>。一般在 LOOP 语句中要有 IF 语句，以根据 <条件> 执行 EXIT 语句，停止循环。

```
LOOP
    <语句>
    IF <条件> THEN
      EXIT;
    END IF;
END LOOP;
```

② WHILE-LOOP 语句

```
WHILE <条件> LOOP
    <语句>
END LOOP;
```

只要条件表达式为真，WHILE 语句就会不停地在一系列语句上进行循环，在每次进入循环体时进行条件判断。

③ FOR-LOOP 语句

a. 使用 FOR-LOOP 语句，可在一个连续的整数区间上按步长进行循环。

```
FOR <计数变量> IN [REVERSE] <下限>..<上限> [BY <步长>] LOOP
```

```
    <语句>
END LOOP;
```

例如：

```
FOR counter IN 1..5 LOOP
RAISE NOTICE 'counter: %', counter;
END LOOP;
```

b. 使用 FOR-LOOP 语句，可在表查询的结果集上进行循环。

```
FOR <记录变量> IN <查询语句> LOOP
    <语句>
END LOOP;
```

例如：

```
DECLARE
    row_var RECORD;
BEGIN
    FOR row_var IN SELECT * FROM student LOOP
        RAISE NOTICE '学号:%, 姓名: %', row_var.sno, row_var.sname;
    END LOOP;
END;
/
```

3. 异常处理

当存储过程在执行过程中发生错误时，系统会退出该存储过程，并将所在的事务进行回滚。可以在 BEGIN-END 语句块中用 EXCEPTION 语句捕获错误并从中恢复。语法格式如下：

```
[DECLARE
    <变量声明>]
BEGIN
    <语句>
EXCEPTION
    WHEN <条件> THEN
        <处理语句>
    [WHEN <条件> THEN
        <处理语句>
    ...]
END;
```

使用 RAISE 语句可以输出消息或报告错误。其语法格式为：

```
RAISE [<级别>] <格式字符串>[, <变量 1>, <变量 2>, ...];
```

其中，<级别>包括 DEBUG、LOG、NOTICE、INFO、WARNING 和 EXCEPTION。如果不指定<级别>，默认值是 EXCEPTION。发出 EXCEPTION 级别的消息会

引发报错并中止当前事务的执行。

4. 游标

如果希望对查询结果集中的每行数据进行访问并执行处理操作，就要用到游标（cursor）的概念了。游标就像一个指针，可以对查询结果集的数据表进行遍历，自上而下获取每一行的数据。游标的使用分为 4 个步骤（见图 3.1）：

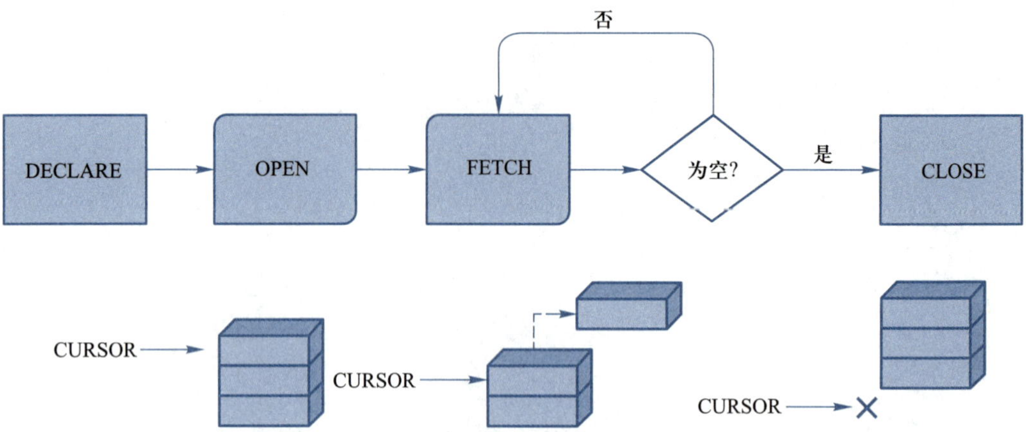

图 3.1　游标使用流程示意图

① 声明游标：定义一个游标。

② 打开游标：为游标赋初始值。

③ 使用游标：获取游标指向的行数据并移动游标到下一行。

④ 关闭游标：游标使用结束后，关闭游标。

（1）声明游标

声明游标的语法格式如下：

```
DECLARE <游标名> CURSOR FOR <查询语句>;
```

打开游标后，游标将指向 <查询语句> 结果集的第一行。

也可以在声明游标时不指定查询，而在后面打开游标时再指明。这种情况要使用 REFCURSOR 关键字：

```
DECLARE <游标名> REFCURSOR;
```

（2）打开游标

对于声明时已指定查询的游标可以直接打开，其语法格式如下：

```
OPEN <游标名>;
```

对于声明时未指定查询的 REFCURSOR 游标，则打开时要指定查询语句，其语法格式如下：

```
OPEN <游标名> FOR <查询语句>;
```

（3）使用游标

打开游标之后，使用 FETCH 语句获取行数据，其语法格式如下：

```
FETCH NEXT FROM <游标名> INTO <变量>;
```

其中，NEXT 表示游标移动方向为下一行，是最常用的游标移动方向。以下是可以指定的游标移动方向：

① NEXT：下一行。

② PRIOR：上一行。

③ FIRST：第一行。

④ LAST：最后一行。

通常在 LOOP 循环结构中使用游标来处理其获取的每行数据，基本形式如下：

```
LOOP
    -- 获取下一行
    FETCH NEXT FROM <游标名> INTO <变量>;
    -- 如果游标遍历结束，退出循环
    EXIT WHEN NOT FOUND;
    -- 处理游标获取的行数据
    ...
END LOOP;
```

（4）关闭游标

使用完游标后需关闭游标，其格式如下：

```
CLOSE <游标名>;
```

3.3.4 触发器

触发器是数据表上某事件发生时自动触发执行的存储过程。事件通常是指表上的数据更新操作，包括 INSERT、UPDATE 和 DELETE。

1. 创建触发器

触发器实际上是与某数据表关联的用户自定义函数。创建触发器时，首先要定义触发器函数，然后将该函数与定义在表上的触发器关联起来。

使用 CREATE FUNCTION 语句创建触发器函数，语法格式如下：

```
CREATE OR REPLACE FUNCTION <触发器函数名>()
    RETURNS TRIGGER
AS $$
BEGIN
    <触发器执行的具体语句>
END;
$$ LANGUAGE PLPGSQL;
```

在触发器函数声明中，RETURNS TRIGGER 指明该函数用于绑定到触发器。

在触发器函数中，可以使用 OLD 来获取事件发生前的行记录，使用 NEW 来获取事件发生后的行记录。

使用 CREATE TRIGGER 语句创建触发器并绑定触发器函数，语法格式如下：

```
CREATE TRIGGER<触发器名>{BEFORE|AFTER|INSTEAD OF}<事件>
    ON<表名>
[FOR[EACH]{ROW|STATEMENT}]
[WHEN(<条件>)]
EXECUTE PROCEDURE<触发器函数>
```

选项说明：

① 触发器执行时间：BEFORE 表示触发器函数在事件发生之前执行，AFTER 表示触发器函数在事件发生之后执行；INSTEAD OF 表示用触发器函数直接替代事件。

② <事件>：取值包括 INSERT、UPDATE、DELETE，也可以用 OR 连接多个触发事件。

③ 触发器的执行频率：FOR EACH ROW 是指触发器对于受事件影响的每一行被触发一次；FOR EACH STATEMENT 是指触发器对于事件的 SQL 语句只触发一次。

2. 修改触发器

使用 ALTER TRIGGER 语句修改触发器，语法格式如下：

```
ALTER TRIGGER <触发器名> ON <表名> RENAME TO <新触发器名>;
```

3. 删除触发器

使用 DROP TRIGGER 语句删除触发器，语法格式如下：

```
DROP TRIGGER <触发器名> ON <表名> [ CASCADE | RESTRICT ];
```

3.3.5　事务管理

事务是用户定义的一个数据库操作序列，这些操作要么全做，要么全不做，是一个不可分割的工作单元。openGauss 支持的事务控制命令有开启、设置、提交、回滚事务。openGauss 支持的事务隔离级别有“读已提交”和“可重复读”。一个典型的事务例子是银行转账。转账操作必须确保转入和转出账户的一致性，也就是说，转出账户减少多少金额，转入账户就要增加多少金额。

事务要满足 ACID 的 4 个特性：

① 原子性（atomicity）：事务中的操作要么全做，要么全不做。

② 一致性（consistency）：数据更新遵守数据库中定义的规则。

③ 隔离性（isolation）：确保并发事务之间具有一定的隔离性。

④ 持久性（durability）：确保已提交事务持久地保存在数据库中。

1. 开启事务

实际上，执行任何单条 SQL 语句时，openGauss 均会自动开启一个只包含该条语句的事务。开启事务的语法格式如下：

```
BEGIN [ WORK | TRANSACTION ]
[ { ISOLATION LEVEL { READ COMMITTED | REPEATABLE READ } | { READ
  WRITE | READ ONLY } }
];
```

参数说明：

① WORK | TRANSACTION：开启事务的关键字，两个都可以使用。

② ISOLATION LEVEL：事务隔离级别，其取值包括 READ COMMITTED（读已提交）和 REPEATABLE READ（可重复读）。

③ READ WRITE | READ ONLY：指定事务访问模式，READ WRITE 为"读/写"，READ ONLY 为"只读"。

也可以将 BEGIN 关键字换作 START 关键字，作用一样。

2. 事务隔离级别

openGauss 目前支持两种事务隔离级别：READ COMMITTED（读已提交）和 REPEATABLE READ（可重复读）。

① READ COMMITTED（读已提交）：事务只能读取已提交的数据而不会读未提交的数据。这是默认值。当设置为该默认隔离级别时，本事务中的 SELECT 语句会读取到并发执行的其他事务中已提交的数据。也就是说，SELECT 查询会查看到在查询开始执行的瞬间该数据库的一个快照。SELECT 能查看到其自身所在事务中先前更新的执行结果，即使先前更新尚未提交。在同一个事务里两个相邻的 SELECT 命令可能会查看到不同的快照，这是因为其他并发执行的事务会在第一个 SELECT 执行期间提交。

② REPEATABLE READ（可重复读）：事务只能读到其开启之前已提交的数据，不能读到其开始之前未提交的数据以及事务执行期间其他并发事务提交的数据。但是，事务中的查询能查看到本事务中先前更新的执行结果，即使先前更新尚未提交。可重复读事务中的查询看到的是事务开启时的快照，不是该事务内部当前查询开启时的快照。也就是说，事务中的 SELECT 命令总是查看到同样的提交数据，查看不到本事务开启之后其他并发事务提交的数据。

3. 设置事务参数

```
{ SET [LOCAL] TRANSACTION | SET SESSION CHARACTERISTICS AS
  TRANSACTION }
{ ISOLATION LEVEL { READ COMMITTED | REPEATABLE READ } | { READ WRITE
| READ ONLY } };
```

参数说明：

① LOCAL：表示该设置只在当前事务中有效。

② SESSION：表示该设置对当前会话起作用。

设置隔离级别和事务访问模式与 BEGIN TRANSACTION 语句中的参数选项一样。

4. 提交事务

使用 COMMIT 或者 END 语句提交事务，语法格式如下：

```
{ COMMIT | END } [ WORK | TRANSACTION ] ;
```

事务提交完成后，表示事务成功完成，其效果已经反映到数据库中了。

5. 回滚事务

回滚是指在事务运行的过程中发生了某种故障，不能继续执行。回滚操作会将事务中对数据库的所有已完成操作全部撤销。使用 ROLLBACK 语句回滚事务，语法格式如下：

```
ROLLBACK [ WORK | TRANSACTION ];
```

3.3.6　权限管理

由于数据库中存储着大量重要数据，为不同权限的用户提供数据共享服务，这就要求数据库具备完善的安全防御机制，以抵抗来自内部和外部的安全攻击，确保数据不丢失、不泄露以及不被篡改。openGauss 数据库具备完善的安全防御体系，保障数据库在应用中的安全性。完善的权限管理机制可以有效阻断用户的不安全操作。

1. 数据库权限层级

在 openGauss 中，数据库对象依照层级逻辑结构组织，每个数据库实例下可有多个数据库，每个数据库下可有多个模式，每个模式下可有多个数据库对象（包括表、视图、索引、存储过程、触发器等），形成如图 3.2 所示的数据库对象层级逻辑结构。

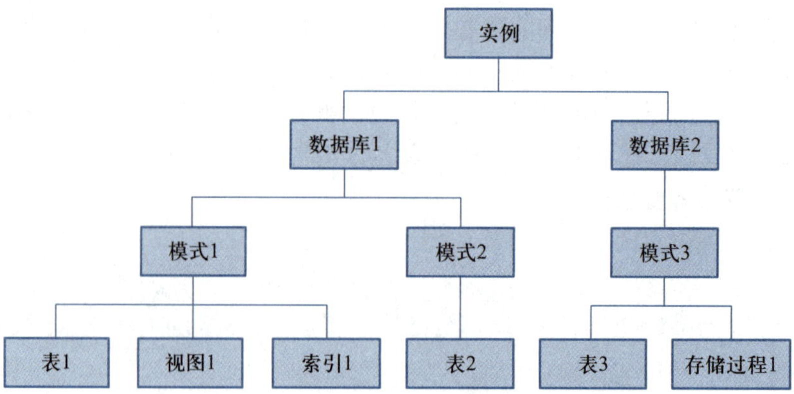

图 3.2　数据库对象层级逻辑结构

对于每个层级，数据库都有该层级的权限控制机制，包括数据库权限、模式权限、对象级权限、表空间权限等。例如，当用户要查看一张表的数据，那么该用户需要具备登录数据库的权限（LOGIN）、表所在数据库的连接权限（CONNECT）、表所在模式的使用权限（USAGE）和表本身的查看权限（SELECT）。

2. 权限与角色

数据库对象创建后，进行对象创建的用户就是该对象的所有者。数据库安装后的默认情况下，数据库系统管理员具有与对象所有者相同的权限。也就是说对象创建后，默认只有对象所有者或者系统管理员可以查询、修改和销毁对象。openGauss 支持的主要权限及说明如表 3.1 所示。

表 3.1　openGauss 支持的主要权限及说明

权限名称	权限说明
SELECT	允许对指定的表、视图、序列执行 SELECT 命令，当运用 UPDATE 或 DELETE 权限时也需要具备对应字段上的 SELECT 权限
INSERT	允许对指定的表执行 INSERT 命令
UPDATE	允许对声明的表中任意字段执行 UPDATE 命令。通常，UPDATE 命令也需要 SELECT 权限来查询哪些行需要更新
DELETE	允许执行 DELETE 命令来删除指定表中的数据。通常，DELETE 命令也需要 SELECT 权限来查询哪些行需要删除
TRUNCATE	允许执行 TRUNCATE 命令来删除指定表中的所有记录
REFERENCES	创建一个外键约束，必须拥有参考表和被参考表的 REFERENCES 权限
CREATE	对于数据库，允许在数据库中创建新的模式。 对于模式，允许在模式中创建新的对象。如果要重命名一个对象，用户除了必须是该对象的所有者外，还必须拥有该对象所在模式的 CREATE 权限。 对于表空间，允许在表空间中创建表，允许在创建数据库和模式时把该表空间指定为默认表空间
CONNECT	允许用户连接到指定的数据库
EXECUTE	允许使用指定的函数，并利用这些函数实现的操作符
USAGE	对于过程语言，允许用户在创建函数时指定过程语言。 对于模式，USAGE 允许访问包含在指定模式中的对象，若没有该权限，则只能看到这些对象的名称 对于序列，USAGE 允许使用 nextval 函数
ALTER	允许用户修改指定对象的属性，但不包括修改对象的所有者和修改对象所在的模式
DROP	允许用户删除指定的对象
COMMENT	允许用户定义或修改指定对象的注释
INDEX	允许用户在指定表上创建索引，并管理指定表上的索引

续表

权限名称	权限说明
VACUUM	允许用户对指定的表执行 ANALYZE 和 VACUUM 操作
ALL PRIVILEGES	一次性给指定的用户/角色赋予所有可赋予的权限。只有系统管理员有权执行 GRANT ALL PRIVILEGES

在 openGauss 中，用户（user）和角色（role）是基本相同的概念，区别在于创建用户时还会默认其具有 LOGIN 权限用于登录，而创建角色时则不会自动带有 LOGIN 权限。一般情况下，通过用户来连接、访问数据库以及执行 SQL，通过角色来组织和管理权限。通过将不同的权限打包成角色授予用户，使得用户获得该角色中的所有权限。同时通过改变角色的权限，该角色所包含的所有成员的权限也会被自动修改。

在 openGauss 中权限分为两种：系统权限和对象权限。

（1）系统权限

系统权限是指系统规定用户使用数据库的权限，比如登录数据库、创建数据库、创建用户/角色、创建安全策略等。系统权限又称用户属性，具有特定属性的用户会获得指定属性所对应的权限。openGauss 支持的系统权限及说明如表 3.2 所示。

表 3.2　openGauss 支持的系统权限及说明

系统权限名称	系统权限说明
SYSADMIN	系统管理员。具有与对象所有者相同的权限
MONADMIN	监控管理员。具有查看系统模式 DBE_PERF 下监控视图和函数，并进行授权管理的权限
OPRADMIN	运维管理员。具有使用备份工具执行数据库备份和恢复的权限
POLADMIN	安全策略管理员。具有创建资源标签、创建动态数据脱敏策略和统一审计策略的权限
AUDITADMIN	审计管理员。具有查看和删除审计日志的权限
CREATEDB	允许用户创建数据库
USEFT	允许用户创建外表
CREATEROLE	安全管理员。具有创建、修改、删除用户或角色的权限
INHERIT	允许用户继承所在组的角色的权限
LOGIN	允许用户登录数据库
REPLICATION	允许用户执行流复制相关操作

（2）对象权限

对象权限是指在数据库、模式、表、视图、函数等数据库对象上执行操作的权限。不同对象类型与不同权限相关联，比如数据库的连接权限，表的查看、插入、更新等权限，函数的执行权限等。openGauss 支持的对象权限及说明如表 3.3 所示。

表 3.3 openGauss 支持的对象权限及说明

对象	权限名称	对象权限说明
TABLESPACE	CREATE	允许用户在指定的表空间中创建表
	ALTER	允许用户修改指定表空间的属性
	DROP	允许用户删除指定的表空间
	COMMENT	允许用户对指定的表空间定义或修改注释
DATABASE	CONNECT	允许用户连接到指定的数据库
	TEMP	允许用户在指定的数据库中创建临时表
	CREATE	允许用户在指定的数据库中创建模式
	ALTER	允许用户修改指定数据库的属性
	DROP	允许用户删除指定的数据库
	COMMENT	允许用户对指定的数据库定义或修改注释
SCHEMA	CREATE	允许用户在指定的模式中创建对象
	USAGE	允许用户访问指定模式中的对象
	ALTER	允许用户修改指定模式的属性
	DROP	允许用户删除指定的模式
	COMMENT	允许用户对指定的模式定义或修改注释
FUNCTION	EXECUTE	允许用户执行指定的函数
	ALTER	允许用户修改指定函数的属性
	DROP	允许用户删除指定的函数
	COMMENT	允许用户对指定的函数定义或修改注释
TABLE	INSERT	允许用户对指定的表执行 INSERT 语句插入数据
	DELETE	允许用户对指定的表执行 DELETE 语句删除数据
	UPDATE	允许用户对指定的表执行 UPDATE 语句更新数据
	SELECT	允许用户对指定的表执行 SELECT 语句查询数据
	TRUNCATE	允许用户对指定的表执行 TRUNCATE 语句删除所有记录
	REFERENCES	允许用户对指定的表创建一个外键约束
	TRIGGER	允许用户在指定的表上创建触发器
	ALTER	允许用户修改指定表的属性
	DROP	允许用户删除指定的表
	INDEX	允许用户在指定表上创建索引并管理指定表上的索引
	VACUUM	允许用户对指定的表执行 ANALYZE 和 VACUUM 操作
	COMMENT	允许用户对指定的表定义或修改注释

openGauss 提供了一个隐式定义的拥有所有角色的组 PUBLIC（也是关键字），所有创建的角色将默认拥有 PUBLIC 组中的权限。也就是说，通过 CREATE ROLE 创建的角色将拥有 PUBLIC 组中的权限。PUBLIC 默认拥有的权限包括：

① 数据库的 CONNECT 权限和 CREATE TEMP TABLE 权限。

② 函数的 EXECUTE 权限。

③ 语言和数据类型的 USAGE 权限。

3. 授予与回收权限

授予与回收权限分别使用 SQL 中的 GRANT 和 REVOKE 语句。

（1）授予权限

对象所有者为了让其他用户能够使用对象，必须向用户或包含该用户的角色授予必要的权限，通过 GRANT 语句将对象的权限授予其他用户。

GRANT 语句的语法格式如下：

```
GRANT <权限> ON <数据库对象> TO <角色> [WITH GRANT OPTION];
```

如果声明了 WITH GRANT OPTION，则被授权的用户也可以将该权限赋予其他用户，否则就不能将该权限再授予其他用户。

（2）回收权限

要撤销已经授予的权限，可以使用 REVOKE。对象所有者的权限（例如 ALTER、DROP、COMMENT、INDEX、VACUUM、GRANT 和 REVOKE）是隐式拥有的，即只要拥有对象就可以执行对象所有者的这些隐式权限。对象所有者可以撤销自己的普通权限，例如使表对自己以及其他人只读，系统管理员用户除外。

REVOKE 语句的语法格式如下：

```
REVOKE <权限> ON <数据库对象> FROM <角色> [CASCADE];
```

如果用户 A 将某权限授予用户 B，用户 B 又将该权限授予用户 C，则默认情况下，用户 A 使用 REVOKE 语句回收用户 B 的权限会失败。此时，使用 CASCADE 选项的 REVOKE 语句可以使用户 A 回收用户 B 的权限，并且级联回收用户 B 授予出去的该权限。

（3）授权图

可以使用授权图来表示数据库中用户之间的授权关系。授权图的节点表示某用户拥有某权限且是否为该权限的源头所有者，或能否继续授权其他用户。节点信息的一般格式如下：

```
A P [**|*]
```

其中，A 为用户，P 为权限，** 表示权限的源头所有者，* 表示可继续授权（即 WITH GRANT OPTION）。每个授权 GRANT 操作都将在授权图中添加一条对应的边。

例如，用户 omm 是 student 表的所有者，omm 将该表的 SELECT 权限授予 myrole 用户并使用了 WITH GRANT OPTION；myrole 用户又将该权限授予了 newrole用户，并且没有使用WITH GRANT OPTION。此时形成的授权图如图3.3所示。

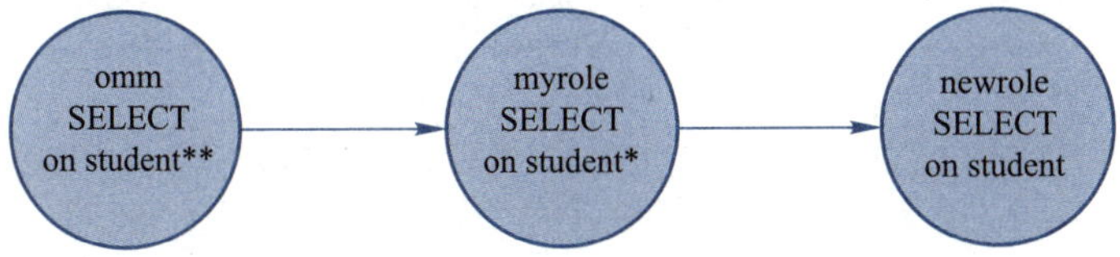

图 3.3　授权图示例

此时，omm 用户执行 REVOKE 语句回收授予 myrole 用户的权限，数据库系统会拒绝执行，原因是 myrole 用户授予 newrole 用户的权限依赖于要删除的权限。omm 用户使用带有 CASCADE 选项的 REVOKE 语句回收授予 myrole 用户的权限，同时 myrole 授予 newrole 用户的权限也会被级联删除，这时授权图只有“omm SELECT on student **”节点。

（4）用户权限集合

根据 openGauss 数据库的权限管理机制，一个用户实际拥有的权限是以下5类权限的并集：

① CREATE ROLE 和 ALTER ROLE 语句直接赋予的系统权限。

② 创建对象的所有者所默认拥有的权限。

③ GRANT 语句直接赋予的对象权限。

④ 继承自所属角色的权限。

⑤ 继承自 PUBLIC 组的权限。

3.4　实验步骤

3.4.1　使用视图

1. 定义视图

【例 3.1】建立 CS 系学生的视图。

```
CREATE VIEW student_cs
AS
    SELECT sno, sname, sgender, sbirth, sdept
    FROM student
    WHERE sdept = 'CS';
```

该视图没有指定列名，则视图各列的名称与查询结果各列名一致。openGauss 处理 CREATE VIEW 语句时，只是将视图定义存入数据库而不执行子查询。只有当使用视图时，才按照视图定义从表中查询数据。

对定义好的视图进行查询与查询表完全相同。例如，下面的 SELECT 语句列出该视图的全部数据。

```
SELECT * FROM student_cs;
  sno    | sname   | sgender   |        sbirth        | sdept
--------+--------+----------+---------------------+-------
 22001   | 张三    | 男        | 2002-05-19 00:00:00 | CS
 22002   | 李四    | 女        | 2002-01-09 00:00:00 | CS
(2 rows)
```

【例 3.2】建立 CS 系学生的视图，且要求修改和插入数据时保证该视图只有 CS 系的学生。

```
CREATE VIEW student_cs_2
AS
    SELECT sno, sname, sgender, sbirth, sdept
    FROM student
    WHERE sdept = 'CS'
WITH CHECK OPTION;
```

在定义视图 student_cs_2 时加上了 WITH CHECK OPTION 子句，则插入和修改数据时必须满足查询条件 sdept='CS'，否则数据库会拒绝该更新操作。

【例 3.3】建立 CS 系选修了数据库系统课程的学生的视图。

```
CREATE VIEW student_cs_3(sno, sname, score)
AS
    SELECT student.sno, sname, score
    FROM student INNER JOIN sc ON student.sno = sc.sno
    INNER JOIN course on sc.cno = course.cno
    WHERE sdept = 'CS' AND cname = '数据库系统';
```

视图 student_cs_3 建立在 3 张表连接查询之上。查看该视图：

```
dbsc=# SELECT * FROM student_cs_3;
  sno   | sname | score
-------+-------+-------
 22001 | 张三   | 85
 22002 | 李四   | 90
(2 rows)
```

可以在一个视图的基础上再建立视图。

【例 3.4】建立 CS 系选修了数据库系统课程且成绩不低于 90 分的学生的视图。

```
CREATE VIEW student_cs_4
AS
    SELECT sno, sname, score
```

```
    FROM student_cs_3
WHERE score >= 90;
```

查询该视图：

```
dbsc=# SELECT * FROM student_cs_4;
  sno   | sname | score
-------+-------+-------
 22002 | 李四   | 90
(1 row)
```

在设计数据库时，为了减少数据冗余，表中一般只存储基本数据列，由基本数据列经过计算得到的数据列一般是不存储的。但有时某些应用需要集中使用这种经过计算得到的数据列。在这种情况下，定义视图会简化查询编写。

【例 3.5】定义一个反映学生年龄的视图。

```
CREATE VIEW student_age(sno, sname, sage)
AS
    SELECT sno, sname, EXTRACT('YEAR' FROM AGE(CURRENT_DATE, sbirth))
    FROM student;
```

sage 列是 student 表的 sbirth 列经过计算得到的虚拟列，因此它不对应于基本表中的任何属性列。查询该视图：

```
dbsc=# SELECT * FROM student_age;
  sno    | sname  | sage
--------+--------+------
 22001   | 张三    |   21
 22002   | 李四    |   22
 22003   | 王五    |   22
 22004   | 赵六    |   22
(4 rows)
```

可以使用 gsql 元命令 \dv 列出当前数据库中定义的视图信息：

```
dbsc=# \dv
                              List of relations
 Schema |      Name      | Type  | Owner  |           Storage
--------+----------------+-------+--------+-------------------------
 public | student_age    | view  | omm    |
 Public | student_cs     | view  | omm    |
 public | student_cs_2   | view  | omm    | {check_option=cascaded}
 public | student_cs_3   | view  | omm    |
 public | student_cs_4   | view  | omm    |
(5 rows)
```

2. 查询视图

视图定义后，用户就可以像对表一样对视图进行查询了。

【例 3.6】在视图 student_age 中查找年龄小于 22 岁的学生。

```
SELECT sno, sname, sage
FROM student_age
WHERE sage < 22;
```

一个查询可以同时涉及视图和表。例如，例 3.7 的查询对视图和表进行了连接查询。

【例 3.7】查询 CS 系中选修了 2 号课程的学生。

```
SELECT s.sno, sname
FROM student_cs s INNER JOIN sc ON s.sno = sc.sno
WHERE cno = 2;
  sno    | sname
--------+-------
 22001   | 张三
 22002   | 李四
(2 rows)
```

3. 修改视图

视图是不实际存储数据的虚拟表，视图的更新最终要转换为对表的更新。按照 SQL 标准的规定，只允许更新由单张表通过选择和投影操作定义的视图，且视图定义中不能使用聚合函数，这类视图称为可更新视图。在可更新视图上的更新操作总可以通过更新背后的表来实现。

【例 3.8】向 CS 系学生视图 student_cs 中插入一条新记录。

```
(学号：22005，姓名：孙七，性别：男，出生日期：2001-11-01，系别：CE）
INSERT INTO student_cs VALUES ('22005', '孙七', '男', '2001-11-01',
'CE');
```

再次查询 student_cs 视图，发现结果没有变化；查询 student 表，可以发现多了该行数据。

```
SELECT * FROM student;
  sno   | sname   | sgender   |         sbirth          | sdept
-------+--------+----------+----------------------+-------
 22001 | 张三    | 男        | 2002-05-19 00:00:00   | CS
 22002 | 李四    | 女        | 2002-01-09 00:00:00   | CS
 22003 | 王五    | 女        | 2001-12-08 00:00:00   | CE
 22004 | 赵六    | 男        | 2001-08-30 00:00:00   | IS
 22005 | 孙七    | 男        | 2001-11-01 00:00:00   | CE
(5 rows)
```

学生孙七并非 CS 系，但却能够通过 student_cs 视图将数据插入下面的 student 表，这种情况往往会给用户带来混淆。可以在建立视图时通过 WITH CHECK OPTION 子句加以限制。

向视图 student_cs_2 中插入学生孙七的记录，该视图带有 WITH CHECK OPTION 子句：

```
dbsc=# INSERT INTO student_cs_2 VALUES ('22005', '孙七', '男',
    '2001-11-01', 'CE');
ERROR:  new row violates WITH CHECK OPTION for view "student_cs_2"
DETAIL:  Failing row contains (22005, 孙七, 男 , 2001-11-01 00:00:00,
    CE).
```

系统会提示要插入的行违反视图 student_cs_2 的 WITH CHECK OPTION，插入失败。

通过可更新视图，也可以更改和删除已有的记录。

【例 3.9】通过视图 student_cs 将学号为 22001 的学生姓名改为“张小明”。

```
UPDATE student_cs
SET sname = '张小明'
WHERE sno = '22001';
```

实际是将视图更新操作转换为等价的表更新操作：

```
UPDATE student
SET sname = '张小明'
WHERE sno = '22001' AND sdept='CS';
```

【例 3.10】通过视图 student_cs 将学号为 22002 的学生记录删除。

```
DELETE
FROM student_cs
WHERE sno = '22002';
```

实际是将视图删除操作转换为等价的表删除操作：

```
DELETE
FROM student
WHERE sno = '22002' AND sdept = 'CS';
```

4. 删除视图

要删除整个视图，需要使用 DROP VIEW 语句。

【例 3.11】删除 student_cs_2 视图，同时删除所有依赖该视图的视图。

```
DROP VIEW student_cs_2 CASCADE;
```

使用级联删除选项 CASCADE，将删除所有依赖该视图的视图。

5. 物化视图

【例 3.12】建立 CS 系选修了数据库系统课程的学生的物化视图。

该视图子查询与【例 3.3】中的 student_cs_3 视图相同，但这里要求建立物化视图。

```
CREATE MATERIALIZED VIEW student_cs_3m(sno, sname, score)
AS
    SELECT student.sno, sname, score
    FROM student INNER JOIN sc ON student.sno = sc.sno
    INNER JOIN course on sc.cno = course.cno
WHERE sdept = 'CS' AND cname = '数据库系统';
```

查询该物化视图：

```
dbsc=# SELECT * FROM student_cs_3m;
  sno   | sname   | score
-------+--------+-------
 22001 | 张三    | 85
 22002 | 李四    | 90
(2 rows)
```

通过更新物化视图所依赖的 student 表中的数据，将学生张三的姓名改为张小明：

```
dbsc=# UPDATE student
dbsc-# SET sname = '张小明'
dbsc-# WHERE sname = '张三';
UPDATE 1
```

再次查询物化视图：

```
dbsc=# SELECT * FROM student_cs_3m;
  sno    | sname   | score
--------+--------+-------
 22001  | 张三    | 85
 22002  | 李四    | 90
(2 rows)
```

发现物化视图的查询结果没有变化，学生张三的姓名没有发生改变。底层表数据发生更新后，出于效率考虑，物化视图并不会自动更新。需要使用如下语句显式地进行物化视图刷新。

【例 3.13】刷新物化视图 student_cs_3m。

```
REFRESH MATERIALIZED VIEW student_cs_3m;
```

再次查询物化视图：

```
dbsc=# SELECT * FROM student_cs_3m;
  sno    | sname   | score
--------+--------+-------
 22001  | 张小明  | 85
 22002  | 李四    | 90
(2 rows)
```

发现查询结果更新了。

要删除物化视图，需使用 DROP MATERIALIZED VIEW 语句。

【例 3.14】删除物化视图 student_cs_3m。

```
DROP MATERIALIZED VIEW student_cs_3m;
```

3.4.2 使用索引

1. 准备工作

创建函数 gen_hanzi 用于生成随机汉字：

```
CREATE OR REPLACE FUNCTION gen_hanzi(INT) RETURNS TEXT AS $$
DECLARE
res TEXT;
BEGIN
    IF $1 >=1 THEN
       SELECT string_agg(chr(19968+(random()*20901)::int), '') INTO res
       FROM generate_series(1,$1);
       RETURN res;
    END IF;
    RETURN NULL;
END;
$$ LANGUAGE plpgsql STRICT;
```

为了确保实验确定性，可设置随机数种子，使得每次生成的随机数序列一样。

```
SELECT setseed(0);
```

2. 装载数据

为了能够体现出索引加速查询的效果，需要表中的数据量达到足够规模。使用如下 INSERT 语句，向 student 表插入 70 000 行数据：

```
INSERT INTO student VALUES (
    to_char(generate_series(30000, 99999)),
    gen_hanzi(3),
    '男',
    '2001-09-01'::date + floor((random() * 365))::int,
    'CS');
```

其中，每列数值生成方式如下：

① sno：30 000~99 999。

② sname：3 个随机汉字。

③ sgender：固定值 '男'。

④ sbirth：日期 '2001-09-01' 随机增加 0~364 天。

⑤ sdept：固定值 'CS'。

查询 student 表行数，确认成功装载数据：

```
dbsc=# SELECT COUNT(*) FROM student;
 count
-------
 70004
(1 row)
```

可见，student 表中原有 4 行记录，又插入了 70 000 行记录。

3. 创建索引

【例 3.15】在 student 表的 sname 列上创建索引，展示创建索引前后按 sname 列查询的时间变化。

使用 \timing 元命令设置时间显示：

```
dbsc=# \timing on
Timing is on.
```

查询 student 表中 sname 值为“蔽苋漉”的记录：

```
dbsc=# SELECT * FROM student WHERE sname = '蔽苋漉';
  sno  | sname  | sgender |        sbirth          | sdept
-------+--------+---------+------------------------+---------
 56789 | 蔽苋漉  | 男       | 2002-07-29 00:00:00    | CS
(1 row)

Time: 15.329 ms
```

sname 值为随机生成的三个汉字，“蔽苋漉”是 sno=56789 这行记录的 sname 值。

该查询在示例主机上执行时间为 15.329 ms。

使用 EXPLAIN 语句查看查询执行计划：

```
dbsc=# EXPLAIN SELECT * FROM student WHERE sname = '蔽苋漉';
                        QUERY PLAN
-----------------------------------------------------------
 Seq Scan on student  (cost=0.00..1464.05 rows=1 width=31)
   Filter: ((sname)::text = '蔽苋漉'::text)
(2 rows)
```

“Seq Scan”表示顺序扫描。该查询执行计划显示数据库需要执行 student 表上的顺序扫描操作，即对表中数据从头开始进行行扫描。这种执行计划对于大规模表数据来说效率并不高，因为在最坏情况下，需要检查表中所有行记录才能返回结果。

下面在 sname 列上创建索引：

```
  CREATE INDEX sname_idx ON student(sname);
```

通过查询系统表 pg_indexes，查看表 student 上建立的全部索引：

```
dbsc=# SELECT indexname, indexdef
dbsc-# FROM pg_indexes
dbsc-# WHERE tablename = 'student';
 indexname  |  indexdef
------------+-----------------------------------------------------
 pk_student | CREATE UNIQUE INDEX pk_student ON student USING btree
     (sno) TABLESPACE pg_default
 sname_idx  | CREATE INDEX sname_idx ON student USING btree (sname)
         TABLESPACE pg_default
(2 rows)
```

输出显示 sname_idx 是刚建立的索引，“USING btree”表示默认情况下该索引使用了 btree 结构实现；pk_student 是数据库在创建 student 表时，为主键 sno 自动建立的索引。

也可以使用 gsql 元命令 \d 查看一个表上建立的索引：

```
dbsc=# \d student
                Table "public.student"
 Column  |              Type              | Modifiers
---------+--------------------------------+-------------=
 sno     | character(5)                   | not null
 sname   | character varying(10)          | not null
 sgender | character(4)                   | not null
 sbirth  | timestamp(0) without time zone | not null
 Sdept   |  character(2)                  | not null
Indexes:
    "pk_student" PRIMARY KEY, btree (sno) TABLESPACE pg_default
    "sname_idx" btree (sname) TABLESPACE pg_default
Referenced by:
    TABLE "sc" CONSTRAINT "fk_student" FOREIGN KEY (sno) REFERENCES
    student(sno)
```

4. 使用索引

再次执行上面查询：

```
dbsc=# SELECT * FROM student WHERE sname = '蔽芫漉';
  sno  | sname  | sgender |        sbirth        | sdept
-------+--------+---------+----------------------+-------
 56789 | 蔽芫漉 | 男      | 2002-07-29 00:00:00  | CS
(1 row)

Time: 0.880 ms
```

查询执行时间为 0.880 ms，是创建索引之前查询耗时的 5.741%。

再次查看查询执行计划：

```
dbsc=# EXPLAIN SELECT * FROM student WHERE sname = '蔽克漉';
                              QUERY PLAN
-----------------------------------------------------------------------
 Index Scan using sname_idx on student  (cost=0.00..8.27 rows=1
    width=31)
 Index Cond: ((sname)::text = '蔽克漉'::text)
(2 rows)
```

这时查询执行计划改为使用“Index Scan”，即在 student 表的 sname_idx 索引上根据索引执行查找操作。验证了使用索引可以大幅减少查询时间，提升查询效率。

5. 删除索引

删除索引应使用 DROP INDEX 语句，需要指定索引名称：

【例 3.16】删除索引 sname_idx。

```
DROP INDEX sname_idx;
```

6. 多列索引

多列索引是建立在一个表中两个及以上列上的索引结构，可加速以多个列为条件的查询。

【例 3.17】在 student 表的 sname 和 sbirth 列上创建多列索引。

查看以下查询的执行计划：

```
dbsc=# EXPLAIN SELECT * FROM student WHERE sname = '蔽克漉' AND
    sbirth = '2002-07-29';
                              QUERY PLAN
-----------------------------------------------------------------------
  Seq Scan on student  (cost=0.00..1639.06 rows=1 width=31)
    Filter: (((sname)::text = '蔽克漉'::text) AND (sbirth = '2002-07-
           29 00:00:00'::timestamp without time zone))
(2 rows)
```

可见，因为前面 sname 上的索引已删除，该查询只能使用顺序扫描。

```
dbsc=# SELECT * FROM student WHERE sname = '蔽克漉' AND sbirth =
    '2002-07-29';
  sno    | sname    | sgender   |        sbirth         | sdept
---------+----------+-----------+-----------------------+-------
 56789   | 蔽克漉   | 男        | 2002-07-29 00:00:00 | CS
(1 row)

Time: 15.787 ms
```

实际查询耗时为 15.787 ms。

在 student 表的 sname 和 sbirth 列上创建多列索引：

```
CREATE INDEX sname_sbirth_idx ON student(sname, sbirth);
```

再次查看查询执行计划：

```
dbsc=# EXPLAIN SELECT * FROM student WHERE sname = '蔽克澈' AND
    sbirth = '2002-07-29';
                                          QUERY PLAN
---------------------------------------------------------------------
  Index Scan using sname_sbirth_idx on student  (cost=0.00..8.27
      rows=1 width=31)
      Index Cond: (((sname)::text='蔽克澈'::text) AND (sbirth=
      '2002-07-29 00:00:00'::timestamp without time zone))
(2 rows)
```

可见，查询条件中包括 sname 和 sbirth 两列，恰好用上刚刚创建的 sname_sbirth_idx 索引。

再次执行该查询：

```
dbsc=# SELECT * FROM student WHERE sname = '蔽克澈' AND sbirth =
    '2002-07-29';
  sno  | sname  | sgender |        sbirth         | sdept
-------+--------+---------+-----------------------+-------
 56789 | 蔽克澈 | 男      | 2002-07-29 00:00:00   | CS
(1 row)

Time: 0.727 ms
```

可见查询执行时间缩短为 0.727 ms。

在创建多列索引时列的顺序是有所考虑的，因为多列索引能够支持从左向右的部分列作为查询的条件，其他的列顺序作为查询条件时并不受支持。

查看以下查询的执行计划：

```
dbsc=# EXPLAIN SELECT * FROM student WHERE sname = '蔽克澈';
                                   QUERY PLAN
---------------------------------------------------------------------
  Index Scan using sname_sbirth_idx on student  (cost=0.00..8.27
      rows=1 width=31)
      Index Cond: ((sname)::text = '蔽克澈'::text)
(2 rows)
```

可以看到，WHERE 后面条件中虽只有 sname，但它是多列索引 (sname, sbirth) 的从左到右部分列（前缀），因而使用 sname_sbirth_idx 索引进行了查找。

再看以下查询的执行计划：

```
dbsc=# EXPLAIN SELECT * FROM student WHERE sbirth = '2002-07-29';
                                   QUERY PLAN
---------------------------------------------------------------------
```

```
  Seq Scan on student  (cost=0.00..1464.05 rows=191 width=31)
  Filter: (sbirth = '2002-07-29 00:00:00'::timestamp without time
  zone)
(2 rows)
```

这个查询条件中只有 sbirth 列，且不是多列索引的前缀部分，因此无法利用索引查找，只能采用顺序扫描。

删除该索引：

```
DROP INDEX sname_sbirth_idx;
```

3.4.3　使用存储过程

1. 创建存储过程

【例 3.18】创建一个存储过程，用于向 sc 表中插入一条记录。

```
CREATE PROCEDURE insert_sc (param1 CHAR(5), param2 SMALLINT, param3
SMALLINT = 0)
IS
BEGIN
    INSERT INTO sc VALUES (param1, param2, param3);
END;
/
```

使用 CREATE PROCEDURE 语句创建名为 insert_sc 的存储过程。3 个参数的数据类型与 sc 表的 3 列数据类型相同，指明了 param3 的默认值为 0。注意，最后一行的斜线“/”表示存储过程结束。

【例 3.19】创建一个存储过程，用于删除 sc 表中一条指定学号和课号的记录。

```
CREATE PROCEDURE delete_sc (param1 CHAR(5), param2 SMALLINT)
IS
BEGIN
    DELETE FROM sc
    WHERE sc.sno = param1 AND sc.cno = param2;
END;
/
```

2. 调用存储过程

使用 CALL 语句调用存储过程。

【例 3.20】调用存储过程 insert_sc，向 sc 表中插入记录：

```
'22003', 1, 86
CALL insert_sc ('22003', 1, 86);
```

查看 sc 表：

```
dbsc=# select * from sc;
  sno    | cno  | score
--------+------+-------
 22001  |    1 | 96
 22001  |    2 | 85
 22001  |    3 | 88
 22002  |    2 | 90
 22002  |    3 | 80
 22003  |    1 | 86
(6 rows)
```

【例 3.21】调用存储过程 delete_sc，将学号为 '22003' 的学生选修 1 号课程的记录删除。

```
CALL delete_sc ('22003', 1);
```

查看 sc 表：

```
dbsc=# select * from sc;
  sno    | cno  | score
--------+------+-------
 22001  |   1  | 96
 22001  |   2  | 85
 22001  |   3  | 88
 22002  |   2  | 90
 22002  |   3  | 80
(5 rows)
```

3. 输出参数与返回值

存储过程没有返回值。如果想要从存储过程中输出数据，可以使用 OUT 或 INOUT 类型的参数。

【例 3.22】创建一个存储过程，根据指定的学号返回学生的姓名。

```
CREATE OR REPLACE PROCEDURE get_sname(IN stu_num TEXT, OUT stu_name TEXT)
AS
BEGIN
    SELECT sname
    INTO stu_name
    FROM student
    WHERE sno = stu_num;
END;
/
```

如果直接调用该存储过程，那么无论在第 2 个参数传入什么值，都会打印列名是 stu_name 的一行表结果：

```
dbsc=# CALL get_sname('22001', 'any_value');
```

```
 stu_name
----------
 张三
(1 row)
```

可以把 OUT 参数传出来的值保存到变量中。如下面的代码段：

```
DECLARE
    var_out TEXT;
BEGIN
    get_sname('22001', var_out);
    RAISE NOTICE '姓名：%', var_out;
END;
/
```

上述代码中，在 DECLARE 部分定义了变量 var_out；当调用函数 get_sname 后，OUT 参数 stu_name 的值赋值给了 var_out；使用 RAISE NOTICE 语句将 var_out 作为日志消息输出。

```
NOTICE:  姓名：张三
ANONYMOUS BLOCK EXECUTE
```

ANONYMOUS BLOCK EXECUTE 提示执行了匿名代码块，可忽略该消息。

如果希望像程序设计语言的函数那样带有返回值，则需要使用 CREATE FUNCTION 语句，带有返回值的存储过程也称为函数。

【例 3.23】创建一个函数，返回指定学号的学生的平均成绩。

```
CREATE OR REPLACE FUNCTION get_avg_score(num CHAR(5))
RETURNS NUMERIC(5, 2)
AS
$$
DECLARE
    avg_score NUMERIC(5, 2);
BEGIN
    SELECT AVG(score)
    INTO avg_score
    FROM sc
    WHERE sc.sno = num;
    RETURN avg_score;
END;
$$ LANGUAGE plpgsql;
```

上述代码中，CREATE FUNCTION 语句中的 LANGUAGE plpgsql 表示该函数定义使用了 PL/pgSQL 语法。该函数的返回值数据类型为小数 NUMERIC(5, 2)；在函数体的最后一句，RETURN 语句将 SELECT 语句查询计算获得的平均成绩 AVG(score) 返回。

调用该函数：

```
dbsc=# CALL get_avg_score('22001');
 get_avg_score
---------------
    89.67
(1 row)
```

可见，该调用返回了学生“22001”的平均成绩 89.67。

4. 定义变量

在 DECLARE 语句中，除了定义标准数据类型的变量，还可以使用 %TYPE 将变量定义为与某个表的某列类型相同，使用 %ROWTYPE 将变量定义为与某个表的行类型相同。

【例 3.24】创建一个存储过程，根据指定的学号输出学生的全部信息。

```
CREATE OR REPLACE PROCEDURE get_student(stu_num TEXT)
AS
DECLARE
    stu_name student.sname%TYPE;
    stu_row student%ROWTYPE;
BEGIN
    SELECT sname
    INTO stu_name
    FROM student
    WHERE sno = stu_num;
    RAISE NOTICE '学号：%，姓名：%', stu_num, stu_name;
    SELECT *
    INTO stu_row
    FROM student
    WHERE sno = stu_num;
    RAISE NOTICE '学号：%，姓名：%，性别：%，生日：%，系别：%',
        stu_row.sno, stu_row.sname, stu_row.sgender, stu_row.sbirth,
        stu_row.sdept;
END;
/
```

在该存储过程中，定义变量 stu_name 的类型为 student 表的 sname 列类型，定义变量 stu_row 的类型为 student 表的行类型。

5. 条件判断

如果在存储过程中遇到需要进行条件判断的情况，可使用 IF 语句来实现。

【例 3.25】创建一个函数，返回指定学号的学生是否选修了至少一门选课，是返回 1，否返回 0。

```
CREATE OR REPLACE FUNCTION is_in_sc(stu_num TEXT)
RETURNS BIT
```

```
AS $$
DECLARE ret BIT;
BEGIN
    IF EXISTS (SELECT * FROM sc WHERE sno = stu_num) THEN
        ret := 1;
    ELSE
        ret := 0;
    END IF;
    RETURN ret;
END;
$$ LANGUAGE plpgsql;
```

该函数使用了IF…THEN…ELSE语句来实现条件判断，返回值为BIT类型，即一位二进制数表示 0 或 1。

调用该函数：

```
dbsc=# CALL is_in_sc('22002');
 is_in_sc
----------
   1
(1 row)

dbsc=# CALL is_in_sc('22003');
 is_in_sc
----------
   0
(1 row)
```

6. 异常处理

【例 3.26】使用 RAISE 语句输出所有级别的消息。

```
BEGIN
    RAISE DEBUG 'debug message %', now();
    RAISE LOG 'log message %', now();
    RAISE INFO 'information message %', now() ;
    RAISE NOTICE 'notice message %', now();
    RAISE WARNING 'warning message %', now();
    RAISE EXCEPTION 'exception message %', now();
end;
/
INFO:  information message 2024-03-11 23:07:25.646021+08
NOTICE:  notice message 2024-03-11 23:07:25.646021+08
WARNING:  warning message 2024-03-11 23:07:25.646021+08
ERROR:  exception message 2024-03-11 23:07:25.646021+08
```

执行该语句块，发现 DEBUG 和 LOG 级别的消息没有输出，原因是默认情况下 DEBUG 和 LOG 这两类级别较低的消息不会返回给客户端。

【例 3.27】编写一个存储过程，根据学号查找选课记录，对于没有选课和选修了两门以上课程的情况进行异常处理。

```
CREATE OR REPLACE PROCEDURE handle_exception_test(stu_num TEXT)
AS
DECLARE
    rec RECORD;
BEGIN
    SELECT *
    INTO rec
    FROM sc
    WHERE sno = stu_num;
EXCEPTION
    WHEN no_data_found THEN
        RAISE EXCEPTION '学号为 % 的学生记录未找到', stu_num;
    WHEN too_many_rows THEN
        RAISE EXCEPTION '学号为 % 的学生选了多门课程', stu_num;
END;
/
```

在该存储过程中，使用 WHEN 语句捕获 no_data_found 和 too_many_rows 两种标准异常。其中，no_data_found 异常是在查询结果为空时产生，too_many_rows 异常是在查询结果多于一行时产生。

调用该存储过程：

```
dbsc=# CALL handle_exception_test('22001');
ERROR:  学号为 22001 的学生选了多门课程
dbsc=# CALL handle_exception_test('22003');
ERROR:  学号为 22003 的学生记录未找到
调用 insert_sc 存储过程插入一条选课数据：
dbsc=# CALL insert_sc ('22003', 1, 86);
 insert_sc
-----------

(1 row)
```

再调用该存储过程：

```
dbsc=# CALL handle_exception_test('22003');
 handle_exception_test
-----------------------

(1 row)
```

7. 游标与循环

【例 3.28】创建一个存储过程，获取大于或等于指定成绩的学生的学号、姓名、课程名称和成绩记录，并将每条记录逐行输出。

```
CREATE OR REPLACE PROCEDURE get_student_by_score(score SMALLINT)
AS
DECLARE
    -- 定义游标
    cur REFCURSOR;
    -- 定义 RECORD 类型的变量来存储每行的返回值
    row RECORD;
BEGIN
    -- 打开游标
    OPEN cur FOR
        SELECT s.sno, s.sname, c.cname, sc.score
        FROM sc INNER JOIN student s ON sc.sno = s.sno
            INNER JOIN course c ON sc.cno = c.cno
        WHERE sc.score >= score;
    -- 获取并打印每行返回值
    LOOP
        FETCH NEXT FROM cur INTO row;
        EXIT WHEN NOT FOUND; -- 当找不到时退出
        -- 打印每行的返回值
        RAISE NOTICE '学号：%, 姓名：%, 课程：%, 成绩：%', row.sno,
            row.sname, row.cname, row.score;
    END LOOP;
    -- 关闭游标
    CLOSE cur;
END;
/
```

在 DECLARE 语句中，首先定义游标而不打开它，因而使用 REFCURSOR 类型；定义 RECORD 类型的变量用于保存游标所指表的每行记录，获取数据后 RECORD 类型使用方式与 %ROWTYPE 类型相似。

调用该存储过程，获取成绩大于或等于 90 分的学生选课记录：

```
dbsc=# CALL get_student_by_score(90);
NOTICE:  学号：22001, 姓名：张三，课程：高等数学，成绩：96
NOTICE:  学号：22001, 姓名：张三，课程：数据库系统，成绩：85
NOTICE:  学号：22001, 姓名：张三，课程：操作系统，成绩：88
NOTICE:  学号：22002, 姓名：李四，课程：数据库系统，成绩：90
NOTICE:  学号：22002, 姓名：李四，课程：操作系统，成绩：80
 get_student_by_score
----------------------


(1 row)
```

8. 删除存储过程

【例 3.29】删除本小节创建的所有存储过程。

```
DROP PROCEDURE insert_sc;
```

```
DROP PROCEDURE delete_sc;
DROP PROCEDURE get_sname;
DROP FUNCTION get_avg_score;
DROP PROCEDURE get_student;
DROP FUNCTION is_in_sc;
DROP PROCEDURE handle_exception_test;
DROP PROCEDURE get_student_by_score;
```

3.4.4 使用触发器

1. 创建触发器

【例 3.30】在 sc 表上创建一个触发器，该触发器的作用是对分数 score 列的更新操作进行审计记录，即对 UPDATE 语句所更新的每一行，均记录用户名、操作时间、学号、课号、score 列的旧值和新值。

首先，创建 sc_audit 表，用于保存该触发器产生的审计记录。具体代码如下：

```
CREATE TABLE sc_audit
(
    log_id         SERIAL,                   -- IDENTITY 属性
    login_name     VARCHAR(256),             -- 登录名
    update_date    TIMESTAMP,                -- 修改时间
    sno            CHAR(5),                  -- 学号
    cno            SMALLINT,                 -- 课程号
    score_old      SMALLINT,                 -- 成绩的旧值
    score_new      SMALLINT,                 -- 成绩的新值
    CONSTRAINT sc_audit_pk PRIMARY KEY(log_id)
);
```

其中，主键 log_id 为 SERIAL 类型的自增编号列。

创建触发器函数 sc_update_audit：

```
CREATE OR REPLACE FUNCTION sc_update_audit() RETURNS TRIGGER AS $$
BEGIN
    IF OLD.score <> NEW.score THEN
        INSERT INTO sc_audit(login_name, update_date, sno, cno,
        score_old, score_new)
        SELECT CURRENT_USER, CURRENT_TIMESTAMP, OLD.sno, OLD.cno,
        OLD.score, NEW.score;
    END IF;
    RETURN NEW;
END;
$$ LANGUAGE plpgsql;
```

执行该函数将向 sc_audit 表插入一条记录，用 CURRENT_USER 和 CURRENT_TIMESTAMP 获取当前用户名和系统时间；OLD 代表触发事件发生之前的行记

录，NEW 代表触发事件发生之后的行记录；这里不仅记录学号和课号，还记录了 score 列的旧值和新值。

创建 sc 表上的触发器 tr_sc_update_audit，绑定触发器函数 sc_update_audit：

```
CREATE TRIGGER tr_sc_update_audit
AFTER UPDATE ON sc
FOR EACH ROW
EXECUTE PROCEDURE sc_update_audit();
```

上述语句中，AFTER UPDATE 表明该触发器将在 UPDATE 事件发生之后被触发执行，FOR EACH ROW 表明对于 UPDATE 事件影响的每一行均执行一次触发器。

2. 使用触发器

执行 UPDATE 语句，给学号为“22001”的学生的每门课程成绩加 1 分：

```
UPDATE sc SET score = score + 1 WHERE sno = '22001';
```

查看 sc 表：

```
SELECT * FROM sc;
  sno   |  cno   |   score
-------+-------+---------
 22002 |   2   |    90
 22002 |   3   |    80
 22001 |   1   |    97
 22001 |   2   |    86
 22001 |   3   |    89
(5 rows)
```

查看 sc_audit 表：

```
SELECT * FROM sc_audit;
log_id|login_name|update_date                |sno   | cno | score_old | score_new
------+----------+---------------------------+------+-----+-----------+----------
     1|omm       |2024-03-13 22:05:37.528502|22001 |  1  | 96        | 97
     2|omm       |2024-03-13 22:05:37.543791|22001 |  2  | 85        | 86
     3|omm       |2024-03-13 22:05:37.544011|22001 |  3  | 88        | 89
(3 rows)
```

执行 UPDATE 语句，给学号为“22001”的学生的每门课程成绩减 1 分，即恢复为每门课程原来的成绩：

```
UPDATE sc SET score = score - 1 WHERE sno = '22001';
```

查看 sc 表：

```
SELECT * FROM sc;
  sno    | cno    | score
```

```
--------+-------+-------
  22002  |   2   |    90
  22002  |   3   |    80
  22001  |   1   |    96
  22001  |   2   |    85
  22001  |   3   |    88
(5 rows)
```

再查看 sc_audit 表：

```
SELECT * FROM sc_audit;
log_id|login_name|        update_date          | sno  | cno  | score_old  | score_new
------+----------+--------------------------+-----+-----+-----------+----------
     1|omm       |2024-03-13 22:05:37.528502|22001|  1  |    96     |   97
     2|omm       |2024-03-13 22:05:37.543791|22001|  2  |    85     |   86
     3|omm       |2024-03-13 22:05:37.544011|22001|  3  |    88     |   89
     4|omm       |2024-03-13 22:06:45.907253|22001|  1  |    97     |   96
     5|omm       |2024-03-13 22:06:45.907394|22001|  2  |    86     |   85
     6|omm       |2024-03-13 22:06:45.907481|22001|  3  |    89     |   88
(6 rows)
```

可见，sc 表上 UPDATE 事件所涉及的有 score 列数据更新的每一行均在 sc_audit 表中保存了相应的审计记录。

3. 修改触发器名称

【例 3.31】将触发器 tr_sc_update_audit 的名称修改为 tr_score_audit。

```
ALTER TRIGGER tr_sc_update_audit ON sc RENAME TO tr_score_audit;
```

4. 删除触发器及相关数据库对象

【例 3.32】将前面建立的触发器及相关的数据库对象删除。

删除触发器 tr_score_audit：

```
DROP TRIGGER tr_score_audit ON sc;
```

删除触发器函数 sc_update_audit：

```
DROP FUNCTION sc_update_audit;
```

删除 sc_audit 表：

```
DROP TABLE sc_audit;
```

3.4.5 使用事务机制

1. 验证事务原子性

打开一个新的 gsql 客户端，连接数据库 dbsc：

```
[omm@eduog ~]$ gsql -d postgres -p 26000 -r
```

```
gsql ((openGauss 5.0.1 build 33b035fd) compiled at 2023-12-15 20:28:19
    commit 0 last mr  )
Non-SSL connection (SSL connection is recommended when requiring
    high-security)
Type "help" for help.

openGauss=# \c dbsc
Non-SSL connection (SSL connection is recommended when requiring
    high-security)
You are now connected to database "dbsc" as user "omm".
dbsc=#
```

开启事务：

```
dbsc=# BEGIN TRANSACTION;
BEGIN
```

向 sc 表中插入一条数据：

```
dbsc=# INSERT INTO sc VALUES ('22003', 1, 86);
INSERT 0 1
```

查看 sc 表：

```
dbsc=# SELECT * FROM sc;
  sno  | cno  | score
-------+------+-------
 22001 |    1 |    96
 22001 |    2 |    85
 22001 |    3 |    88
 22002 |    2 |    90
 22002 |    3 |    80
 22003 |    1 |    86
(6 rows)
```

退出该 gsql 客户端：

```
dbsc=# \q
[omm@eduog ~]$
```

再次打开 gsql 客户端并连接 dbsc 数据库，查看 sc 表：

```
[omm@eduog ~]$ gsql -d postgres -p 26000 -r
gsql ((openGauss 5.0.1 build 33b035fd) compiled at 2023-12-15
     20:28:19 commit 0 last mr  )
Non-SSL connection (SSL connection is recommended when requiring
    high-security)
Type "help" for help.
```

```
openGauss=# \c dbsc
Non-SSL connection (SSL connection is recommended when requiring
    high-security)
You are now connected to database "dbsc" as user "omm".
dbsc=# SELECT * FROM sc;
  sno  | cno | score
-------+-----+-------
 22001 |   1 |    96
 22001 |   2 |    85
 22001 |   3 |    88
 22002 |   2 |    90
 22002 |   3 |    80
(5 rows)
```

可以看到并没有显示前面插入 sc 表的那行记录。这验证了事务的原子性，表明使用 BEGIN TRANSACTION 开启的事务在还没有提交时客户端就退出了，事务将自动回滚，所有数据修改操作被撤销，数据库回到事务执行前的状态。也可以在事务中使用 ROLLBACK 语句进行事务回滚。

2. 验证事务隔离级别

openGauss 数据库默认的事务隔离级别是 READ COMMITTED（读已提交），即一个事务中能够读到其他事务已提交的数据，而不能读到未提交的数据。

在当前 gsql 客户端开启一个事务，记作事务 T1：

```
dbsc=# BEGIN TRANSACTION;
BEGIN
```

查询 sc 表：

```
dbsc=# SELECT * FROM sc;
  sno   | cno  | score
--------+------+-------
 22001  |   1  |    96
 22001  |   2  |    85
 22001  |   3  |    88
 22002  |   2  |    90
 22002  |   3  |    80
(5 rows)
```

再打开另一个 gsql 客户端，连接 dbsc 数据库，开启一个事务，记作事务 T2：

```
[omm@eduog ~]$ gsql -d postgres -p 26000 -r
gsql ((openGauss 5.0.1 build 33b035fd) compiled at 2023-12-15
    20:28:19 commit 0 last mr )
Non-SSL connection (SSL connection is recommended when requiring
    high-security)
Type "help" for help.
```

```
openGauss=# \c dbsc
Non-SSL connection (SSL connection is recommended when requiring
    high-security)
You are now connected to database "dbsc" as user "omm".
dbsc=# BEGIN TRANSACTION;
BEGIN
```

在事务 T2 中将学生“22002”的 3 号课程成绩改为 90，然后查看 sc 表：

```
dbsc=# UPDATE sc SET score = 90 WHERE sno = '22002' AND cno = 3;
UPDATE 1
dbsc=# SELECT * FROM sc;
  sno   | cno | score
-------+-----+-------
 22001 |   1 |    96
 22001 |   2 |    85
 22001 |   3 |    88
 22002 |   2 |    90
 22002 |   3 |    90
(5 rows)
```

此时，在事务 T1 中查看 sc 表：

```
dbsc=# SELECT * FROM sc;
  sno   | cno | score
-------+-----+-------
 22001 |   1 |    96
 22001 |   2 |    85
 22001 |   3 |    88
 22002 |   2 |    90
 22002 |   3 |    80
(5 rows)
```

可以看到学生“22002”的 3 号课程成绩仍为 80，没有改为 90。这是因为事务 T1 中读不到事务 T2 中尚未提交的数据更新操作。

这时，在事务 T2 中使用 COMMIT 语句提交事务：

```
dbsc=# COMMIT TRANSACTION;
COMMIT
```

再到事务 T1 中查看 sc 表：

```
dbsc=# SELECT * FROM sc;
  sno   | cno | score
-------+-----+-------
 22001 |   1 |    96
 22001 |   2 |    85
```

```
 22001 |   3 |    88
 22002 |   2 |    90
 22002 |   3 |    90
(5 rows)
```

可以发现学生“22002”的3号课程的成绩已改为90。这表明在事务T1中，可以读到事务T2中已经提交的数据更新。从而验证了READ COMMITTED隔离级别。

此时，事务T2已提交结束了。

在事务T1中再将22002学生的3号课程的成绩改回80：

```
dbsc=# UPDATE sc SET score = 80 WHERE sno = '22002' AND cno = 3;
UPDATE 1
```

接下来，将验证REPEATABLE READ（可重复读）事务隔离级别，REPEATABLE READ是比READ COMMITTED更加严格的隔离级别。

将事务T1的隔离级别设置为REPEATABLE READ：

```
dbsc=# SET TRANSACTION ISOLATION LEVEL REPEATABLE READ;
SET
```

在另一gsql客户端中开启事务T3：

```
dbsc=# BEGIN TRANSACTION;
BEGIN
```

在事务T3中向sc表中插入一条数据，然后提交事务：

```
dbsc=# INSERT INTO sc VALUES ('22003', 1, 86);
INSERT 0 1
dbsc=# COMMIT;
COMMIT
```

在事务T1中查看sc表：

```
dbsc=# SELECT * FROM sc;
  sno   | cno | score
--------+-----+-------
 22001  |   1 |    96
 22001  |   2 |    85
 22001  |   3 |    88
 22002  |   2 |    90
 22002  |   3 |    80
(5 rows)
```

可以发现sc表中数据没有变化。在事务T1中，由于隔离级别改为了REPEATABLE READ，即使事务T3中已经提交了更新操作，事务T1也无法读取到。也就是说，在隔离级别为REPEATABLE READ的事务中，所有的读操作都是读取事务开始前的数据库状态。当然，一个事务中的更新操作对于该事务内后续的读取操作是有效可见的，否则就不符合事务内正常的业务逻辑操作了。

3.4.6　使用权限

1. 创建角色

【例 3.33】创建角色 myrole 并设置登录密码。

在 omm 用户的客户端执行以下语句：

```
openGauss=# CREATE ROLE myrole WITH PASSWORD 'DBlab@123';
CREATE ROLE
```

下面测试创建的角色 myrole 能否登录数据库。在另一个 SSH 客户端中，gsql 用 myrole 角色连接 dbsc 数据库，执行下面命令：

```
[omm@eduog ~]$ gsql -d dbsc -p 26000 -U myrole -W DBlab@123 -r
gsql: FATAL:  role "myrole" is not permitted to login
```

该结果显示不允许 myrole 角色登录数据库。

【例 3.34】给角色 myrole 增加登录权限 LOGIN。

需要修改角色信息，使用 ALTER ROLE 语句。

```
ALTER ROLE myrole WITH LOGIN;
```

再次连接数据库 dbsc：

```
[omm@eduog ~]$ gsql -d dbsc -p 26000 -U myrole -W DBlab@123 -r
gsql ((openGauss 5.0.1 build 33b035fd) compiled at 2023-12-15
    20:28:19 commit 0 last mr)
Non-SSL connection (SSL connection is recommended when requiring
    high-security)
Type "help" for help.

dbsc=>
```

该结果显示可以登录 dbsc 数据库了。

查询 student 表，发现没有查询权限。

```
dbsc=> SELECT * FROM student;
ERROR:  permission denied for relation student
DETAIL:  N/A
```

2. 授予权限

【例 3.35】授予角色 myrole 查询 student 表的权限。

在 omm 用户的客户端执行以下 GRANT 语句：

```
dbsc=# GRANT SELECT ON student TO myrole;
```

```
GRANT
```

在另一客户端，myrole 角色执行查询 student 表操作：

```
dbsc=> SELECT * FROM student;
  sno   | sname | sgender    |         sbirth           | sdept
-------+-------+-----------+----------------------+----------
 22001 | 张三   | 男          | 2002-05-19 00:00:00  | CS
 22002 | 李四   | 女          | 2002-01-09 00:00:00  | CS
 22003 | 王五   | 女          | 2001-12-08 00:00:00  | CE
 22004 | 赵六   | 男          | 2001-08-30 00:00:00  | IS
(4 rows)
```

可见，myrole 角色这时可以查询 student 表了。

【例 3.36】授予角色 myrole 查询 student 表的权限，并允许将该权限授予他人。

在 omm 用户的客户端再创建一个新角色 newrole：

```
dbsc=# CREATE ROLE newrole WITH LOGIN PASSWORD 'DBlab@123';
CREATE ROLE
```

在 myrole 用户的客户端，向 newrole 用户授权 student 表的 SELECT 权限：

```
dbsc=> GRANT SELECT ON student TO newrole;
ERROR:  no privileges were granted for "student"
```

出现报错信息，显示授权失败。

在 omm 用户的客户端执行如下语句：

```
dbsc=# GRANT SELECT ON student TO myrole WITH GRANT OPTION;
GRANT
```

在 myrole 用户的客户端，再次向 newrole 用户授权 student 表的 SELECT 权限：

```
dbsc=> GRANT SELECT ON student TO newrole;
GRANT
```

此时显示授权成功。这是因为 omm 用户向 myrole 用户授权时使用了 WITH GRANT OPTION 选项，给予了 myrole 用户再次将该权限授予其他用户的权力。

再打开一个新的客户端，使用 newrole 用户登录数据库，经验证能够查询 student 表，证明 newrole 用户拥有对于 student 表的 SELECT 权限。但因 myrole 用户向 newrole 用户授权时未使用 WITH GRANT OPTION 选项，因而 newrole 用户无法再将该权限授予其他用户。

3. 回收权限

【例 3.37】回收角色 myrole 查询 student 表的权限。

在 omm 用户的客户端执行以下语句：

```
dbsc=# REVOKE SELECT ON student FROM myrole;
```

```
ERROR:  dependent privileges exist
HINT:  Use CASCADE to revoke them too.
```

因为 myrole 用户授权给 newrole 用户的权限依赖于此权限，所以数据库拒绝执行回收该权限。提示使用 CASCADE 选项，执行以下语句：

```
dbsc=# REVOKE SELECT ON student FROM myrole CASCADE;
REVOKE
```

表明回收权限执行成功。分别在 myrole 用户和 newrole 的客户端执行 SELECT * FROM student 语句进行验证，发现不仅 myrole 用户没有了该权限，newrole 用户的权限也被级联回收了。

4. 删除角色

【例 3.38】删除角色 myrole 和 newrole。

在 omm 用户客户端执行 DROP ROLE 语句，删除两个角色：

```
dbsc=# DROP ROLE myrole;
DROP ROLE
dbsc=# DROP ROLE newrole;
DROP ROLE
```

3.5　实验结果

请按照如下要求完成实验操作：

① 完成实验步骤 3.4.1 小节。

② 完成实验步骤 3.4.2 小节。

③ 完成实验步骤 3.4.3 小节。

④ 完成实验步骤 3.4.4 小节。

⑤ 完成实验步骤 3.4.5 小节。

⑥ 完成实验步骤 3.4.6 小节。

3.6　讨论与总结

请列出实验中遇到的问题、解决办法与思考讨论，并对本实验进行总结。

实验中遇到的问题描述、解决办法：

思考讨论：

实验总结：

第4章　数据库开发

4.1　实验介绍

本实验将实践 openGauss 数据库开发的基本流程与步骤，特别是如何将 E-R 模型有效地转换为关系模型，以及如何利用不同的编程接口开发数据库应用程序。在介绍 E-R 模型到关系模型的转换规则以及 JDBC、ODBC 和 Psycopg2 三种数据库编程接口之后，将展示如何使用 JDBC、ODBC 以及 Python 这三种主流技术开发数据库应用程序。本实验将通过实际案例来展示每种技术，包括开发环境配置、数据库连接、执行 SQL 操作、处理结果集等，全面覆盖数据库编程的关键环节。通过本实验，读者不仅能够将理论知识转化为实际操作技能，还将获得使用多种 API 进行数据库编程开发的宝贵经验。

4.2　实验目的

- 掌握数据库设计过程中由 E-R 模型到关系模型的转换。
- 掌握基于 JDBC 开发数据库应用程序的基本过程。
- 掌握基于 ODBC 开发数据库应用程序的基本过程。
- 掌握基于 Python 开发数据库应用程序的基本过程。

4.3　实验原理

4.3.1　由 E-R 模型到关系模型的转换

在数据库设计过程中，实体-关系模型（E-R 模型）是一种常用的概念模型，它用于描述数据间的逻辑关系。E-R 模型通常通过实体、属性，以及实体之间的联系来表达。在将 E-R 模型转换为关系模型时，可将这些概念映射到关系数据库的表、列和外键上。这一转换非常关键，因为它确保了概念设计阶段的数据结构能在数据库系统中得以有效实现。以下是由 E-R 模型到关系模型的转换规则：

1. 实体

一个实体转换为一张表。每个实体在 E–R 模型中都应转换为一个关系表。实体的每个属性变成表中的一个列，实体的主键也转换为表的主键。例如，R 实体具有属性 rid（主键）和 rname，则在关系模型中会有一个对应的表，表名为 R，列有 rid 和 rname，其中 rid 是该表的主键。

2. 一对一联系

一对一联系可加入任一实体表。通常，这种联系通过在一个实体表中添加另一个实体的主键作为外键来实现。选择哪个实体表通常取决于查询频率或逻辑上的合适性。例如，有 R 和 S 两个实体，对于 R 和 S 之间的一对一联系 OneToOne，可以选择在 R 表中添加 sid 作为外键，或者在 S 表中添加 rid 作为外键，如图 4.1 所示。

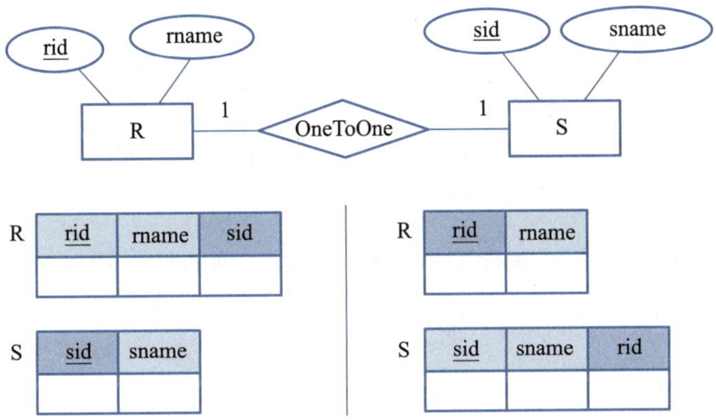

图 4.1 一对一联系转换为关系模型

3. 一对多联系

一对多联系通常在“多”的一方加入“一”的一方的主键作为外键。例如，R 表和 S 表之间的一对多联系 OneToMany，表示 R 表中的一行可对应 S 表中的多行，则在 S 表中应加入 rid 作为外键，这样 S 表的每条记录都能指向唯一的 R 表中的一条记录，如图 4.2 所示。

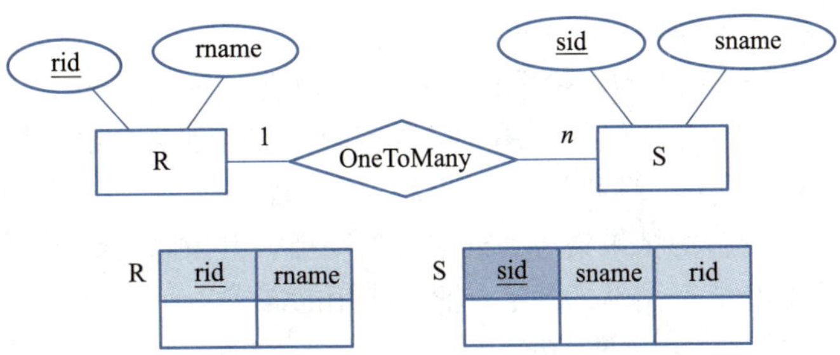

图 4.2 一对多联系转换为关系模型

4. 多对多联系

多对多联系必须使用一个单独的关系表来实现。这个关系表将包含两个实体表的主键作为外键，并且通常这两个外键合起来作为关系表的复合主键。例如，R 表和 S 表之间的多对多联系 ManyToMany，需要用一个关系表 ManyToMany 表示，其中包括 rid 和 sid 并将其作为外键，它们共同构成这张关系表的主键，如图 4.3 所示。

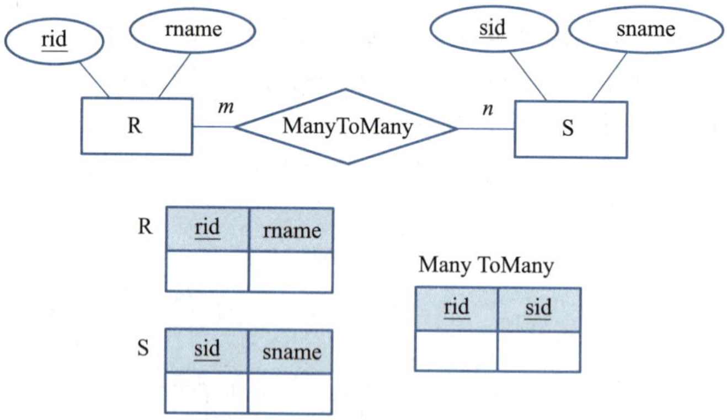

图 4.3 多对多联系转换为关系模型

上述规则确保了从 E–R 模型到关系模型的正确转换，同时保持数据的完整性和逻辑一致性。

4.3.2 JDBC

JDBC 是 Java 语言的一套标准应用程序接口，它使 Java 应用程序能够以一种平台无关的方式与各种数据库进行交互。作为 Java 的一部分，JDBC 提供的标准接口允许开发者通过统一的方法访问关系数据库，从而实现数据查询、更新、插入和删除等操作，无须针对每种数据库编写不同的代码。

JDBC 使 Java 开发者能够以一种简单直观的方式执行数据库操作，同时保持与具体数据库实现的独立性。这一点通过加载不同数据库的 JDBC 驱动程序（即特定于数据库的实现）来实现，而应用程序代码则通过 JDBC 的标准接口与这些驱动程序交互。这样，应用程序可以更换底层数据库而无须修改代码，只需更换相应的驱动程序即可。

JDBC 不仅支持简单的直接数据库操作，如执行 SQL 语句，而且支持更高级的数据库功能，如存储过程调用、事务控制、批处理命令以及数据流的高效处理。JDBC 还提供了工具和技术用于优化数据库访问，比如预编译的 SQL 语句、可滚动和可更新的结果集等。通过这些功能，开发者可以编写出高效、可靠且安全的数据库交互代码，满足企业级应用的需求。

JDBC 具有如下一些主要功能：

① 连接数据库：提供工具和方法来连接不同类型的数据库。

② 执行 SQL 语句：允许执行 SQL 语句来查询和更新数据库中的数据。

③ 处理返回的结果：处理 SQL 查询返回的结果。

④ 管理事务：支持数据库事务的提交和回滚。

⑤ 获取数据库元数据：获取关于数据库的元数据信息，如数据库产品名称、版本等。

JDBC API 主要包含以下几个类和接口：

1. DriverManager 类

DriverManager 类用于管理 JDBC 驱动，建立数据库的连接，维护所注册的驱动程序列表，并通过这些驱动程序来建立数据库连接。

主要方法：getConnection(String url, String user, String password)，即尝试建立到数据库的连接。

使用 DriverManager 类的示例代码如下：

```
try {
    Connection conn = DriverManager.getConnection(url, user, password);
    System.out.println("Connected to the database successfully!");
    // 可以在此执行数据库操作
    conn.close();
} catch (SQLException e) {
    System.out.println("Connection failed!");
    e.printStackTrace();
}
```

2. Connection 接口

Connection 接口用于与特定数据库的连接。通过此连接可以创建执行 SQL 语句的对象并管理事务。

主要方法：

① createStatement()：创建一个 Statement 对象，以便将 SQL 语句发送到数据库。

② prepareStatement(String sql)：创建一个 PreparedStatement 对象，以便执行预编译的 SQL 语句。

③ prepareCall(String sql)：创建一个 CallableStatement 对象，以便调用数据库存储过程。

④ setAutoCommit(boolean autoCommit)：设置此连接的自动提交模式。

⑤ commit()：提交当前事务。

⑥ rollback()：回滚当前事务。

⑦ close()：关闭连接。

使用 Connection 接口的示例代码如下：

```
// 假设 conn 是一个有效的 Connection 对象
try {
```

```
        conn.setAutoCommit(false);    // 开始事务
        Statement stmt = conn.createStatement();
        stmt.executeUpdate("UPDATE users SET age = age + 1 WHERE id = 1");
        conn.commit();    // 提交事务
        stmt.close();
    } catch (SQLException e) {
        try {
            conn.rollback();    // 事务回滚
        } catch (SQLException ex) {
            ex.printStackTrace();
        }
        e.printStackTrace();
    }
```

3. Statement 接口

Statement 接口用于执行静态 SQL 语句并返回生成的结果。

主要方法：

① executeQuery(String sql)：执行给定的 SQL 查询语句，并返回一个 ResultSet 对象。

② executeUpdate(String sql)：执行 SQL 更新操作语句，如 INSERT、UPDATE 或 DELETE；并返回影响的行数。

③ close()：关闭接口。

使用 Statement 接口的示例代码如下：

```
String query = "SELECT id, name FROM users";
try (Connection conn = DriverManager.getConnection(url, user, password);
Statement stmt = conn.createStatement();
ResultSet rs = stmt.executeQuery(query)) {
    while (rs.next()) {
        int id = rs.getInt("id");
        String name = rs.getString("name");
        System.out.println("User: " + id + " - " + name);
        }
} catch (SQLException e) {
    e.printStackTrace();
}
```

4. PreparedStatement 接口

PreparedStatement 接口继承自 Statement 接口，用于执行预编译 SQL 语句，允许使用输入参数，以提高性能并防止 SQL 注入。

主要方法：

① setString(int parameterIndex, String x)：设置指定参数的 String 值。

② setInt(int parameterIndex, int x)：设置指定参数的 int 值。

③ executeQuery()：执行查询。

④ executeUpdate()：执行更新。

⑤ close()：关闭接口。

使用 PreparedStatement 接口的示例代码如下：

```
String sql = "UPDATE users SET name = ? WHERE id = ?";
try (Connection conn = DriverManager.getConnection(url, user, password);
PreparedStatement pstmt = conn.prepareStatement(sql)) {
    pstmt.setString(1, "John Doe");
    pstmt.setInt(2, 1);
    int affectedRows = pstmt.executeUpdate();
    System.out.println("Affected rows: " + affectedRows);
} catch (SQLException e) {
    e.printStackTrace();
}
```

5. ResultSet 接口

ResultSet 接口为表示数据库结果集的数据表，通常由执行查询数据库的语句生成，可以看作是一个指向表格数据的光标。

主要方法：

① next()：将光标从当前位置向前移一行。

② getString(int columnIndex)、getInt(int columnIndex) 等：用于获取当前行的数据。

③ getInt(String columnLabel)：获取当前行指定列的 int 值。

④ close()：关闭接口。

使用 ResultSet 接口的示例代码如下：

```
String query = "SELECT id, name FROM users";
try (Connection conn = DriverManager.getConnection(url, user, password);
Statement stmt = conn.createStatement();
ResultSet rs = stmt.executeQuery(query)) {
    while (rs.next()) {
        int id = rs.getInt("id");
        String name = rs.getString("name");
        System.out.println("User: " + id + " - " + name);
    }
} catch (SQLException e) {
    e.printStackTrace();
}
```

4.3.3 ODBC

ODBC 是一个标准的关系数据库访问方法，它使得应用程序能够通过统一的接口与多种关系数据库系统进行交互。ODBC 由微软开发，目的是在不同的关系数据库系统之间提供一个中间层，使得客户端应用无须关心后端数据库的具体实现细节，从而可以更专注于应用逻辑本身。

ODBC 的主要功能和特点如下：

① 数据库独立性。ODBC 为应用提供一个统一的接口来访问多种数据库系统。这意味着开发者可以编写一次代码，通过更换后端数据库的 ODBC 驱动，即可访问不同的数据库而无须修改应用程序代码。

② 连接管理。ODBC 管理与数据库的连接，包括建立连接、维护连接和断开连接等。

③ 标准化 SQL 执行。ODBC 使用标准的 SQL 语法进行数据库操作，支持执行查询、插入、更新和删除等 SQL 命令。

④ 预编译 SQL 语句和参数绑定。ODBC 允许预编译 SQL 语句并绑定参数，从而提高了执行效率并减少了 SQL 注入的风险。

⑤ 事务管理。ODBC 提供事务支持，允许应用程序显式地开启、提交或回滚事务，确保数据的一致性和完整性。

⑥ 错误处理。ODBC 提供详细的错误报告机制，允许应用程序识别和响应各种数据库操作错误。

ODBC 提供以下几类 API 函数：

1. 环境和连接管理函数

具体包括：

① SQLAllocHandle：分配环境、连接、语句或描述符句柄。

② SQLFreeHandle：释放句柄。

③ SQLConnect：连接到数据源。

④ SQLDisconnect：断开与数据源的连接。

⑤ SQLDriverConnect：提供更复杂的连接机制，允许使用连接字符串直接连接。

2. 语句执行函数

具体包括：

① SQLExecDirect：直接执行 SQL 语句，无须预编译。

② SQLPrepare：预编译一个 SQL 语句。

③ SQLExecute：执行已预编译的 SQL 语句。

④ SQLBindParameter：绑定参数到预编译的 SQL 语句。

3. 结果集处理函数

具体包括：

① SQLFetch：从执行结果中获取一行数据。

② SQLBindCol：绑定程序变量到结果集的列。

③ SQLGetData：获取一列数据。

4. 错误处理函数

具体包括：

① SQLError：获取与句柄相关的错误信息。

② SQLGetDiagRec：从给定的句柄中获取诊断信息。

5. 事务控制函数

具体包括：

① SQLCommit：提交当前事务。

② SQLRollback：回滚当前事务。

ODBC 涉及的主要数据类型如下：

① SQLHENV（环境句柄）：用于存储关于 ODBC 的环境信息，如驱动、连接等。

② SQLHDBC（数据库连接句柄）：表示与特定数据源的连接，用于执行 SQL 语句和处理事务。

③ SQLHSTMT（语句句柄）：表示一个 SQL 语句和与之关联的数据。用于管理 SQL 语句的执行及其结果数据。

④ SQLRETURN：大多数 ODBC 函数返回此类型，表示函数执行的成功或失败状态。

⑤ SQLSMALLINT、SQLINTEGER：用于表示不同的整数数据类型。

⑥ SQLCHAR：用于表示字符串数据。

下面给出一个 C 语言程序示例，该程序使用 ODBC API 连接到数据库并执行一个查询：

```
#include <sql.h>
#include <sqlext.h>

int main() {
    SQLHENV hEnv;
    SQLHDBC hDbc;
    SQLHSTMT hStmt;
    SQLCHAR szData[100];
    SQLRETURN ret;

    // 分配环境句柄
    SQLAllocHandle(SQL_HANDLE_ENV, SQL_NULL_HANDLE, &hEnv);
    SQLSetEnvAttr(hEnv, SQL_ATTR_ODBC_VERSION, (void*)SQL_OV_ODBC3, 0);

    // 分配连接句柄并连接到数据源
    // DataSourceName 为数据源名称、Username 为数据库用户名、Password 为密码,
    // 需要根据实际情况进行修改
    SQLAllocHandle(SQL_HANDLE_DBC, hEnv, &hDbc);
    SQLConnect(hDbc, (SQLCHAR*)"DataSourceName", SQL_NTS,
        (SQLCHAR*)"Username", SQL_NTS, (SQLCHAR*)"Password", SQL_NTS);

    // 分配语句句柄并执行 SQL 查询
    SQLAllocHandle(SQL_HANDLE_STMT, hDbc, &hStmt);
    SQLExecDirect(hStmt, (SQLCHAR*)"SELECT name FROM users", SQL_NTS);
```

```
        // 读取查询结果
        while (SQLFetch(hStmt) == SQL_SUCCESS) {
            SQLGetData(hStmt, 1, SQL_C_CHAR, szData, sizeof(szData), NULL);
            printf("Name: %s\n", szData);
        }

        // 清理资源
        SQLFreeHandle(SQL_HANDLE_STMT, hStmt);
        SQLDisconnect(hDbc);
        SQLFreeHandle(SQL_HANDLE_DBC, hDbc);
        SQLFreeHandle(SQL_HANDLE_ENV, hEnv);

        return 0;
    }
```

4.3.4 Psycopg2

Psycopg2 是 Python 语言的 PostgreSQL 数据库接口。它可以为 PostgreSQL、openGauss 数据库提供统一访问接口，应用程序可基于该接口进行数据操作。Psycopg2 是对 libpq 的封装，主要使用 C 语言实现。它包含客户端游标和服务器端游标、异步通信和通知，支持“COPY TO/COPY FROM”功能，并且支持多种 Python 类型，适配 PostgreSQL 数据类型，可以通过灵活的对象适配系统扩展和定制适配。Psycopg2 兼容 Unicode 和 Python 3。openGauss 数据库提供了对 Psycopg2 特性的支持，并且支持 Psycopg2 通过 SSL 模式连接访问。

Psycopg2 的一些主要功能和特点如下：

① DB API 2.0 支持。Psycopg2 完全实现了 Python DB API 2.0 规范（Python 访问数据库的标准接口），这意味着使用 Psycopg2 的开发者可以利用一致的接口来执行数据库操作，如连接数据库、执行 SQL 语句、处理事务等。

② 线程安全。Psycopg2 是线程安全的，即多个线程可以安全地共享相同的连接，适用于多线程应用。

③ 高效与安全。Psycopg2 的大部分代码是用 C 语言实现的，并作为 PostgreSQL 的 libpq 库的封装，所以它在执行效率和安全性方面表现优异。

④ 支持复杂的数据类型和适配。Psycopg2 支持多种 Python 和 PostgreSQL 的数据类型，并且可以自动将 Python 类型适配到 PostgreSQL 类型。此外，开发者还可以扩展和自定义数据类型的适配，以适应更复杂的应用需求。

⑤ 支持服务器端和客户端游标。Psycopg2 使用服务器端游标可以在服务器上执行查询，而不是将所有数据一次性传输到客户端，这在处理大量数据时非常有用。客户端游标则允许在客户端进行数据缓冲和操作。

⑥ 异步支持。Psycopg2 提供异步操作的支持，允许数据库操作在后台进行，而不会阻塞主应用程序的执行。这对于需要高响应性或处理 I/O 密集型任务的

应用程序特别有用。

⑦ 事务控制。Psycopg2 允许开发者精确控制事务的开启、提交和回滚，这对于保证数据的一致性和完整性至关重要。

⑧ COPY 命令支持。COPY 命令用于高效地在 PostgreSQL 数据库和文件之间复制数据。Psycopg2 提供了对该命令的支持，允许进行快速的数据导入和导出操作。

Psycopg2 提供了一系列类和函数，使得开发者能够方便地与 PostgreSQL 数据库进行交互。以下是一些主要的类及其使用方法：

1. connection 类

connection 类是 Psycopg2 的一个核心类，用于表示数据库的连接。创建一个连接通常涉及指定数据库的详细信息，如主机名、数据库名、用户身份等。

创建连接示例代码如下：

```
import psycopg2
conn = psycopg2.connect(
    dbname="your_dbname",
    user="your_username",
    password="your_password",
    host="your_host"
)
```

connection 类提供了几个重要的方法：

① cursor()：返回一个新的 cursor 对象，用于执行 SQL 命令。

② commit()：提交当前事务。

③ rollback()：回滚当前事务。

④ close()：关闭连接。

2. cursor 类

cursor 类用于实际执行 SQL 语句，并从数据库中获取数据。cursor 类提供了执行查询和获取结果的方法。

使用 cursor 的示例代码如下：

```
cursor = conn.cursor()
cursor.execute("SELECT * FROM your_table")
rows = cursor.fetchall()
for row in rows:
    print(row)
cursor.close()
```

cursor 类的主要方法包括：

① execute(sql, params=None)：执行一个 SQL 语句，可以带有参数。

② fetchone()：返回查询结果中的下一行。

③ fetchall()：返回查询结果中的所有行。

④ fetchmany(size)：返回查询结果中的多行，数量由 size 参数指定。

3. 异常处理

Psycopg2 定义了一些异常，它们都直接或间接地从 Python 的标准 Exception 类继承。这些异常包括 DatabaseError、IntegrityError、ProgrammingError 和 OperationalError。

异常处理示例代码如下：

```
try:
    cursor.execute("some_bad_query")
except psycopg2.Error as e:
    print("Database error:", e)
```

4. 适配和转换

Psycopg2 允许开发者自定义如何将 Python 类型转换为 SQL 类型，以及如何从 SQL 类型转换回 Python 类型。这是通过使用适配器和自定义类型转换实现的。

5. 使用方法总结

使用 Psycopg2 通常涉及以下步骤：

① 通过 psycopg2.connect() 建立数据库连接。

② 创建一个或多个 cursor 对象，用于执行 SQL 语句。

③ 使用 cursor 对象的 execute() 方法执行 SQL 命令。

④ 使用 fetchone()、fetchall() 或 fetchmany() 方法获取结果。

⑤ 对数据库所做的更改需要调用 commit() 来保存，或者调用 rollback() 来撤销。

⑥ 完成操作后，关闭 cursor 和连接。

4.4　实验步骤

4.4.1　数据库设计

数据库设计对于数据库系统的应用至关重要。我国目前在电子商务领域处于全球领先地位，这得益于近年来国产数据库在技术方面的长足进步。在重要事件中，如“双十一”购物节期间，电子商务平台会遭遇巨大的用户访问压力，这种高并发的场景要求数据库不仅要处理海量的数据交互，还要保证数据的一致性、可靠性和快速响应。数据库设计的优劣直接影响到交易的顺畅进行和用户体验。本节将以一个简化版的电子商务网站后台数据库为例，实践数据库设计的主要步骤。

1. 需求分析

数据库设计的第一个阶段是需求分析，该步骤旨在确保最终设计的数据库系统能满足用户和业务的具体需求。进行需求分析时，首先要从用户中收集到数据库系统的需求描述，需求描述通常是用自然语言表示的，数据库设计师要将其改写为具有一定格式要求的需求规格说明书。例如，本节要设计的电子商务网站后台数据库的需求规格说明书如下：

该网站销售的每种商品均有一定量的库存，每种商品（goods）的属性为：编号（id）、名称（name）、价格（price）、库存量（count）。

商品分为若干类别（category），商品类别的属性为：编号（id）、名称（name）。

该网站用户（user）的属性为：编号（id）、姓名（name）、性别（gender）、地址（address）、手机号码（tel）、邮箱（email）。

一个商品类别可包括多种商品，但每种商品仅属于一个商品类别。

每位用户可下多张订单（Order）；一张订单仅属于一位用户。

订单的属性为：编号（id）、下单日期（orderDate）、送货地址（orderAddr）。

一张订单中可包括所购买的多种商品，对于每种商品记录其购买数量（buyCount）。每种商品可被多张订单包含，假设所有商品的库存量充足。

2. 设计 E–R 模型

在完成数据库设计的需求分析之后，接下来的重要步骤是设计 E–R 模型。E–R 模型是通过图形方式来展示数据实体、实体之间的关系以及实体属性。该模型可帮助设计者理解数据在系统中如何关联和交互。设计 E–R 模型的步骤包括：

① 识别实体。实体对应现实世界中的对象或概念，如“用户”“商品”“订单”等。通过需求分析文档，识别出需要在 E–R 模型中表示的所有实体。

② 确定实体属性。每个实体都会有一系列属性，这些属性描述了实体的特征。例如，用户实体可能包括编号、姓名、邮箱、手机号码等属性。确定每个实体的属性，并识别出哪些属性可以作为主键来唯一标识实体。

③ 识别实体之间的联系。联系定义了实体之间如何相互关联。例如，一个用户可以下多个订单，一个订单可以包含多个产品。这些联系可以是一对一、一对多或多对多（称为联系的基数）。需求分析阶段收集的信息将帮助确定这些联系。

④ 绘制 E–R 图。使用 E–R 图工具或软件，将实体、属性和联系可视化。每个实体被表示为图中的一个矩形框，椭圆形框内列出实体的属性，实体之间的联系通过与实体连接的菱形框表示，并在连线上标注联系的基数。

图 4.4 给出了该电子商务网站后台数据库的 E–R 图。

3. E–R 模型转关系模型

根据 E–R 模型到关系模型的转换规则，下面给出电子商务网站后台数据库的关系模型，即通过 SQL 的 CREATE TABLE 语句创建关系表，建立主键和外键约束以及属性上的各种约束。表和属性名称使用的是需求描述中的英文标识符。

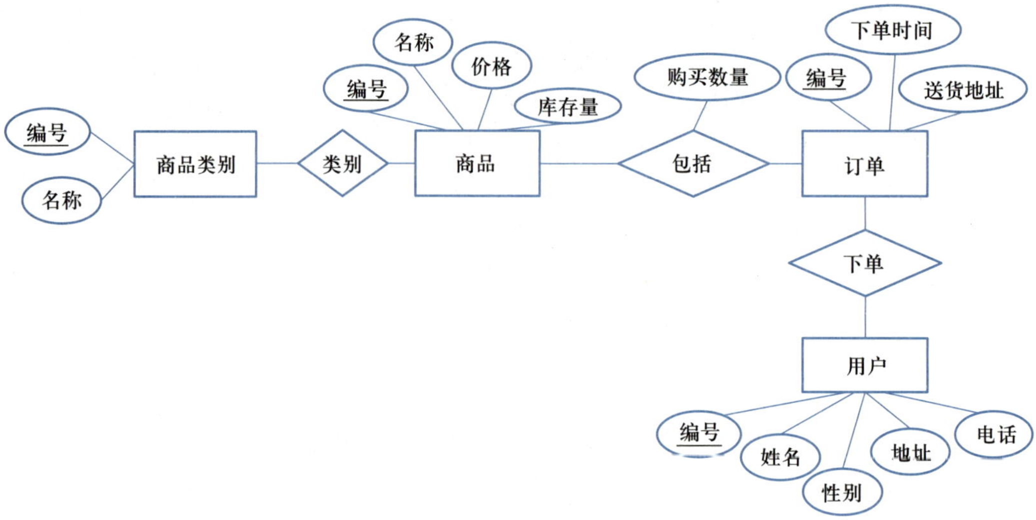

图 4.4　电子商务网站后台数据库的 E-R 图

```
-- ===============================================
-- 创建电子商务网站后台数据库的数据表
-- ===============================================

-- -----------------------------------------
-- 商品类别
-- -----------------------------------------
CREATE TABLE category
(
    id        CHAR(2),
    name      VARCHAR(20)     NOT NULL, -- 商品类别名称
    CONSTRAINT category_pk PRIMARY KEY(id)
);

-- -----------------------------------------
-- 商品
-- -----------------------------------------
CREATE TABLE goods
(
    id            CHAR(5),
    name          VARCHAR(80)     NOT NULL,   -- 名称
    price         DECIMAL         NOT NULL,   -- 价格
    count         INT             NOT NULL,   -- 库存量
    categoryId    CHAR(2)         NOT NULL,
    CONSTRAINT goods_pk PRIMARY KEY(id),
    CONSTRAINT goods_category_fk FOREIGN KEY(category_id) REFERENCES
        category(id)
);
```

```
-- ----------------------------------------
-- 用户
-- ----------------------------------------
CREATE TABLE user
(
    id            VARCHAR(20),
    name          VARCHAR(20)    NOT NULL,  -- 用户姓名
    gender        CHAR(1)        NOT NULL,  -- 性别
    address       VARCHAR(100)   NOT NULL,  -- 地址
    tel           VARCHAR(20)    NOT NULL,  -- 电话号码
    email         VARCHAR(100)   NOT NULL,  -- 邮箱
    CONSTRAINT user_pk PRIMARY KEY(id)
);
-- ----------------------------------------
-- 订单
-- ----------------------------------------
CREATE TABLE order
(
    id            CHAR(8),
    user_id       VARCHAR(20)    NOT NULL,   -- 用户编号
    order_date    DATETIME       NOT NULL,   -- 下单日期
    order_addr    VARCHAR(100)   NOT NULL,   -- 送货地址
    CONSTRAINT order_pk PRIMARY KEY(id),
CONSTRAINT order_user_fk FOREIGN KEY(user_id) REFERENCES user(id)
);
-- ----------------------------------------
-- 订单记录
-- ----------------------------------------
CREATE TABLE order_records
(
    order_id      CHAR(8),
    goods_id      CHAR(5),
    buy_count     INT            NOT NULL,  -- 购买数量
    CONSTRAINT order_records_pk PRIMARY KEY(order_id, goods_id),
    CONSTRAINT order_records_order_fk FOREIGN KEY(order_id)
    REFERENCES order(id),
    CONSTRAINT order_records_goods_fk FOREIGN KEY(goods_id)
    REFERENCES goods(id)
);
```

4.4.2 基于 JDBC 开发

本小节实践在 Windows 上使用 JDBC 连接 openGauss 数据库。

1. 配置 Java 开发环境

（1）安装 JDK

① 访问 Java 官网，下载合适版本的 JDK 安装包。按照安装向导的指示，

完成安装。

② 配置 Windows 环境变量。在“系统属性”中找到“环境变量”；新增 JAVA_HOME 变量，其值为 JDK 安装路径，如 C:\Program Files\Java\jdk-11.0.1；在“系统变量”中找到 Path 变量，编辑并新增 %JAVA_HOME%\bin。

③ 验证安装。打开命令行或终端，输入 java -version 和 javac -version。若正确显示版本信息，则表示 JDK 已正确安装。

（2）在 VS Code 中安装 Java 扩展

① 打开 VS Code 并进入扩展市场。在 VS Code 中，点击侧边栏的扩展图标（或按 Ctrl+Shift+X 组合键）。

② 搜索并安装。搜索 "Java Extension Pack"，单击安装。这个扩展包一般包括了 Java 程序开发所需的所有基本插件，如 Debugger for Java、Java Test Runner 等。

③ 重启 VS Code 以确保插件安装生效。

2. 开发 Java JDBC 项目

（1）下载 openGauss JDBC 驱动程序包

在 openGauss 软件包下载页面的“openGauss Connectors”部分，下载 openGauss 的 Java 驱动程序包“JDBC_<版本号>”。下载前需要登录 openGauss 社区，如图 4.5 所示。注意，要根据自己的 openGauss 安装环境，选择匹配的“架构”和“操作系统”。

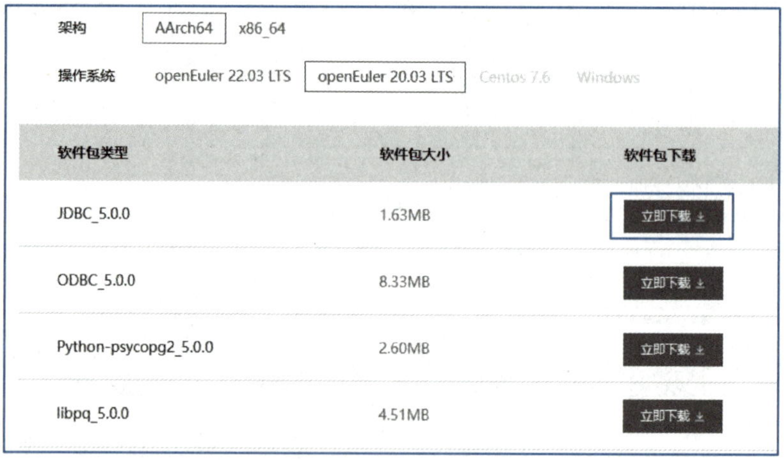

图 4.5　下载 openGauss 的 JDBC 驱动程序包

（2）在 VS Code 中创建 Java 项目

① 在 VS Code 中使用快捷键 Ctrl+Shift+P 打开命令面板。

② 输入 Java: Create Java Project，然后选择它。如果没有看到这个选项，请确保已经安装了所有必要的 Java 插件。

③ 选择一个项目类型——“No build tools”。

④ 选择要创建 Java 项目文件夹的目录位置。

⑤ 在弹出的对话框中，输入 Java 项目文件夹名称“JDBC-PROJECT”并按回车键。

⑥ VS Code 将会创建 Java 项目文件夹“JDBC-PROJECT”。这是一个空的 Java 项目初始框架，其中包含所有必要的项目文件和文件夹结构，如图 4.6 所示。

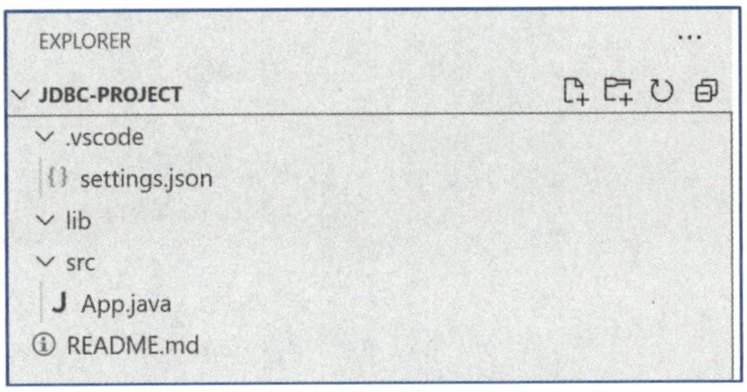

图 4.6　在 VS Code 中新建 Java 项目的初始框架

（3）配置 JDBC 驱动程序并编写 Java 代码

① 将下载的 JDBC 驱动程序包“opengauss-jdbc-< 版本号 >.jar”放入项目文件夹的 lib 子文件夹中。

② 在 VS Code 中，打开 src 子文件夹中默认创建的 App.java 文件，编写如下 Java 代码：

```
import java.sql.Connection;
import java.sql.DriverManager;
import java.sql.ResultSet;
import java.sql.Statement;
import java.sql.SQLException;
import java.sql.Date;

public class App {
    public static void main(String[] args) throws Exception {
        // 指定 JDBC 驱动和数据库 URL
        // 驱动程序类
        String JDBC_DRIVER = "org.opengauss.Driver";
        // 连接字符串 URL
        String DB_URL = "jdbc:opengauss://124.70.63.102:26000/dbsc";
        // 数据库的用户名与密码
        String USER = "testuser2";
        String PASS = "DBlab@123";

        Connection conn = null;
        try {
            // 注册 JDBC 驱动
            Class.forName(JDBC_DRIVER);

            // 打开连接
            System.out.println("Connecting to database···");
            conn = DriverManager.getConnection(DB_URL, USER, PASS);
            System.out.println("Connected successfully.");

            // 执行查询
            Statement stmt = conn.createStatement();
```

```
            ResultSet rs = stmt.executeQuery("SELECT * FROM
            student");

            // 输出查询结果
            while (rs.next()) {
                int sno = rs.getInt("sno");
                String sname = rs.getString("sname");
                String sgender = rs.getString("sgender");
                Date sbirth = rs.getDate("sbirth");
                String sdept = rs.getString("sdept");

                System.out.printf("%d, %s, %s, %s, %s%n", sno, sname,
                sgender, sbirth, sdept);
            }

        } catch (SQLException e) {
            e.printStackTrace();
        } finally {
            try {
                if (conn != null) {
                    conn.close();
                }
            } catch (SQLException e) {
                e.printStackTrace();
            }
        }
    }
}
```

（4）运行 Java 程序并通过 JDBC API 输出查询结果

① 在 VS Code 中，右击 App.java 文件并选择 Run Java，运行该程序，如图 4.7 所示。

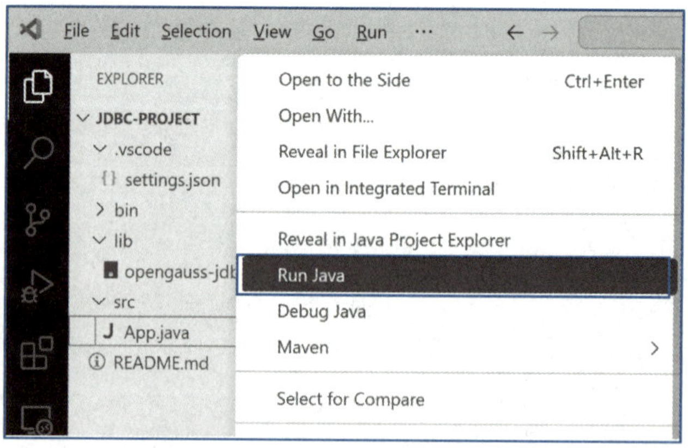

图 4.7　在 VS Code 中运行 Java 程序

② 如果程序成功执行，则查询输出结果如图 4.8 所示。

图 4.8　在 VS Code 中查看 Java 程序通过 JDBC 查询 openGauss 数据库的输出结果

4.4.3　基于 ODBC 开发

本小节实践在 Windows 上使用 ODBC 连接 openGauss 数据库。

1. 安装 openGauss ODBC 驱动

① 首先要登录 openGauss 社区，在 openGauss 软件包下载页面的“openGauss Connectors”部分，选择“架构”为 x86_64、“操作系统”为“Windows”。下载 openGauss 的 ODBC 驱动程序包“ODBC_< 版本号 >”，下载的文件名为“openGauss-5.0.1-ODBC-windows.tar.gz”，如图 4.9 所示。

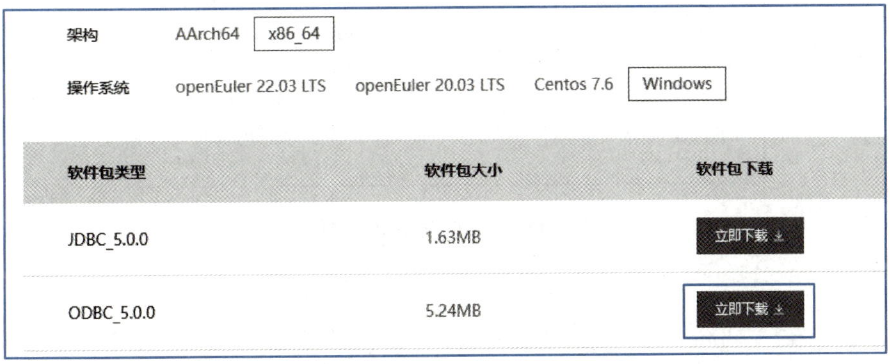

图 4.9　下载 openGauss 的 ODBC 驱动程序包

② 解压 ODBC 驱动程序包，双击可执行程序“psqlodbc.exe”，进行 ODBC 驱动程序安装，如图 4.10 所示。

2. 配置 ODBC 数据源

① 打开“控制面板”，选择“Windows 工具”下的“ODBC 数据源管理程序 (32 位)”。在 ODBC 数据源管理程序窗口中，选择“系统 DSN”选项卡，点击“添加”按钮，从“创建新数据源”列表中选择“PostgreSQL Unicode”，然后点击“完成”按钮。

② 在弹出的配置界面中，填写数据源的名称以及数据库连接信息（包括数据库名、服务器 IP 地址、端口号、用户名和密码），如图 4.11 所示。

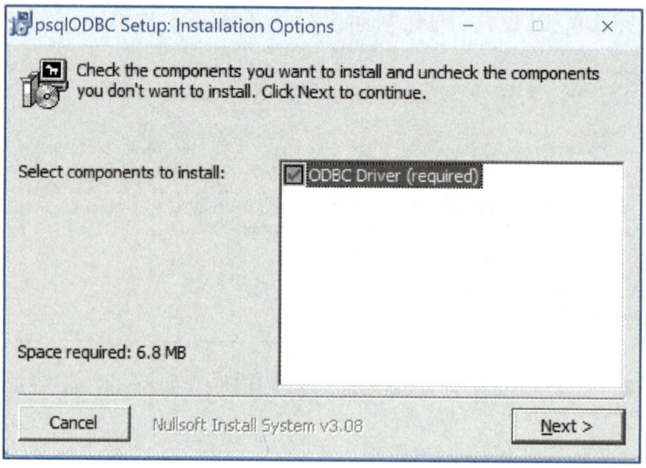

图 4.10　安装 openGauss 的 ODBC 驱动程序

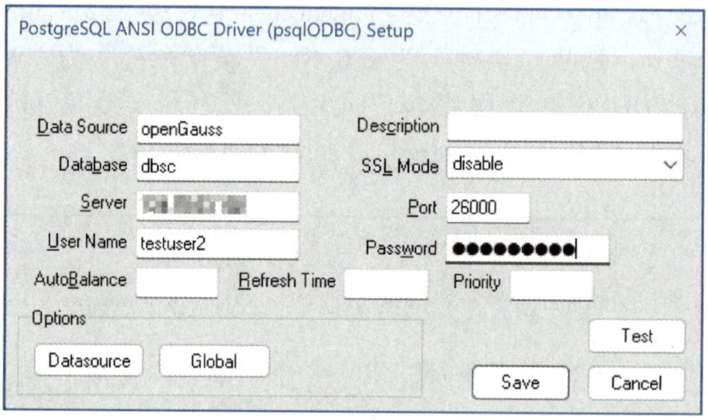

图 4.11　ODBC 驱动程序配置

③ 单击“Options”下的“Datasource”按钮，打开“Advanced Options(openGauss) 2/3”对话框（见图 4.12）。选择“Page 3”，在“Connect Settings”中输入“set client_encoding to 'UTF8'”，用于设置 ODBC 驱动程序连接数据库时使用 UTF8 字符编码。单击“OK”按钮。

④ 单击“Test”按钮进行连接测试，以验证配置是否正确。如配置正确，连接数据库成功，则会弹出“Connection successful”对话框，如图 4.13 所示。

⑤ 单击“Save”按钮保存配置。此时可能会弹出安全警告对话框，提示“The password will be stored in the system registry in plaintext. It is not safe. Are you sure to continue?”，即“密码会以明文形式保存在 Windows 系统注册表中。这样并不安全。是否要继续？”。因为这里是实验环境，可忽略此提示，选择“是”，如图 4.14 所示。

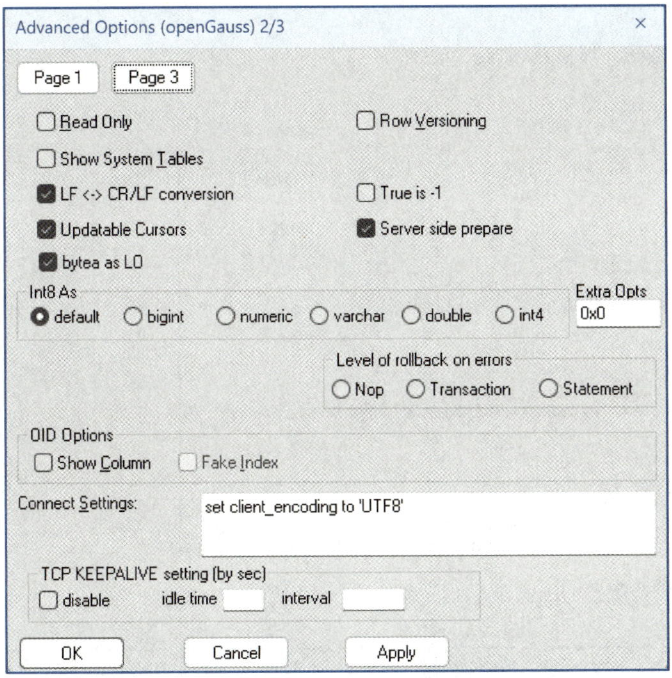

图 4.12　ODBC 驱动程序配置字符编码为 UTF8

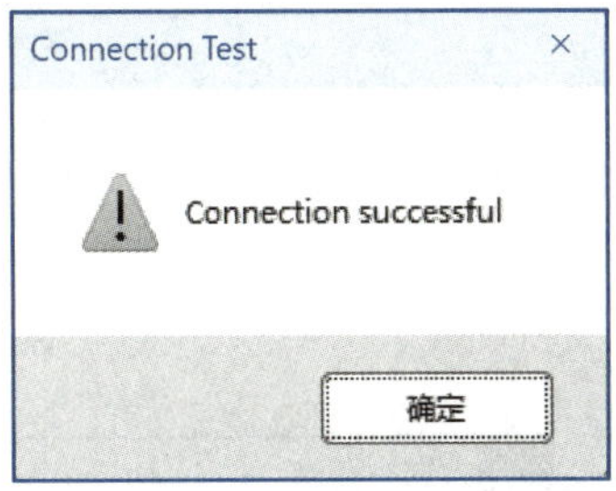

图 4.13　ODBC 驱动程序测试连接数据库成功

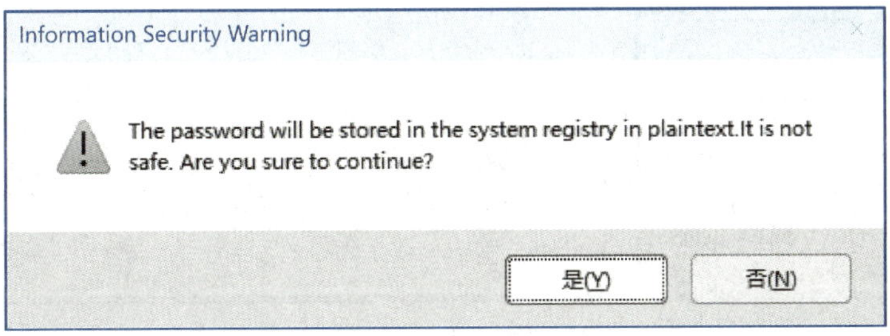

图 4.14　密码明文保存的安全警告对话框

这样就成功配置了 openGauss 的 ODBC 驱动程序作为系统数据源（系统 DSN），如图 4.15 所示。

3. 配置 VS Code 的 C/C++ 开发环境

① 打开 VS Code，安装 C/C++ 扩展插件包“C/C++ Extension Pack”，如图 4.16 所示。

② 在 VS Code 中，安装插件“C/C++ Runner”，用于更方便地编译和执行 C/C++ 程序，如图 4.17 所示。

③ 安装 MSYS2 环境。到 MSYS2 官方网站下载安装程序，如图 4.18 所示。

执行 MSYS2 安装程序。指定安装目录，例如 C:\msys64，注意安装目录中不能含有中文或带有空格，如图 4.19 所示。

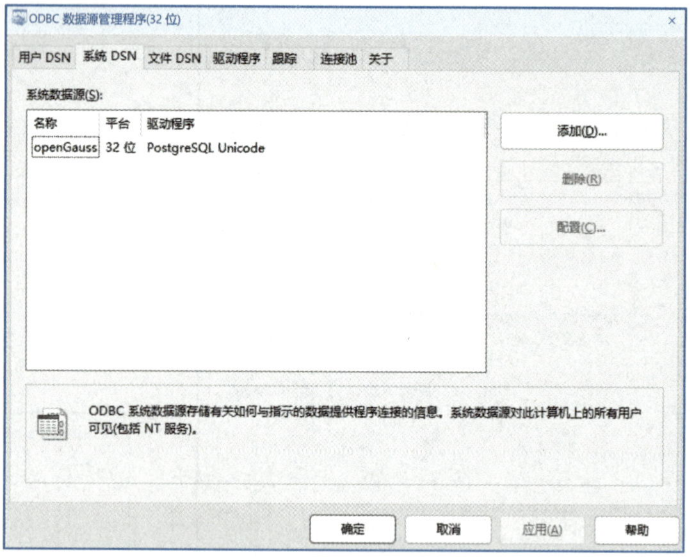

图 4.15　成功配置 ODBC 驱动程序作为系统 DSN

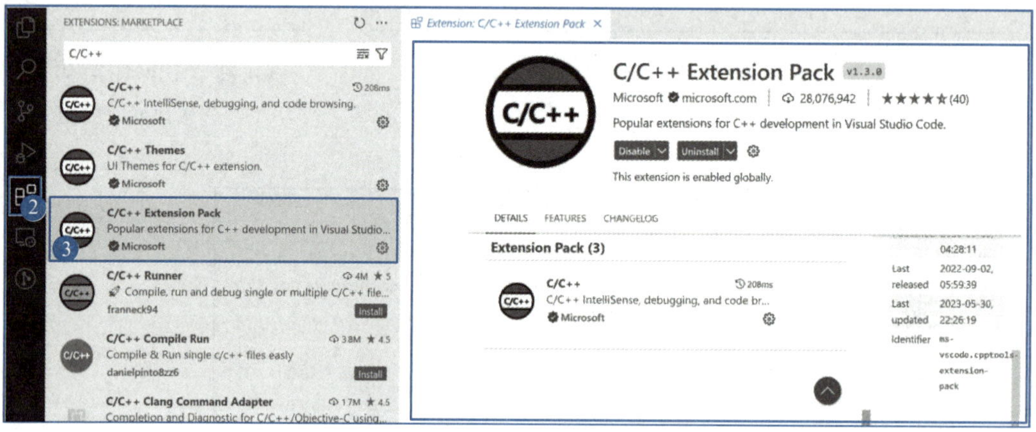

图 4.16　安装 C/C++ 扩展插件包

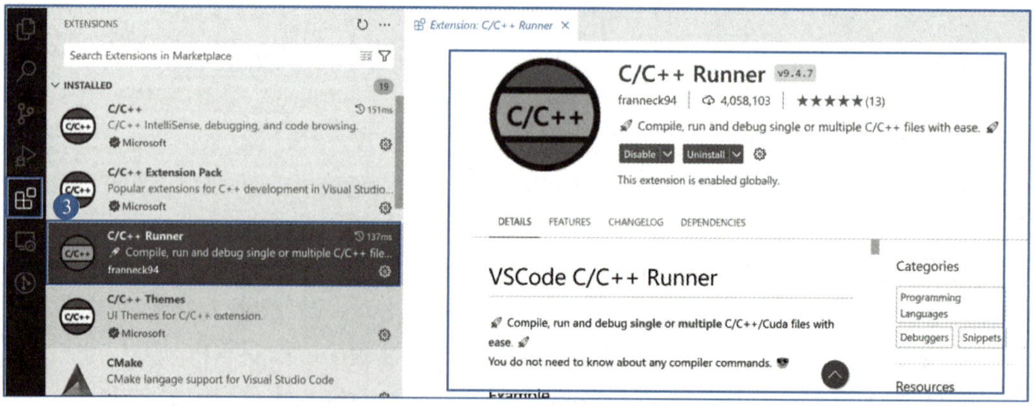

图 4.17　安装 C/C++ Runner 插件

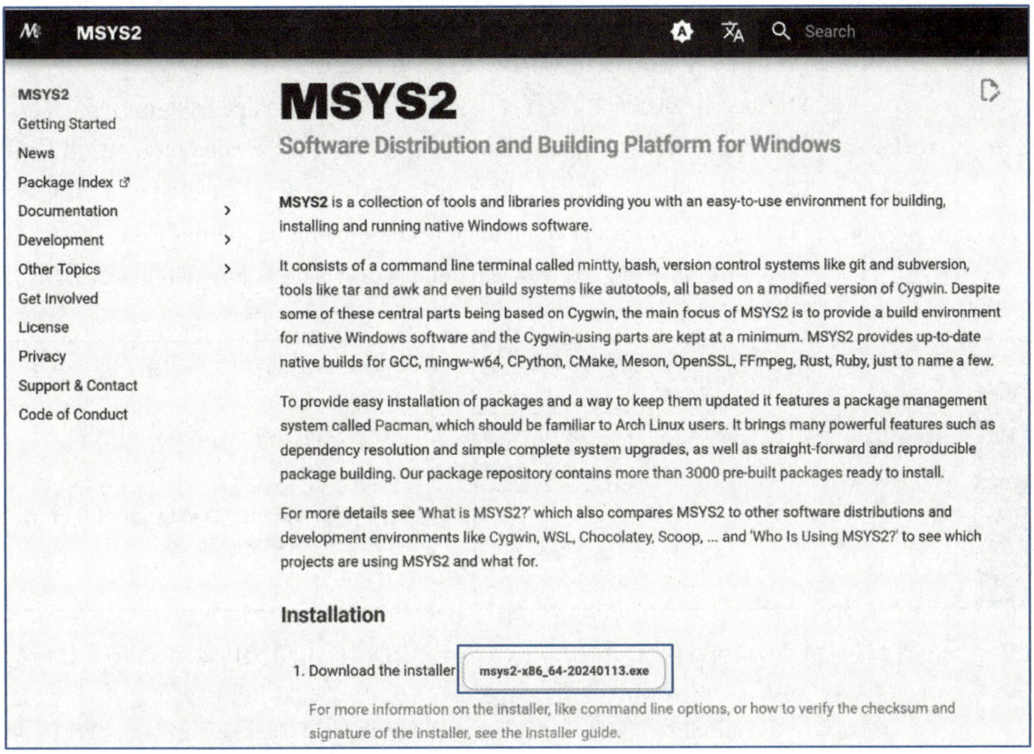

图 4.18　下载 MSYS2 安装程序

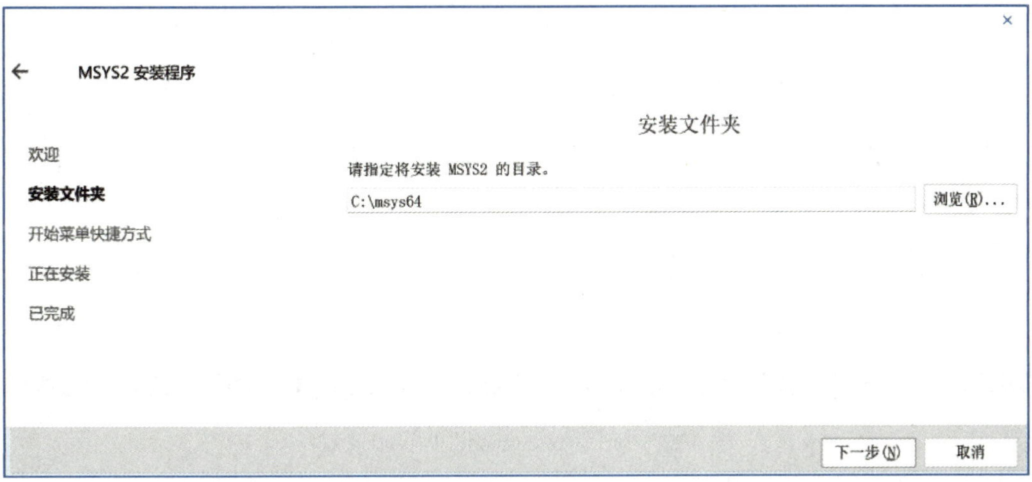

图 4.19　执行 MSYS2 安装程序

打开 MSYS2，执行命令 pacman-Syu 更新软件包；执行 pacman-S--needed base-devel mingw-w64-i686-toolchain 安装 openGauss ODBC 程序开发需要的 MinGW 32 位环境。

将 MinGW 编译器路径添加到 PATH 环境变量中：在 Windows 中搜索“编辑系统环境变量”程序，进入环境变量编辑界面，在系统变量 PATH 中添加

MinGW 编译器的路径，例如“C:\msys64\mingw32\bin”。

4. 在 VS Code 中编写使用 ODBC 的 C 语言程序

① 在 VS Code 中创建 C 语言程序开发框架。创建文件夹 odbc-test，打开 VS Code，选择 File 菜单中的“Open Folder…”，打开文件夹 odbc-test，创建 C 语言源代码文件 odbc-test.c，如图 4.20 所示。VS Code 会自动创建一个文件夹“.vscode”，其中包含 settings.json、launch.json 和 c_cpp_properties.json 这 3 个配置文件。在 odbc-test.c 中输入 C 语言的 Hello World 程序代码，如图 4.21 所示。

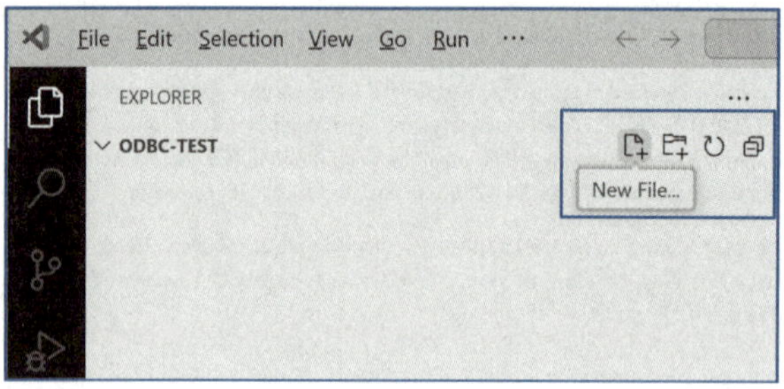

图 4.20　创建 C 语言源代码文件

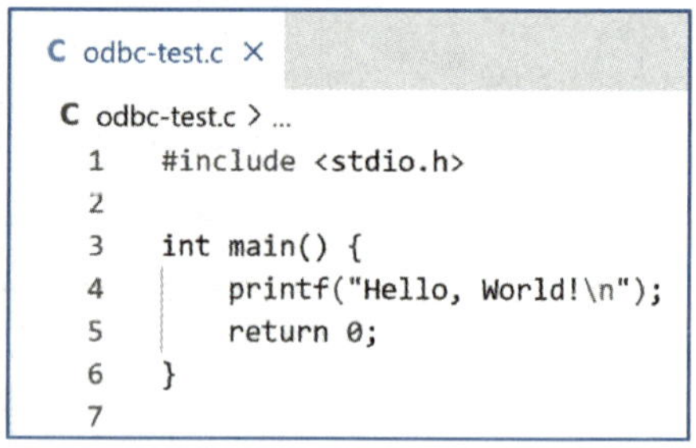

图 4.21　C 语言 Hello World 程序代码

② 选择 Terminal 菜单的“Configure Default Build Task…”选项，VS Code 会在“.vscode”文件夹中自动创建 tasks.json 配置文件。

③ 使用 C/C++ Runner 插件进行编译执行。选择状态栏的“Start Compilation”按钮进行编译，再选择“Run Executable”执行程序，如图 4.22 所示。

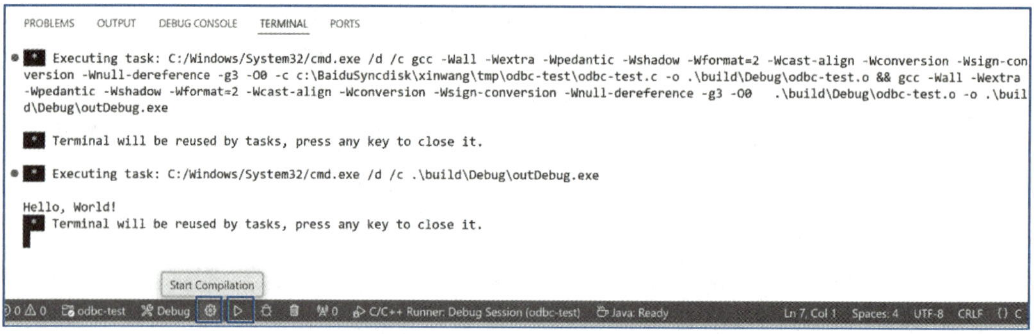

图 4.22　C 语言 Hello World 程序编译执行

④ 为编写连接 openGauss 数据库的 ODBC 程序，需要对 tasks.json 文件进行如下配置：

```
{
    "version": "2.0.0",
    "tasks": [
        {
            "type": "cppbuild",
```

```
            "label": "C/C++: g++.exe build active file",
            "command": "C:\\msys64\\mingw32\\bin\\g++.exe",
            "args": [
                "-fdiagnostics-color=always",
                "-g",
                "${file}",
                "-o",
                "${fileDirname}\\${fileBasenameNoExtension}.exe",
                "-LC:\\tools\\psqlODBC",
                "-lodbc32",
                "-lpsqlodbc35w",
                "-Wl,--enable-stdcall-fixup"
            ],
            "options": {
                "cwd": "C:\\msys64\\mingw32\\bin"
            },
            "problemMatcher": [
                "$gcc"
            ],
            "group": {
                "kind": "build",
                "isDefault": true
            },
            "detail": "compiler: C:\\msys64\\mingw32\\bin\\g++.exe"
        }
    ]
}
```

其中，有 4 个编译器选项涉及 ODBC 程序："-LC:\\tools\\psqlODBC"选项告知链接器 ODBC 库文件的目录位置；"-lodbc32"和"-lpsqlodbc35w"选项分别告知链接器需要链接 odbc32 和 psqlodbc35w 库；"-Wl,--enable-stdcall-fixup"选项是将"--enable-stdcall-fixup"选项直接传给链接器，避免出现链接时函数调用的警告。

⑤ 编写完整的使用 ODBC 连接 openGauss 数据库的程序。在 odbc-test.c 中编写如下程序：

```
#include <stdlib.h>
#include <stdio.h>
#ifdef WIN32
#include <windows.h>
#endif
#include <sqlext.h>

void show_error(unsigned int handletype, const SQLHANDLE& handle) {
    SQLCHAR sqlstate[1024];
    SQLCHAR message[1024];
    if (SQL_SUCCESS == SQLGetDiagRec(handletype, handle, 1, sqlstate,
```

```
        NULL, message, 1024, NULL))
        printf("Message: %s \nSQLSTATE: %s\n", message, sqlstate);
    }

    int main() {
        SQLHENV env;
        SQLHDBC dbc;
        SQLHSTMT stmt;
        SQLRETURN ret; /* ODBC API return status */
        SQLCHAR outstr[1024];
        SQLSMALLINT outstrlen;

        // Allocate an environment handle
        SQLAllocHandle(SQL_HANDLE_ENV, SQL_NULL_HANDLE, &env);
        SQLSetEnvAttr(env, SQL_ATTR_ODBC_VERSION, (void*) SQL_OV_ODBC3, 0);

        // Allocate a connection handle
        SQLAllocHandle(SQL_HANDLE_DBC, env, &dbc);

        // Connect to the DSN
        ret = SQLDriverConnectW(dbc, NULL,
        (SQLWCHAR*)L"DSN=openGauss;UID=testuser2;PWD=DBlab@123;", SQL_
        NTS, NULL, 0, NULL, SQL_DRIVER_COMPLETE);
        if (SQL_SUCCEEDED(ret)) {
            printf("Connected\n");
            SQLAllocHandle(SQL_HANDLE_STMT, dbc, &stmt);

            // Execute SQL query
             ret = SQLExecDirect(stmt, (SQLCHAR*)"SELECT sno, sname,
                   sgender, sbirth, sdept FROM student", SQL_NTS);
             if (SQL_SUCCEEDED(ret)) {
                 SQLINTEGER sno;
                 SQLCHAR sname[100], sgender[10], sdept[100];
                 SQL_DATE_STRUCT sbirth;

                 // Bind columns in the result set
                 SQLBindCol(stmt, 1, SQL_C_SLONG, &sno, 0, NULL);
                 SQLBindCol(stmt, 2, SQL_C_CHAR, sname, sizeof(sname),
                     NULL);
                 SQLBindCol(stmt, 3, SQL_C_CHAR, sgender, sizeof(sgender),
                 NULL);
                 SQLBindCol(stmt, 4, SQL_C_TYPE_DATE, &sbirth,
                     sizeof(sbirth), NULL);
                 SQLBindCol(stmt, 5, SQL_C_CHAR, sdept, sizeof(sdept),
                     NULL);
```

```
            // Loop through the rows in the result set
            while (SQLFetch(stmt) == SQL_SUCCESS) {
                printf("SNo: %d, Name: %s, Gender: %s, Birth:
                    %04d-%02d-%02d, Dept: %s\n",  sno, sname,
                    sgender, sbirth.year, sbirth.month, sbirth.day,
                    sdept);
            }
        } else {
            show_error(SQL_HANDLE_STMT, stmt);
        }
        SQLFreeHandle(SQL_HANDLE_STMT, stmt);
    } else {
        show_error(SQL_HANDLE_DBC, dbc);
    }

    // Disconnect
    SQLDisconnect(dbc);
    SQLFreeHandle(SQL_HANDLE_DBC, dbc);
    SQLFreeHandle(SQL_HANDLE_ENV, env);

    return 0;
}
```

选择编辑器标题栏右侧的“Run C/C++ File”工具按钮，如果上述步骤正确配置，该程序将成功编译；执行后将输出在 openGauss 数据库中的查询结果，如图 4.23 所示。

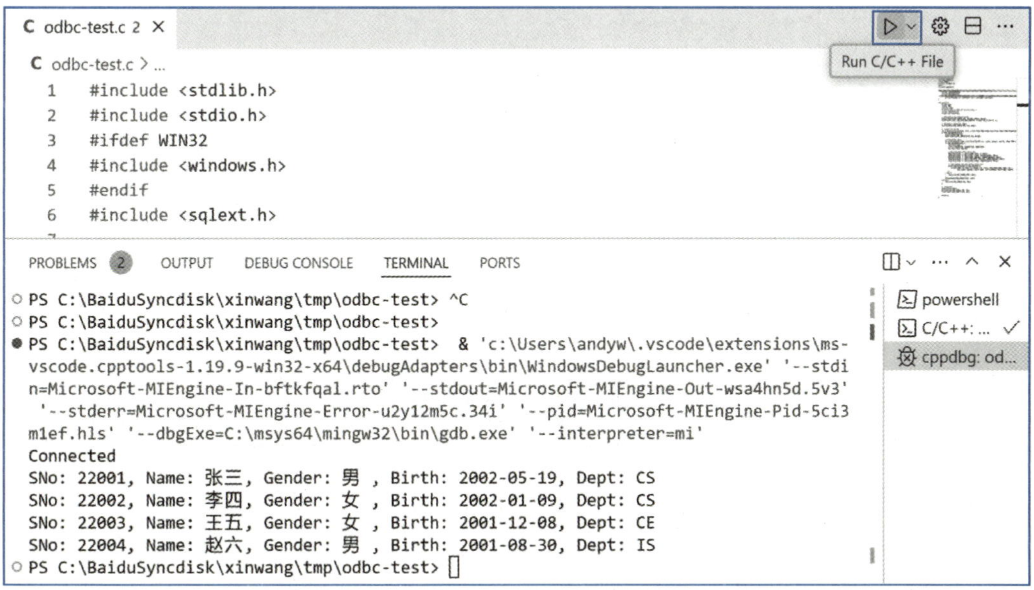

图 4.23　C 语言程序调用 ODBC 连接 openGauss 数据库成功

4.4.4　基于 Python 开发

本小节实践在 Windows 上使用 Python 环境连接 openGauss 数据库。

1. 下载并安装 Python 环境

（1）下载 Python 环境安装包

在 Python 官网下载 Python 环境安装包，如图 4.24 所示。

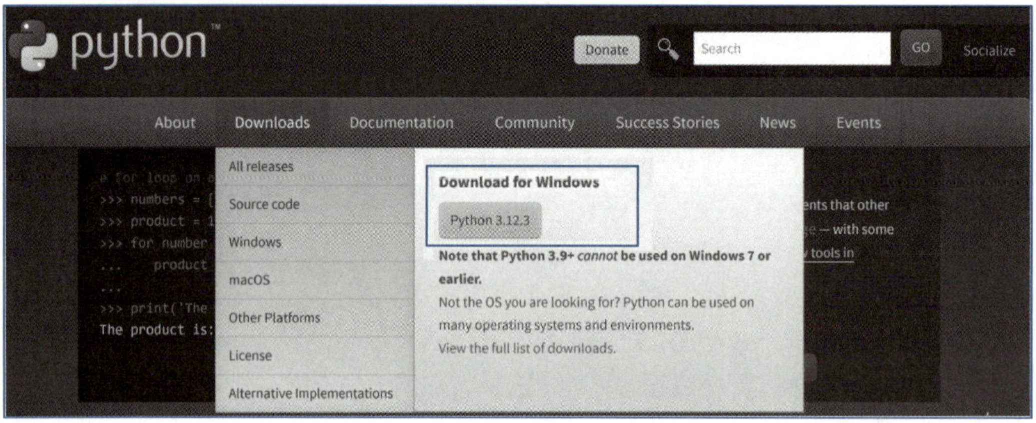

图 4.24　下载 Python 安装包

（2）安装 Python 环境

以管理员身份运行 Python 安装包，如图 4.25 所示，勾选“Add python.exe to PATH”，单击“Install Now”按钮进行安装。

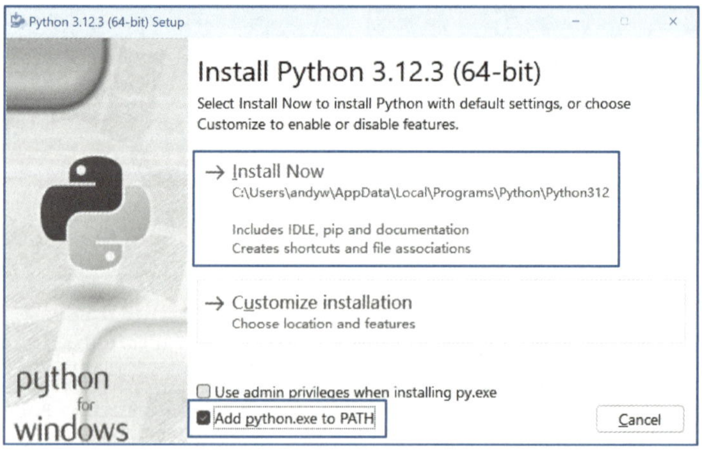

图 4.25　安装 Python

选择“Disable path length limit”取消 Windows 上的路径长度限制，如图 4.26 所示，单击“Close”按钮完成安装。

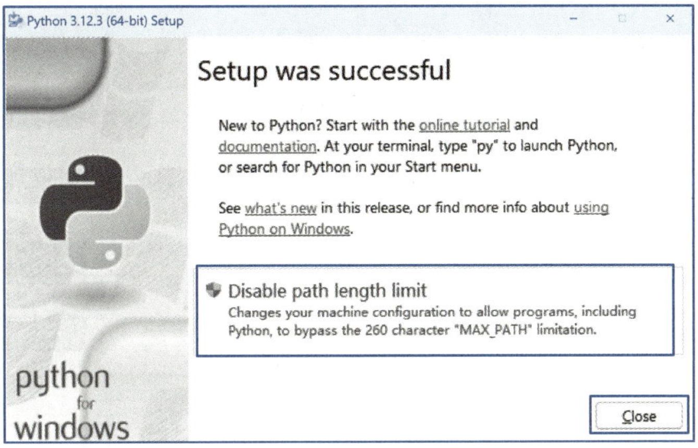

图 4.26 取消路径长度限制并完成安装

（3）测试 Python 环境是否安装成功

在“命令行提示符”窗口中，输入 python 命令以便进行验证，若输出版本信息，即表示安装成功，如图 4.27 所示。

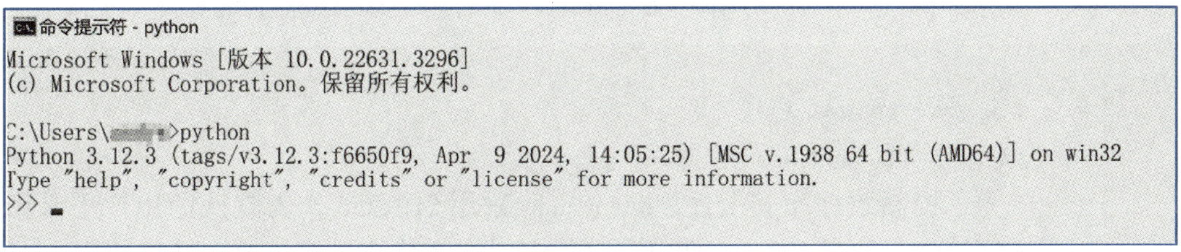

图 4.27 测试 Python 环境是否安装成功

2. 下载并安装 psycopg2 软件包

（1）下载 openGauss 的 psycopg2 连接器

在 openGauss 软件包下载页面的“openGauss Connectors”部分，下载 openGauss 的 Python 连接器“Python-psycopg2_< 版本号 >”，下载前需要登录 openGauss 社区，如图 4.28 所示。注意，要根据自己的 openGauss 安装环境选择匹配的“架构”和“操作系统”。

（2）配置 psycopg2 连接器

将下载的 openGauss Python 连接器“Python-psycopg2_< 版本号 >”软件包解压，解压后的目录包含两个文件夹：lib 和 psycopg2。将 lib 文件夹中的全部文件复制到“<Python 安装目录 >/Lib”目录中；将 psycopg2 文件夹复制到“<Python 安装目录 >/Lib/site-packages”目录中。

（3）在 Python 中安装 psycopg2 模块

在“命令提示符”窗口中，执行命令 pip install psycopg2，以便在 Python 中安装 psycopg2 模块，如图 4.29 所示。

软件包类型	软件包大小	软件包下载
JDBC_5.0.0	1.63MB	立即下载
ODBC_5.0.0	8.33MB	立即下载
Python-psycopg2_5.0.0	2.60MB	立即下载
libpq_5.0.0	4.51MB	立即下载

图 4.28　下载 openGauss 的 Python 连接器软件包

```
C:\[illegible]>pip install psycopg2
Collecting psycopg2
  Downloading psycopg2-2.9.9-cp312-cp312-win_amd64.whl.metadata (4.5 kB)
Downloading psycopg2-2.9.9-cp312-cp312-win_amd64.whl (1.2 MB)
   ---------------------------------------- 1.2/1.2 MB 255.4 kB/s eta 0:00:00
Installing collected packages: psycopg2
Successfully installed psycopg2-2.9.9
```

图 4.29　在 Python 中安装 psycopg2 模块

3. 编写 Python 程序

（1）配置 openGauss 数据库

为了提高数据库安全性，openGauss 采用 SHA256 作为默认的用户登录密码加密算法，取代 PostgreSQL 原有的 MD5 加密算法。但 psycopg2 仍使用 MD5 加密算法进行数据库登录，为了解决该问题，需要对 openGauss 数据库进行参数配置。

以 omm 用户执行以下命令，修改 GUC 参数，使 openGauss 同时支持 MD5 和 SHA256 两组加密算法：

```
[omm@eduog ~]$ gs_guc reload -D $GAUSSHOME/data/single_node -c
    "password_encryption_type = 1"
The gs_guc run with the following arguments: [gs_guc -D /home/omm/
    opengauss/data/single_node -c password_encryption_type = 1
    reload ].
expected instance path: [/home/omm/opengauss/data/single_node/
    postgresql.conf]
gs_guc reload: password_encryption_type=1: [/home/omm/opengauss/data/
    single_node/postgresql.conf]
server signaled

Total instances: 1. Failed instances: 0.
Success to perform gs_guc!
```

以 omm 用户登录 openGauss，创建 testuser2 用户，新建用户的密码将以 MD5 和 SHA256 加密算法同时存储：

```
CREATE USER testuser WITH PASSWORD "DBlab@123";
连接 dbsc 数据库，将 "SELECT ON student" 权限授予 testuser2 用户：
GRANT SELECT ON student TO testuser2;
```

（2）编写 Python 程序

使用 Python 开发环境编写如下 Python 程序，源代码文件命名为 test_python.py：

```
#!/usr/bin/python
import psycopg2
conn = psycopg2.connect(database="dbsc", user="testuser2",
     password="DBlab@123", host="124.70.63.102", port="26000")

cur = conn.cursor()

# 查询结果
cur.execute("SELECT * FROM student;")
rows = cur.fetchall()
for row in rows:
    print("sno = ", row[0])
    print("sname = ", row[1])
    print("sgender = ", row[2])
    print("sbirth = ", row[3])
    print("sdept = ", row[4])

conn.commit()
conn.close()
```

该程序的功能是：

① 使用 psycopg2 模块连接 openGauss 数据库，连接参数包括：database 为要连接的数据库名称、user 为数据库用户名、password 为数据库用户密码、host 为数据库服务器 IP 地址、port 为数据库服务器端口号。注意，要确保 openGauss 数据库所在的云主机开放了 port 指定端口号的对外访问权。

② 通过游标对象 cur 执行查询语句 "SELECT * FROM student;"，通过 for 循环遍历查询结果并输出每行数据。

③ 调用 commit 函数提交查询，调用 close 函数关闭数据库连接。

（3）执行 Python 程序

在"命令提示符"窗口中转到上面 Python 程序所在路径，执行命令：

```
python test_python.py
```

如果连接并访问数据库成功，则输出结果如图 4.30 所示。

```
C:\[illegible]>python test_python.py
sno =  22001
sname =  张三
sgender =  男
sbirth =  2002-05-19 00:00:00
sdept =  CS
sno =  22002
sname =  李四
sgender =  女
sbirth =  2002-01-09 00:00:00
sdept =  CS
sno =  22003
sname =  王五
sgender =  女
sbirth =  2001-12-08 00:00:00
sdept =  CE
sno =  22004
sname =  赵六
sgender =  男
sbirth =  2001-08-30 00:00:00
sdept =  IS
```

图 4.30　执行 Python 程序访问数据库

如果产生如图 4.31 所示的错误输出，则需要检查上述“配置 openGauss 数据库”步骤是否执行成功。

```
C:\[illegible]>python test_python.py
Traceback (most recent call last):
  File "C:\[illegible]\test python.py", line 3, in <module>
    conn = psycopg2.connect(database="dbsc", user="t[illegible]", password="[illegible]", host="[illegible]", port="26000")

  File "C:\[illegible]\AppData\Local\Programs\Python\Python312\Lib\site-packages\psycopg2\__init__.py", line 122, in con
nect
    conn = _connect(dsn, connection_factory=connection_factory, **kwasync)

psycopg2.OperationalError: connection to server at "[illegible]", port 26000 failed: none of the server's SASL authent
ication mechanisms are supported
```

图 4.31　执行 Python 程序产生错误输出

4.5　实验结果

请按照如下要求完成实验操作：

① 完成实验步骤 4.4.1 小节。

② 完成实验步骤 4.4.2 小节。

③ 完成实验步骤 4.4.3 小节。

④ 完成实验步骤 4.4.4 小节。

4.6　讨论与总结

请列出实验中遇到的问题描述、解决办法与思考讨论，并对本实验进行总结。

实验中遇到的问题描述、解决办法：

思考讨论：

实验总结：

第 5 章　openGauss 的编译与安装

5.1　实验介绍

openGauss 源代码的编译与调试是开展后续其他实验的工作基础。基于源代码的开发工作实际上就是按照“编辑—编译—测试—调试”这样的步骤循环进行的。“编辑”（edit）是指对源代码进行编辑修改，以达到预定目标。“编译”（compile）是将编辑修改后的源代码整体构建为可执行文件的过程。“测试”（test）包括了安装过程，对安装好的可执行文件进行测试，判断是否达到了编辑代码所要实现的预定目标。“调试”（debug）是根据测试中发现的问题，查找为什么没有达到预定目标的过程。在查找到问题原因并定位后，进行编辑修正，开启新一轮的上述循环过程，直至达到编码所要实现的预定目标为止。openGauss 作为开源数据库管理系统，其开发过程遵循同样的流程。本书的实验也是按此步骤，在 openGauss 源代码中验证数据库管理系统原理的实现机制。因此，openGauss 的编译和调试是进行后续实验必须要掌握的技能。

本章将通过实验介绍如何对 openGauss 源代码进行编译，并对编译后的 openGauss 进行安装。关于 openGauss 的调试将在下一章涉及。

5.2　实验目的

- 了解 openGauss 的编译环境与配置要求。
- 掌握 openGauss 源代码的编译和安装过程。
- 掌握 openGauss 的初始化、启动和连接方法。
- 通过编译和安装过程，深入理解 openGauss 的服务器 / 客户端运行原理。
- 掌握 openGauss 的编译和安装过程，为后续实验操作打下基础。

5.3 实验原理

5.3.1 openGauss 编译环境

openGauss 编译需要用到两个组件：openGauss-server 和 binarylibs。其中：openGauss-server 是 openGauss 的主要代码，可以从 openGauss 开源社区获取；binarylibs 是 openGauss 依赖的第三方库文件。由于直接编译 binarylibs 源代码的过程复杂、费时，推荐从 openGauss 开源社区下载已经编译好的文件。

openGauss 的编译环境要求如下：

① 操作系统为 CentOS 7.6（x86 架构）或 openEuler-20.03-LTS（AArch64 架构）。

② 依赖软件如表 5.1 所示。

表 5.1 openGauss 编译环境依赖的软件

依赖软件	版本要求
libaio-devel	0.3.109-13
flex	2.5.31 及以上版本
bison	2.7-4
ncurses-devel	5.9-13.20130511
glibc-devel	2.17-111
patch	2.7.1-10
readline-devel	建议版本：7.0-13
lsb_release	4.1

③ 编译器：GCC 编译器。

④ 配置工具：使用 configure 脚本来检测系统的配置和可用性，并生成 makefile 文件。

⑤ 编译工具：使用 make 命令来编译源代码。

在编译 openGauss 之前，需要确保系统上已安装所有依赖的库和头文件，并且已配置好编译器和其他必要的工具。

5.3.2 Linux 配置与编译工具

在 Linux 系统下，使用 configure 和 make 进行编译是一种常用的方法。

① configure 是一个脚本文件，用于检测系统的配置和可用性，并生成 makefile 文件。它会检测系统已安装的库、头文件、编译器等信息，并在生成的 makefile 文件中包含这些信息。

② make 是一个命令行工具，用于根据 makefile 文件中的指令编译源代码。它会读取 makefile 文件，并根据该文件中的指令编译源代码。一般来说，makefile 文件会包含编译源代码所需的所有信息，如编译选项、源文件、目标文件等。

在这个流程中，configure 生成一个根据系统配置的 makefile 文件，然后使用 make 命令来执行编译操作。这种方法使得程序可以在不同环境下自动适配。

5.4 实验步骤

5.4.1 准备用户和目录

1. 创建用于 openGauss 实验操作的操作系统用户 dblab

以 root 用户身份登录主机。该主机可以是任意能提供 SSH 远程访问的主机。此处使用了名为 eduog 的华为云主机。root 用户登录云主机后，显示如下提示符：

```
[root@eduog ~]#
```

使用 useradd 命令创建 dblab 用户：

```
[root@eduog ~]# useradd -g dbgrp -u 1001 -d /home/dblab dblab
```

设置 dblab 用户密码：

```
[root@eduog ~]# passwd dblab
```

以 dblab 用户身份登录：

```
[dblab@eduog ~]$ su - dblab
```

2. 创建用于编译 openGauss 的目录 opengauss-compile

使用 mkdir 命令创建目录：

```
[dblab@eduog ~]$ mkdir opengauss-compile
```

进入 opengauss-compile 目录：

```
[dblab@eduog ~]$ cd opengauss-compile/
[dblab@eduog opengauss-compile]$
```

5.4.2 下载相关文件

1. 下载 openGauss-server 源代码

在本实验中，使用 openGauss 5.0.0 版本。在 Gitee 的 /opengauss/openGauss-server/tags 和 /opengauss/openGauss-server/repository/archive/v5.0.0 下载 openGauss-server v5.0.0 源代码（2023 年 3 月 31 日发布），如图 5.1 所示。

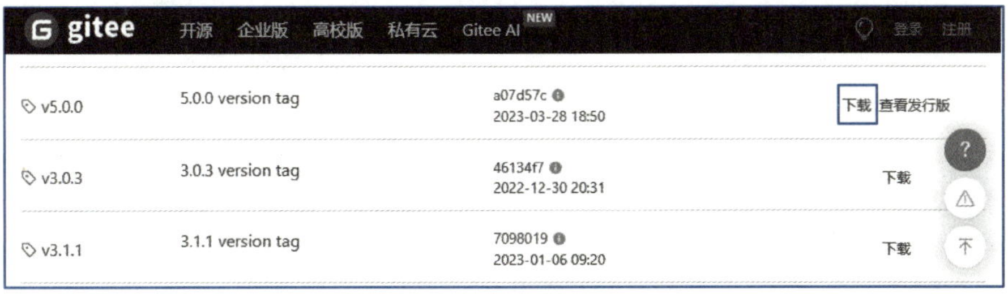

图 5.1 下载 openGauss-server 源代码

将下载的 zip 压缩包文件 openGauss-server-v5.0.0.zip 使用文件传输工具（如 SFTP 客户端）上传到云主机。

2. 下载第三方库二进制文件包

下载 openGauss 开源社区提供的已编译好的第三方库二进制文件包（为 tar.gz 格式的压缩包），如图 5.2 所示。注意，需要选择所用操作系统对应的文件包（如本书使用的是 openEuler ARM 版本的操作系统，要下载 openEuler_arm 版本文件包）。

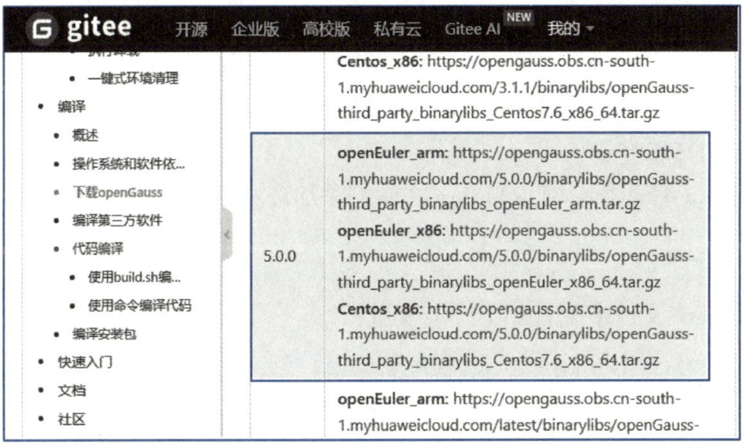

图 5.2 下载 openGauss 第三方库二进制文件包 binarylibs

可以在云主机上使用 wget 命令进行下载。

```
[dblab@eduog opengauss-compile]$ wget
https://opengauss.obs.cn-south-1.myhuaweicloud.com/5.0.0/binarylibs/
openGauss-third_party_binarylibs_openEuler_arm.tar.gz
```

3. 解压缩 openGauss 源代码包和第三方库包

解压缩 openGauss 源代码包 openGauss-server-v5.0.0.zip：

```
[dblab@eduog opengauss-compile]$ unzip openGauss-server-v5.0.0.zip
```

重命名 openGauss 源代码包目录为 opengauss-server：

```
[dblab@eduog opengauss-compile]$ mv openGauss-server-v5.0.0
    opengauss-server
```

解压缩第三方库二进制包 openGauss-third_party_binarylibs.tar.gz：

```
    [dblab@eduog opengauss-compile]$ tar -zxvf openGauss-third_party_
binarylibs_openEuler_arm.tar.gz
```

将第三方库二进制包目录重命名为 binarylibs：

```
    [dblab@eduog opengauss-compile]$ mv openGauss-third_party_binarylibs_
openEuler_arm binarylibs
```

在 root 用户下使用命令 yum install -y tree 下载 tree 包，接着使用 tree 命令查看 opengaus$-compile 目录的树形结构：

```
[dblab@eduog opengauss-compile]$ tree -L 1
.
├── binarylibs
├── opengauss-server
├── openGauss-server-v5.0.0.zip
└── openGauss-third_party_binarylibs_openEuler_arm.tar.gz
```

5.4.3　配置环境变量

1. 添加环境变量

使用 vim 编辑器编辑 ~/.bashrc 文件，添加环境变量：

```
[dblab@eduog ~]$ vim ~/.bashrc
```

在 .bashrc 文件中配置如下环境变量：

```
export CODE_BASE=/home/dblab/opengauss-compile/openGauss-server
# Path of the openGauss-server file
export BINARYLIBS=$CODE_BASE/../binarylibs
export GAUSSHOME=$CODE_BASE/dest
export GCC_PATH=$BINARYLIBS/buildtools/gcc7.3
export CC=$GCC_PATH/gcc/bin/gcc
export CXX=$GCC_PATH/gcc/bin/g++
export
LD_LIBRARY_PATH=$GAUSSHOME/lib:$GCC_PATH/gcc/lib64:$GCC_PATH/isl/
    lib:$GCC_PATH/mpc/lib/:$GCC_PATH/mpfr/lib/:$GCC_PATH/gmp/lib/:$LD_
    LIBRARY_PATH
export PATH=$GAUSSHOME/bin:$GCC_PATH/gcc/bin:$PATH
```

2. 配置环境变量

配置的各环境变量说明如下：

① CODE_BASE：openGauss 源代码所在路径。

② BINARYLIBS：已编译好的第三方库文件所在路径。

③ GAUSSHOME：编译后进行 openGauss 安装的路径。

④ GCC_PATH：gcc 编译器工具的路径。

⑤ CC：gcc 编译器命令的路径。

⑥ CXX：g++ 编译器命令的路径。

⑦ LD_LIBRARY_PATH：用来指定系统在查找动态链接库时应该搜索的目录。

⑧ PATH：用来指定系统在查找可执行文件时应该搜索的目录。

执行 source 命令，使环境变量生效：

```
[dblab@eduog ~]$ source ~/.bashrc
```

5.4.4 配置 swap 分区

由于在 openGauss 编译过程中内存消耗较大，建议添加 swap 分区以增加虚拟内存。如能成功执行编译则此步骤可略过，若不能成功执行则需返回此步骤以配置 swap 分区。

1. 创建 swap 文件

以 root 用户登录云主机，执行下面的命令以便创建 4 GB 大小的 swap 文件：

① 使用 dd 命令创建文件 /var/swapfile，读写块大小为 1 MB，块个数为 4 096，因而总大小为 4 GB。

```
[root@eduog ~]# dd if=/dev/zero  of=/var/swapfile  bs=1MiB  count=4096
```

② 使用 mkswap 命令，将 /var/swapfile 转变为 swap 文件：

```
[root@eduog ~]# mkswap  /var/swapfile
```

关于 dd 命令和 mkswap 命令的详细用法，可参见 Linux 命令文档。

2. 添加 swap 分区

编辑文件 /etc/fstab，添加 swap 分区配置，使得每次开机时，swap 配置均能够生效：

```
[root@eduog ~]# vim /etc/fstab
```

在 /etc/fstab 文件中添加如下一行：

```
/var/swapfile    swap    swap    sw   0    0
```

3. 启动 swap 分区

使用 swapon 命令启用 /etc/fstab 配置的 swap 分区：

```
[root@eduog ~]# swapon -a
```

5.4.5　进行编译

现在可以进行 openGauss 编译了。进入 openGauss-server 目录，准备进行编译：

```
[dblab@eduog ~]$ cd opengauss-compile/openGauss-server
```

1. 执行 configure 配置脚本进行编译前的配置

为了进行调试，配置为 debug 版本：

```
[dblab@eduog openGauss-server]$ ./configure --gcc-version=7.3.0
CC=g++ CFLAGS='-O0' --prefix=$GAUSSHOME --3rd=$BINARYLIBS --enable-debug
--enable-cassert --enable-thread-safety --with-readline --without-zlib
```

这里执行的 configure 脚本的各个参数解释如下：

① --gcc-version=7.3.0：使用 GCC 版本 7.3.0 编译。

② CC=g++：指定编译器为 g++。

③ CFLAGS='-O0'：设置编译器优化级别为 0。

④ --prefix=$GAUSSHOME：安装程序的路径为 $GAUSSHOME。

⑤ --3rd=$BINARYLIBS：使用预编译的第三方库文件，路径为 $BINARYLIBS。

⑥ --enable-debug：启用调试模式。

⑦ --enable-cassert：启用 C 语言的 assert 语句。

⑧ --enable-thread-safety：启用线程安全性。

⑨ --with-readline：使用 readline 库。

⑩ --without-zlib：不使用 zlib 库。

如果配置脚本执行过程中出现报错，可能原因有缺少依赖库或工具、编译器版本问题、环境变量配置问题等，需要根据报错提示进行检查修复。

2. 执行 make 命令进行编译

make 命令的 -j4 选项指定并行编译并采用 4 个进程。

```
[dblab@eduog openGauss-server]$ make -j4
```

编译需要执行一段时间，控制台会滚动输出编译命令消息，需耐心等待编译过程结束，编译过程截图如图 5.3 所示。图 5.3（a）显示的是 make 命令执行中的编译命令输出，图 5.3（b）显示的是采用 top 命令查看系统资源的使用情况。

在 make 编译执行过程中可能报出各种错误。以下是一些常见的报错及其解决方法：

① "No rule to make target"：需检查 makefile 文件中是否存在相应的编译规则。

② "No such file or directory"：需检查源文件是否存在，并确保路径是正确的。

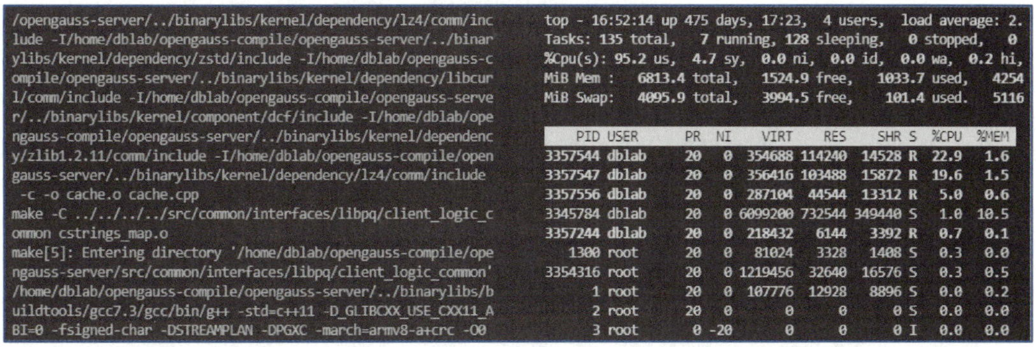

```
/opengauss-server/../binarylibs/kernel/dependency/lz4/comm/inc
lude -I/home/dblab/opengauss-compile/opengauss-server/../binar
ylibs/kernel/dependency/zstd/include -I/home/dblab/opengauss-c
ompile/opengauss-server/../binarylibs/kernel/dependency/libcur
l/comm/include -I/home/dblab/opengauss-compile/opengauss-serve
r/../binarylibs/kernel/component/dcf/include -I/home/dblab/ope
ngauss-compile/opengauss-server/../binarylibs/kernel/dependenc
y/zlib1.2.11/comm/include -I/home/dblab/opengauss-compile/open
gauss-server/../binarylibs/kernel/dependency/lz4/comm/include
 -c -o cache.o cache.cpp
make -C ../../../../src/common/interfaces/libpq/client_logic_c
ommon cstrings_map.o
make[5]: Entering directory '/home/dblab/opengauss-compile/ope
ngauss-server/src/common/interfaces/libpq/client_logic_common'
/home/dblab/opengauss-compile/opengauss-server/../binarylibs/b
uildtools/gcc7.3/gcc/bin/g++ -std=c++11 -D_GLIBCXX_USE_CXX11_A
BI=0 -fsigned-char -DSTREAMPLAN -DPGXC -march=armv8-a+crc -O0
```

(a)

```
top - 16:52:14 up 475 days, 17:23,  4 users,  load average: 2.
Tasks: 135 total,   7 running, 128 sleeping,   0 stopped,   0
%Cpu(s): 95.2 us,  4.7 sy,  0.0 ni,  0.0 id,  0.0 wa,  0.2 hi,
MiB Mem :   6813.4 total,   1524.9 free,   1033.7 used,   4254
MiB Swap:   4095.9 total,   3994.5 free,    101.4 used.   5116

    PID USER      PR  NI    VIRT    RES    SHR S  %CPU  %MEM
3357544 dblab     20   0  354688 114240  14528 R  22.9   1.6
3357547 dblab     20   0  356416 103488  15872 R  19.6   1.5
3357556 dblab     20   0  287104  44544  13312 R   5.0   0.6
3345784 dblab     20   0 6099200 732544 349440 S   1.0  10.5
3357244 dblab     20   0  218432   6144   3392 R   0.7   0.1
   1300 root      20   0   81024   3328   1408 S   0.3   0.0
3354316 root      20   0 1219456  32640  16576 S   0.3   0.5
      1 root      20   0  107776  12928   8896 S   0.0   0.2
      2 root      20   0       0      0      0 S   0.0   0.0
      3 root       0 -20       0      0      0 I   0.0   0.0
```

(b)

图 5.3　使用 make 命令进行 openGauss 源代码编译

③ "undefined reference"：需检查是否缺少链接库，或链接库的路径是否正确。

④ "permission denied"：需确保当前用户有写入文件的权限。

⑤ "error X"：需检查源代码是否有语法错误，并根据错误信息进行修改。

如果遇到错误，可以尝试查看错误信息，并在网上搜索解决方案。

3. 编译成功

如果编译过程中没有遇到任何报错，则编译成功，最后一行输出“All of openGauss successfully made. Ready to install.”，如图 5.4 所示。

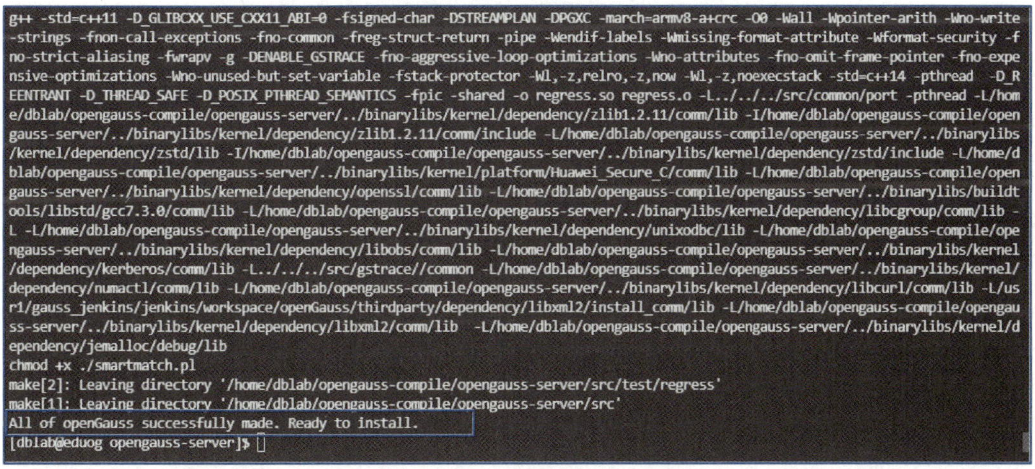

```
g++ -std=c++11 -D_GLIBCXX_USE_CXX11_ABI=0 -fsigned-char -DSTREAMPLAN -DPGXC -march=armv8-a+crc -O0 -Wall -Wpointer-arith -Wno-write
-strings -fnon-call-exceptions -fno-common -freg-struct-return -pipe -Wendif-labels -Wmissing-format-attribute -Wformat-security -f
no-strict-aliasing -fwrapv -g -DENABLE_GSTRACE -fno-aggressive-loop-optimizations -Wno-attributes -fno-omit-frame-pointer -fno-expe
nsive-optimizations -Wno-unused-but-set-variable -fstack-protector -Wl,-z,relro,-z,now -Wl,-z,noexecstack -std=c++14 -pthread  -D_R
EENTRANT -D_THREAD_SAFE -D_POSIX_PTHREAD_SEMANTICS -fpic -shared -o regress.so regress.o -L../../../src/common/port -pthread -L/hom
e/dblab/opengauss-compile/opengauss-server/../binarylibs/kernel/dependency/zlib1.2.11/comm/lib -I/home/dblab/opengauss-compile/open
gauss-server/../binarylibs/kernel/dependency/zlib1.2.11/comm/include -L/home/dblab/opengauss-compile/opengauss-server/../binarylibs
/kernel/dependency/zstd/lib -I/home/dblab/opengauss-compile/opengauss-server/../binarylibs/kernel/dependency/zstd/include -L/home/d
blab/opengauss-compile/opengauss-server/../binarylibs/kernel/platform/Huawei_Secure_C/comm/lib -L/home/dblab/opengauss-compile/open
gauss-server/../binarylibs/kernel/dependency/openssl/comm/lib -L/home/dblab/opengauss-compile/opengauss-server/../binarylibs/buildt
ools/libstd/gcc7.3.0/comm/lib -L/home/dblab/opengauss-compile/opengauss-server/../binarylibs/kernel/dependency/libcgroup/comm/lib -
L -L/home/dblab/opengauss-compile/opengauss-server/../binarylibs/kernel/dependency/unixodbc/lib -L/home/dblab/opengauss-compile/ope
ngauss-server/../binarylibs/kernel/dependency/libobs/comm/lib -L/home/dblab/opengauss-compile/opengauss-server/../binarylibs/kernel
/dependency/kerberos/comm/lib -L../../../src/gstrace//common -L/home/dblab/opengauss-compile/opengauss-server/../binarylibs/kernel/
dependency/numactl/comm/lib -L/home/dblab/opengauss-compile/opengauss-server/../binarylibs/kernel/dependency/libcurl/comm/lib -L/us
r1/gauss_jenkins/jenkins/workspace/openGauss/thirdparty/dependency/libxml2/install_comm/lib -L/home/dblab/opengauss-compile/opengau
ss-server/../binarylibs/kernel/dependency/libxml2/comm/lib  -L/home/dblab/opengauss-compile/opengauss-server/../binarylibs/kernel/d
ependency/jemalloc/debug/lib
chmod +x ./smartmatch.pl
make[2]: Leaving directory '/home/dblab/opengauss-compile/opengauss-server/src/test/regress'
make[1]: Leaving directory '/home/dblab/opengauss-compile/opengauss-server/src'
All of openGauss successfully made. Ready to install.
[dblab@eduog opengauss-server]$
```

图 5.4　openGauss 源代码编译成功

4.【可选】准备下一次编译

清理编译过程中生成的文件，使目录恢复到编译前的状态，准备进行下一次重新编译：（如果编译成功或无须清理文件，则不需要执行此命令）

```
[dblab@eduog openGauss-server]$ make clean
```

5.4.6　进行安装

安装编译好的 openGauss 二进制文件，执行如下命令：

```
[dblab@eduog openGauss-server]$ make install
```

如 openGauss 安装成功，最后一行将显示“openGauss installation complete.”，如图 5.5 所示。

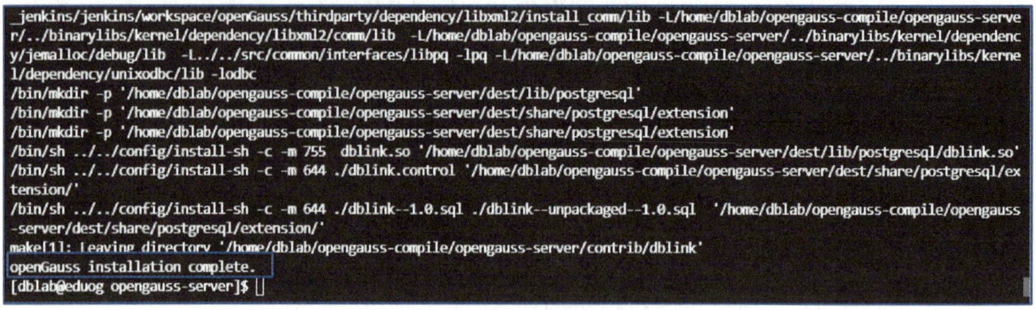

图 5.5　openGauss 安装成功

5.4.7　初始化数据库

安装好的 openGauss 数据库需要先进行初始化，然后才能运行数据库服务器。初始化 openGauss 数据库需要使用 gs_initdb 命令。该命令创建了数据库所需的目录结构和配置文件，并初始化了系统目录和配置文件，具体包括创建数据库目录、生成系统表、创建默认数据库和模板数据库。初始化数据库时会生成大量的系统表和视图。初始化数据库过程中生成的数据库包括：

① template0 数据库：openGauss 提供的最初始的备份数据库，可在需要时用 template0 作为模板生成“干净”的数据库。

② template1 数据库：模板数据库，当以后再新建数据库时，template1 数据库中的所有内容都会复制到新数据库中。

③ postgres 数据库：内置的专门用于管理系统元数据的数据库。它包含了系统中所有数据库、表、视图、规则、存储过程等元数据的信息。这些信息在 openGauss 中用来维护数据库的一致性和完整性，并由系统内置的管理工具来维护和使用。postgres 数据库对于管理员来说是不可见的，并且不能被用户直接访问。

gs_initdb 命令的执行格式如下：

```
gs_initdb [options] [pgdata]
```

其中，[options] 是可选参数，[pgdata] 是数据库存储目录。

gs_initdb 命令的常用选项包括：

① --pgdata 或 -D：指定数据库存储目录。

② --nodename：初始化的节点名称。

③ --encoding 或 -E：为新数据库设置编码格式。

例如，执行如下 gs_initdb 命令初始化 openGauss 数据库：

```
[dblab@eduog openGauss-server]$ gs_initdb --pgdata=$GAUSSHOME/data
--nodename=dblab --encoding=utf-8
```

其中："--pgdata=$GAUSSHOME/data" 参数指定了数据库实例的存储目录，"$GAUSSHOME" 是 5.4.3 小节中配置的环境变量；"--nodename=dblab" 参数指定了数据库实例的名称；"--encoding=utf-8" 参数指定了数据库实例的编码方式。运行这条命令会在 "$GAUSSHOME/data" 目录下创建一个名为 "dblab" 的数据库实例，该实例的编码方式为 UTF-8。

openGauss 数据库初始化成功后，将显示如下语句提示初始化数据库成功，并提示使用 gaussdb 或 gs_ctl 命令启动数据库服务器：

```
    loading hstore extension ··· ok
    loading security plugin ··· ok
    update system tables ··· ok
    creating snapshots catalog ··· ok
    vacuuming database template1 ··· ok
    copying template1 to template0 ··· ok
    copying template1 to postgres ··· ok
    freezing database template0 ··· ok
    freezing database template1 ··· ok
    freezing database postgres ··· ok

WARNING: enabling "trust" authentication for local connections. You can
change this by editing pg_hba.conf or using the option -A, or --auth-local
and --auth-host, the next time you run gs_initdb.

Success. You can now start the database server of single node using:
gaussdb -D / home/dblab/opengauss-compile/opengauss-server/dest/data
--single_node
or
gs_ctl start -D /home/dblab/opengauss-compile/opengauss-server/dest/data
-z single_node -l logfile
```

5.4.8 启动数据库服务器

确保在启动 openGauss 数据库服务器之前已通过 gs_initdb 命令成功初始化了数据库实例。初始化数据库成功后，可使用 gs_ctl 命令启动数据库服务器。gs_ctl 是 openGauss 提供的数据库服务器控制工具，可用来启动、停止、重启数据库服务器以及查询数据库服务器状态。

常用的 gs_ctl 命令包括：

① gs_ctl start：启动数据库服务器

② gs_ctl stop：停止数据库服务器

③ gs_ctl restart：重启数据库服务器

④ gs_ctl status：查看数据库服务器状态

⑤ gs_ctl reload：重新加载配置文件

这些命令可以通过参数来指定数据库实例目录、日志文件、集群模式等信息。通过这些命令，可以方便地管理 openGauss 数据库服务器。

1. 启动 openGauss 数据库服务器

```
gs_ctl -D [pgdata-directory] start
```

其中，“-D <pgdata-directory>”参数指定了数据库实例所在的目录。

例如，执行如下命令启动 openGauss 数据库服务器：

```
[dblab@eduog openGauss-server]$ gs_ctl start -D $GAUSSHOME/data -Z
    single_node -l logfile
```

该命令会启动 openGauss 单节点数据库服务器，其数据库实例目录位于 $GAUSSHOME/data，并且在 logfile 文件中记录运行日志。其中：

① -D $GAUSSHOME/data：指定了数据库实例所在目录。

② -Z single_node：指定了启动单节点模式。

③ -l logfile：指定了日志文件的文件名，日志内容将记录在该文件中。

启动 openGauss 数据库服务器成功后，将输出如下所示的信息：

```
[2025-02-23 15:19:41.272][3345781][][gs_ctl]: gs_ctl started,datadir is
/home/dblab/opengauss-compile/opengauss-server/dest/data
[2025-02-23 15:19:41.294][3345781][][gs_ctl]: waiting for server to start···
.
[2025-02-23 15:19:42.308][3345781][][gs_ctl]:  done
[2025-02-23 15:19:42.308][3345781][][gs_ctl]: server started
(/home/dblab/opengauss-compile/opengauss-server/dest/data)
```

2. 查看数据库服务器的运行状态

```
[dblab@eduog opengauss-server]$ gs_ctl status -D $GAUSSHOME/data

[2025-02-23 15:21:40.301][3345894][][gs_ctl]: gs_ctl status,datadir is
/home/dblab/opengauss-compile/opengauss-server/dest/data
gs_ctl: server is running (PID: 3345784)
/home/dblab/opengauss-compile/opengauss-server/dest/bin/gaussdb "-D"
"/home/dblab/opengauss-compile/opengauss-server/dest/data"
```

3.【可选】停止数据库服务器

```
[dblab@eduog openGauss-server]$ gs_ctl stop -D $GAUSSHOME/data -Z
    single_node -l logfile
```

5.4.9 连接数据库

使用命令行客户端工具 gsql 连接 openGauss 数据库服务器。

1. 使用 gsql 客户端连接数据库服务器

具体命令如下：

```
[dblab@eduog openGauss-server]$ gsql postgres -r
```

其中，postgres 是要连接的数据库名称，-r 选项表示打开 gsql 客户端的行编辑功能，运行时可使用退格键等进行命令编辑。

如果连接成功，会进入 gsql 交互式命令行界面，如下所示：

```
[dblab@eduog opengauss-server]$ gsql postgres -r
gsql ((openGauss 5.0.0 build ) compiled at 2025-02-23 14:49:07 commit
    0 last mr debug)
    Non-SSL connection (SSL connection is recommended when requiring
    high-security)
Type "help" for help.
openGauss=#
```

按照要求，在 gsql 中执行任何命令之前，要首先修改数据库用户 dblab 的密码，为此执行以下 SQL 语句：

```
openGauss=# ALTER ROLE "dblab" PASSWORD '替换为自行设定的密码';
openGauss=# ALTER ROLE "dblab" PASSWORD 'dblab@123';
ALTER ROLE
```

2. 在 gsql 中测试能否成功执行 SQL 语句

执行以下 SQL 语句，若返回 openGauss 版本号，则可以看到返回的内容中包括编译 openGauss 的时间戳信息：

```
openGauss=# SELECT VERSION();
                                    version
---------------------------------------------------------------------
(openGauss 5.0.0 build ) compiled at 2025-02-23 14:49:07 commit 0
    last mr debug on aarch64-unknown-linux-gnu, compiled by g++
    (GCC)7.3.0, 64-bit
(1 row)
```

openGauss 默认设置 session_timeout = 10 min，也就是当连接进入数据库后，若 10 分钟内没有任何操作，数据库就会执行超时处理。对于实际生产应用来说，这一点是合理的设计；但是对于学习者来说，超出超时时间后就需要重连数据库，这会使得操作变得烦琐。为此，可以进入数据库系统中使用 set session_timeout=0; 这种方法仅对当下对话产生作用，使用 show session_timeout; 可以查看当前超时时间的设置。

5.5 实验结果

请按照如下要求完成实验操作：

① 按照步骤成功完成 openGauss 源代码编译，并安装 openGauss 数据库。

② 完成 openGauss 数据库初始化，并启动数据库服务器。

③ 完成 gsql 客户端连接数据库服务器，并成功执行 “SELECT version();” 语句。

5.6 讨论与总结

请列出实验中遇到的问题描述、解决办法与思考讨论，并对本实验进行总结。

实验中遇到的问题描述、解决办法：

思考讨论：

实验总结：

第 6 章　openGauss 的调试过程

6.1　实验介绍

本实验将实践通过 VS Code 进行 openGauss 源代码调试的步骤。首先，介绍如何配置 VS Code 开发环境，以便对 openGauss 源代码进行远程开发。然后，介绍如何在 VS Code 中配置 openGauss 的调试环境，实践通过在源代码内设置断点来进行单步调试。最后，实践以 attach 方式进行 openGauss 源代码调试的过程。本实验通过添加代码，实现在执行 CREATE TABLE 语句时输出一个循环变量的值，以掌握 VS Code 开发环境和 openGauss 单步调试过程。本实验践行了"编辑—编译—测试—调试"的迭代开发过程。读者可以在后续实验中不断通过实践来体会该过程，为开发系统软件积累经验。

6.2　实验目的

- 掌握 VS Code 远程开发环境的配置操作，以便能够满足 openGauss 源代码开发要求。
- 掌握 VS Code 中 openGauss 调试环境的配置。
- 掌握 VS Code 中 openGauss 源代码单步调试操作过程。
- 掌握 VS Code 中以 attach 方式进行 openGauss 源代码调试的操作过程。
- 理解 openGauss 的"编辑—编译—测试—调试"迭代开发过程。

6.3　实验原理

6.3.1　VS Code 远程开发

本书使用 VS Code（Visual Studio Code）作为源代码开发环境。VS Code 是由 Microsoft 开发的免费、开源、跨平台的代码编辑器。它支持多种编程语言，并拥有丰富的功能，例如：

① IntelliSense：代码完成、代码片段和建议。

② 调试：单步调试代码以查找错误。

③ 代码导航：定义跳转、查找所有引用等。

④ 集成终端：在不切换窗口的情况下运行命令行工具。

⑤ Git 集成：跟踪代码变更并与他人协作。

⑥ 可扩展性：安装扩展以获得额外功能。

⑦ 可定制的界面和主题。

使用 VS Code 进行远程开发，是通过 VS Code 的“Remote-SSH”扩展包实现的。该扩展包允许在本地 VS Code 编辑器中连接到远程服务器，并在远程服务器上进行开发。Remote-SSH 扩展包通过在本地计算机和远程服务器之间建立 SSH 连接，将远程服务器的文件和功能集成到 VS Code 编辑器中。这使得远程开发更加便捷，开发者可以在本地使用熟悉的编辑环境进行远程服务器上的开发工作。

使用 VS Code 和 Remote-SSH 扩展包进行远程开发的基本步骤包括：

① 安装 Remote-SSH 扩展包。可以在 VS Code 的扩展市场中搜索并安装 Remote-SSH 扩展包。

② 配置 SSH。在本地计算机上，需要配置 SSH 以连接到远程服务器。这通常涉及生成 SSH 密钥对，并将公钥添加到远程服务器的 SSH 授权文件中，以通过 SSH 协议安全地连接到远程服务器。

③ 添加远程主机。在 VS Code 中，可以通过组合键 Ctrl + Shift + P 打开命令面板，搜索并选择“Remote-SSH: Add New SSH Host...”。在弹出的输入框中，提供远程服务器的连接信息，包括远程主机的 IP 地址和 SSH 密钥的位置。

④ 连接到远程服务器。添加了远程主机之后，可以在 VS Code 的左下角找到一个绿色的远程连接按钮，单击该按钮将显示已添加的远程主机列表。选择要连接的远程主机，VS Code 将使用 SSH 协议与远程服务器建立连接。

⑤ 远程开发。远程连接建立后，可以在 VS Code 中像本地开发一样使用远程服务器。可以打开远程服务器上的文件夹或工作区，并在本地 VS Code 编辑器中进行编辑、保存和调试操作。所有更改都将在远程服务器上生效，并且可以使用本地的编辑器功能来运行命令、插件和调试工具。

6.3.2　VS Code 远程调试

使用 VS Code 进行 openGauss 源代码远程调试时，可以选择 launch 和 attach 两种调试方式。

1. launch 调试方式

使用 launch 方式进行调试时，在本地计算机上启动的调试会话将通过 SSH 协议连接到远程服务器，并在远程服务器上启动调试目标进程。对于 openGauss 而言，该进程为 gaussdb。

具体调试过程为：首先在 VS Code 中配置调试器，并指定远程服务器上的调试目标，然后通过设置断点、监视变量等方式在本地 VS Code 编辑器中设置调试配置。一旦启动调试会话，VS Code 将在远程服务器上运行程序，并将调试信息传输回本地 VS Code，这样能够观察和控制调试过程。

2. attach 调试方式

使用 attach 方式进行调试时，可以连接到远程服务器上已经在运行的程序，无须重新启动程序。也就是说，在远程服务器上启动程序，然后通过 VS Code 连接到正在运行的进程，以进行调试。

与 launch 方式不同，attach 方式需要在远程服务器上启动程序，然后通过 VS Code 的调试功能将调试器连接到该进程。在本地 VS Code 编辑器中，可以设置断点和监视变量，并开始观察和控制远程进程的调试过程。

6.4 实验步骤

6.4.1 配置 VS Code 远程开发环境

通过下面的步骤，对云主机 eduog 上的 openGauss 源代码配置 VS Code 远程开发环境：

① 在 VS Code 中安装“Remote-SSH”扩展包。打开 VS Code 左侧工具栏的“Extensions”界面，搜索并安装“Remote-SSH”扩展包，如图 6.1 所示。

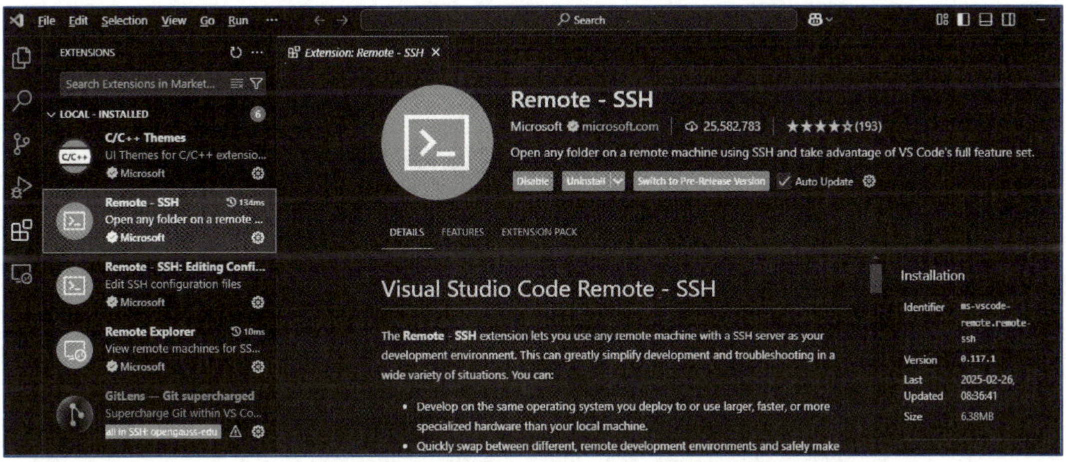

图 6.1　搜索 Remote-SSH 插件并安装

② 打开 VS Code 左侧工具栏的“Remote Explorer”界面。在远程资源管理器“Remote Explorer”中选择“Remotes（Tunnels/SSH）”，选择配置“Configure”按钮，如图 6.2 所示。

③ 在弹出的窗口中，选择 <用户目录>\.ssh\config，打开 SSH 配置文件进行编辑，如图 6.3 所示。也可以直接使用快捷键“Ctrl + Shift + P”打开命令面板，选择“Remote-SSH: Open Configuration File”打开 SSH 配置文件进行编辑。

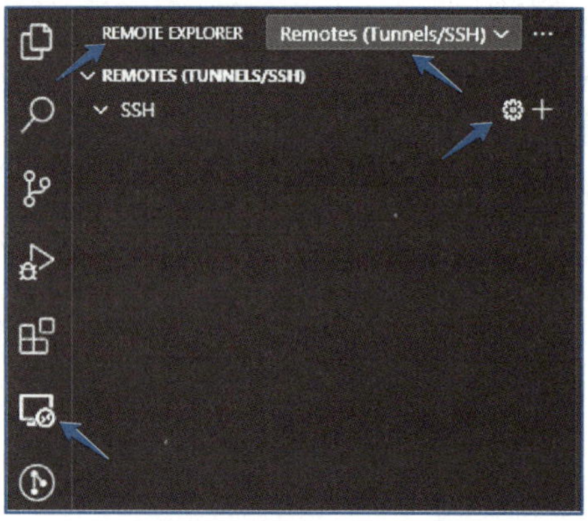

图 6.2 选择 SSH Targets 并配置

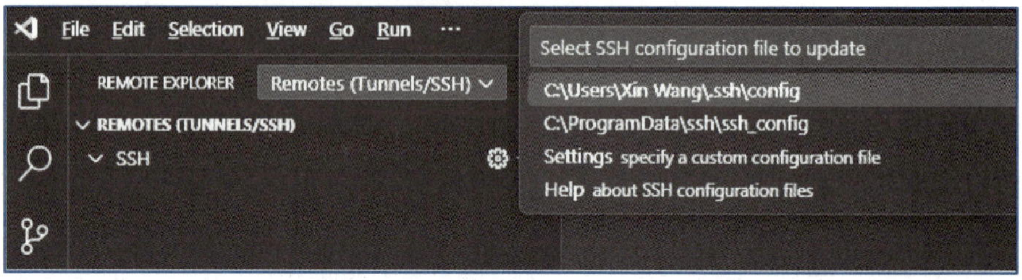

图 6.3 选择并打开 SSH 配置文件

④ 编辑 SSH 配置文件。其中，IdentityFile 参数的值应替换为读者自己的私钥文件在本机的保存路径，如图 6.4 所示。

图 6.4 编辑 SSH 配置文件

SSH 配置文件的参数说明如下：

- Host < 远程主机名称，名称自定 >。
- HostName < 远程主机 IP>。
- User < 登录用户名 >。
- Port <SSH 端口号，默认 22>。
- IdentityFile <SSH 私钥在本机的路径 >。

⑤ 在使用 SSH 连接远程主机之前，应确保本机具有 ssh 命令。例如，在 Windows 系统下的命令行窗口中，输入 ssh 后的显示效果如图 6.5 所示。如果本机不具有 ssh 命令，则可按照网上文档的步骤说明在本机操作系统上安装 ssh 命令。

```
C:\Users\        >ssh
usage: ssh [-46AaCfGgKkMNnqsTtVvXxYy] [-B bind_interface]
           [-b bind_address] [-c cipher_spec] [-D [bind_address:]port]
           [-E log_file] [-e escape_char] [-F configfile] [-I pkcs11]
           [-i identity_file] [-J [user@]host[:port]] [-L address]
           [-l login_name] [-m mac_spec] [-O ctl_cmd] [-o option] [-p port]
           [-Q query_option] [-R address] [-S ctl_path] [-W host:port]
           [-w local_tun[:remote_tun]] destination [command]
```

图 6.5　查询本机是否具有 ssh 命令

⑥ 在进行 SSH 连接之前，需将本机公钥添加到远程主机 dblab 用户下的 .ssh/authorized_keys 文件中。

⑦ 测试本机 ssh 命令可否连接远程主机。命令格式如下：

```
ssh dblab@远程主机IP -i "私钥文件的本机路径"
```

如果出现如图 6.6 中的提示，则说明需要限制本机私钥文件的权限。

```
C:\Users\Xin Wang>ssh dblab@           -i "C:\xinwang\ssh-login\xinwang-private-key"

Authorized users only. All activities may be monitored and reported.
@@@@@@@@@@@@@@@@@@@@@@@@@@@@@@@@@@@@@@@@@@@@@@@@@@@@@@@@@@@
@         WARNING: UNPROTECTED PRIVATE KEY FILE!          @
@@@@@@@@@@@@@@@@@@@@@@@@@@@@@@@@@@@@@@@@@@@@@@@@@@@@@@@@@@@
Permissions for 'C:\\xinwang\\ssh-login\\xinwang-private-key' are too open.
It is required that your private key files are NOT accessible by others.
This private key will be ignored.
Load key "C:\\xinwang\\ssh-login\\xinwang-private-key": bad permissions
dblab@            's password:
```

图 6.6　测试连接远程主机

⑧ 确保 ssh 命令连接远程主机登录成功，如图 6.7 所示。

```
[dblab@eduog ~]$ client_loop: send disconnect: Connection reset by peer

C:\Users\Xin Wang>ssh dblab@124.70.      -i "C:\                ssh-login\xinwang-private-key"

Authorized users only. All activities may be monitored and reported.

        Welcome to Huawei Cloud Service

Last login: Tue Jan          2023 from 61.136.


Welcome to 4.19.90-2003.4.0.0036.oe1.aarch64

System information as of time:  Tue Jan          CST 2023

System load:    0.02
Processes:      130
Memory used:    18.4%
Swap used:      76.5%
Usage On:       33%
IP address:     192.168.0.44
Users online:   2


[dblab@eduog ~]$
```

图 6.7　ssh 命令连接远程主机成功

⑨ 在“Remote Explorer”面板的“REMOTES (TUNNELS/SSH)”菜单的“SSH”子菜单下，右键点击“opengauss-edu”远程主机选项，在弹出的菜单中点击“Connect in Current Window”，如图 6.8 所示。

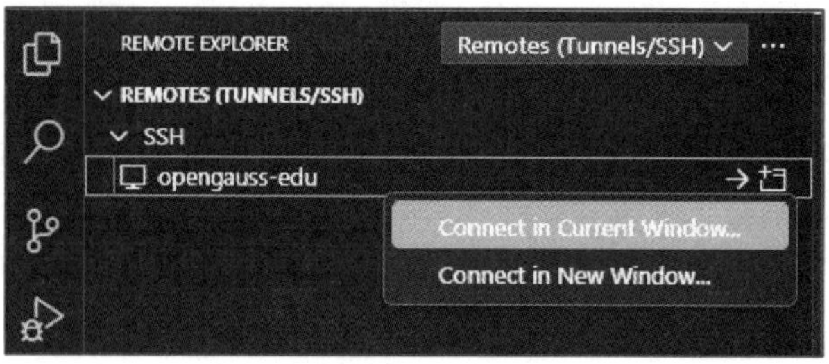

图 6.8 在当前窗口中打开到远程主机的 SSH 连接

⑩ 在弹出的提示菜单中，选择远程主机的操作系统“Linux”选项，如图 6.9 所示。

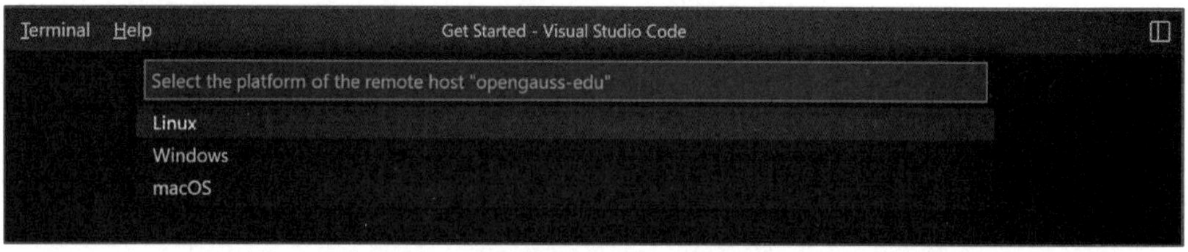

图 6.9 选择远程主机的操作系统

⑪ VS Code 连接远程主机成功后，“Remote Explorer”面板中的“opengauss-edu”远程主机选项图标会变为绿色并显示“opengauss-edu connected”，如图 6.10 所示。

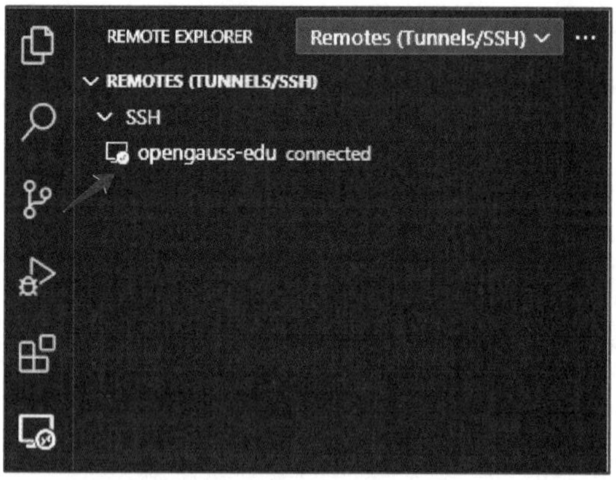

图 6.10 远程主机连接成功

⑫ 接下来要打开远程主机上的 openGauss 源代码文件夹。选择“File”菜单的“Open Folder….”菜单项，打开 opengauss-server 文件夹，如图 6.11 所示。

⑬ 可以在 EXPLORER 面板中打开某个源代码文件，例如 src/common/backend/catalog/ catalog.cpp，VS Code 如图 6.12 所示。

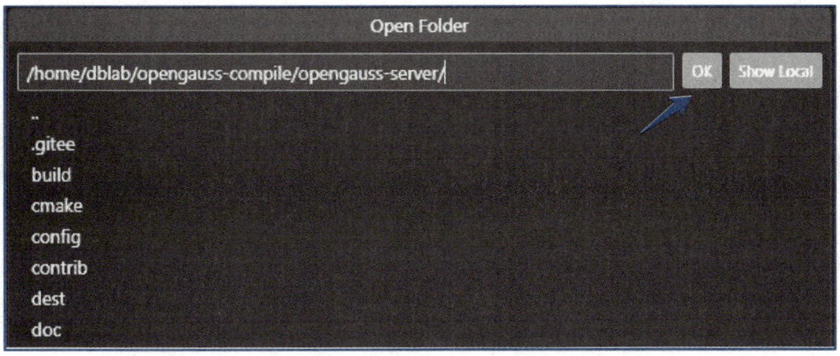

图 6.11　打开远程主机上的 openGauss 源代码文件夹

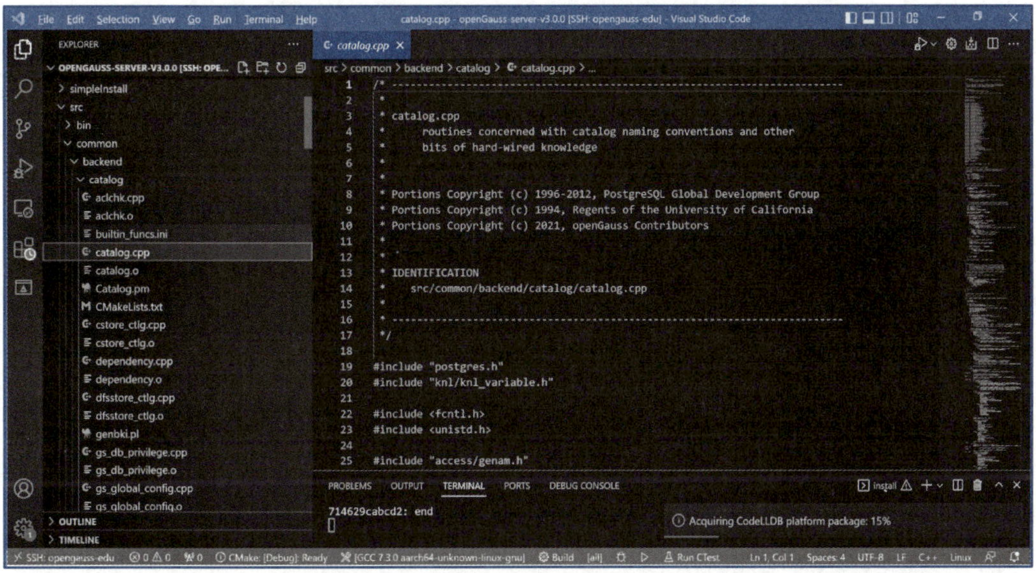

图 6.12　openGauss 项目源代码展示

⑭ 转到左侧工具栏的“Extensions”界面，在“EXTENSIONS: MARKETPLACE”面板中搜索扩展包，选择“Install in SSH: < 远程主机名 >”，在远程主机上安装 VS Code 的 C/C++ Extension Pack 扩展包，如图 6.13 所示。注意，与前面安装“Remote-SSH”扩展包不同，前者是在本机上安装扩展包，这里是在远程主机上安装扩展包。

C/C++ Extension Pack 扩展包是一组用于增强 VS Code 中 C/C++ 编程体验的扩展，它包括 Microsoft 的 C/C++ 扩展、C++ IntelliSense、调试工具和代码格式选项等扩展。其提供的具体功能包括：

① C++ IntelliSense：C++ 语法和库函数的自动补全、签名帮助和快速信息。

② 调试：使用 VS Code 调试器调试 C/C++ 代码，支持多线程应用和核心转储。

③ 代码导航：C/C++ 代码的定义、引用查找和符号查看。

④ 代码格式化：根据指定的编码风格自动格式化 C/C++ 代码。

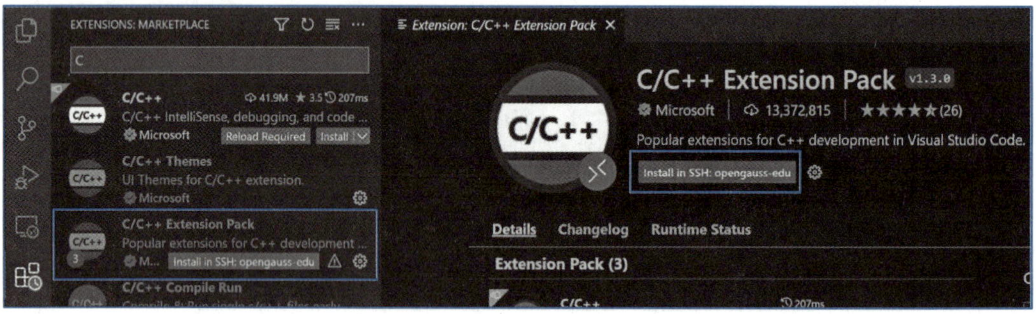

图 6.13　在远程主机上安装 C/C++ Extension Pack 扩展包

⑤ 代码片段：使用代码片段快速插入常见的 C/C++ 代码模式。

⑥ 重构：在 C/C++ 代码上执行重构，例如重命名变量。

⑦ Linting：Lint C/C++ 代码，检测潜在错误并提出建议。

⑧ 代码评论：使用单个键盘快捷键，评论和取消评论 C/C++ 代码。

⑨ 构建和任务集成：直接从 VS Code 编辑器运行构建和任务，例如编译代码。

6.4.2　配置 openGauss 调试环境

1. 测试是否安装了 gdb 调试器

确保远程主机上已安装了 gdb 调试器。可以执行命令“gdb-v”并根据输出的 gdb 版本信息进行测试，如果系统中已安装了 gdb，则输出信息如下所示：

```
[dblab@eduog ~]$ gdb -v
GNU gdb (GDB) Euleros 8.3.1-11.oel
Copyright (C) 2019 Free Software Foundation, Inc.
License GPLv3+: GNU GPL version 3 or later http://gnu.org/licenses/
    gpl.html
This is free software: you are free to change and redistribute it.
There is NO WARRANTY, to the extent permitted by law.
```

2. 在远程主机上进行 GDB 配置

确保 VS Code 已经通过 SSH 成功连接远程主机，在 VS Code 中，前往 openGauss 源代码目录并在该目录下新建 .vscode 文件夹，在该文件夹下新建 launch.json 文件，文件内容如下：

```
{
    "configurations": [
        {
            "name": "gaussdb",
            "type": "cppdbg",
            "request": "launch",
            "program": "${workspaceFolder}/dest/bin/gaussdb",
```

```
                "args": [ "-D", "$GAUSSHOME/data" ],
                "cwd": "${workspaceFolder}",
                "setupCommands": [
                    {
                        "text": "handle SIGUSR2 nostop noprint"
                    },
                ],
            },
        ]
}
```

这个 JSON 文件是用于配置 VS Code 的 C++ 调试器（cppdbg）的调试会话启动配置文件。其中各个参数的具体说明如下：

① "name": "gaussdb" 指配置的名称为 "gaussdb"。

② "type": "cppdbg" 指配置的类型为使用 C++ 调试器（cppdbg）。

③ "request": "launch" 表示请求启动调试会话。

④ "program": "${workspaceFolder}/dest/bin/gaussdb" 指要调试的程序的路径为 "${workspaceFolder}/dest/bin/gaussdb"。

⑤ "args": ["-D", "$GAUSSHOME/data"] 指传递给程序的参数为 "-D $GAUSSHOME/data"。

⑥ "cwd": "${workspaceFolder}" 指程序的工作目录为 "${workspaceFolder}"。

⑦ "setupCommands": [{ "text": "handle SIGUSR2 nostop noprint" }] 指在启动调试会话前要执行的命令，即处理 SIGUSR2 信号，不停止并不输出信息。

6.4.3 openGauss 单步调试

下面将在 openGauss 的一个源代码文件中添加几行代码，来测试上一小节配置的 VS Code 调试环境。这里选择在 heap.cpp 文件的 heap_create_with_catalog 函数末尾添加一个简单的 for 循环语句，在 gsql 客户端输出循环变量；同时演示在 VS Code 中设置断点进行单步调试的过程。

① 在 VS Code 中，打开文件 src/common/backend/catalog/heap.cpp。在函数 heap_create_with_catalog 末尾及“return relid;”语句之前，添加如下代码：

```
/* [ DBLAB ===================================== */
for (int i = 0; i < 3; i++) {
    ereport(INFO, (0, errmsg("i = %d", i)));
}
/* DBLAB ] ========================================= */
```

添加代码后，如图 6.14 所示。

因 openGauss 代码量巨大，为了区分添加的实验代码与 openGauss 源代码，也为了便于查找实验代码，这里约定添加的实验代码均放在下面两行注释之间。

```
3133        if (pg_partition_desc) {
3134            heap_close(pg_partition_desc, RowExclusiveLock);
3135        }
3136
3137        /* [ DBLAB ======================================== */
3138        for (int i = 0; i < 3; i++) {
3139            ereport(INFO, (0, errmsg("i = %d", i)));
3140        }
3141        /* DBLAB ] ======================================== */
3142
3143        return relid;
3144    }
```

图 6.14　添加代码并设置断点

```
/* [ DBLAB ========================================== */
// 添加的实验代码
/* DBLAB ] ========================================== */
```

此处添加的代码非常简单，只是使用一个 for 循环输出循环变量的值。因为要在 gsql 客户端上输出消息，所以使用的是 openGauss 提供的错误消息处理相关函数 ereport 和 errmsg。ereport 和 errmsg 函数是 openGauss 中的两个重要函数，用于处理和记录错误消息，帮助开发人员调试程序。其中：ereport 函数用于报告错误，其作用是生成一条错误消息；errmsg 函数用于返回错误消息的字符串。

② 在添加代码的 for 循环上增加一个断点，单击 3138 行号之前的空白处，出现一个圆点（见图 6.14）。

③ 编译添加的代码并安装：

```
[dblab@eduog openGauss-server]$ make -j4
...
[dblab@eduog openGauss-server]$ make install
...
```

④ 确保没有其他 openGauss 服务器在执行。执行命令，停止之前启动的数据库服务器。

```
[dblab@eduog openGauss-server]$ gs_ctl stop -D $GAUSSHOME/data -Z
single_node -l logfile
```

⑤ 在 VS Code 中，执行“Run”菜单的“Start Debugging”命令，以 gdb 调试模式启动 openGauss 服务器进程 gaussdb，如图 6.15 所示。以调试模式启动 gaussdb 完成后，VS Code 下方的状态栏变为深色。

⑥ 转到 SSH 客户端，执行 gsql 命令，连接以调试模式启动的 gaussdb 进程：

```
[dblab@eduog opengauss-server]$ gsql postgres -r
gsql ((openGauss 5.0.0 build ) compiled at 2025-02-23 16:50:22 commit 0
last mr  debug)
```

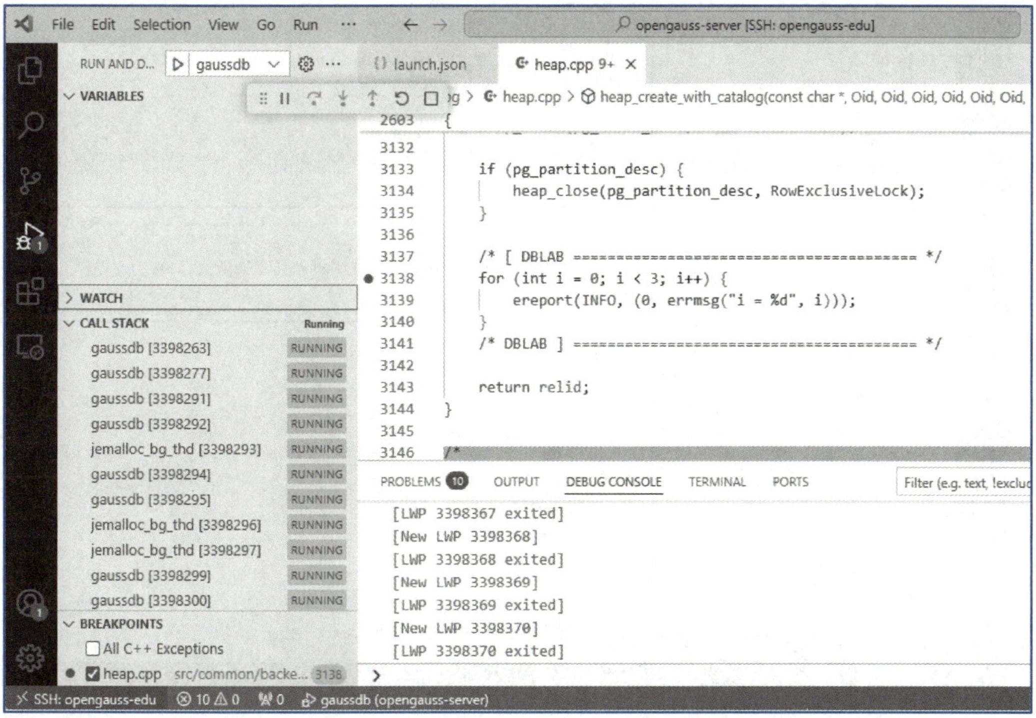

图 6.15 VS Code 以调试模式启动 openGauss 服务器进程 gaussdb

```
Non-SSL connection (SSL connection is recommended when requiring high-
security)
Type "help" for help.

openGauss=#
```

⑦ 在 gsql 中输入 SQL 语句并执行，测试 heap.cpp 中设置的断点是否生效：

```
openGauss=# CREATE TABLE t ( a int );
```

该语句创建名为 t 的表，该表只有一个 int 类型的列 a。

⑧ 观察发现，VS Code 调试界面发生变化，调试模式的 gaussdb 进程停在了 heap.cpp 的断点位置，3138 行成为执行暂停的当前行，“VARIABLES”窗口中的变量、“CALL STACK”窗口中的函数调用栈、“BREAKPOINTS”窗口中的断点都有了相应的内容。同时观察发现，gsql 客户端也停住了，并没有返回执行 SQL 语句的结果，证明断点设置生效。如图 6.16 所示。

⑨ 使用调试工具栏单步调试添加的代码，单击“Step Over”按钮以执行当前行，如图 6.17 所示。

⑩ 继续单击“Step Over”按钮进行单步执行，观察变量 i 的变化以及 gsql 中输出的变化，如图 6.18 所示。

⑪ 单击调试工具栏上的“Continue”按钮，使 gaussdb 继续执行后续操

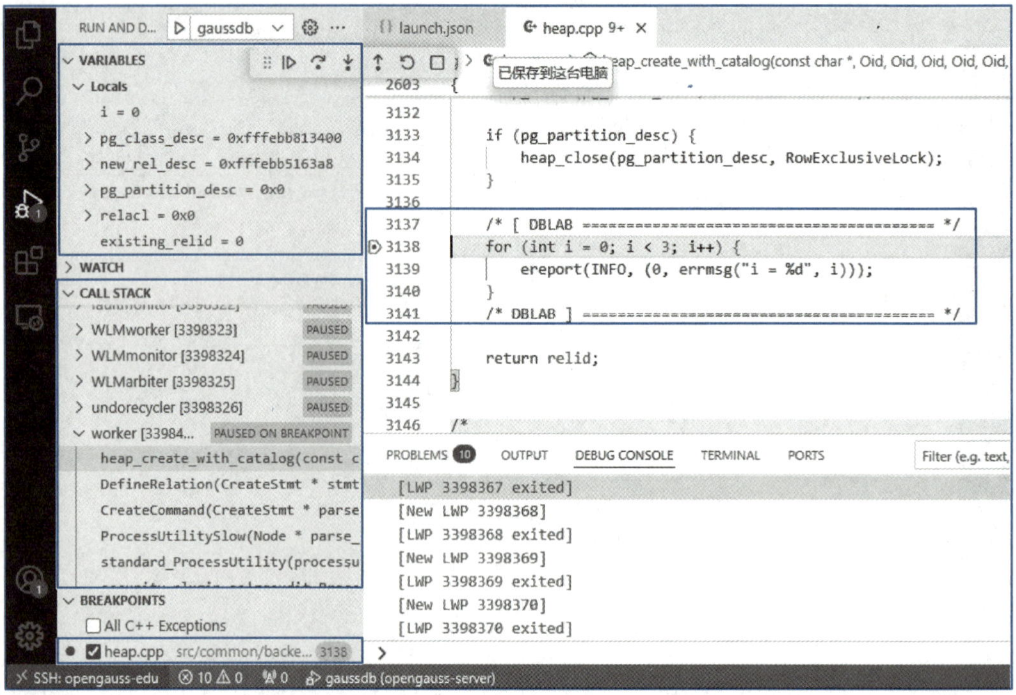

图 6.16　VS Code 调试 openGauss 设置断点生效

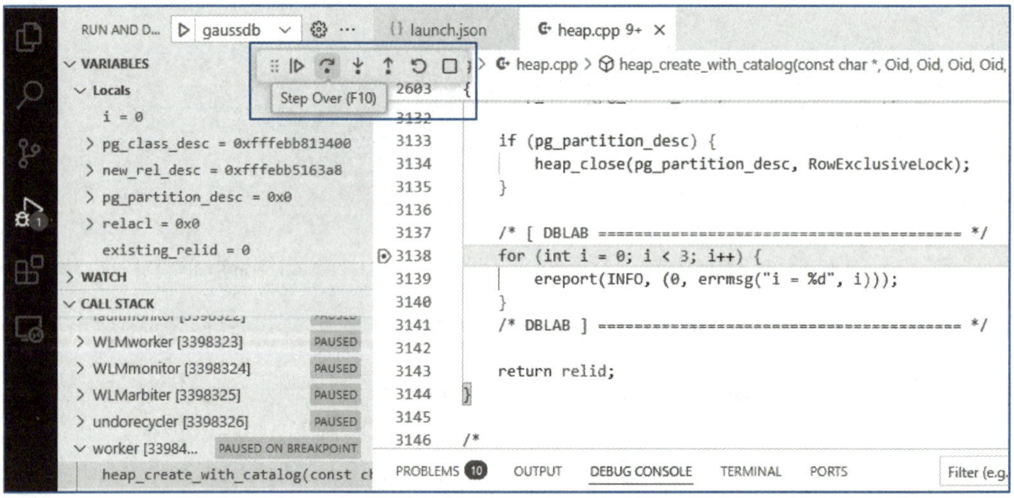

图 6.17　在 VS Code 中进行单步调试代码

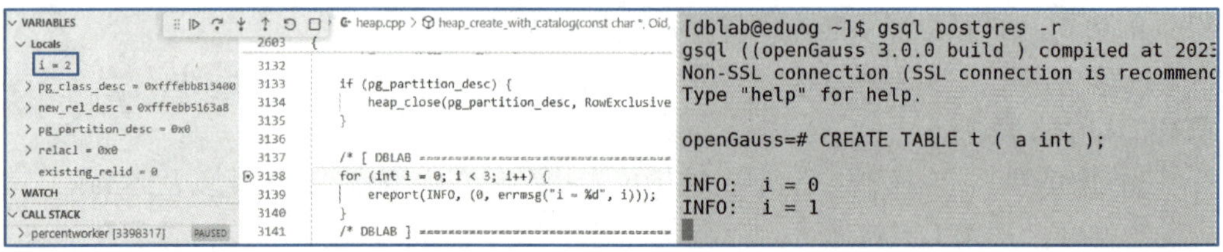

图 6.18　单步执行调试代码时变量的变化以及 gsql 的输出

作。此时 gsql 客户端执行的 SQL 语句会返回如下所示的结果：

```
openGauss=# CREATE TABLE t ( a int );

INFO:  i = 0
INFO:  i = 1
INFO:  i = 2
CREATE TABLE
openGauss=#
```

⑫ 删除刚创建的表 t 并退出 gsql 客户端：

```
openGauss=# DROP TABLE t;
DROP TABLE
openGauss=# \q
[dblab@eduog openGauss-server]$
```

⑬ 单击调试工具栏上的“Stop”按钮，停止 VS Code 中 gaussdb 进程的调试。

⑭ 去掉设置的断点。在 heap.cpp 中断点所在的 3138 行处，单击断点处的圆点，该圆点将会消失。

⑮ 注释掉添加的代码。选中添加的代码（不包括首尾的注释行），使用快捷键“Ctrl + /”为选中的整段代码添加注释（再次使用“Ctrl + /”会去掉整段注释，可以使用该快捷键进行添加和删除整段注释的切换）。如图 6.19 所示。

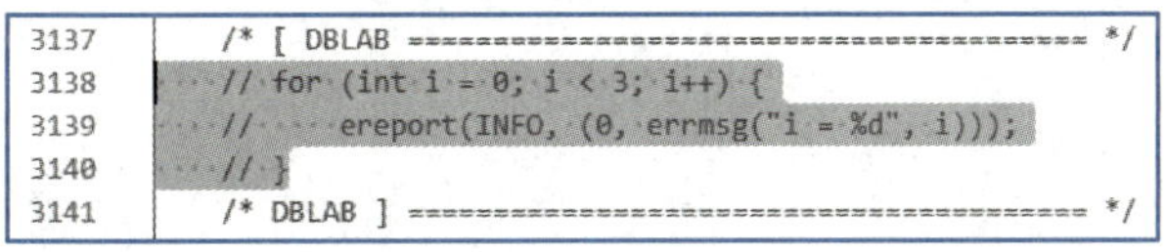

图 6.19　在 VS Code 为整段代码添加注释

⑯ 停止 openGauss 数据库服务器。

6.4.4　以 attach 方式进行 openGauss 调试

前已提及 VS Code 支持 launch 和 attach 两种调试模式。lauch 模式是由 VS Code 启动一个独立的具有调试模式的程序；而 attach 模式是 VS Code 会附加于一个已经启动的程序上，即该程序本身不是通过 VS Code 启动的。前面的 openGauss 调试步骤均是以 launch 方式进行的，本节以 attach 方式进行 openGauss 调试。

① 在远程主机上进行 GDB 配置。在 VS Code 中，前往 openGauss 源代码目录，打开 .vscode 目录下的 launch.json 文件。在 6.4.2 小节第 2 步已添加配置的基础上，在“configurations”中继续添加一项以 attach 方式调试的配置，添加后的文件内容如下：

```
{
    "configurations": [
        {
            "name": "gaussdb",
            "type": "cppdbg",
            "request": "launch",
            "program": "${workspaceFolder}/dest/bin/gaussdb",
            "args": [ "-D", "$GAUSSHOME/data" ],
            "cwd": "${workspaceFolder}",
            "setupCommands": [
                {
                    "text": "handle SIGUSR2 nostop noprint"
                },
            ],
        },
        {
            "name": "gaussdb (attach)",
            "type": "cppdbg",
            "request": "attach",
            "program": "${workspaceFolder}/dest/bin/gaussdb",
            "processId": "${command:pickProcess}",
            "MIMode": "gdb",
            "miDebuggerPath": "/usr/bin/gdb",
            "setupCommands": [
                {
                    "description": "Enable pretty-printing for gdb",
                    "text": "-enable-pretty-printing",
                    "ignoreFailures": true
                },
                {
                    "description": "ignore SIGUSR2 signal",
                    "text": "handle SIGUSR2 nostop noprint pass"
                },
                {
                    "description":  "Set Disassembly Flavor to Intel",
                    "text": "-gdb-set disassembly-flavor intel",
                    "ignoreFailures": true
                }
            ],
        },
    ]
}
```

可以注意到，与之前的 launch 调试方式不同，新添加的配置中“request”参数值为“attach”，这表示该配置项是用于支持 attach 调试方式的。

② 执行 6.4.3 小节中的步骤①、②、③。

③ 启动 openGauss 服务器。执行如下命令：

```
[dblab@eduog openGauss-server]$ gs_ctl start -D $GAUSSHOME/data -Z
    single_node -l logfile
```

④ 在 VS Code 中，转到左侧工具栏的“Run and Debug”界面，选择 attach 调试方式，如图 6.20 所示。选择 ▷（即“Start Debugging”），在“Attach to process”列表中查找并选择“gaussdb”进程，如图 6.21 所示。这时，VS Code 调试功能会附加到已经运行的 openGauss 服务器进程 gaussdb 上，之后即可开始以 attach 方式进行调试，如图 6.22 所示。

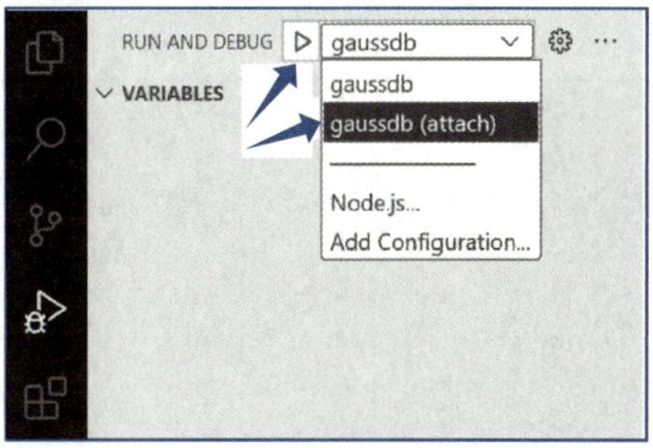

图 6.20 选择 attach 调试方式

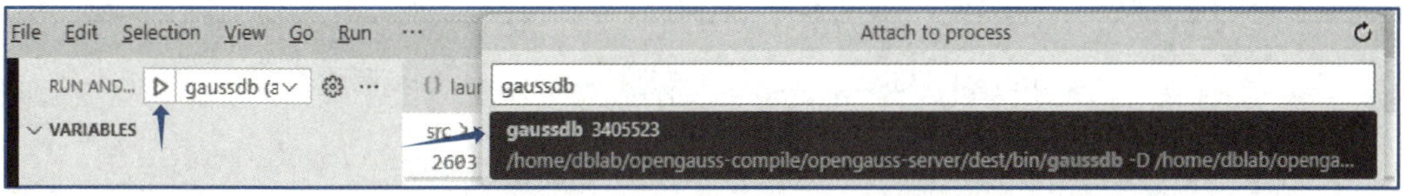

图 6.21 查找并选择 gaussdb 进程

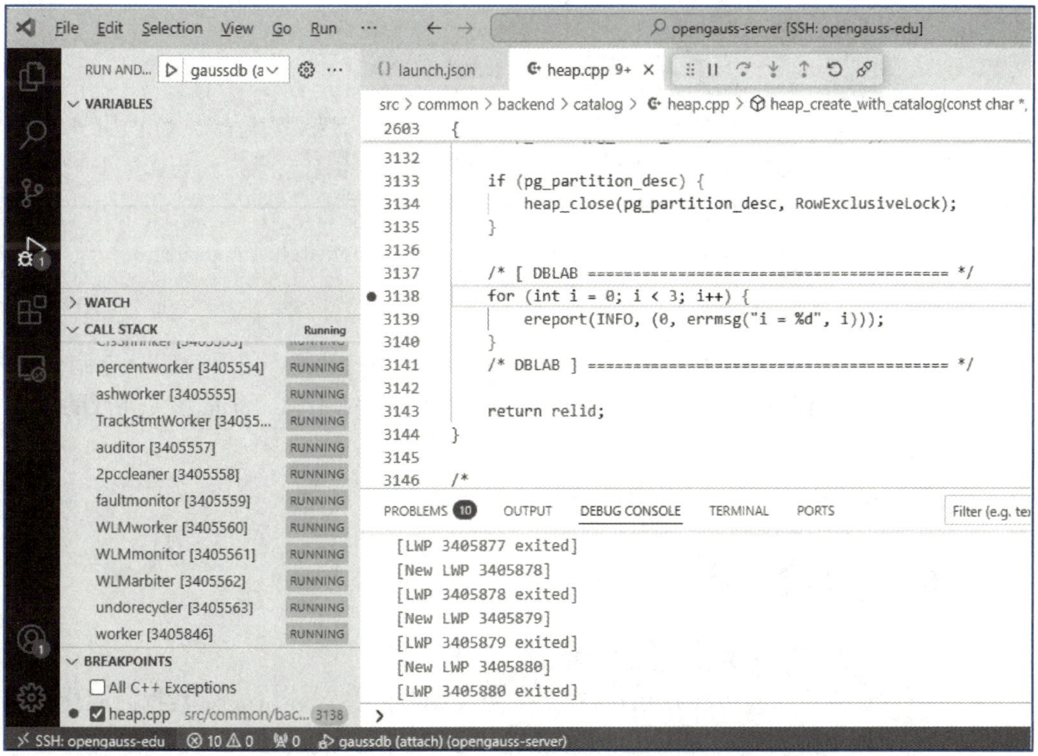

图 6.22 VS Code 以 attach 方式进入 openGauss 调试状态

⑤ 执行 6.4.3 小节中的步骤⑥、⑦。

⑥ 与 6.4.3 小节步骤⑧类似，此时 VS Code 调试界面发生改变，进入单步调试模式并停在 heap.cpp 文件中的断点位置上，如图 6.23 所示。这说明以 attach 方式调试 gaussdb 进程生效。

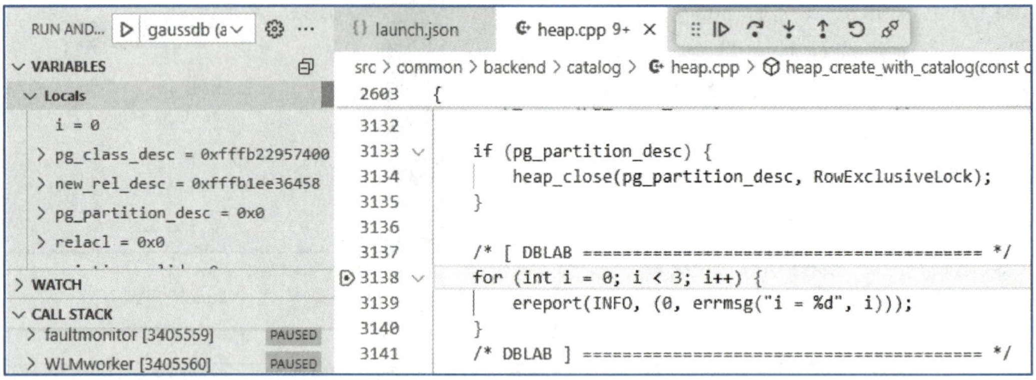

图 6.23　VS Code 以 attach 方式进行 openGauss 单步调试

⑦ 执行 6.4.3 小节中的步骤⑨、⑩，如图 6.24 所示。

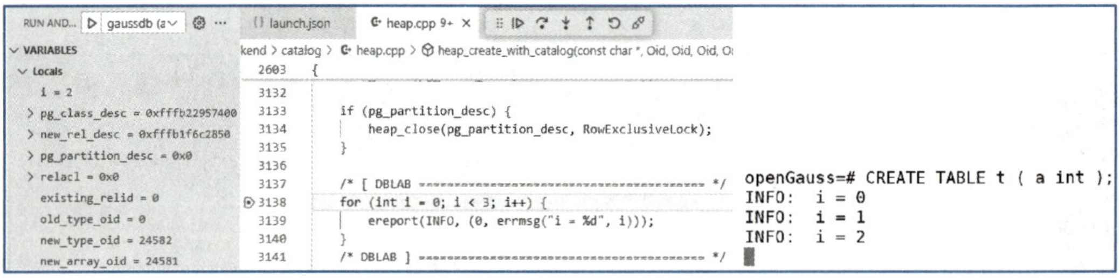

图 6.24　以 attach 方式单步调试 openGauss 代码时变量的变化以及 gsql 的输出

⑧ 执行 6.4.3 小节中的步骤⑪、⑫。

⑨ 单击调试工具栏上的“Disconnect”按钮，使 VS Code 与调试的 gaussdb 进程脱离（此操作与 attach 正好相反），结束以 attach 方式进行的调试过程。

⑩ 执行 6.4.3 小节中的步骤⑭、⑮、⑯。

6.5　实验结果

请按照如下要求完成实验操作：

① 完成实验步骤 6.4.1 小节，在 VS Code 中查看 openGauss 数据库源代码。

② 完成实验步骤 6.4.2 和 6.4.3 小节，进行 openGauss 调试环境配置与单步调试，获得图 6.18 的效果。

③ 完成实验步骤 6.4.4 小节，以 attach 方式进行 openGauss 调试，获得图 6.24 的效果。

6.6 讨论与总结

请列出实验中遇到的问题描述、解决办法与思考讨论，并对本实验进行总结。

实验中遇到的问题描述、解决办法：   思考讨论：   实验总结：

第 7 章　表的创建与系统表

7.1　实验介绍

本实验通过探索 openGauss 数据库服务器中 CREATE TABLE 语句执行所对应的相关源代码，引出 openGauss 的系统表机制。在 openGauss 数据库系统中，每创建一张表都会自动在系统表中存储相关信息。本实验以 pg_class、pg_attribute 和 pg_type 这 3 个重要的系统表为牵引，通过源代码解析，深入了解关系表的定义以及属性列的详细信息。通过查询系统表，理解与表定义相关的元数据组织结构；通过浏览重要结构体与系统表源代码，了解代码层面的细节内容。

7.2　实验目的

- 掌握 CREATE TABLE 语句执行与 3 个系统表中元数据的关联性。
- 掌握 3 个系统表的关键属性、表间关联与查询操作。
- 了解与本实验相关的重要结构体及系统表源代码。
- 理解通过添加代码输出 CREATE TABLE 相关信息的原理。

7.3　实验原理

7.3.1　系统表

系统表（system catalog）是数据库管理系统中内置的特殊类型的数据表，用于存储数据库元数据（即关于数据库本身的数据），包括数据库中的表、索引、视图、存储过程等（这些统称为数据库对象）的描述信息。在 openGauss 中，系统表的主要作用是存储数据库中对象的元数据，并且与某些系统函数配合使用以实现对数据库的管理和维护。

每个系统表都有一个定义的格式，其中包括一些字段，每个字段代表一项元数据信息。例如，pg_class 系统表包含一个 relname 字段，用于存储关系表的名称；pg_attribute 系统表包含一个 attname 字段，用于存储属性列的名称。通过查询系统表，可以获取数据库中对象的详细信息，进而实现对数据库的管理。

系统表是由系统进程维护的，并且在数据库启动时自动加载。系统表是隐藏的，因此不能直接查询它们，但是可以通过调用系统函数来访问系统表中的信息。openGauss 系统表的实现继承了 PostgreSQL 的部分约定。

7.3.2 系统表的关联

openGauss 系统表之间存在着复杂的关联关系，所有系统表彼此协作，支持着数据库系统的运行。例如，pg_class 系统表保存了数据库中的每个表的元数据，包括表名、表的 OID（对象标识符）等；pg_attribute 系统表保存了表中的每个列的元数据，包括列名、数据类型等。这些系统表之间存在着对应关系，例如表的 OID 在 pg_class 中，而该表的列信息在 pg_attribute 中。pg_class 和 pg_attribute 两个系统表之间存在关联关系（用主外键表示）。

除此之外，openGauss 还有一些其他的系统表，如 pg_type、pg_constraint 等，它们与 pg_class、pg_attribute 等系统表一样也存在着复杂的关联关系。通过研究这些关联关系，可以更好地理解 openGauss 数据库的内部机制。

同时，系统表与数据库内其他数据库对象（如用户定义的表）相互关联，并在数据库运行过程中用来维护数据库的一致性。例如，当创建一个新表时，系统表中的相关记录将更新以描述这个新表。反之，当删除一个表时，系统表中的相关记录将被删除。因此，系统表与数据库内其他数据库对象的关联性对数据库的正常运行至关重要。

7.3.3 相关结构体

在 openGauss 中，与 CREATE TABLE 和系统表相关的主要结构体有以下几种：

① FormData_pg_class：定义表级元数据的数据结构，存储表名、表的 OID、存储类型等信息。它对应于系统表 pg_class 的记录。

② FormData_pg_attribute：定义列级元数据的数据结构，存储列名、数据类型、列的 OID 等信息。它对应于系统表 pg_attribute 的记录。

③ FormData_pg_type：用于描述一个数据类型的信息，例如类型名称、大小、对齐方式等。它对应于系统表 pg_type 的记录。

④ TupleDesc：用于描述关系的表的元数据，存储关于关系的所有列的信息。

⑤ RelationData：存储关于关系的所有元数据，包括表的 TupleDesc、表的 FormData_pg_class 结构体、关于系统表的关系 OID 等信息。

⑥ HeapTupleData：表示数据库中元组的结构体，是存储数据的主要结构。

7.4　实验步骤

7.4.1　使用 CREATE TABLE 创建关系模式

在SQL中，使用CREATE TABLE语句创建关系模式（数据表）的格式如下：

```
CREATE TABLE table_name (
    Column1 datatype constraint,
    Column2 datatype constraint,
    ...
    column_n datatype constraint
);
```

其中：

① table_name 是数据表的名称。

② column1，column2，…，column_*n* 是数据表中的列名。

③ datatype 是列的数据类型，例如 INT、VARCHAR、DATE 等。

④ constraint 是列的约束，例如 NOT NULL、UNIQUE 等。

CREATE TABLE 语句实际上创建的是一个关系模式。对于关系表中的实例数据来讲，CREATE TABLE 中提供的模式信息属于元数据。CREATE TABLE 语句创建的元数据主要有：

① 定义数据表的名称：使用 table_name 来定义数据表的名称，例如，CREATE TABLE users。

② 定义数据表的列：使用 column1，column2，…，column_*n* 定义数据表的列。每个列都有一个数据类型和一个约束。例如，CREATE TABLE users (id INT PRIMARY KEY, name VARCHAR(255) NOT NULL)。

③ 创建数据表：执行 CREATE TABLE 语句后，将在数据库中创建一个名为 users 的数据表，具有两个列：id 和 name。

例如，下面的 CREATE TABLE 语句创建了一个包含 5 个属性的 users 表，用于存储某系统中的用户信息。

```
CREATE TABLE users
(
    u_id varchar(20),      //用户ID，用于系统登录账户名
    u_passwd varchar(20),//密码，用于系统登录密码
    u_name varchar(10),    //真实姓名
    u_idnum varchar(20),  //证件号码
    u_regtime timestamp   //注册时间
);
```

该 users 表的属性说明如下：

① u_id：用户 id，用于系统登录账户名
② u_passwd：密码，用于系统登录密码
③ u_name：真实姓名
④ u_idnum：证件号码
⑤ u_regtime：注册时间

启动 openGauss 数据库服务器。

```
[dblab@eduog opengauss-server]$ gs_ctl start -D $GAUSSHOME/data -Z
single_node -l logfile
```

执行 gsql 客户端连接数据库。

```
[dblab@eduog opengauss-server]$ gsql postgres -r
```

执行以上 CREATE TABLE 语句，创建 users 表。

```
openGauss=# CREATE TABLE users
openGauss-# (
openGauss(# u_id varchar(20),
openGauss(# u_passwd varchar(20),
openGauss(# u_name varchar(10),
openGauss(# u_idnum varchar(20),
openGauss(# u_regtime timestamp
openGauss(# );
CREATE TABLE
```

执行 DROP TABLE 语句，删除 users 表：

```
openGauss=# DROP TABLE users;
DROP TABLE
```

openGauss 支持行列混合存储，行存储是指将表按行存储到硬盘分区上，列存储是指将表按列存储到硬盘分区上。默认情况下使用 CREATE TABLE 语句创建的表为行存表。若要创建列存表，可用 WITH (ORIENTATION = COLUMN) 进行指定（当 ORIENTATION=ROW 或不指定 ORIENTATION 时，则为创建行存表）。例如，创建 users 列存表的代码如下：

```
CREATE TABLE users
(
    u_id varchar(20),
    u_passwd varchar(20),
    u_name varchar(10),
    u_idnum varchar(20),
    u_regtime timestamp
)
WITH (ORIENTATION = COLUMN);
```

7.4.2　查询系统表

通过查询系统表，用户可以了解当前数据库内部维护的各类数据库对象的情况。通常情况下，用户不能直接在系统表上执行更改操作，这类操作由某些 SQL 语句在 DBMS 服务器内部执行。

openGauss 系统表的一部分继承自 PostgreSQL。在 openGauss 中执行 CREATE TABLE 语句时，涉及向若干系统表插入数据。这里介绍 openGauss 中三个重要的系统表：pg_class、pg_attribute 和 pg_type。

1. 系统表 pg_class

系统表 pg_class 存储了所有数据库对象的元数据信息，包括表、视图、索引、序列和其他对象。它包含以下重要字段：

① oid：数据库对象的唯一标识符（内部使用）。

② relname：对象的名称。

③ relkind：对象的类型，可以是表，视图，索引，序列等（该字段值的解释：普通表 r、索引 i、序列 S、TOAST 表 t、视图 v、物化视图 m、组合类型 c、外部表 f、划分表 p、划分索引 I）。

④ relnamespace：对象所属模式的 ID。

⑤ reltablespace：对象所在表空间的 ID。

⑥ relpages：对象占用的页数。

⑦ reltuples：对象中的元组数（表的行数）。

⑧ relnatts：表的列数。在系统表 pg_attribute 中要有这些列。

在 gsql 中，执行下述 SQL 语句可显示系统表 pg_class 的部分列的数据（可以看到，刚刚建立的 users 表对应的元数据位于 pg_class 系统表的第 3 行）：

```
openGauss=# SELECT oid, relname, reltuples, relkind, relnatts FROM
    pg_class;
oid   |             relname              | reltuples |  r  |        30
-----+---------------------------------+-----------+-----+------------
1247  |  pg_type                         |    719    |  r  |         4
9730  |  gs_clientlobal_keys_args        |      0    |  r  |         6
24628|  users                           |      0    |  i  |         1
6124  |  pg_subscription_oid_index       |      0    |  i  |         2
6125  |  pg_subscription_subname_index   |      0    |  v  |         1
11925|  pgxc_prepared_xacts             |      0    |  v  |        18
11933|  pg_shadow                       |      0    |  v  |        27
11929|  pg_roles                        |      0    |  v  |        19
11941|  pg_user                         |      0    |  v  |         3
11937|  pg_group                        |      0    |  v  |         4
11945|  pg_rules                        |      0    |  v  |        26
1260  |  pg_authid                       |      0    |  r  |         6
11949|  gs_labels                       |      0    |  v  |         7
11969|  pg_rispolicies                  |      0    |  v  |         7
```

```
11953|  gs_auditing_access          |    0   |  v  |     4
11973|  pg_views                    |    0   |  v  |     7
11957|  gs_auditing_privilege       |    0   |  v  |     7
11977|  pg_tables                   |    0   |  v  |    10
11961|  gs_auditig                  |    0   |  v  |     7
11981|  gs_matviews                 |    0   |  v  |     6
11965|  gs_masking                  |    0   |  v  |     6
11985|  pg_indexes                  |    0   |  v  |     5
11989|  pg_gtt_relastats            |    0   |  v  |     8
11993|  pggtt_attached_pids              0   |  v  |     4
```

2. 系统表 pg_attribute

系统表 pg_attribute 存储了数据库表中列的元数据信息。数据库中每个表的每一列在 pg_attribute 表中都有对应的一行。它包含以下重要字段：

① attrelid：列所属的表的 OID，引用 pg_class.oid。

② attname：列的名称。

③ atttypid：列的数据类型的 OID，引用 pg_type.oid。

④ attnum：列的编号，用户定义的列从 1 开始编号，系统列为某个负数。

⑤ attlen：列数据类型的长度。

⑥ attnotnull：是否需要非空约束。

⑦ atttypemod：数据类型的特殊修饰符。

在 gsql 中，执行下述 SQL 语句可显示系统表 pg_attribute 的部分列的数据：

```
openGauss=# SELECT attrelid, attname, atttypid FROM pg_attribute;
Attrelid      |             attname              | atttypid
--------------+----------------------------------+-------------------
7815          | pkgnamespace                     |      26
7815          | pkgowner                         |      26
7815          | pkgname                          |      19
7815          | pkgspecsrc                       |      25
7815          | pkgbodydeclsrc                   |      25
7815          | pkgbodyinitsrc                   |      25
7815          | pkgacl                           |      1034
7815          | pkgsecdef                        |      16
7815          | ctid                             |      27
7815          | oid                              |      26
7815          | xmin                             |      28
7815          | cmin                             |      29
7815          | xmax                             |      28
7815          | cmax                             |      29
7815          | tableoid                         |      26
7815          | xc_node_id                       |      23
1255          | proname                          |      19
1255          | pronamespace                     |      26
```

```
1255          | proowner                    |     26
1255          | prolang                     |     26
1255          | procost                     |     700
1255          | prorows                     |     700
1255          | provariadic                 |     26
1255          | protransform                |     24
--More--
```

3. 查看 users 表的各列信息

执行下述 SQL 语句，通过 pg_attribute 表和 pg_class 表连接操作，查看 users 表的各个属性列的元数据信息（在 pg_attribute 表中的部分列）：

```
openGauss=# SELECT attrelid, attname, atttypid, attnum FROM pg_
    attribute, pg_class WHERE pg_attribute.attrelid = pg_class.oid
    AND pg_class.relname='users';
Attrelid    |  attname        |  atttypid   |  attnum
-----------+----------------+------------+------------------
     24628 |  xc_node_id     |          23 |       -8
     24628 |  tableoid       |          26 |       -7
     24628 |  cmax           |          29 |       -6
     24628 |  xmax           |          28 |       -5
     24628 |  cmin           |          29 |       -4
     24628 |  xmin           |          28 |       -3
     24628 |  ctid           |          27 |       -1
     24628 |  u_id           |        1043 |        1
     24628 |  u_passwd       |        1043 |        2
     24628 |  u_name         |        1043 |        3
     24628 |  u_idnum        |        1043 |        4
     24628 |  u_regtime      |        1114 |        5
(12 rows)
```

可以看到，该查询所列出的列除了 users 表中用户定义的列之外，还有 7 个系统列（system column）。其中，tableoid 是该行所属的表的 OID，xc_node_id 与集群存储有关，其他列均与事务管理有关。关于系统列的具体介绍，可参见 PostgreSQL 文档。

4. 系统表 pg_type

系统表 pg_type 存储了数据库中所有数据类型的元数据信息。在执行 CREATE TABLE 语句时，系统会自动在 pg_type 创建新表所对应的组合类型，表示新表所的一行的结构类型。pg_type 包含以下重要字段：

① OID：数据类型的唯一标识符，类型的对象 ID。

② typname：数据类型的名称。

③ typnamespace：数据类型所在模式的 ID。

④ typtype：数据类型的种类，可以是基本数据类型、自定义数据类型等（该字段值的解释：基础类型 b、组合类型（表的行类型）c、域类型 d、枚举

类型 e）。

⑤ typlen：数据类型的长度。定长类型为该类型数值所占字节数，变长类型为 -1。

⑥ typrelid：组合类型对应的表的 OID，引用 pg_class.oid。

⑦ typbyval：数据类型是否按值传递。

在 gsql 中，执行下述 SQL 语句，显示系统表 pg_type 的部分列的数据：

```
openGauss=# SELECT oid, typname, typlen, typtype, typrelid FROM pg_
    type;
  OID  |typname            |  typlen    | typtype   | typrelid
-------+-------------------+-----------+----------+-------------
   16  | bool              |      1    | b         |         0
   17  | bytea             |     -1    | b         |         0
   18  | char              |      1    | b         |         0
   19  | name              |     64    | b         |         0
   20  | int8              |      8    | b         |         0
   21  | int2              |      2    | b         |         0
 5545  | int1              |      1    | b         |         0
   22  | int2vector        |     -1    | b         |         0
   23  | int4              |      4    | b         |         0
   24  | regproc           |      4    | b         |         0
   25  | text              |     -1    | b         |         0
   26  | oid               |      4    | b         |         0
   27  | tid               |      6    | b         |         0
   28  | xid               |      8    | b         |         0
   31  | xid32             |      4    | b         |         0
   29  | cid               |      4    | b         |         0
   30  | oidvector         |     -1    | b         |
   32  | oidvector_extend  |     -1    | b         |         0
   33  | int2vector_extend |     -1    | b         |         0
   34  | int16             |     16    | b         |         0
   86  | raw               |     -1    | b         |         0
   87  | _raw              |     -1    | b         |         0
   88  | blob              |     -1    | b         |         0
 3201  | _blob             |     -1    | b         |         0
```

5. 查看 users 表的各列的类型信息

执行下述 SQL 语句，通过 pg_attribute、pg_class 和 pg_type 表连接操作，查看 users 表的各个属性列的元数据信息及其对应的类型元数据信息（在 pg_attribute 和 pg_type 表中的部分列）：

```
openGauss=# SELECT attrelid, attname, atttypid, typname, typlen,
    typtype, typrelid FROM pg_attribute, pg_class, pg_type WHERE pg_
    attribute.attrelid = pg_class.oid AND pg_attribute.atttypid = pg_
    type.oid AND pg_class.relname='users';
```

```
Attrelid |attname    |atttypid|typname   |typlen|typtype|typrelid
---------+-----------+--------+----------+------+-------+-------------
    24628|xc_node_id|      23|int4      |     4|      b|     0
    24628|tableoid  |      26|oid       |     4|      b|     0
    24628|cmax      |      29|cid       |     4|      b|     0
    24628|xmax      |      28|xid       |     8|      b|     0
    24628|cmin      |      29|cid       |     4|      b|     0
    24628|xmin      |      28|xid       |     8|      b|     0
    24628|ctid      |      27|tid       |     6|      b|     0
    24628|u_id      |    1043|varchar   |    -1|      b|     0
    24628|u_passwd  |    1043|varchar   |    -1|      b|     0
    24628|u_name    |    1043|varchar   |    -1|      b|     0
    24628|u_idnum   |    1043|varchar   |    -1|      b|     0
    24628|u_regtime |    1114|timestamp|     8|      b|     0
(13 rows)
```

6. 查看 users 表对应的组合类型（行类型）的类型信息

执行下述 SQL 语句，通过 pg_class 和 pg_type 表连接操作，查看 users 表对应的组合类型（行类型）的类型信息元数据（在 pg_type 表中的部分列）：

```
openGauss=# SELECT typname, typlen, typtype, typrelid FROM pg_class,
    pg_type WHERE pg_class.oid = pg_type.typrelid AND pg_class.
    relname='users';
typname | typlen | typtype | typrelid
--------+--------+---------+-------------
users   |     -1 | c       |    24628
(1 row)
```

7. 查看 pg_class 和 pg_type 的关系

pg_class 表中的 reltype 是该表在 pg_type 表中对应行的 OID，pg_type 表中的 typrelid 是行类型在 pg_class 表中对应行的 OID，这两个属性都表示 pg_class 和 pg_type 之间的一对一关系。可以通过以下两个查询进行验证。从 pg_class 表中查询 users 表的 OID 和 reltype，代码如下所示：

```
openGauss=# SELECT oid, reltype FROM pg_class WHERE relname='users';
   oid    |   reltype
---------+---------
24628    |   24630
(1 row)
```

从 pg_type 表中查询 users 表的 OID 和 typrelid，代码如下所示：

```
openGauss=# select oid, typrelid from pg_type where typname='users';
   oid | typrelid
-------+-----------
24630  |  24628
(1 row)
```

7.4.3 浏览和阅读重要结构体与系统表源代码

在 openGauss 实验过程中，浏览和阅读 openGauss 重要结构体和系统表源代码的益处包括：

① 加深对系统的理解：通过浏览源代码，可以更好地了解 openGauss 的内部系统结构和工作原理。

② 帮助调试：如果在进行实验时遇到了问题，浏览 openGauss 源代码可以帮助定位和解决问题。

③ 提高代码编写能力：通过阅读以 openGauss 为代表的大型开源系统的代码，可以学习其设计和编码技巧，从而提高自己的代码编写能力。

④ 改进代码：如果认为 openGauss 存在某些问题或可以改进，那么浏览和阅读源代码是参与开源社区开发一个很好的机会。

⑤ 修改代码：如果需要对 OpenGauss 进行定制化，那么阅读源代码是必不可少的步骤。

总的来说，浏览阅读 openGauss 源代码是一种很好的学习方式，有助于读者更好地理解系统，提高代码编写能力，并对系统进行改进。

本实验涉及几个重要的结构体，具体说明如下：

1. 结构体 RelationData 及其指针 Relation

结构体 RelationData 用于存储和管理关系信息。它在数据库内部表示一个关系，例如表、索引、视图等。RelationData 的字段存储关系的元数据信息，如关系名称、关系类型、列信息、索引信息、约束信息等。

RelationData 的重要字段包括：

① rd_node：存储关系的内部标识符（内部编号），用于识别关系。

② rd_rel：存储关系的元数据信息，如关系名称、关系类型、列数、约束数等。

③ rd_att：存储关系的属性信息，如列名、列类型、列长度、默认值等。

④ rd_index：存储关系的索引信息，用于加速数据查询。

⑤ rd_rules：存储关系的规则信息，用于实现触发器、视图等功能。

⑥ rd_options：存储关系的选项信息，如关系的存储方式、扩展空间等。

这些字段的信息可以通过相关的系统函数和系统视图来获取和操作。例如，可以通过 pg_class 系统表来查询关系的信息，通过 pg_attribute 系统表来查询关系的属性信息。

Relation 定义为指向 RelationData 结构体的指针。

2. 结构体 FormData_pg_class 及其指针 Form_pg_class

结构体 FormData_pg_class 用于存储和管理关系信息。该结构体是在 pg_class 系统表中定义的，FormData_pg_class 结构体中的字段用于存储关系的元数据信息，如关系的 OID、关系名称、关系类型、关系状态等。这些信息对于数据库的正常运行和管理起着重要作用。

Form_pg_class 定义为指向 FormData_pg_class 结构体的指针。

3. 结构体 tupleDesc 及其指针 TupleDesc

结构体 tupleDesc 用于存储和管理元组的描述信息。元组是数据库中的一行数据，而 tupleDesc 存储了这一行数据的列信息，包括列名、列类型、列宽度、列是否为空等。这些信息对于数据库系统正确识别和处理数据是非常重要的。通过使用 tupleDesc 结构体，openGauss 能够更加方便地管理和处理元组信息，提高数据库系统的效率。

tupleDesc 结构体的主要字段包括：

① natts：该元组中列的数量。

② attrs：一个指针数组，用于存储列的信息。

③ tdtypeid：元组的类型标识符。

④ tdtypmod：元组类型的模式。

⑤ tdhasoid：一个标识符，用于标识元组是否有 OID 字段。

除了上述字段外，tupleDesc 结构体中还有其他一些字段，这些字段在不同的应用场景中都有其重要作用。

TupleDesc 定义为指向 tupleDesc 结构体的指针。

4. 结构体 NameData 及其指针 Name

结构体 NameData 用于存储数据库对象的名称。具体来说，NameData 是一个固定长度的数组，用于存储数据库对象的名称，比如表名、列名、索引名等。Name 指针是一个指向 NameData 结构体的指针。通常使用 Name 指针来引用数据库对象的名称，而不是使用 NameData 结构体。

NameStr 宏用于获取存储在 Name 指针所指向的内存空间中的字符串。使用 NameStr 宏，可以方便地将 Name 指针所指向的内存空间中的字符串转换为标准的 C 语言字符串。

```
#define NameStr(name)  ((name).data)
```

5. 结构体 FormData_pg_attribute 及其指针 Form_pg_attribute

结构体 FormData_pg_attribute 是表示一个数据表的列的元数据信息。它是 pg_attribute 系统表的存储结构。

Form-pg-attribute 定义为指向 FormData_pg_attribute 结构体的指针。

6. 结构体 HeapTupleData 及其指针 HeapTuple

结构体 HeapTupleData 表示一行数据，它包含了一行数据的元数据信息和实际数据。

下面是 HeapTupleData 结构体中一些重要字段的说明：

① t_len：该行数据的长度（字节数）。

② t_data：该行数据的实际数据。

③ t_tableOid：该行数据所在的数据表的 OID。

HeapTuple 定义为指向 HeapTupleData 结构体的指针，表示一行数据。

7. 结构体 FormData_pg_type 及其指针 Form_pg_type

结构体 FormData_pg_type 定义了数据类型的元数据信息。它是 pg_type 系统表的存储结构。

Form-pg-type 定义为指向 FormData_pg_type 结构体的指针。

本章涉及结构体及其指针的源代码

7.4.4 输出 CREATE TABLE 相关信息

本小节将在文件 heap.cpp 的 heap_create_with_catalog 函数末尾添加代码，输出 CREATE TABLE 的相关信息。heap_create_with_catalog 函数用于在数据库中创建一个新表。该函数在数据库的系统表中创建一个新的关系记录，并将该关系的元数据存储在相应的系统表中。该函数需要一系列参数，以指定创建的表的名称、模式、列信息等。这些参数包括表名称、表模式、表列信息（包括列名、数据类型、约束等）。

在创建表时，heap_create_with_catalog 函数还可以用于创建相关的索引，并将表的元数据存储到数据库的系统表中。该函数返回新创建的表的元数据，该元数据可以用于后续的查询、更新和删除操作。

本实验中，要添加代码的位置在 6.4.3 小节所添加代码（已注释掉）之后，即 heap_create_with_catalog 函数最后一行语句“return relid;”之前。

文件：src/common/backend/catalog/heap.cpp

函数：heap_create_with_catalog

添加代码如下：

```
/* [ DBLAB ===================================================== */
Form_pg_class pg_class = new_rel_desc->rd_rel;
TupleDesc t_desc = new_rel_desc->rd_att;
const int buf_size = 512;
char info[buf_size];
int idx = sprintf_s(info, buf_size, "\n"
    "relation's object id : %u\n"
    "pg_class->relname : %s\n"
    "pg_attribute->attname : \n",
    new_rel_desc->rd_id,
    pg_class->relname.data);
for (int i = 0; i < t_desc->natts; i++) {
    if (idx + 1 == buf_size)
        break;
    Form_pg_attribute pg_attribute = &(t_desc->attrs[i]);
    char* attname = pg_attribute->attname.data;
    Oid oid_type = pg_attribute->atttypid;
    HeapTuple tup = SearchSysCache1(TYPEOID, ObjectIdGetDatum(oid_
        type));
    Form_pg_type type_tup = (Form_pg_type) GETSTRUCT(tup);
    char* typname = type_tup->typname.data;
```

```
        int typlen = type_tup->typlen;
        int len = sprintf_s(&info[idx], buf_size - idx,
            "attr[%d].attname : %s typname : %s typlen : %d\n",
            i, attname, typname, typlen);
        idx += len;
        ReleaseSysCache(tup);
    }
    info[idx] = '\0';
    ereport(INFO, (0, errmsg("%s", info)));
    /* DBLAB ] ===================================================== */
```

添加代码的具体位置如图 7.1 所示。

```

    /* [ DBLAB ===================================================== */
    Form_pg_class pg_class = new_rel_desc->rd_rel;
    TupleDesc t_desc = new_rel_desc->rd_att;
    const int buf_size = 512;
    char info[buf_size];
    int idx = sprintf_s(info, buf_size,
                        "\n"
                        "relation's object id : %u\n"
                        "pg_class->relname : %s\n"
                        "pg_attribute->attname : \n",
                        new_rel_desc->rd_id, pg_class->relname.data);
    for (int i = 0; i < t_desc->natts; i++) {
        if (idx + 1 == buf_size)
            break;
        Form_pg_attribute pg_attribute = &(t_desc->attrs[i]);
        char *attname = pg_attribute->attname.data;
        Oid oid_type = pg_attribute->atttypid;
        HeapTuple tup = SearchSysCache1(TYPEOID, ObjectIdGetDatum(oid_type));
        Form_pg_type type_tup = (Form_pg_type)GETSTRUCT(tup);
        char *typname = type_tup->typname.data;
        int typlen = type_tup->typlen;
        int len = sprintf_s(&info[idx], buf_size - idx, "attr[%d].attname : %s typname : %s typlen : %d\n", i, attname,
                            typname, typlen);
        idx += len;
        ReleaseSysCache(tup);
    }
    info[idx] = '\0';
    ereport(INFO, (0, errmsg("%s", info)));
    /* DBLAB ] ===================================================== */

    return relid;
}
```

图 7.1　添加代码输出 CREATE TABLE 的相关信息

添加的这段代码用于输出 CREATE TABLE 语句新建的关系表的信息。变量 new_rel_desc 的类型是 relation。代码说明如下：

① 定义一个结构体指针 pg_class，指向 new_rel_desc 的 rd_rel 字段；定义一个 TupleDesc 类型的指针 t_desc，指向 new_rel_desc 的 rd_att 字段。

② 定义一个大小为 512 B 的 char 数组 info，并用 sprintf_s 函数向 info 数组写入一些信息，包括 new_rel_desc 的 rd_id 以及 pg_class 的 relname。

③ 进入 for 循环，循环次数为 t_desc->natts，其中 natts 为 t_desc 指向的 TupleDesc 结构体中存储的该表的列数量。在循环中，分别进行如下操作：定义一个 Form_pg_attribute 类型的指针 pg_attribute，指向 t_desc 的 attrs 数组的第 i 个元素；定义一个 char 指针 attname，指向 pg_attribute 的 attname 字段；使

用 pg_attribute 的 atttypid 字段作为 TYPEOID 的参数，调用 SearchSysCache1 函数，查询出一个 HeapTuple 类型的指针 tup；定义一个 Form_pg_type 类型的指针 type_tup，指向 tup 中的内容；使用 type_tup 的 typname 字段、typlen 字段以及 *i* 调用 sprintf_s 函数，向 info 数组写入一些信息。

④ 使用 ereport 函数，输出 info 数组中的内容。

编译添加的代码并安装、启动数据库服务器，用 gsql 客户端连接数据库服务器，用 CREATE TABLE 语句创建 users 表。gsql 的执行结果如下：

```
openGauss=# CREATE TABLE users
openGauss-# (
openGauss(# u_id varchar(20),
openGauss(# u_passwd varchar(20),
openGauss(# u_name varchar(10),
openGauss(# u_idnum varchar(20),
openGauss(# u_regtime timestamp
openGauss(# );
INFO:
relation's object id : 57354
pg_class->relname : users
pg_attribute->attname :
attr[0].attname : u_id typname : varchar typlen : -1
attr[1].attname : u_passwd typname : varchar typlen : -1
attr[2].attname : u_name typname : varchar typlen : -1
attr[3].attname : u_idnum typname : varchar typlen : -1
attr[4].attname : u_regtime typname : timestamp typlen : 8

CREATE TABLE
```

可以看到，上面添加的代码被成功执行。通过访问 users 表的 relation 中的 pg_class 和 pg_attribute，获得并输出了表的信息和表中各属性列的信息。

将添加的代码注释掉，退出 gsql，关闭数据库服务器。重新编译和安装，使 openGauss 中去掉添加代码的影响。

如果在执行 CREATE TABLE 语句时数据库服务器崩溃或 gsql 连接断开，或没有实现预期的输出效果，则是由于编写代码过程中引入了错误。此时，可通过使用单步调试方法对添加代码进行调试，以排除错误。通过“编辑—编译—测试——调试”这样的步骤循环往复，直到成功执行为止。

7.5 实验结果

请按照如下要求完成实验操作：

① 完成实验步骤 7.4.1 小节，创建 users 行存表和列存表。

② 完成实验步骤 7.4.2 小节，就其中给出的系统表属性，画出系统表 pg_

class、pg_attribute、pg_type 之间的 E-R 图。

③ 完成实验步骤 7.4.4 小节，验证添加代码的执行效果，查看输出的表信息和表的属性列信息。

7.6 讨论与总结

请列出实验中遇到的问题、解决办法与思考讨论，并对本实验进行总结。

实验中遇到的问题描述、解决办法：   思考讨论：   实验总结：

第 8 章　表的页面存储结构

8.1　实验介绍

本实验将介绍并实践 openGauss 中表的页面存储结构，帮助读者理解数据在 openGauss 中的存储和组织方式。在 openGauss 中，每个表的存储文件都被分成若干个页面，每个页面存储一定量的数据。每个页面的开头都有一个 PageHeaderData 结构体，该结构体包含页面的元数据，例如页面的版本号、检查和标志等。页面的主体中存储数据。数据被存储为一个个元组，每个元组都有一个对应的 ItemIdData 结构体，该结构体包含元组的元数据，例如该元组的大小、是否被删除等。每个元组的实际数据存储在 HeapTupleHeaderData 结构体中，该结构体包含对应元组的相关元数据，例如元组的版本号、多元组事务 ID 等。openGauss 表的页面存储结构是一种关系数据的高效物理存储方式，它通过组织元数据和实际数据来实现快速存储和读取。

本实验将首先介绍 openGauss 中的数据文件和堆表存储结构，以及元组更新和删除过程，接着通过 pageinspect 插件对表的页面存储结构进行具体实验与分析。同时，本实验中还将建立 railway 示例数据库，用于后续的实验操作。

8.2　实验目的

- 理解 openGauss 数据文件组织与堆表存储结构、元组更新和删除过程。
- 了解与堆数据页面结构相关的重要结构体及其源代码。
- 掌握如何使用 pageinspect 插件来分析表的页面存储结构。
- 掌握实验示例数据库 railway 的表模式、外键约束与数据构成。
- 理解关系数据库中关系表的物理存储结构。

8.3　实验原理

8.3.1　openGauss 数据文件

openGauss 数据表中的数据物理存储在非易失性存储设备上（例如磁盘、固态硬盘等）。数据表中的数据存储在 N 个数据文件中，每个数据文件由 N 个页面（page）（大小默认为 8 KB，可在编译安装时指定）组成。页面为 openGauss 的最小存取单元。

数据文件（堆表、索引）内部被划分为固定长度的页面，或称为区块（block），大小默认为 8 192 B（8 KB）。每个文件中的页从 0 开始按顺序编号，称为区块号。如果数据文件已填满，openGauss 就通过在文件末尾追加一个新的空页来增加文件长度（见图 8.1）。

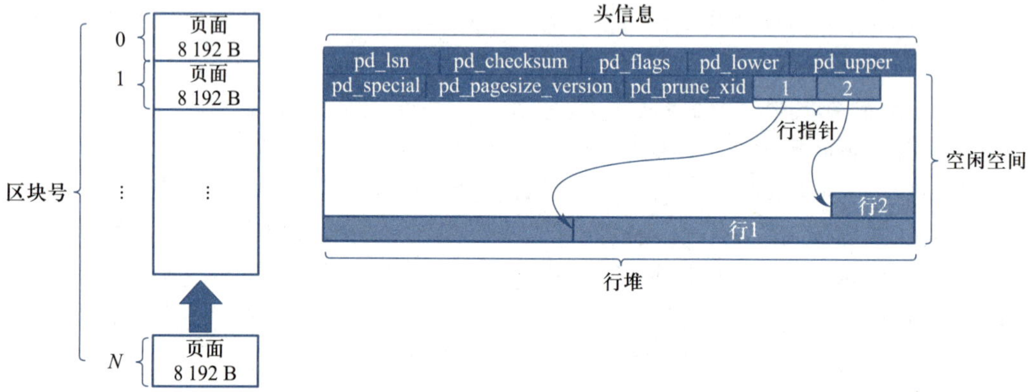

图 8.1　openGauss 数据文件示意图

8.3.2　堆表存储结构

openGauss 的行存储采用堆表存储的方式。所谓堆表，是指元组无序存储，数据按照“先来后到”的方式存储在页面中的空闲位置。由于整体行存储格式默认的介质管理器是磁盘文件系统，因此采用了和文件系统类似的段页式设计，最小 I/O 单元为一个页面，这样可以在大多数场景下获得比较好的 I/O 性能和较低的 I/O 开销。一个堆表页面默认大小为 8 KB，其结构如图 8.2 所示。

一个堆表页面分为 4 部分：

- PageHeaderData/HeapPageHeaderData：页面头数据 / 堆页面头数据（24B）。
- line_pointer：元组指针数组（指向元组存储的位置）line_pointer1、line_pointer2 等。
- free space：空闲空间。
- tuple：元组（行）数据 tuple1、tuple2。

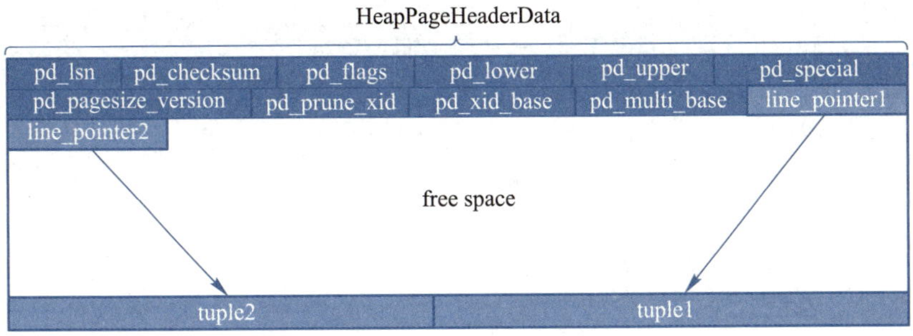

图 8.2 堆表页面示意图

在一个堆页面中，页面头部分对应 HeapPageHeaderData 结构体。其中：pd_multi_base 以及之前的部分对应定长成员，存储整个页面的重要元信息；pd_multi_base 之后的部分对应元组（行）指针变长数组，其每个数组成员存储页面中从后往前的每个元组的起始偏移和元组长度。真正的元组内容从页面尾部开始插入，向页面头部扩展；相应地，记录每条元组的元组指针从页面头定长成员之后插入，往页面尾部扩展；整个页面中间形成一个空洞（空闲空间），供后续插入的元组和元组指针使用。

8.3.3 元组的更新和删除过程

1. 元组更新过程

如图 8.3 所示，图 8.3（a）是一条新插入的元组，该元组是 xid=100 的事务插入的，没有进行更新，所以 t_xmax=0，同时 t_ctid 指向自己，即 0 号页面的第 1 号元组。图 8.3（b）是发生 xid=101 的事务更新该元组后的状态，更新在数据库中相当于插入一条新元组，原来元组的 t_xmax 变为更新这条事务的 xid=101，同时 t_ctid 指针指向新插入的元组（0,2），即 0 号页面第 2 号元组；第 2 号元组的 t_xmin=101（插入该元组的 xid），t_ctid=（0,2），没有发生更新，指向自己。

t_xmin	t_xmax	t_ctid	data
100	0	(0,1)	a

(a)

⇨

t_xmin	t_xmax	t_ctid	data
100	101	(0,2)	a
101	0	(0,2)	b

(b)

图 8.3 元组更新过程示意图

2. 删除过程

如图 8.4 所示，该元组被 xid=102 的事务删除，将 t_xmax 设置为删除事务的 xid，t_ctid 指向自己。

3. 元组数据的特性

① 元组数据由多个列（属性）组成。

② 每个属性的长度分为定长与变长。

t_xmin	t_xmax	t_ctid	data
100	101	(0,2)	a
101	0	(0,2)	b

(a)

t_xmin	t_xmax	t_ctid	data
100	101	(0,2)	a
101	102	(0,2)	b

(b)

图 8.4　元组删除过程示意图

③ 每个属性有不同的字节对齐。

④ 每个属性有不同的存储策略。

⑤ 元组数据中不存储 NULL 值。

⑥ 起始位置 8 B 对齐。

此外，大小超过约 2 KB 的堆元组会使用一种称为 TOAST（the oversized-attribute storage technique，超大属性存储技术）的方法来存储与管理。TOAST 将自动把这样的堆元组存储在数据库的单独专用区域中，并仅在原始数据页中存储对其的引用。这有助于保持原始数据页的大小在可控范围内，提高性能。

8.3.4　pageinspect 插件及其函数介绍

pageinspect 插件是 openGauss 继承自 PostgreSQL 的一个 contrib 模块，可提供对数据库页内容的低级访问，用来检查表或索引中页面的内容。该插件对于诊断损坏、理解存储格式和调试存储层非常有用。Pageinspect 插件提供了若干函数，使用这些函数可以检索有关页面结构的信息，包括头信息、元组布局和单个字段的内容。pageinspect 插件为读者理解 PostgreSQL 如何存储数据提供了一个强大的工具。

pageinspect 插件提供函数对 openGauss 数据库存储页面的结构进行剖析。本实验用到的 pageinspect 插件函数为：

① get_raw_page (relname text, blkno int)：返回 bytea。该函数返回关系表 relname 的第 blkno 个页面的一个副本。bytea 是 openGauss 中用于存储二进制数据的数据类型。它可以用于存储任何需要存储在数据库中的二进制数据。

② page_header(page bytea)：返回 record。该函数返回一个页面的页头，参数 page 应该是用 get_raw_page 函数返回的页面副本。返回值 record 的各列对应于 PageHeaderData 结构体的字段。

③ heap_page_items(page bytea)：返回 setof record。该函数显示一个堆页面上所有的行指针，参数 page 应该是用 get_raw_page 函数返回的页面副本。返回值是页面内的项（item，行）指针（ItemIdData），以及页面元组头部结构体 HeapTupleHeaderData 的详细信息。

8.3.5　相关结构体

本实验涉及如下几个重要的结构体：

1. 结构体 PageHeaderData 及其指针 PageHeader

结构体 PageHeaderData 表示数据库文件中一个数据页面的页头。页头是数据库文件中数据页的第一部分，包含关于该页的信息，如页面大小、该页上可用的空闲空间，以及存储在页上的项目数。PageHeaderData 结构体提供了一种访问和操纵存储在页头中的信息的方法。

PageHeaderData 结构体的字段说明：

① pd_lsn：记录最后一次对页面修改的 xlog 日志记录 ID。

② pd_checksum：页面的检验和。

③ pd_flags：标志位 flag。

④ pd_lower：空闲空间的起始处（距离页头）。

⑤ pd_upper：空闲空间的结尾处（距离页头）。

⑥ pd_special：页面预留空间的开始处（距离页头）。

⑦ pd_pagesize_version：页面大小及版本号。

⑧ pd_prune_xid：页面清理辅助事务 ID（32 位），通常为该页面内现存最老的删除或更新操作的事务 ID，用于判断是否要触发页面级空闲空间整理。

⑨ pd_linp：行（元组 / 项）指针数组。

PageHeader 定义为指向 PageHeaderData 结构体的指针。

2. 结构体 HeapPageHeaderData 及其指针 HeapPageHeader

结构体 HeapPageHeaderData 用于存储堆表页面的页面头信息。HeapPageHeaderData 的字段兼容 PageHeaderData。HeapPageHeaderData 的特有字段包括：

① pd_xid_base：页面上事务 ID 的基础值。

② pd_multi_base：页面上多重事务 ID 的基础值。

HeapPageHeader 定义为指向 HeapPageHeaderData 结构体的指针。

```
typedef HeapPageHeaderData* HeapPageHeader;
```

3. 结构体 ItemIdData 及其指针 ItemId

结构体 ItemIdData 是堆表的数据结构，用于存储堆表中的每个元组的信息。该结构体实际上是一个无符号整型（unsigned）按字段（域）的划分，占 4B。ItemIdData 包含以下字段：

① lp_offset：元组在页面中的偏移量（从页头开始），占 15 b。

② lp_flags：行指针的状态标志位（用于指示元素是否已删除、空闲等），占 2 b。

③ lp_len：元组的长度，占 15 b。

结构体 ItemIdData 如图 8.5 所示。

ItemId 定义为指向 ItemIdData 结构体的指针。

lp_flags 字段有如下 4 个值：

① LP_UNUSED：该元组未使用（lp_len 应该等于 0）。

② LP_NORMAL：该元组已使用（lp_len 应该大于 0）。

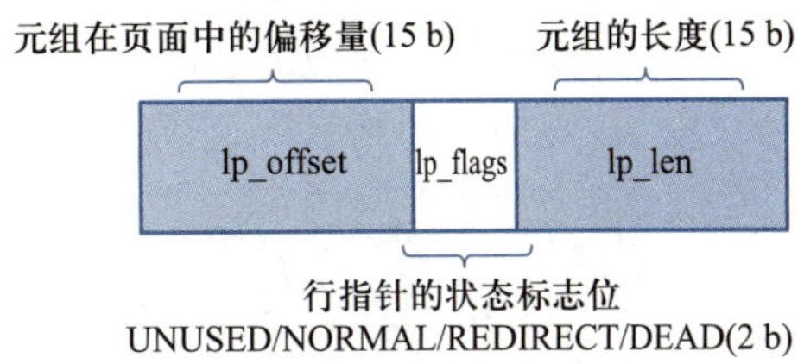

图 8.5　结构体 ItemIdData 示意图

③ LP_REDIRECT：使用 HOT 技术[①]的重定向指针（lp_len 应等于 0）。

④ LP_DEAD：死元组（可能占用也可能不占用存储空间）。

4. 结构体 HeapTupleHeaderData 和 HeapTupleFields

结构体 HeapTupleHeaderData 是表示元组头部的数据结构。它包含插入或更新元组的事务 ID、元组的可见性信息以及标志元组状态的信息。其他字段提供了关于元组数据的长度和头部大小的信息。结构体 HeapTupleFields 包括 t_xmin、t_xmax 及 t_cid 字段，它嵌入 HeapTupleHeaderData 结构体作为其开头部分。

元组由元组头部（tuple header）和元组数据（tuple data）组成，元组头部是由 23 B 固定大小的前缀和可选的空位图（null bitmap）构成的。如图 8.6 所示。

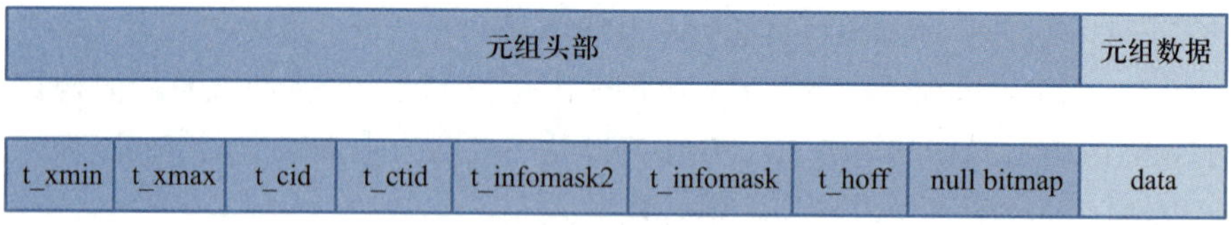

图 8.6　元组头部组成示意图

结构体 HeapTupleHeaderData 和 HeapTupleFields 包含的字段说明如下：

① t_xmin：插入此元组的事务 ID。

② t_xmax：删除（更新）或锁定此元组的事务 ID，如果该元组插入后未进行更新或删除，则 t_xmax=0（更新被视为先删除再插入）。

③ t_cid：事务中的插入或删除命令 ID。

④ t_ctid：保存指向自身或新元组的元组标识（TID）。TID 由两个数字组成，第一个数字代表页面号（物理块号），第二个数字代表元组号。在元组更新后 TID 指向新版本的元组，否则指向自己。这样其实就形成了新旧元组之间的“元组链”，这个链在元组查找和定位上起着重要作用。

⑤ t_infomask2：属性数量、各种标志位。

⑥ t_infomask：标志位，记录各种信息，例如是否存在 NULL 列、是否有变长列、是否有 OID 列等。如果有允许为空的列，则存在空位图，可以通过 t_infomask 判断（通过位运算 t_infomask & 0x0001 判断）。位图的大小与列个数有关。

⑦ t_hoff：记录元组头部的大小。

对于一个堆表页面中的一条具体元组，有一个全局唯一的逻辑地址，即元组头部的 t_ctid，它由元组所在的页面号和页面内元组指针数组下标组成。该逻辑地址对应的物理地址由 t_ctid 和对应的元组指针成员共同给出。通过页面、相应元组指针数组成员、页面内偏移和元组长度的访问顺序，就可以获取一条元组的完整内容。

---

① HOT（heap only tuple）技术是一种数据库优化技术，用于减少不必要的空间和性能开销，提高并发更新性能。

5. 结构体 HeapTupleData 及其指针 HeapTuple

结构体 HeapTupleData 是表示元组在内存中的数据结构，其中保存了指向一个元组头和元组数据的指针 HeapTuple。

结构体 HeapTupleData 的字段说明如下：

① t_len：元组字节长度，包括元组头和元组数据。

② t_self：标识当前元组在页面内所处位置，即页面块号和页面内偏移量。

③ t_tableOid：当前元组所在表的 OID。

④ t_data：指向一个元组数据的指针（HeapTupleHeader，即元组头 + 元组数据）。

本章涉及结构体及其指针的源代码

8.4 实验步骤

8.4.1 安装 pageinspect 插件

pageinspect 是 openGauss 中继承自 PostgreSQL 的一款扩展插件，其功能是提供函数，以便让用户从低层次观察数据库页面的内容。

pageinspect 插件的安装步骤如下：

① 以 dblab 用户登录云主机。

② 进入 pageinspect 目录，准备进行编译安装。

进入 pageinspect 目录的命令如下：

```
[dblab@eduog ~] cd opengauss-compile/opengauss-server/contrib/
    pageinspect
```

查看 pageinspect 目录下文件内容的命令如下：

```
[dblab@eduog pageinspect]$ ls-l
total 80K
-rwx------ 1 dblab root 17K  Apr 1 2022 btreefuncs.cpp
-rwx------ 1 dblab root 1.6K Apr 1 2022 fsmfuncs.cpp
-rwx------ 1 dblab root 9.2K Apr 1 2022 ginfuncs.cpp
-rwx------ 1 dblab root 6.7K Apr 1 2022 heapfuncs.cpp
-rwx------ 1 dblab root  458 Apr 1 2022 Makefile
-rwx------ 1 dblab root 3.5K Apr 1 2022 pageinspect--1.0.sql
-rwx------ 1 dblab root  173 Apr 1 2022 pageinspect.control
-rwx------ 1 dblab root 1.3K Apr 1 2022 pageinspect--unpackaged--
                                        1.0.sql
-rwx------ 1 dblab root  18K Apr 1 2022 rawpage.cpp
```

③ 编译 pageinspect 插件。执行 make 命令编译 pageinspect，编译过程中出现的 warning 并不影响编译和安装：

```
[dblab@eduog pageinspect]$ make
```

④ 安装 pageinspect 插件。执行 make install 命令安装 pageinspect 插件：

```
[dblab@eduog pageinspect]$ make install
```

8.4.2　创建示例表模式并插入示例数据

本实验以高铁售票场景为例，创建数据库及关系表。

1. 创建 railway 数据库并连接

确保数据库服务器处于启动状态。使用 gsql 连接数据库，并执行如下命令：

```
[dblab@eduog opengauss-server]$ gsql postgres -r
gsql ((openGauss 5.0.0 build ) compiled at 2025-02-23 16:50:22 commit
    0 last mr  debug)
Non-SSL connection (SSL connection is recommended when requiring
    high-security)
Type "help" for help.

openGauss=# CREATE DATABASE railway;
CREATE DATABASE
openGauss=# \c railway
Non-SSL connection (SSL connection is recommended when requiring
high-security)
You are now connected to database "railway" as user "dblab".
railway=#
```

2. 创建表并插入数据

共创建 6 张关系表：用户表、车站表、列车车次表、列车停靠车站表、车次运行表、订单表。

（1）用户表

```
CREATE TABLE users
(
    u_id varchar(20),                -- 用户 ID，用于系统登录账户名（主键）
    u_passwd varchar(20),            -- 密码，用于系统登录密码
    u_name varchar(10),              -- 真实姓名
    u_idnum varchar(20),             -- 证件号码
    u_regtime timestamp,             -- 注册时间
    CONSTRAINT pk_users PRIMARY KEY (u_id)
);
```

（2）车站表

```
CREATE TABLE station
(
    s_name varchar(20),              -- 车站名称（主键）
    s_city varchar(20),              -- 车站所在城市
```

```
    CONSTRAINT pk_station PRIMARY KEY (s_name)
);
```

（3）列车车次表

```
CREATE TABLE train
(
    t_id varchar(10),                 -- 车次 ID（主键）
    t_dstation varchar(20),           -- 始发站（外键：参照 station(s_name)）
    t_astation varchar(20),           -- 到达站（外键：参照 station(s_name)）
    t_dtime time,                     -- 出发时间
    t_atime time,                     -- 到达时间
    CONSTRAINT pk_train PRIMARY KEY (t_id)
);
```

列车车次表外键约束：

```
ALTER TABLE train ADD CONSTRAINT fk_train_station_departure FOREIGN
    KEY (t_dstation)
REFERENCES station(s_name);
ALTER TABLE train ADD CONSTRAINT fk_train_station_arrival FOREIGN KEY
    (t_astation) REFERENCES station(s_name);
```

（4）列车停靠车站表

```
CREATE TABLE trainstop
(
    ts_tid varchar(10),               -- 车次 ID（外键：参照 train(t_id)）
    ts_sname varchar(20),             -- 车站名称（外键：参照 station(s_name)）
    ts_atime time,                    -- 到达时间
    ts_dtime time,                    -- 出发时间
    CONSTRAINT pk_trainstop PRIMARY KEY (ts_tid, ts_sname) --（主键）
);
```

列车停靠车站表外键约束：

```
ALTER TABLE trainstop ADD CONSTRAINT fk_trainstop_train FOREIGN KEY
    (ts_tid)
    REFERENCES train(t_id);
ALTER TABLE trainstop ADD CONSTRAINT fk_trainstop_station FOREIGN KEY
    (ts_sname) REFERENCES station(s_name);
```

（5）车次运行表

```
CREATE TABLE trainrun
(
    tr_date date,                     -- 车次日期
    tr_tid  varchar(10),              -- 车次 ID（外键：参照 train(t_id)）
    tr_seat1 smallint,                -- 剩余座位数量：一等
```

```
    tr_seat2 smallint,              -- 剩余座位数量：二等
    CONSTRAINT pk_trainrun PRIMARY KEY (tr_date, tr_tid) --（主键）
);
```

车次运行表外键约束：

```
ALTER TABLE trainrun ADD CONSTRAINT fk_trainrun_train FOREIGN KEY (tr_
    tid)
REFERENCES train(t_id);
```

（6）订单表

```
CREATE TABLE orders
(
    o_id int,                       -- 订单 ID（主键）
    o_uid varchar(20),              -- 用户 ID（外键：参照 users(u_id)）
    o_tdate date,                   -- 发车日期
    o_tid varchar(10),              -- 车次（外键：参照 train(t_id)）
    o_sstation varchar(20),         -- 上车站（外键：参照 station(s_name)）
    o_estation varchar(20),         -- 下车站（外键：参照 station(s_name)）
    o_seattype smallint,            -- 座位类型：一等 1、二等 2
    o_carriage smallint,            -- 车厢号
    o_seatnum smallint,             -- 座位号（排）
    o_seatloc char(1),              -- 座位位置：ABCEF
    o_price money,                  -- 订单金额
    o_ispaid boolean,               -- 是否已支付
    o_ctime timestamp,              -- 订单创建时间
    CONSTRAINT pk_orders PRIMARY KEY (o_id)
);
```

订单表外键约束：

```
ALTER TABLE orders ADD CONSTRAINT fk_orders_users FOREIGN KEY (o_uid)
    REFERENCES users(u_id);
ALTER TABLE orders ADD CONSTRAINT fk_orders_train FOREIGN KEY (o_tid)
    REFERENCES train(t_id);
ALTER TABLE orders ADD CONSTRAINT fk_orders_station_start FOREIGN KEY
    (o_sstation) REFERENCES station(s_name);
ALTER TABLE orders ADD CONSTRAINT fk_orders_station_end FOREIGN KEY
    (o_estation) REFERENCES station(s_name);
```

3. 在 railway 数据库中创建 pageinspect 扩展

执行 CREATE EXTENSION 语句，创建依赖：

```
openGauss=# CREATE EXTENSION pageinspect;
CREATE EXTENSION
```

本实验 6 张关系表的数据

使用 SELECT * FROM pg_extension; 语句可查看是否安装成功。

```
railway=# SELECT * FROM pg_extension;
```

```
extname     |extowner|extnamespace|extrelocatable|extversion|extconfig|extcondition
-----------+--------+------------+--------------+----------+---------+------------
plpgsql     |      10|          11|f             |1.0       |         |
dist_fdw    |      10|          11|t             |1.0       |         |
file_fdw    |      10|          11|t             |1.0       |         |
hdfs_fdw    |      10|          11|t             |1.0       |         |
log_fdw     |      10|          11|t             |1.0       |         |
hstore      |      10|          11|t             |1.1       |         |
security_
plugin      |      10|          11|t             |1.0       |         |
pageinspect|       10|        2200|t             |1.0       |         |
(8 rows)
```

8.4.3 使用 pageinspect 插件分析表的页面存储结构

为了使用 pageinspect 插件分析表的页面存储结构，在 railway 数据库中创建一个新表 users2，该表与 users 表结构完全相同，只是表名不同。

1. 查看表页面的页头结构

① 查看空表的页头结构。在 users2 表创建后但还未插入数据之前，执行以下语句：

```
railway=# SELECT * FROM page_header(get_raw_page('users2', 0));
ERROR:  block number 0 is out of range for relation "users2"
```

返回错误信息“block number 0 is out of range for relation "users2"”，说明空表没有添加任何数据，即没有创建任何页面，编号为 0 的页面不存在。

② 插入第 1 条元组：

```
railway=# INSERT INTO users2 VALUES(1, 'qweasd', '张三', '123456789',
    '2000-06-23 12:00:00');
INSERT 0 1
```

再次执行下列语句并查看返回结果：

```
railway=# SELECT * FROM page_header(get_raw_page('users2', 0));
    lsn     |tli|flags|lower|upper|special|pagesize|version|prune_xid
-----------+---+-----+-----+-----+-------+--------+-------+-----------
0/259762F0|  0|    0|   44| 8128| 8192   | 8192    |       6|  18060
(1 row)
```

可以看到，此时页面 0 已经创建。lower 列的值为 44 B，页面大小为 8 192 B，upper 列的值为 8 128 B，即刚插入的第 1 条元组占用了 64 B。

③ 插入第 2 条元组：

```
railway=# INSERT INTO users2 VALUES(2, 'qweasd', '李四', '123456712',
    '2000-06-24 13:00:00');
INSERT 0 1
```

再次执行下列语句并查看返回结果

```
railway=# SELECT * FROM page_header(get_raw_page('users2', 0));
lsn        |tli|flags|lower|upper|special|pagesize|version|prune_xid
----------+---+----+-----+-----+-------+--------+-------+----------
0/259765D0| 0 |   0 |   48 | 8064|  8192 |  8192  |      6 |  18060
(1 row)
```

可以看到，lower 列值此时变为 48 B，增加了 4 B，验证了一个元组指针占用 4 B。upper 列值此时变为 8 064 B，减少了 64 B，验证了此表的一个元组数据占 64 B。

将剩余的 7 条元组插入后再次执行下列语句：

```
railway=# SELECT * FROM page_header(get_raw_page('users2', 0));
lsn        |tli|flags|lower|upper|special|pagesize|version|prune_xid
----------+---+----+-----+c-cc-+-------+--------+-------+----------
0/25977178| 0 |   0 |   76 | 7616|  8192 |  8192  |      6 |  18060
(1 row)
```

此时，共有 9 个元组，9 个元组指针共占用 36 B，因此 lower 列值为 76 B。插入表中的 9 个元组数据占 64*9 = 576 B，因此 upper 列值为 8 192 B–576 B = 7 616 B。

2. 查看页面中的元组数据

执行下列语句：

```
railway=# SELECT * FROM heap_page_items(get_raw_page('users2', 0));
```

返回如图 8.7 所示的结果。

```
railway=# SELECT * FROM heap_page_items(get_raw_page('users2', 0));
 lp | lp_off | lp_flags | lp_len | t_xmin | t_xmax | t_field3 | t_ctid | t_infomask2 | t_infomask | t_hoff | t_bits | t_oid
----+--------+----------+--------+--------+--------+----------+--------+-------------+------------+--------+--------+-------
  1 |   8128 |        1 |     64 |  18063 |      0 |        0 | (0,1)  |           5 |       2050 |     24 |        |
  2 |   8064 |        1 |     64 |  18064 |      0 |        0 | (0,2)  |           5 |       2050 |     24 |        |
  3 |   8000 |        1 |     64 |  18065 |      0 |        0 | (0,3)  |           5 |       2050 |     24 |        |
  4 |   7936 |        1 |     64 |  18066 |      0 |        0 | (0,4)  |           5 |       2050 |     24 |        |
  5 |   7872 |        1 |     64 |  18067 |      0 |        0 | (0,5)  |           5 |       2050 |     24 |        |
  6 |   7808 |        1 |     64 |  18068 |      0 |        0 | (0,6)  |           5 |       2050 |     24 |        |
  7 |   7744 |        1 |     64 |  18069 |      0 |        0 | (0,7)  |           5 |       2050 |     24 |        |
  8 |   7680 |        1 |     64 |  18070 |      0 |        0 | (0,8)  |           5 |       2050 |     24 |        |
  9 |   7616 |        1 |     64 |  18071 |      0 |        0 | (0,9)  |           5 |       2050 |     24 |        |
(9 rows)
```

图 8.7　查看页面中的元组数据

从图 8.7 中可以看到元组指针中的 lp_off 字段的变化、插入元组操作的事务 ID（t_xmin）的递增和 t_cid 元组标识（TID）的变化。

3. 查看页面的原始数据

执行下列语句：

```
railway=# SELECT get_raw_page::text FROM get_raw_page('users2', 0);
```

返回页面的原始数据以 16 进制形式输出的文本，可以看到前面的页面页头和后面的页面数据中的“0”都是空闲页面部分（输出过长中间部分省略），如图 8.8 所示。

(a) 页头部分

(b) 页尾部分

图 8.8 查看页面的原始数据（以 16 进制形式输出数据）

综合以上信息，可以得到 users 表的页面存储结构，如图 8.9 所示。

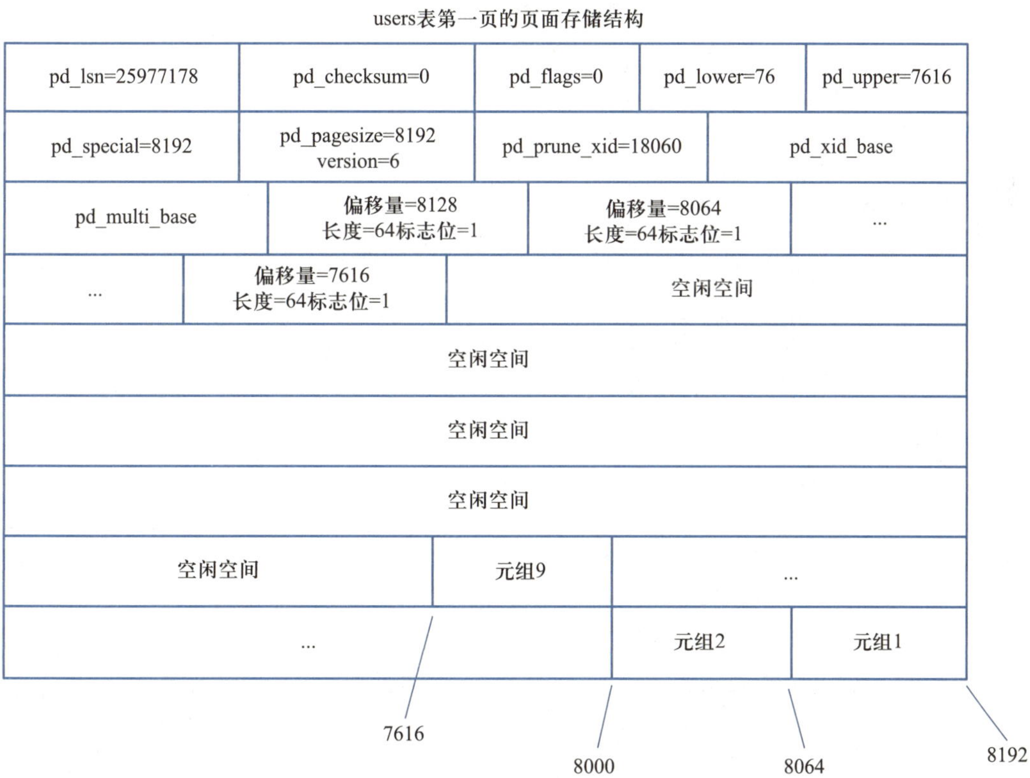

图 8.9 users 表的页面存储结构示意图

8.5　实验结果

请按照如下要求完成实验操作：

① 完成实验步骤 8.4.1 小节，安装 pageinspect 插件。

② 完成实验步骤 8.4.2 小节，使用 gsql 创建表和插入数据。

③ 完成实验步骤 8.4.3 小节，根据分析 users 表页面存储结构的示例，分析 orders 表页面存储结构，画出 orders 表页面存储结构图（可使用 Visio 等画图工具）。

④ 使用 pageinspect 插件功能，对 railway 数据库中的其他表调用 page_header 和 heap_page_items 函数，获取对应的页头结构和元组数据描述。

8.6　讨论与总结

请列出实验中遇到的问题描述、解决办法与思考讨论，并对本实验进行总结。

实验中遇到的问题描述、解决办法：   思考讨论：   实验总结：

第 9 章　查询处理

9.1　实验介绍

本实验将通过阅读和分析 openGauss 服务器中嵌套循环连接算法的实现源代码，帮助读者理解并验证该算法的实现机制。本实验首先介绍嵌套循环连接算法的原理，让读者通过浏览 ExecNestLoop 函数源代码和相应的流程图，实践嵌套循环连接算法的具体工程实现。在浏览和阅读相关结构体的源代码之后，我们将以 railway 数据库中的 users 表和 orders 表的连接查询作为示例，通过添加源代码进行宏重定义的方式，尝试输出 ExecNestLoop 函数调试信息；通过配置优化器参数来改变查询执行计划，引发 ExecNestLoop 函数执行；最后通过添加代码，输出嵌套循环连接算法中连接属性值的比较信息，进一步理解嵌套循环连接的查询执行计划中索引扫描与顺序扫描的区别。

本实验的实践内容涉及数据库服务器的查询执行与查询优化机制，相关 openGauss 源代码关联的细节众多，具有一定的复杂性和挑战性。在添加代码的过程中，引入错误也是一件不可避免的事情。在诸如 openGauss 这样大型、复杂、服务器架构的系统软件中，通过“编辑—编译—测试—调试”的迭代方式，采取系统性的调试手段来修正错误，可以有效地提升复杂系统工程问题的解决能力，并积累相应的系统开发与调试经验。

9.2　实验目的

- 理解嵌套循环连接算法的原理。
- 理解 ExecNestLoop 函数代码实现与嵌套循环连接算法的对应关系。
- 掌握通过宏重定义方式输出 ExecNestLoop 函数调试信息的方法。
- 掌握通过在 ExecNestLoop 函数中添加代码，输出嵌套循环连接算法中字段值的方法。
- 理解通过 EXPLAIN 语句查看的查询执行计划。
- 理解通过优化器参数配置改变查询执行计划的方式。

- 了解与本实验相关的结构体及源代码。

9.3 实验原理

9.3.1 嵌套循环连接算法原理

两个表的连接是数据库查询中比较常用的一种操作，而嵌套循环连接（nested loop join）算法是通过嵌套的循环语句把多个表连接起来的简单算法。该算法使用两层循环（外层循环和内层循环）来实现表连接操作，从而得到连接结果集。其中，内层循环的遍历次数取决于外层循环所对应的驱动结果集的记录条数，这就是所谓的“嵌套循环”的含义。

嵌套循环连接算法在数据库查询中用来执行连接操作。它通过在两个数据表上进行嵌套循环来实现表之间的连接。每次外循环读入一行数据，内循环在另一个数据表中搜索匹配的行。如果匹配成功则返回结果，否则继续读入下一行。嵌套循环连接的复杂度为 $O(mn)$，其中 m 和 n 是两个关系的行数。它的效率在行数很小的情况下很高，如果关系中行数非常大，则该算法的效率将降低。因此，当数据量非常大时，通常需要使用其他更高效的算法来代替嵌套循环连接算法。

嵌套循环连接算法的优缺点及适用场景如下：

① 如果驱动表对应的驱动结果集记录数较少，并且被驱动表的连接列存在唯一性索引或选择性较高的非唯一性索引，使用嵌套循环连接算法的效率将非常高。但是如果驱动表对应的驱动结果集记录数很多，那么即使存在索引，使用嵌套循环连接算法的效率也不会很高。

② 数据量大的表作为嵌套循环连接的驱动表时，要看所在 SQL 语句中是否有能够大幅减少驱动结果集记录数的过滤条件。

③ 嵌套循环连接算法可以实现连接结果的快速返回响应。这是其他连接方法无法做到的，因为排序归并连接（sort-merge join）首先要执行排序操作，然后才能进行归并操作以返回数据，而哈希连接（hash join）要等到构建完成驱动结果集所对应的哈希表之后，才能开始返回数据。

举例来说，假设有表 t1 和表 t2，t1 有一列为 a，t2 有一列为 b，则对于 SQL 连接语句：

```
SELECT * FROM t1 JOIN t2 ON t1.a = t2.b;
```

如果使用嵌套循环连接算法[①]进行表连接操作，则会按以下伪代码进行连接：

---

① 本章关于嵌套循环连接算法、哈希连接算法、排序归并连接算法的详细介绍，可参见 Hector Garcia-Molina、Jeff Ullman 和 Jennifer Widom 编写的 *Database Systems: The Complete Book* 一书的有关章节。

```
For each tuple a in t1 do
    For each tuple b in t2 do
        If t1.a = t2.b
            Then output the tuple <a, b>
```

即对于 t1 表元组的扫描为第一层循环，对于 t2 表元组的扫描为第二层循环；从头开始扫描 t1 表的元组，并在扫描到 t2 表的每个元组时判断 t1.a 是否等于 t2.b。这样依次扫描下来，就能返回符合条件的元组。

9.3.2 浏览嵌套循环连接算法源代码的主要流程图

实际上，openGauss 中嵌套循环连接算法的实现源代码并非如 9.3.1 小节中描述算法原理的双重循环那样简单，而是需要处理各种情况。在理解嵌套循环连接算法原理的基础上，浏览实现该算法的源代码是提升系统工程能力的一种好方法。

在 openGauss 中，嵌套循环连接算法的源代码是文件 src/gausskernel/runtime/executor/nodeNestloop.cp 中的 ExecNestLoop 函数，其主要流程图如图 9.1 所示。该函数参数为结构体 NestLoopState 指针，返回值为结构体 TupleTableSlot 指针。这两个结构体将在 9.3.3 小节介绍。

9.3.3 相关结构体与源代码

本实验涉及如下几个重要的结构体：

1. 结构体 TupleTableSlot

openGauss 存储层定义的元组数据结构（HeapTuple）和操作接口是面向物理元组的，结构构造和解析开销较大；而执行器（executor）在查询执行过程中通常需要进行属性投影和属性选择过滤判断操作，需要快速获取元组数据。因而，物理元组 HeapTuple 不能满足执行器元组的高效处理要求。为此，定义了结构体 MinimalTuple，该结构体去掉了 HeapTuple 中的事务相关字段，所以节省了元组的存储空间占用。

TupleTableSlot 是 openGauss 执行器专用的元组存储数据结构，其目的是能统一地表示各种形式的元组。TupleTableSlot 本身带有 tts_values、tts_isnull 等字段，用于保存数据。

2. 结构体 NestLoopState

结构体 NestLoopState 保存了用于进行嵌套循环连接操作的信息，它作为 ExecNestLoop 函数的参数传递。

结构体 NestLoopState 的字段说明如下：

① nl_NeedNewOuter：布尔值。如果需要新的外层元组，则为 true。

② nl_MatchedOuter：布尔值。如果当前外层元组找到了连接匹配，则为 true。

③ nl_NullInnerTupleSlot：TupleTableSlot 结构体的指针。它是为左外连接准备的空元组。

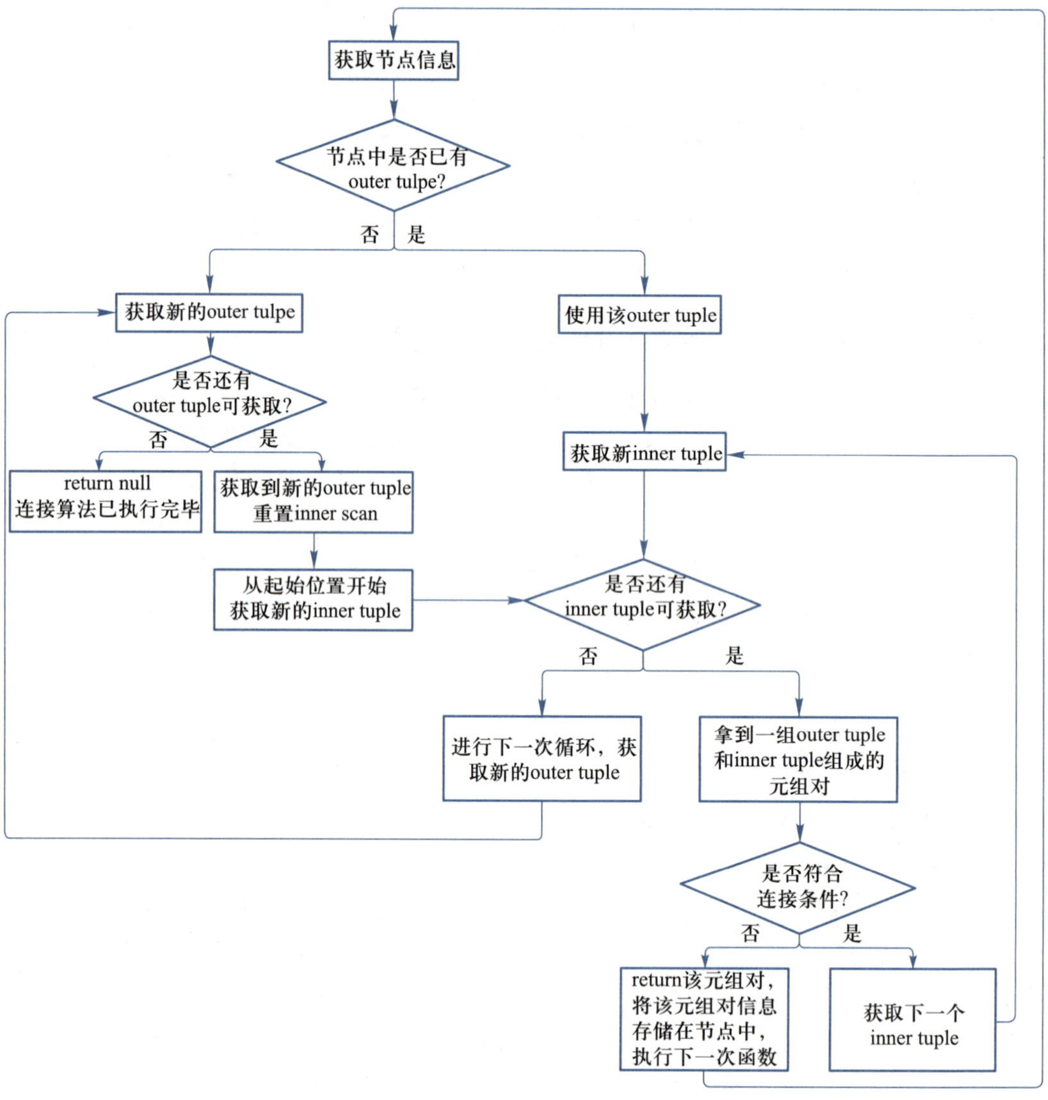

图 9.1　ExecNestLoop 函数的主要流程图

3. 链表数据结构相关结构体：ListCell 和 List

openGauss 代码继承了 PostgreSQL 代码中的链表数据结构，涉及多个元素的存储和访问需求，基本上都使用 List 结构体。

① ListCell：存储链表中的一个元素以及指向一个 ListCell 的指针。如果这是一个由 int 或者 OID 构成的 List，那么 ListCell 直接存储 int 或者 OID。若不是，则使用 void* 来存储，这样可以存储的类型就多了。一般在使用时直接强制转换为 (Type *) 即可。next 存储的是下一个 ListCell，由此可以说明 List 是一个线性链表，只能向后寻找。

② List：由 ListCell 组成，List 没有将整个链存储起来，仅存储由 ListCell 组成的线性链表的头和尾（查询时也仅仅是通过头进行向后查询）；同时还存

储了链表的两个属性，即链表类型（T_List、T_IntList 或 T_OidList）和元素（ListCell）的个数。

4. 数据类型 Datum

Datum 是 openGauss 中的函数大量使用的数据类型，主要用于参数传递。它可以表示任何有效的 SQL 类型的数值。实际上，Datum 就像 C 语言中的空指针 void *，是一种抽象数据类型。

5. 结构体 PlanState

结构体 PlanState 存储了当前查询执行计划的状态信息。PlanState 是动态生成的，并且在查询执行过程中不断更新，以根据执行计划的进展来更新查询状态。它通常存储查询执行过程中所需的所有数据。在查询计划树的执行过程中，执行器将使用 PlanState 来记录计划节点的执行状态和数据。每种计划节点（Plan 结构体）都定义了相应的状态节点（PlanState 结构体），所有的状态节点均继承于 PlanState 节点。通过左、右子状态节点指针（PlanState 的 lefttree 和 righttree 字段），形成了一棵与查询计划树相对应的计划状态树。

结构体 PlanState 的重要字段说明如下：

① plan：对应的计划节点指针（Plan*）。

② state：执行器全局状态结构指针（Estate*）。

③ targetlist：投影运算相关信息。

④ qual：选择运算相关条件。

⑤ lefttree：左子状态节点指针。

⑥ righttree：右子状态节点指针。

6. 结构体 ExprContext

结构体 ExprContext 是保存表达式内存上下文的数据结构。表达式计算过程中的参数以及表达式所使用的内存上下文都会存放到此结构中。

7. 函数 ExecInitNestLoop

一条 SQL 语句在执行过程中会调用 PortalStart 函数遍历整棵查询计划树，对每个算子进行初始化。算子初始化函数的命名规则为“ExecInit+ 算子名”的形式。因而，嵌套循环算子的初始化函数名为 ExecInitNestloop。初始化函数中首先会根据 Plan 结构初始化一个对应的 PlanState 结构，这个结构是执行过程中的核心数据结构，包含在执行过程中需要用到的一些数据存储空间以及执行信息。

8. 函数 ExecNestLoop

一条 SQL 语句在执行过程中会调用 PortalRun 函数以运行查询执行计划。在执行过程中，所有执行算子分为两大类；行存储算子和向量化算子。这两类算子分别对应行存储执行引擎和向量化执行引擎。我们只关注行存储执行引擎。行存储算子执行入口函数的命名规则是“Exec+ 算子名”的形式。因而，嵌套循环算子的执行函数名为 ExecNestLoop。该函数的具体代码见 9.4.1 小节。

本章涉及结构体及函数的源代码

9. 函数 ExecEndNestLoop

一条 SQL 语句在执行过程中会调用 PortalDrop 函数以递归清理各个算子，主要是清理执行过程中产生的内存。各个算子的清理函数入口命名规则是“ExecEnd+ 算子名”。因而，嵌套循环算子清理函数名为 ExecEndNestLoop。

9.4 实验步骤

ExecNest-Loop 函数的源代码

9.4.1 嵌套循环连接算法源代码定位

首先，要在 openGauss 中定位到嵌套循环连接算法源代码所在的文件和函数。

文件：src/gausskernel/runtime/executor/nodeNestloop.cpp

函数：ExecNestLoop

仔细阅读 ExecNestLoop 函数的源代码，与其流程图（图 9.1）进行对照分析，理解 ExecNestLoop 函数源代码是如何实现嵌套循环连接算法的。

9.4.2 连接数据库：准备查询数据

具体步骤如下：

① 以 dblab 用户身份登录主机，使用 gsql 连接 railway 数据库。

```
[dblab@eduog opengauss-server]$ gsql railway -r
gsql ((openGauss 5.0.0 build ) compiled at 2025-02-23 16:50:22 commit
    0 last mr  debug)
Non-SSL connection (SSL connection is recommended when requiring
    high-security)
Type "help" for help.

railway=#
```

② 删除之前的实验在 railway 数据库中创建的所有表（如果有）。

```
DROP TABLE orders;
DROP TABLE trainrun;
DROP TABLE trainstop;
DROP TABLE train;
DROP TABLE station;
DROP TABLE users;
DROP TABLE users2;
```

③ 创建表并插入数据。

创建 users 表：

```
CREATE TABLE users
```

```
(
    u_id varchar(20),                -- 用户 ID，用于系统登录账户名（主键）
    u_passwd varchar(20),            -- 密码，用于系统登录密码
    u_name varchar(10),              -- 真实姓名
    u_idnum varchar(20),             -- 证件号码
    u_regtime timestamp,             -- 注册时间
    CONSTRAINT pk_users PRIMARY KEY (u_id)
);
```

创建 orders 表：

```
CREATE TABLE orders
(
   o_id int,                         -- 订单 ID（主键）
   o_uid varchar(20),                -- 用户 ID（外键：参照 users(u_id)）
   o_tdate date,                     -- 发车日期
   o_tid varchar(10),                -- 车次（外键：参照 train(t_id)）
   o_sstation varchar(20),           -- 上车站（外键：参照 station(s_name)）
   o_estation varchar(20),           -- 下车站（外键：参照 station(s_name)）
   o_seattype smallint,              -- 座位类型：一等 1、二等 2
   o_carriage smallint,              -- 车厢号
   o_seatnum smallint,               -- 座位号（排）
   o_seatloc char(1),                -- 座位位置：ABCEF
   o_price money,                    -- 订单金额
   o_ispaid boolean,                 -- 是否已支付
   o_ctime timestamp,                -- 订单创建时间
   CONSTRAINT pk_orders PRIMARY KEY (o_id)
);
```

添加外键约束：

```
ALTER TABLE orders ADD CONSTRAINT fk_orders_users FOREIGN KEY (o_uid)
    REFERENCES users(u_id);
```

插入 users 表的数据：

```
INSERT INTO users VALUES('1','qweasd','张三','123456789', '2000-06-23
    12:00:00');
INSERT INTO users VALUES('2','qweasd','李四','123456712', '2000-06-24
    13:00:00');
INSERT INTO users VALUES('3','qweasd','王五','123456754', '2000-06-25
    14:00:00');
```

插入 orders 表的数据：

```
INSERT INTO orders VALUES(1,'1','2022-04-29','C2002','天津','北京南',
    2,8,7,'F',54,1,'2022-04-27 16:00:12');
INSERT INTO orders VALUES(2,'3','2022-04-29','G321','天津南','福',1,4,
```

```
    7,'A',742.5,1,'2022-04-27 17:00:12');
INSERT INTO orders VALUES(3,'3','2022-04-29','G1709','天津西','重庆',
    2,9,3,'D',929,1,'2022-04-27 18:00:12');
```

④ 执行测试查询。

查询 users 表数据：

```
railway=# SELECT u_id, u_name FROM users;
 u_id | u_name
------+--------
 1    | 张三
 2    | 李四
 3    | 王五
(3 rows)
```

查询 orders 表数据：

```
railway=# SELECT o_id, o_uid, o_tid FROM orders;
 o_id | o_uid | o_tid
------+-------+-------
    1 | 1     | C2002
    2 | 3     | G321
    3 | 3     | G1709
(3 rows)
```

9.4.3　添加代码：输出 ExecNestLoop 函数调试信息

具体步骤如下：

① 输出嵌套循环连接算法源代码 ExecNestLoop 函数中的相关调试信息。

观察发现，ExecNestLoop 函数中的若干位置都存在输出调试信息的宏调用，诸如：

```
ENL1_printf("getting info from node");
```

经查找，宏 ENL1_printf 的定义代码如下：

```
/* ----------------
 *      nest loop debugging defines
 * ----------------
 */
#ifdef EXEC_NESTLOOPDEBUG
#define NL_nodeDisplay(l) nodeDisplay(l)
#define NL_printf(s) printf(s)
#define NL1_printf(s, a) printf(s, a)
#define ENL1_printf(message) printf("ExecNestLoop: %s\n", message)
#else
#define NL_nodeDisplay(l)
#define NL_printf(s)
```

```
#define NL1_printf(s, a)
#define ENL1_printf(message)
#endif /* EXEC_NESTLOOPDEBUG */
```

可知，宏 ENL1_printf 就是专门用来进行 Nestloop 算子调试的，只是在默认情况下 EXEC_NESTLOOPDEBUG 变量没有被定义。因而，ENL1_printf(message) 被定义为空白，即 ExecNestLoop 函数中的 ENL1_printf 宏调用并不会输出信息。

在 nodeNestloop.cpp 的开头预处理指令部分添加以下代码，将 ENL1_printf 宏重定义为用 ereport 函数输出信息。这样就可以在执行 ExecNestLoop 函数时，将其中的调试信息输出到 gsql 了：

```
/* [ DBLAB
============================================================ */
#undef ENL1_printf
#define ENL1_printf(message) ereport(INFO, (0, errmsg("ExecNestLoop:
    %s", message)))
/* DBLAB ]
============================================================ */
```

该段代码的添加位置如图 9.2 所示。

```
#include "executor/exec/execStream.h"
#include "utils/memutils.h"
#include "executor/node/nodeHashjoin.h"

/* [ DBLAB ============================================================ */
#undef ENL1_printf
#define ENL1_printf(message) ereport(INFO, (0, errmsg("ExecNestLoop: %s", message)))
/* DBLAB ] ============================================================ */


static void MaterialAll(PlanState* node)
{
    if (IsA(node, MaterialState)) {
        ((MaterialState*)node)->materalAll = true;
```

图 9.2　添加 ENL1_printf 宏定义以输出 ExecNestLoop 函数调试信息

② 停止 openGauss 服务：

```
[dblab@eduog opengauss-server]$ gs_ctl stop -D $GAUSSHOME/data -Z
    single_node -l logfile
```

③ 对 openGauss 进行编译和安装：

```
[dblab@eduog opengauss-server]$ make -j4
[dblab@eduog opengauss-server]$ make install
```

④ 启动 openGauss：

```
[dblab@eduog opengauss-server]$ gs_ctl start -D $GAUSSHOME/data -Z
    single_node -l logfile
```

⑤ 使用 gsql 再次连接 railway 数据库，执行 users 表与 orders 表的连接查询：

```
railway=# SELECT u_id, u_name, o_id, o_uid, o_tid FROM users INNER
    JOIN orders ON u_id = o_uid;
 u_id | u_name | o_id | o_uid | o_tid
------+--------+------+-------+-------
 1     | 张三    |    1 | 1      | C2002
 3     | 王五    |    2 | 3      | G321
 3     | 王五    |    3 | 3      | G1709
(3 rows)
```

但发现没有输出预期的 ExecNestLoop 中的调试信息。那只有一种可能，即 ExecNestLoop 函数根本没有被执行。查看一条 SQL 语句是具体如何被执行的，即查看具体的查询执行计划，可使用 EXPLAIN 语句。

⑥ 执行 EXPLAIN 语句，查看上述连接查询的执行计划：

```
railway=# EXPLAIN SELECT u_id, u_name, o_id, o_uid, o_tid FROM users
    INNER JOIN orders ON u_id = o_uid;
                              QUERY PLAN
------------------------------------------------------------------------
 Hash Join  (cost=16.30..33.12 rows=287 width=196)
 Hash Cond: ((orders.o_uid)::text = (users.u_id)::text)
   ->  Seq Scan on orders  (cost=0.00..12.87 rows=287 width=100)
   ->  Hash  (cost=12.80..12.80 rows=280 width=96)
   ->  Seq Scan on users  (cost=0.00..12.80 rows=280 width=96)
(5 rows)
```

在 EXPLAIN 执行计划中，每个算子节点后的括号内包含以下关键信息，格式通常为（cost= 启动代价 .. 总代价 rows= 预估行数 width= 预估行宽）。

其中：

- cost 参数

启动代价：执行该操作前需要完成的所有前置操作的累积代价（例如构建哈希表、排序等）。

总代价：完成该操作（包括所有子操作）的总预估代价。

代价是一个相对值，基于 seq_page_cost（顺序扫描一个数据页的代价）和 cpu_tuple_cost（处理一行的代价）等参数计算。用于比较不同执行计划的效率，数值越小越好。

- rows 参数

预估行数是该操作预计输出的行数（基于统计信息估算）。若与实际行数偏差较大，可能需要更新统计信息（ANALYZE）。

- width 参数

输出结果中每行的平均字节数（基于字段类型和统计信息估算）。用于评估内存使用和网络传输开销。

• 其他常见附加信息

连接条件（Hash Cond）：哈希连接的匹配条件，字段类型可能被强制转换（如 ::text）。例如 Hash Cond: ((orders.o_uid)::text = (users.u_id)::text)。

过滤条件（Filter）：操作中应用的行级过滤条件。例如 Filter: (orders.amount>100)。

索引条件（Index Cond）：使用索引时的查询条件。例如 Index Cond: (users.u_id=123)。

因而，上述 EXPLAIN 语句所输出查询执行计划的解释如下：

顶层操作 hash join：启动代价 16.30，总代价 33.12，输出 287 行，每行 196 字节。连接条件为 orders.o_uid 和 users.u_id 转换为文本后的匹配。

子操作 Seq Scan on orders：全表扫描 orders，总代价 12.87，输出 287 行，每行 100 字节。

子操作 hash：构建 users 表的哈希表，启动代价和总代价均为 12.80，这是执行二级子操作 Seq Scan on users 的代价，输出 280 行，每行 96 字节。

二级子操作 Seq Scan on users：全表扫描 users 为上级子操作 hash 提供数据来源，总代价 12.80，输出 280 行，每行 96 字节。

经观察查询执行计划，果然 openGauss 选择了使用基于哈希的连接算法，而非嵌套循环连接算法。

⑦ 通过 SET 配置参数 enable_hashjoin 为 off，禁止使用 hash join 算法。

```
railway=# SET enable_hashjoin = off;
SET
```

⑧ 再次执行查询：

```
railway=# SELECT u_id, u_name, o_id, o_uid, o_tid FROM users INNER
    JOIN orders ON u_id = o_uid;
 u_id | u_name | o_id | o_uid | o_tid
------+--------+------+-------+-------
 1    | 张三   |    1 | 1     | C2002
 3    | 王五   |    2 | 3     | G321
 3    | 王五   |    3 | 3     | G1709
(3 rows)
```

发现还是没有输出预期的 ExecNestLoop 中的调试信息。

⑨ 执行 EXPLAIN 语句，查看查询执行计划：

```
railway=# EXPLAIN SELECT u_id, u_name, o_id, o_uid, o_tid FROM users
    INNER JOIN orders ON u_id = o_uid;
                              QUERY PLAN
-----------------------------------------------------------------------
 Merge Join  (cost=48.77..54.47 rows=287 width=196)
 Merge Cond: ((users.u_id)::text = (orders.o_uid)::text)
```

```
    ->  Sort  (cost=24.18..24.88 rows=280 width=96)
          Sort Key: users.u_id
          ->  Seq Scan on users  (cost=0.00..12.80 rows=280 width=96)
    ->  Sort  (cost=24.59..25.30 rows=287 width=100)
          Sort Key: orders.o_uid
          ->  Seq Scan on orders  (cost=0.00..12.87 rows=287 width=100)
(8 rows)
```

这次 openGauss 选择了使用排序归并连接算法，还不是嵌套循环连接算法。

⑩ 通过 SET 配置参数 enable_mergejoin 为 off，禁止使用排序归并连接算法：

```
railway=# SET enable_mergejoin = off;
SET
```

⑪ 再次执行连接查询：

```
SELECT u_id, u_name, o_id, o_uid, o_tid FROM users INNER JOIN orders
ON u_id = o_uid;
```

成功输出了 ExecNestLoop 函数中的调试信息，如下所示：

```
railway=# SELECT u_id, u_name, o_id, o_uid, o_tid FROM users INNER
    JOIN orders ON u_id = o_uid;
INFO:  ExecNestLoop: getting info from node
INFO:  ExecNestLoop: entering main loop
INFO:  ExecNestLoop: getting new outer tuple
INFO:  ExecNestLoop: saving new outer tuple information
INFO:  ExecNestLoop: rescanning inner plan
INFO:  ExecNestLoop: getting new inner tuple
INFO:  ExecNestLoop: testing qualification
INFO:  ExecNestLoop: qualification succeeded, projecting tuple
INFO:  ExecNestLoop: getting info from node
INFO:  ExecNestLoop: entering main loop
INFO:  ExecNestLoop: getting new inner tuple
INFO:  ExecNestLoop: no inner tuple, need new outer tuple
INFO:  ExecNestLoop: getting new outer tuple
INFO:  ExecNestLoop: saving new outer tuple information
INFO:  ExecNestLoop: rescanning inner plan
INFO:  ExecNestLoop: getting new inner tuple
INFO:  ExecNestLoop: testing qualification
INFO:  ExecNestLoop: qualification succeeded, projecting tuple
INFO:  ExecNestLoop: getting info from node
INFO:  ExecNestLoop: entering main loop
INFO:  ExecNestLoop: getting new inner tuple
INFO:  ExecNestLoop: no inner tuple, need new outer tuple
INFO:  ExecNestLoop: getting new outer tuple
INFO:  ExecNestLoop: saving new outer tuple information
INFO:  ExecNestLoop: rescanning inner plan
```

```
INFO:  ExecNestLoop: getting new inner tuple
INFO:  ExecNestLoop: testing qualification
INFO:  ExecNestLoop: qualification succeeded, projecting tuple
INFO:  ExecNestLoop: getting info from node
INFO:  ExecNestLoop: entering main loop
INFO:  ExecNestLoop: getting new inner tuple
INFO:  ExecNestLoop: no inner tuple, need new outer tuple
INFO:  ExecNestLoop: getting new outer tuple
INFO:  ExecNestLoop: no outer tuple, ending join
 u_id | u_name | o_id | o_uid | o_tid
------+--------+------+-------+-------
 1    | 张三    |    1 | 1     | C2002
 3    | 王五    |    2 | 3     | G321
 3    | 王五    |    3 | 3     | G1709
(3 rows)
```

⑫ 执行 EXPLAIN 语句，查看查询执行计划：

```
railway=# EXPLAIN SELECT u_id, u_name, o_id, o_uid, o_tid FROM users
    INNER JOIN orders ON u_id = o_uid;
                                QUERY PLAN
---------------------------------------------------------------------
 Nested Loop  (cost=0.00..141.23 rows=287 width=196)
   ->  Seq Scan on orders  (cost=0.00..12.87 rows=287 width=100)
   ->  Index Scan using pk_users on users  (cost=0.00..0.44 rows=1
       width=96)
       Index Cond: ((u_id)::text = (orders.o_uid)::text)
(4 rows)
```

这次执行时 openGauss 终于使用了嵌套循环连接算法。通过观察发现，此查询执行计划中对 orders 表进行了顺序扫描（seq scan）操作，而对 users 表进行的是索引扫描（index scan）操作；使用了名为 pk_users 的索引，该索引正是 users 表的主键对应的默认索引。

9.4.4 添加代码：输出嵌套循环连接算法的比较信息

通过在 ExecNestLoop 函数中添加代码，对内外层两个表的连接字段的值进行输出。

具体步骤如下：

① 在嵌套循环连接算法代码 ExecNestLoop 函数中添加以下代码：

```
        /* [ DBLAB ============================================================ */
        TupleTableSlot* outer_slot = econtext->ecxt_outertuple;
        TupleTableSlot* inner_slot = econtext->ecxt_innertuple;
        HeapTuple outer_ht = ExecFetchSlotTuple(outer_slot);
        HeapTuple inner_ht = ExecFetchSlotTuple(inner_slot);
```

```
Relation outer_rel = RelationIdGetRelation(outer_ht->t_tableOid);
Relation inner_rel = RelationIdGetRelation(inner_ht->t_tableOid);
char* outer_relname = RelationGetRelationName(outer_rel);
char* inner_relname = RelationGetRelationName(inner_rel);
if (strcmp(outer_relname, "users") == 0 && strcmp(inner_relname,
"orders") == 0 || strcmp(outer_relname, "orders") == 0 && strcmp(inner_
relname, "users") == 0) {
    TupleDesc outer_td = outer_slot->tts_tupleDescriptor;
    TupleDesc inner_td = inner_slot->tts_tupleDescriptor;
    // users.u_id (1st att) or orders.o_uid (2nd att)
    int outer_num = strcmp(outer_relname, "users") == 0 ? 1 : 2;
    int inner_num = strcmp(inner_relname, "orders") == 0 ? 2 : 1;
    char* outer_attname = outer_td->attrs[outer_num - 1]->attname.data;
    char* inner_attname = inner_td->attrs[inner_num - 1]->attname.data;
    bool isnull;
    Datum outer_attr = heap_getattr(outer_ht, outer_num, outer_td,
    &isnull);
    Datum inner_attr = heap_getattr(inner_ht, inner_num, inner_td,
    &isnull);
    ereport(INFO, (0, errmsg("outer attr: %s = %s <--> inner attr: %s = %s",
            outer_attname,
            text_to_cstring(DatumGetVarCharP(outer_attr)),
            inner_attname,
            text_to_cstring(DatumGetVarCharP(inner_attr)))));
}
RelationClose(outer_rel);
RelationClose(inner_rel);
/* DBLAB ] ====================================================== */
```

添加代码的具体位置如图 9.3 所示。

对于添加的代码，说明如下：

- outer_slot 和 inner_slot，分别是两个连接表（外表和内表）的当前元组的 TupleTableSlot。
- 通过 ExecFetchSlotTuple 函数获得的 outer_ht 和 inner_ht，分别是外表和内表的当前元组的 HeapTuple。
- outer_rel 和 inner_rel，分别是外表和内表对应的 Relation 结构。
- outer_relname 和 inner_relname，分别是外表和内表的表名。通过 if 语句判断，只有当外表和内表的表名分别为 users、orders 或 order、users 时，才执行下面的代码。
- outer_td 和 inner_td，分别是外表和内表对应的 TupleDesc。
- outer_num 和 inner_num，分别是外表和内表的当前元组的指定属性编号（从 1 开始）。对于 users 表为其第 1 个属性 u_id，对于 orders 表为其第 2 个属性 o_uid。

```
ENL1_printf("testing qualification");

/* [ DBLAB =========================================================== */
TupleTableSlot* outer_slot = econtext->ecxt_outertuple;
TupleTableSlot* inner_slot = econtext->ecxt_innertuple;
HeapTuple outer_ht = ExecFetchSlotTuple(outer_slot);
HeapTuple inner_ht = ExecFetchSlotTuple(inner_slot);
Relation outer_rel = RelationIdGetRelation(outer_ht->t_tableOid);
Relation inner_rel = RelationIdGetRelation(inner_ht->t_tableOid);
char* outer_relname = RelationGetRelationName(outer_rel);
char* inner_relname = RelationGetRelationName(inner_rel);
if (strcmp(outer_relname, "users") == 0 && strcmp(inner_relname, "orders") == 0 ||
    strcmp(outer_relname, "orders") == 0 && strcmp(inner_relname, "users") == 0) {
    TupleDesc outer_td = outer_slot->tts_tupleDescriptor;
    TupleDesc inner_td = inner_slot->tts_tupleDescriptor;
    // users.u_id (1st att) or orders.o_uid (2nd att)
    int outer_num = strcmp(outer_relname, "users") == 0 ? 1 : 2;
    int inner_num = strcmp(inner_relname, "orders") == 0 ? 2 : 1;
    char* outer_attname = outer_td->attrs[outer_num - 1].attname.data;
    char* inner_attname = inner_td->attrs[inner_num - 1].attname.data;
    bool isnull;
    Datum outer_attr = heap_getattr(outer_ht, outer_num, outer_td, &isnull);
    Datum inner_attr = heap_getattr(inner_ht, inner_num, inner_td, &isnull);
    ereport(INFO, (0, errmsg("outer attr: %s = %s <--> inner attr: %s = %s",
            outer_attname,
            text_to_cstring(DatumGetVarCharP(outer_attr)),
            inner_attname,
            text_to_cstring(DatumGetVarCharP(inner_attr)))));
}
RelationClose(outer_rel);
RelationClose(inner_rel);
/* DBLAB ] =========================================================== */

if (ExecQual(joinqual, econtext, false)) {
```

图 9.3 在 ExecNestLoop 函数中添加代码的位置

- 将获取的外表和内表指定属性名分别保存到 outer_attname 和 inner_attname。
- 通过 heap_getattr 宏调用，分别获取外表属性值 outer_attr 和内表属性值 inner_attr。
- 调用 ereport 和 errmsg，输出外表和内表的对应属性名与属性值。

② 停止 openGauss 数据库服务器：

```
[dblab@eduog openGauss-server]$ gs_ctl stop -D $GAUSSHOME/data -Z
    single_node -l logfile
```

③ 重新编译并安装 openGauss：

```
[dblab@eduog openGauss-server]$ make -j4
[dblab@eduog openGauss-server]$ make install
```

④ gsql 连接数据库服务器：

```
[dblab@eduog openGauss-server]$ gsql railway -r
```

```
gsql ((openGauss 5.0.0 build ) compiled at 2025-02-23 16:50:22 commit
    0 last mr  debug)
Non-SSL connection (SSL connection is recommended when requiring
    high-security)
Type "help" for help.

railway=#
```

⑤ 重新设置优化器参数：

```
railway=# SET enable_hashjoin = off;
railway=# SET enable_mergejoin = off;
```

⑥ 再次执行连接查询：

```
railway=# SELECT u_id, u_name, o_id, o_uid, o_tid FROM users INNER
    JOIN orders ON u_id = o_uid;
INFO:  ExecNestLoop: getting info from node
INFO:  ExecNestLoop: entering main loop
INFO:  ExecNestLoop: getting new outer tuple
INFO:  ExecNestLoop: saving new outer tuple information
INFO:  ExecNestLoop: rescanning inner plan
INFO:  ExecNestLoop: getting new inner tuple
INFO:  ExecNestLoop: testing qualification
INFO:  outer attr: o_uid = 1 <--> inner attr: o_id = 1
INFO:  ExecNestLoop: qualification succeeded, projecting tuple
INFO:  ExecNestLoop: getting info from node
INFO:  ExecNestLoop: entering main loop
INFO:  ExecNestLoop: getting new inner tuple
INFO:  ExecNestLoop: no inner tuple, need new outer tuple
INFO:  ExecNestLoop: getting new outer tuple
INFO:  ExecNestLoop: saving new outer tuple information
INFO:  ExecNestLoop: rescanning inner plan
INFO:  ExecNestLoop: getting new inner tuple
INFO:  ExecNestLoop: testing qualification
INFO:  outer attr: o_uid = 3 <--> inner attr: o_id = 3
INFO:  ExecNestLoop: qualification succeeded, projecting tuple
INFO:  ExecNestLoop: getting info from node
INFO:  ExecNestLoop: entering main loop
INFO:  ExecNestLoop: getting new inner tuple
INFO:  ExecNestLoop: no inner tuple, need new outer tuple
INFO:  ExecNestLoop: getting new outer tuple
INFO:  ExecNestLoop: saving new outer tuple information
INFO:  ExecNestLoop: rescanning inner plan
INFO:  ExecNestLoop: getting new inner tuple
INFO:  ExecNestLoop: testing qualification
INFO:  outer attr: o_uid = 3 <--> inner attr: o_id = 3
INFO:  ExecNestLoop: qualification succeeded, projecting tuple
```

```
INFO:  ExecNestLoop: getting info from node
INFO:  ExecNestLoop: entering main loop
INFO:  ExecNestLoop: getting new inner tuple
INFO:  ExecNestLoop: no inner tuple, need new outer tuple
INFO:  ExecNestLoop: getting new outer tuple
INFO:  ExecNestLoop: no outer tuple, ending join
 u_id | u_name | o_id | o_uid | o_tid
------+--------+------+-------+-------
 1    | 张三   |    1 | 1     | C2002
 3    | 王五   |    2 | 3     | G321
 3    | 王五   |    3 | 3     | G1709
(3 rows)
```

仔细观察输出信息可以看到，以下 3 行输出信息，即对于外表 orders 的每个元组，内表 users 只进行了一次属性值比较操作（即每轮内层循环只执行了 1 次），而且在这一次比较操作中，外表和内表的对应属性值还恰好相等。这是什么原因呢？

```
INFO:  outer attr: o_uid = 1 <--> inner attr: o_id = 1
INFO:  outer attr: o_uid = 3 <--> inner attr: o_id = 3
INFO:  outer attr: o_uid = 3 <--> inner attr: o_id = 3
```

回看上一步执行 EXPLAIN 语句输出的查询执行计划，对外表 orders 进行的是顺序扫描，而对内表 users 进行的是索引扫描。所谓索引扫描，就是用外表中当前元组的连接属性值作为键，到索引结构中进行值查找。由于该索引是建立在 users 表主键上的唯一索引，因而键查找会返回唯一值，即 users 表中 u_id 与 orders 表当前元组的 o_uid 值相等的唯一一个元组。这就解释了为什么对于外表的一个元组，内表仅进行一次比较操作，而且恰好对应属性值相等。那么，有什么办法能够禁用索引扫描操作吗？

⑦ 通过 SET 配置参数 enable_indexscan 为 off，禁止使用索引扫描：

```
railway=# SET enable_indexscan = off;
SET
```

⑧ 执行 EXPLAIN 语句，查看查询执行计划：

```
railway=# EXPLAIN SELECT u_id, u_name, o_id, o_uid, o_tid FROM users
    INNER JOIN orders ON u_id = o_uid;
                              QUERY PLAN
---------------------------------------------------------------------
 Nested Loop  (cost=0.29..1249.30 rows=287 width=196)
   ->  Seq Scan on orders  (cost=0.00..12.87 rows=287 width=100)
   ->  Bitmap Heap Scan on users  (cost=0.29..4.30 rows=1 width=96)
       Recheck Cond: ((u_id)::text = (orders.o_uid)::text)
         ->  Bitmap Index Scan on pk_users  (cost=0.00..0.29 rows=1
             width=0)
```

```
        Index Cond: ((u_id)::text = (orders.o_uid)::text)
(6 rows)
```

可以发现，这次查询执行计划改为使用位图索引扫描操作了。

⑨ 通过 SET 配置参数 enable_ bitmapscan 为 off，禁止使用位图扫描操作：

```
railway=# SET enable_bitmapscan = off;
SET
```

⑩ 执行 EXPLAIN 语句，查看查询执行计划：

```
railway=# EXPLAIN SELECT u_id, u_name, o_id, o_uid, o_tid FROM users
    INNER JOIN orders ON u_id = o_uid;
                          QUERY PLAN
------------------------------------------------------------------------
 Nested Loop  (cost=0.00..1231.77 rows=287 width=196)
 Join Filter: ((users.u_id)::text = (orders.o_uid)::text)
 ->  Seq Scan on orders  (cost=0.00..12.87 rows=287 width=100)
 ->  Materialize  (cost=0.00..14.20 rows=280 width=96)
       ->  Seq Scan on users  (cost=0.00..12.80 rows=280 width=96)
(5 rows)
```

对比此时查询执行计划与前面查询执行计划的区别。可以看到，orders 表和 users 表均为顺序扫描操作。但在 users 表的顺序扫描上有一步物化操作。

⑪ 通过 SET 配置参数 enable_material 为 off，禁止使用物化操作：

```
railway=# SET enable_material = off;
SET
```

⑫ 执行 EXPLAIN 语句，查看查询执行计划：

```
railway=# EXPLAIN SELECT u_id, u_name, o_id, o_uid, o_tid FROM users
    INNER JOIN
orders ON u_id = o_uid;
                          QUERY PLAN
------------------------------------------------------------------
 Nested Loop  (cost=0.00..4620.90 rows=287 width=196)
    Join Filter: ((users.u_id)::text = (orders.o_uid)::text)
    -> Seq Scan on users  (cost=0.00..12.80 rows=280 width=96)
    -> Seq Scan on orders  (cost=0.00..12.87 rows=287 width=100)
(4 rows)
```

观察发现，此时的查询执行计划中只有顺序扫描操作和连接过滤操作了。其中连接过滤就是两个连接属性值是否相等的条件判断。但是与之前使用索引扫描的查询执行计划相比，外表和内表发生了互换。这是 openGauss 的优化器做出的动态调整，用户无法自行改变。不过我们之前添加的代码考虑了外表和内表交换的情况，能够根据表名确定对应的属性编号。

⑬ 保证之前提及的优化器参数已禁用：

```
railway=#
SET enable_hashjoin = off;
SET enable_mergejoin = off;
SET enable_indexscan = off;
SET enable_material = off;
SET enable_bitmapscan = off;
```

⑭ 再次执行查询，得到输出信息：

```
railway=# SELECT u_id, u_name, o_id, o_uid, o_tid FROM users INNER
    JOIN orders ON u_id = o_uid;
INFO:  ExecNestLoop: getting info from node
INFO:  ExecNestLoop: entering main loop
INFO:  ExecNestLoop: getting new outer tuple
INFO:  ExecNestLoop: saving new outer tuple information
INFO:  ExecNestLoop: rescanning inner plan
INFO:  ExecNestLoop: getting new inner tuple
INFO:  ExecNestLoop: testing qualification
INFO:  outer attr: u_id = 1 <--> inner attr: o_uid = 1
INFO:  ExecNestLoop: qualification succeeded, projecting tuple
INFO:  ExecNestLoop: getting info from node
INFO:  ExecNestLoop: entering main loop
INFO:  ExecNestLoop: getting new inner tuple
INFO:  ExecNestLoop: testing qualification
INFO:  outer attr: u_id = 1 <--> inner attr: o_uid = 3
INFO:  ExecNestLoop: qualification failed, looping
INFO:  ExecNestLoop: getting new inner tuple
INFO:  ExecNestLoop: testing qualification
INFO:  outer attr: u_id = 1 <--> inner attr: o_uid = 3
INFO:  ExecNestLoop: qualification failed, looping
INFO:  ExecNestLoop: getting new inner tuple
INFO:  ExecNestLoop: no inner tuple, need new outer tuple
INFO:  ExecNestLoop: getting new outer tuple
INFO:  ExecNestLoop: saving new outer tuple information
INFO:  ExecNestLoop: rescanning inner plan
INFO:  ExecNestLoop: getting new inner tuple
INFO:  ExecNestLoop: testing qualification
INFO:  outer attr: u_id = 2 <--> inner attr: o_uid = 1
INFO:  ExecNestLoop: qualification failed, looping
INFO:  ExecNestLoop: getting new inner tuple
INFO:  ExecNestLoop: testing qualification
INFO:  outer attr: u_id = 2 <--> inner attr: o_uid = 3
INFO:  ExecNestLoop: qualification failed, looping
INFO:  ExecNestLoop: getting new inner tuple
INFO:  ExecNestLoop: testing qualification
```

```
INFO:  outer attr: u_id = 2 <--> inner attr: o_uid = 3
INFO:  ExecNestLoop: qualification failed, looping
INFO:  ExecNestLoop: getting new inner tuple
INFO:  ExecNestLoop: no inner tuple, need new outer tuple
INFO:  ExecNestLoop: getting new outer tuple
INFO:  ExecNestLoop: saving new outer tuple information
INFO:  ExecNestLoop: rescanning inner plan
INFO:  ExecNestLoop: getting new inner tuple
INFO:  ExecNestLoop: testing qualification
INFO:  outer attr: u_id = 3 <--> inner attr: o_uid = 1
INFO:  ExecNestLoop: qualification failed, looping
INFO:  ExecNestLoop: getting new inner tuple
INFO:  ExecNestLoop: testing qualification
INFO:  outer attr: u_id = 3 <--> inner attr: o_uid = 3
INFO:  ExecNestLoop: qualification succeeded, projecting tuple
INFO:  ExecNestLoop: getting info from node
INFO:  ExecNestLoop: entering main loop
INFO:  ExecNestLoop: getting new inner tuple
INFO:  ExecNestLoop: testing qualification
INFO:  outer attr: u_id = 3 <--> inner attr: o_uid = 3
INFO:  ExecNestLoop: qualification succeeded, projecting tuple
INFO:  ExecNestLoop: getting info from node
INFO:  ExecNestLoop: entering main loop
INFO:  ExecNestLoop: getting new inner tuple
INFO:  ExecNestLoop: no inner tuple, need new outer tuple
INFO:  ExecNestLoop: getting new outer tuple
INFO:  ExecNestLoop: no outer tuple, ending join
 u_id | u_name | o_id | o_uid | o_tid
------+--------+------+-------+-------
 1    | 张三   |    1 | 1     | C2002
 3    | 王五   |    2 | 3     | G321
 3    | 王五   |    3 | 3     | G1709
(3 rows)
```

此次，我们终于可以看到该查询按照嵌套循环算法的流程进行了连接属性值的比较：

```
INFO:  outer attr: u_id = 1 <--> inner attr: o_uid = 1
INFO:  outer attr: u_id = 1 <--> inner attr: o_uid = 3
INFO:  outer attr: u_id = 1 <--> inner attr: o_uid = 3
INFO:  outer attr: u_id = 2 <--> inner attr: o_uid = 1
INFO:  outer attr: u_id = 2 <--> inner attr: o_uid = 3
INFO:  outer attr: u_id = 2 <--> inner attr: o_uid = 3
INFO:  outer attr: u_id = 3 <--> inner attr: o_uid = 1
INFO:  outer attr: u_id = 3 <--> inner attr: o_uid = 3
INFO:  outer attr: u_id = 3 <--> inner attr: o_uid = 3
```

观察输出信息，就是按照嵌套循环算法步骤，外表 users 的当前元组与内表 orders 的当前元组进行了 9 次比较，即对于 users 表的每一行，orders 表进行一轮遍历，每轮遍历进行 3 次比较。

至此，从实验的角度验证了嵌套循环连接算法原理。

如果在执行上述连接查询 SQL 语句时，数据库服务器崩溃或 gsql 连接断开，或没有实现预期的输出效果，这是由于编写代码过程中引入了错误。此时，可通过使用单步调试方法对添加的代码进行调试，以排除错误。通过“编辑—编译—测试—调试”步骤循环往复，直到代码成功执行为止。

9.5 实验结果

请按照如下要求完成实验操作：

① 完成实验步骤 9.4.1 小节、9.4.2 小节和 9.4.3 小节，输出 ExecNestLoop 函数中的调试信息。

② 请说明在实验步骤 9.4.4 小节中，为什么在配置 enable_indexscan、enable_material 和 enable_ bitmapscan 参数为 off 之前，连接属性值的比较信息输出为 3 行，而配置之后连接属性值的比较信息输出变为 9 行？

③ 完成实验步骤 9.4.4 小节，输出 9 行连接属性值的比较信息。

9.6 讨论与总结

请列出实验中遇到的问题、解决办法与思考讨论，并对本实验进行总结。

实验中遇到的问题描述、解决办法：   思考讨论：   实验总结：

第 10 章　索引的构建与使用

10.1　实验介绍

本实验将通过阅读和分析 openGauss 中与 btree 索引构建相关的实现源代码，帮助读者理解并验证索引的构建流程、使用方法与系统开销。本实验首先回顾索引结构与 B+ 树索引的原理，总结 CREATE INDEX 语句的用法，并通过阅读 openGauss 中 btree 索引构建的相关源代码，带领读者实践 btree 索引的具体工程实现，随后通过一系列实验，帮助读者深入理解 btree 索引构建、索引与查询执行计划的关联、索引相关系统表、索引的作用与开销。最后通过添加代码的方法，输出 btree 索引构建过程中的关键环节信息，以此加深读者对索引结构原理与实现的理解与认识。

本实验的实践内容涉及 B+ 树索引在 openGauss 中的具体实现，实验内容较多且综合性较强。如果添加的代码引入了错误，则需要通过“编辑—编译—测试—调试”的迭代步骤进行耐心排错，查找问题所在，进而增强系统软件的调试能力。

10.2　实验目的

- 理解索引结构与 B+ 树索引的原理。
- 掌握在 openGauss 中用 CREATE INDEX 语句构建索引的基本方法。
- 理解在 openGauss 中 btree 索引的构建流程及其在源代码中的实现。
- 理解索引构建与查询执行计划的关联。
- 了解在 openGauss 中与索引构建相关的系统表信息。
- 理解索引的作用与开销。
- 掌握在 openGauss 中添加代码输出 btree 索引相关信息的方法。
- 掌握使用 pageinspect 插件分析索引页面的方法。
- 了解与本实验相关的函数及结构体的源代码。

10.3 实验原理

10.3.1 索引结构

数据库的索引结构是为了加速数据检索和优化查询性能而设计的，它是一种高效的数据存储结构，具有有序、快速查询和高效存储等特点。

维护数据库的索引结构是一项有代价的任务，需要仔细权衡利弊，以确保在提高数据查找性能的同时不会导致过多的时空代价开销。例如：

① 增加存储空间。索引需要存储一些额外的数据，例如索引键值和记录地址，这可能会导致存储空间的增加。

② 增加写入时间。当对数据库表进行写操作（如插入、更新或删除）时，必须同时更新索引，以保证索引始终与数据表同步。这样可能会导致写入操作的速度变慢。

③ 增加维护复杂性。索引需要定期维护，以保证其准确性和效率，这可能包括重建索引、合并或分裂索引等任务。

④ 降低查询效率。虽然索引可以提高数据查找的效率，但是对于一些复杂的查询，索引本身的复杂性可能会降低查询的效率。

openGauss 支持多种索引结构，其中包括：

① B+ 树索引。B+ 树索引在 openGauss 中称为 btree 索引，它是最常用也是默认的索引结构，使用 B+ 树数据结构，适用于快速查询和遍历数据。btree 索引对索引键进行了排序，因而支持数据的快速范围查找，并且支持多列索引和聚簇索引。

② 哈希索引。哈希索引是 openGauss 中另一种常用的索引结构，它使用了哈希表数据结构，适用于快速查询键值相等的数据。哈希索引不对索引键进行排序，因而不支持范围查找，但是其等值查找速度比 btree 索引更快。

③ GiST 索引。GiST 索引是 openGauss 中用于空间数据类型的索引结构，它使用了 GiST（通用搜索树）数据结构，适用于快速查询和遍历地理空间数据。它支持空间数据类型的查询，例如点、线、面等。

④ GIN 索引。GIN 索引是 openGauss 中用于支持关键字检索的索引结构，它使用了 GIN（通用倒排索引）数据结构，可以快速查找到包含指定关键字的元组，适用于多值类型的元素搜索，比如支持全文搜索、数组中元素的搜索等。

10.3.2 B+ 树索引

B+ 树索引是一种常见的数据库索引结构，用于加速数据库表的查询操作。B+ 树索引结构有关的概念如下：

① 多叉树：B+ 树是一种多叉树结构，每个节点最多可以有多个子节点。

② 非叶节点：非叶节点中存储的是关键字值，以及指向该关键字所对应的子树的指针。

③ 叶节点：叶节点中存储的是实际的数据记录的键值，也就是数据表中的行。

④ 节点大小：B+ 树规定了每个节点中关键字的个数范围，称为该节点的大小。

⑤ 查询操作：在查询操作中，通过从根节点开始比较关键字的大小不断移动到相应的子树，最终找到匹配的数据记录。

B+ 树的优势在于它比较容易实现，在查询操作中效率较高且不会造成过多的磁盘读写操作，因此它在数据库查询中广泛使用。图 10.1 给出了一个 B+ 树索引结构的示例。

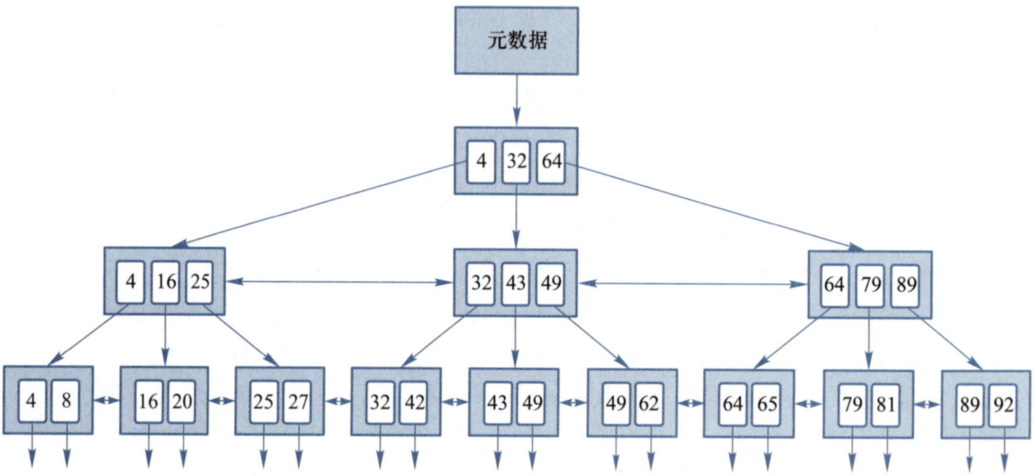

图 10.1　B+ 树索引结构示例图

在 openGauss 中 B+ 树（btree）索引是最为常用的索引结构，也是其他索引结构的基础数据结构。图 10.2 给出了 openGauss 中的 btree 索引结构的高层示意图。在 openGauss 中，btree 的节点（也是索引页面）分为 4 种：元数据页面（meta page）、根节点页面（root page）、分支节点页面（branch page 或 non-leaf page）和叶节点页面（leaf page）。其中：元数据页面主要存储 btree 索引的元数据信息，可以通过该页面找到根节点页面信息；分支节点页面是 btree 索引的内部节点，即 btree 中除根节点和叶节点之外的其他节点；叶节点页面中索引项的指针指向堆表页面，而非叶节点的指针则指向其子节点页面。

openGauss 中 btree 索引的详细页面组织如图 10.3 所示。可以看到，一个索引节点对应于一个存储页面，索引页面的结构与堆表页面基本相同，也是由页头、元组指针数组和元组项组成；元组指针从前向后递增，元组项从后向前递增；中间部分是空闲空间。二者之间不同的是索引元组的定义以及页面末尾的

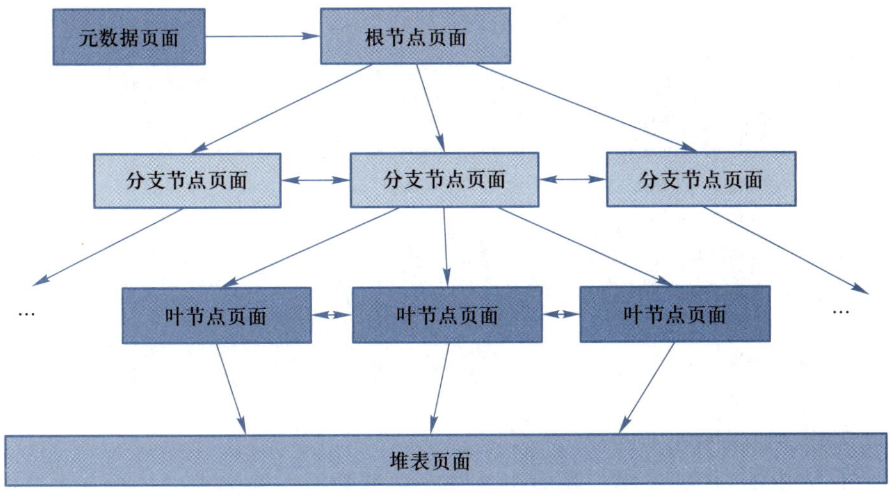

图 10.2 openGauss 中 btree 索引结构高层示意图

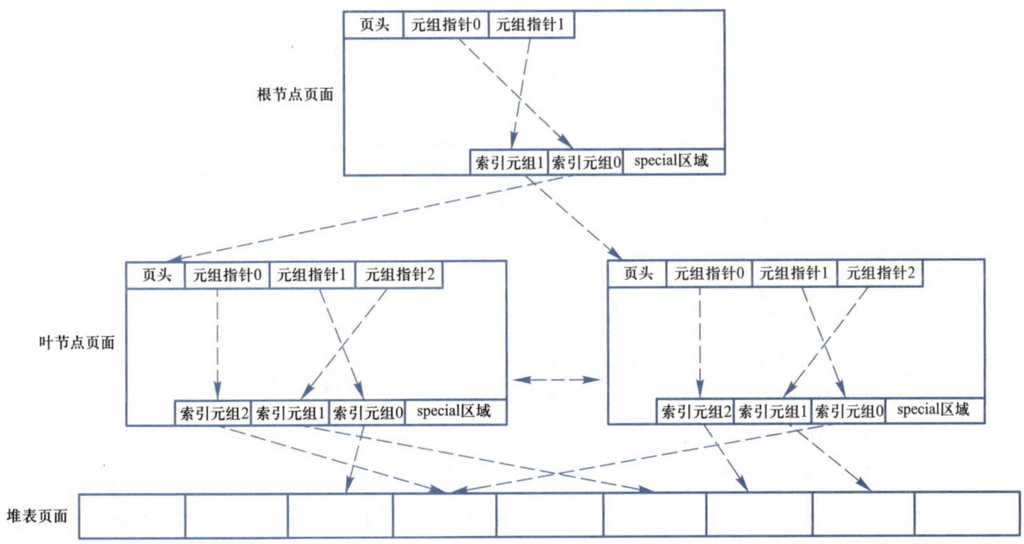

图 10.3 btree 索引页面组织示意图

special 区域。其中：

① 叶节点页面：索引元组中包含指向堆表页面的指针，堆元组就是被建立索引的关系表中的元组。

② 非叶节点页面：索引元组中包含指向子节点页面的指针，即 btree 中分支节点包含的指向子节点的指针，用于进行 btree 索引查找。

10.3.3 CREATE INDEX 语句

创建索引的 SQL 语句是 CREATE INDEX。

CREATE INDEX 语句的语法格式如下：

```
CREATE[UNIQUE]INDEX[CONCURRENTLY][[schema_name.]index_name]
    ON table_name[USING method]
    ({{column_name[(length)]|(expression)}[COLLATE collation][opclass]
    [ASC|DESC][NULLS{FIRST|LAST}]}[,…])
    [INCLUDE(column_name[,…])]
    [WITH({storage_parameter=value}[,…])]
    [TABLESPACE tablespace_name]
    [COMMENT text]
    [WHERE predicate];
```

部分参数说明如下：

① UNIQUE：创建唯一性索引，每次添加数据时检测表中是否有重复值。如果插入或更新的值会引起重复记录，将导致一个错误。

② CONCURRENTLY：以不阻塞 DML 的方式创建索引（加 ShareUpdateExclusiveLock 锁）。

③ schema_name：模式的名称。

④ index_name：要创建的索引名。

⑤ table_name：需要为其创建索引的表的名称。

⑥ USING method：指定创建索引的方法。其中：btree 索引适合支持比较查询以及查询范围；哈希索引只能处理简单等值比较，适合在索引值较长的情况下使用；GIN 索引可以处理包含多个键的值（比如数组）；GiST 索引适用于几何和地理等多维数据类型和集合数据类型。

⑦ column_name：表中需要创建索引的列的名称（字段名）。

⑧ COLLATE collation：COLLATE 子句指定列的排序规则（该列必须是可排序的数据类型）。

⑨ opclass：操作符类的名称。对于索引的每一列可以指定一个操作符类，操作符类标识了索引那一列所使用的操作符。例如，一个 btree 索引在一个 4 B 整数上可以使用 int4_ops。

⑩ ASC/DESE：指定按升序/降序排序（默认升序排序）。

⑪ NULLS FIRST/LAST：指定空值在排序中排在非空值之前 / 之后，当指定 / 未指定 DESC 排序时，本选项为默认选项。

⑫ WITH（{storage_parameter=value}[, …]）：一个索引的填充因子是一个介于 10 和 100 之间的百分数。

⑬ TABLESPACE tablespace_name：指定索引的表空间。

⑭ COMMENT text：指定索引的注释，如果没有声明则注释为空。

⑮ WHERE predicate：创建一个部分索引。部分索引是一个只包含表的一部分记录的索引，通常是该表中比其他部分数据更有用的部分。

10.3.4 索引相关的函数与结构体

在一个已有的关系表上创建索引时，需要执行 CREATE INDEX 语句。下面将按步骤分析 openGauss 执行 CREATE INDEX 语句时源代码中的函数调用流程，同时介绍相关的函数与结构体。

1. 函数 standard_ProcessUtility

CREATE INDEX 语句属于 SQL 中的数据定义语言（DDL），它执行 utility.cpp 中定义的 standard_ProcessUtility 函数的 T_IndexStmt 分支，在其中调用 DefineIndex 函数。

2. 函数 DefineIndex

创建索引的入口函数为 indexcmds.cpp 中的 DefineIndex。在该函数中将调用 index_create 函数来完成索引创建的主要工作。

3. 函数 index_create

继续执行 index.cpp 中的 index_create 函数。该函数会进行以下操作：

① 参数检查及校验。

② 创建索引元组描述符（index tuple descriptor）以描述索引元组的结构。索引元组描述符的很多属性是从对应表的元组描述符中复制过来的，两者都是 TupleDesc 对象。

③ 调用 GetNewRelFileNode 函数，为索引生成新的 OID。

④ 调用 heap_create 函数，将索引信息插入关系缓存中，在磁盘上新建索引文件。

⑤ 在与创建索引相关的一系列系统表（pg_class、pg_attribute、pg_index、pg_constraint、pg_depend 等）中，插入必要的索引相关元数据。

⑥ 调用 index_build 函数，执行索引构建流程。

4. 函数 index_build

index.cpp 中的 index_build 函数将继续执行索引构建流程。在调用 index_build 之前，索引相关元数据已插入系统表，空的索引文件已创建。index_build 函数根据 pg_am 系统表和索引类型找到构建索引对应的处理函数（不同类型的索引构建处理函数由 pg_am 表的 ambuild 字段指定），执行构建索引的流程。例如，btree 索引对应的构建函数是 btbuild。index_build 函数中调用 index_build_storage 函数完成该过程。

5. 函数 index_build_storage

index_build_storage 函数获取索引关系表 indexRelation 中记录的 pg_am 系统表元组的 ambuild 属性值，该属性值存储的实际上是对应索引类型的索引构建函数的对象 ID（OID）。使用 OidFunctionCall3 宏调用索引构建函数，返回索引构建结果对象 IndexBuildResult。

6. 结构体 IndexBuildResult

IndexBuildResult 结构体记录了插入索引的元组数量。

字段说明：

① heap_tuples：建立索引的关系表中的元组数量。

② index_tuples：构建索引过程中，在索引中插入的元组数量。

7. 函数 btbuild 及 btbuild_internal

btree 索引的实现代码位于 nbtree.cpp 中，它实现了 betree 索引的管理维护算法。

在该函数中进一步调用 btbuild_internal 函数，执行如下流程：

① 调用 nbtsort.cpp 中的 _bt_spools_heapscan 函数，以扫描要构建索引的表元组。

② 调用 _bt_leafbuild 函数，对索引元组项（IndexTuple 结构）进行排序并构建 btree 索引。

③ 返回索引构建结果。

8. 函数 _bt_leafbuild

在 _bt_leafbuild 函数中主要完成以下操作：

① 调用 tuplesort.cpp 中的 tuplesort_performsort 函数，对索引元组项进行实际的排序操作。

② 调用 _bt_load 函数，将排好序的索引元组项插入索引，以完成 btree 索引的构建。

9. 函数 _bt_load

在 _bt_load 函数中执行如下过程：

① 调用 tuplesort_getindextuple 遍历所有排好序的索引元组项，对于每个索引元组项调用 _bt_buildadd 函数，将其添加到 btree 索引结构的叶节点页面中。

② 如果存在 BTSpool 对象 btspool2，则需要进行两个 BTSpool 对象 btspool 和 btspool2 的合并。

③ 最后调用 _bt_uppershutdown 函数，进行 btree 索引每一层最右侧页面的收尾处理以及元数据页面的构建工作。

10. 函数 _bt_buildadd

_bt_buildadd 函数将执行 btree 索引中实际的索引元组项添加操作。执行过程如下：

① btree 索引从叶节点开始，每一层从左向右构建。如果一个页面写满了则会触发刷盘，同时还会在同层该页面右侧创建一个新的页面。

② 此时如果上层的父节点页面不存在，还将创建父节点页面；否则将本页面的最小键（minkey）和页号插入父节点页面。这是通过对于 _bt_buildadd 函数本身的递归调用实现的。因为是递归调用，也可能会触发父节点页面写满而引起的刷盘，以及父节点的右兄弟节点的创建等动作。

③ 每个 btree 节点页面会在其末尾的 special 区域记录其左、右邻居节点页面的页号。

请阅读 _bt_buildadd 函数的注释与代码，理解 btree 索引的上述具体构建过程。

11. 结构体 BTPageState

对于 btree 索引的每一层，都要维护一个结构体 BTPageState，用于记录索引构建过程中的若干状态信息。从 btree 叶节点层到根节点层，形成一个 BTPageState 的对象链表。

该结构体的字段说明如下：

① btps_page：该层正在构建的当前页面（该层最右侧的页面）。

② btps_blkno：btps_page 页面的磁盘块编号。

③ btps_minkey：btps_page 页面上的最小键 minkey（即第一项 firstkey）的副本。

④ btps_lastoff：btps_page 页面上最后一个索引元组项的偏移量。

⑤ btps_level：btree 的层数（叶节点层数为 0）。

⑥ btps_full：如果空闲空间小于该值，则页面被视为“满的”。

⑦ btps_next：指向父节点层级 BTPageState 的指针，用于构成单向链表。

12. 结构体 IndexTupleData

结构体 IndexTupleData 表示索引元组项。每个索引元组项均由头部 IndexTupleData 对象、NULL 值 bitmap（如果有）以及被索引的属性值组成。

13. 结构体 BTPageOpaqueData

结构体 BTPageOpaqueData 存储在每个 btree 索引页面的最末尾部分，其中保存了指向左、右兄弟页面的指针，使得 btree 所有叶节点页面形成一个双向链表，从而支持高效的索引扫描操作。

结构体 BTPageOpaqueData 由两个字段组成：

① bt_internal：BTPageOpaqueDataInternal 结构体对象。

② xact：删除页面后下一个事务的 ID。

BTPageOpaqueDataInternal 结构体的字段如下：

① btpo_prev：指向前一个页面的块号，用于链接前、后两个页面。

② btpo_next：指向后一个页面的块号，用于链接前、后两个页面。

③ btpo_flags：存储页面的标志信息，例如页面是否为叶节点页面、是否为最后一个页面等。

④ btpo.level：表示页面所在的树层级，叶节点的层级为 0。

⑤ btpo.xact_old：删除页面后下一个事务的 ID。

⑥ btpo_cycleid: 最近一次页面分裂的 vacuum 回收 ID。

14. 函数 _bt_uppershutdown

由于构建 btree 索引的过程是自左向右、自底向上进行的，当页面写满时会触发页面刷盘。当所有索引元组项遍历完成均插入 btree 索引后，btree 每一层的最右侧页面可能还没有刷盘和链接到父节点。因此，当所有索引元组项均插入 btree 后，还需要对每一层的最右侧节点做一次处理。每一层的最右侧节

索引相关的函数与结构体源代码

点没有“highkey”（P_HIKEY），所以该页面的所有行指针（ItemPointer）均需向左移动一个位置。btree 索引构建完成后，还需要构建元数据页面。

上述这些 btree 索引构建的收尾工作均由函数 _bt_uppershutdown 完成。其中，对于 btree 索引每层的迭代处理是通过对 BTPageState 对象链表的循环遍历实现的。

10.3.5　btree 索引创建过程

btree 索引构建采取先排序索引元组项，再将排好序的所有索引元组项依次写入 btree 叶节点页面的方法，其目的是避免 btree 页面的分裂过程所引起的开销。

1. btree 索引的页面结构

前已提及，btree 索引的页面结构整体上与堆表页面结构相同，如图 10.4 所示，均由相同的页头（HeapPageHeaderData 结构体）、元组指针（ItemIdData 结构体）数组构成。不同点在于：

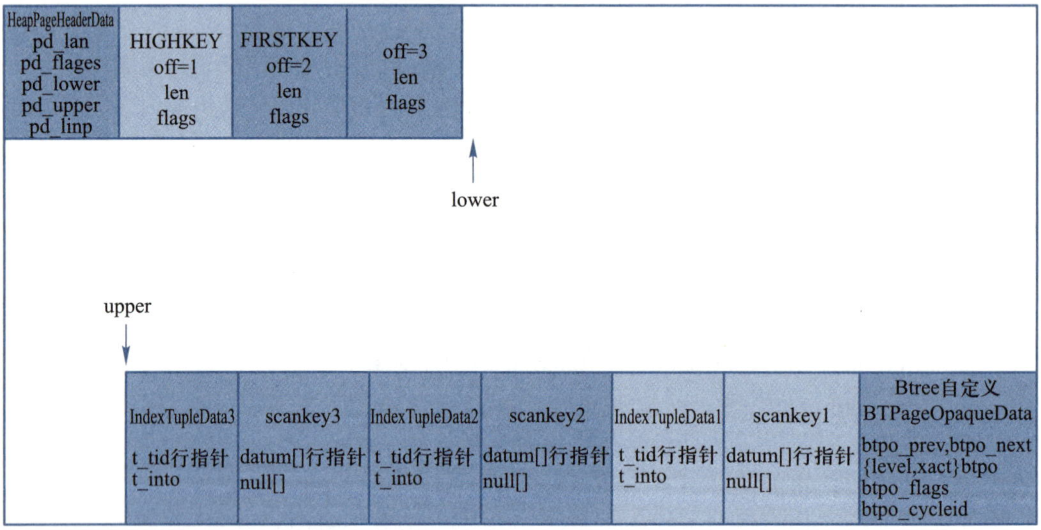

图 10.4　btree 索引的节点页面结构示例图

① 索引页面的末尾多了 btree 自定义的 BTPageOpaqueData 结构，其作用是将左、右邻居页面组织成双向链表。

② 每个行指针指向的内容由 IndexTupleData 对象和索引键（scankey）组成。

与堆表页面相同，索引页面的中间也是空闲区域。构建 btree 索引时，空闲空间占页面的大小比例由填充因子来控制。默认情况下，叶节点的填充因子为 90%，中间节点的填充因子为 70%。

2. btree 索引构建过程

btree 索引是随着索引元组项的插入，自左向右、自底向上逐步构建完成的。下面通过一系列图示给出 btree 索引的构建过程。

① 向新分配的叶节点页面 leaf-0 中插入索引元组项，如图 10.5 所示。

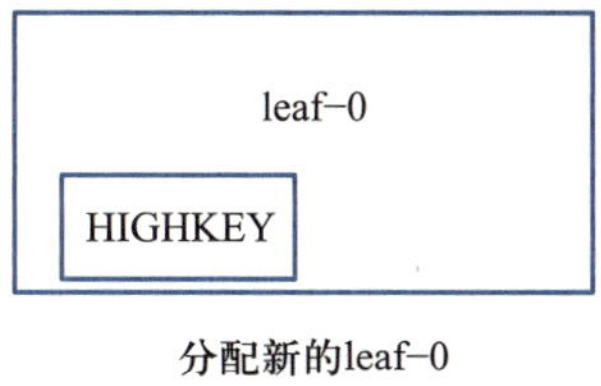

图 10.5 btree 索引构建：新分配叶节点页面 leaf-0

② 当 leaf-0 满时（达到填充因子）触发 leaf-0 刷盘，刷盘前需设置其父节点，并创建其右邻居节点。分配父节点 parent0，将指向 leaf-0 的指针插入 parent0，将 leaf-0 设置为 parent0 的子节点。分配新页面 leaf-1，将 leaf-0 的右兄弟指针指向 leaf-1，并将 leaf-1 的左兄弟指针指向 leaf-0，leaf-0 刷盘，如图 10.6 所示。

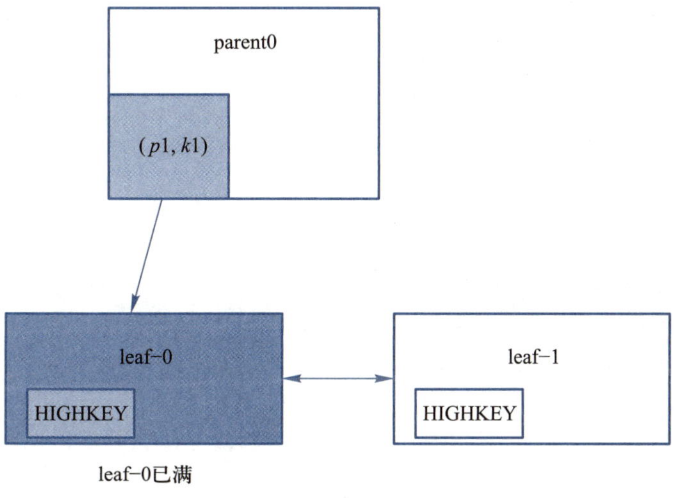

图 10.6 btree 索引构建：leaf-0 填充满，分配父节点页面 parent0 和右兄弟节点页面 leaf-1

③ 当 leaf-1 满时按照步骤②同样处理，只是此时不需要分配新的父节点。如图 10.7 所示。

④ 当 leaf-2 满时按照前面同样的处理过程，要将 leaf-2 指针插入父节点 parent0 时，恰好父节点 parent0 也满了，此时要递归地按照前面的过程处理 parent0，效果是分配 parent0 的父节点 parent2，btree 再增长一层，并分配 parent0 的右兄弟节点 parent1，如图 10.8 所示。

⑤ 递归处理完父节点 parent0 后，再分配 leaf-2 的右兄弟节点页面 leaf-3。如图 10.9 所示。

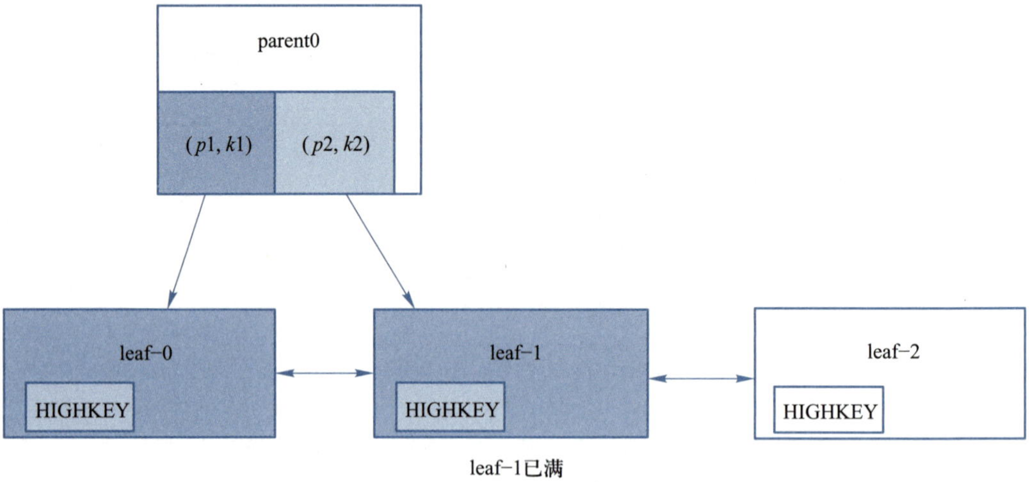

图 10.7 btree 索引构建：leaf-1 填充满，指针插入父节点页面 parent0 并分配右兄弟节点页面 leaf-2

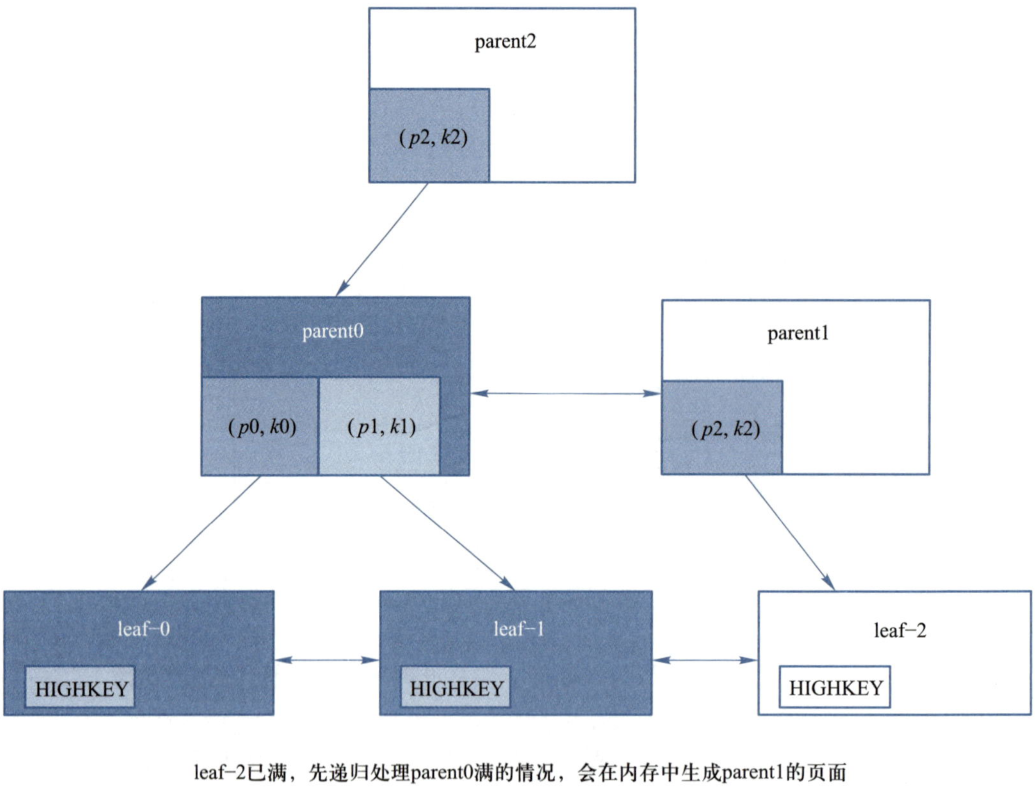

图 10.8 btree 索引构建：leaf-2 填充满，恰好 parent0 也填充满，引发 parent0 的递归处理

3. 索引元组和扫描键

索引元组（IndexTuple）和扫描键（scankey）的含义在叶节点与非叶节点

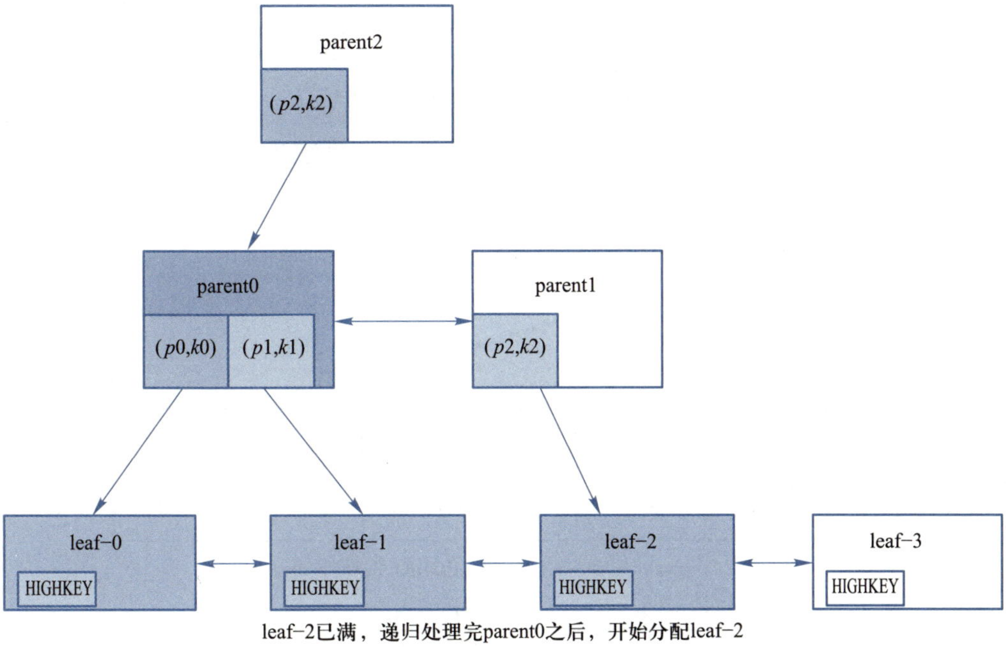

图 10.9 btree 索引构建：leaf-2 填充满，递归处理完父节点，分配右兄弟节点页面 leaf-3

中不同。对于叶节点，IndexTuple 是指向堆表（关系表）的元组指针（行指针）；对于非叶节点，IndexTuple 是指向子节点页面的指针。

叶节点页面中存放的是 IndexTuple 和 scankey 的组合，将这两者当作一个索引元组项，长度是两者之和。在索引查找时，通过页面开头的行指针定位到 IndexTuple，由于 IndexTuple 是定长的，只需再往前移动 sizeof(IndexTuple)，就能找到 scankey 的 Datum 和 NULL 区域。可根据索引元组描述符来解析 Datum 和 NULL 区域。

4. highkey 和 firstkey

每个非最右侧页面都有 highkey，其语义是该页面所有 key 的上界（不包含 highkey 本身）。因此，最右侧页面没有 highkey，因为其上界是正无穷。页面 1 的 highkey 是在页面 1 满了之后，生成页面 2 时确定下来的，其处理过程为：

① 将页面 1 的 highkey 内容复制到页面 2，作为页面 2 的 firstkey（也叫 minkey）。

② 设置页面 1 的 highkey 指向最后一个行指针 last_off，并且标记 last_off 为无效指针。

因此，页面 1 的 highkey 就是页面 2 的 firstkey，如图 10.10 所示。

实际上，在 btree 索引的任意一层，每个节点页面中的索引值取值范围为 [firstkey, highkey) 这个半闭半开区间。除此之外，最右节点页面不存在 highkey，

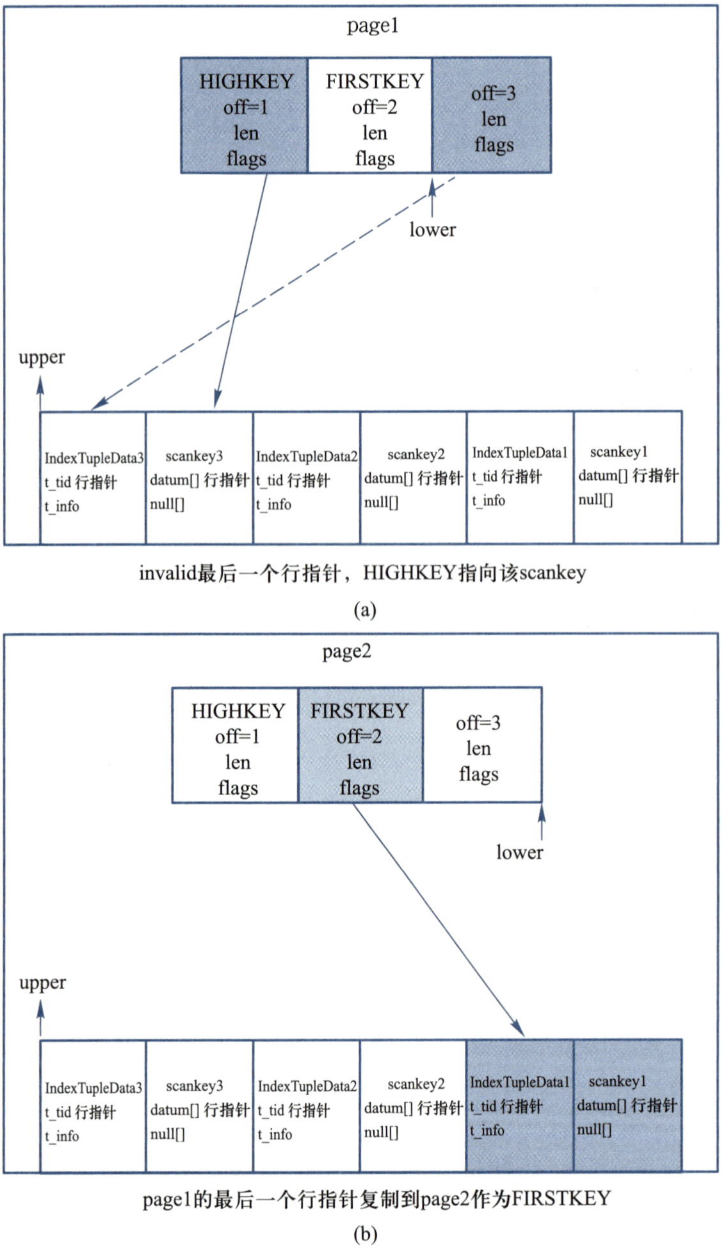

图 10.10　highkey 和 firstkey 示意图

其取值范围为 [firstkey, +∞)，如图 10.11 所示。

5. btree 索引构建的收尾工作

当构建索引的关系表中的所有元组都被插入 btree 之后，每一层最右侧页面还没有填充满以及刷盘。此时，需要自下而上对 btree 每一层的最后一个页面进行刷盘处理。该过程需要借助 btree 构建中维护的 BTPageState 结构链表来实现，即遍历这个链表，从叶节点开始向上逐层刷盘。在这个过程中，会向父

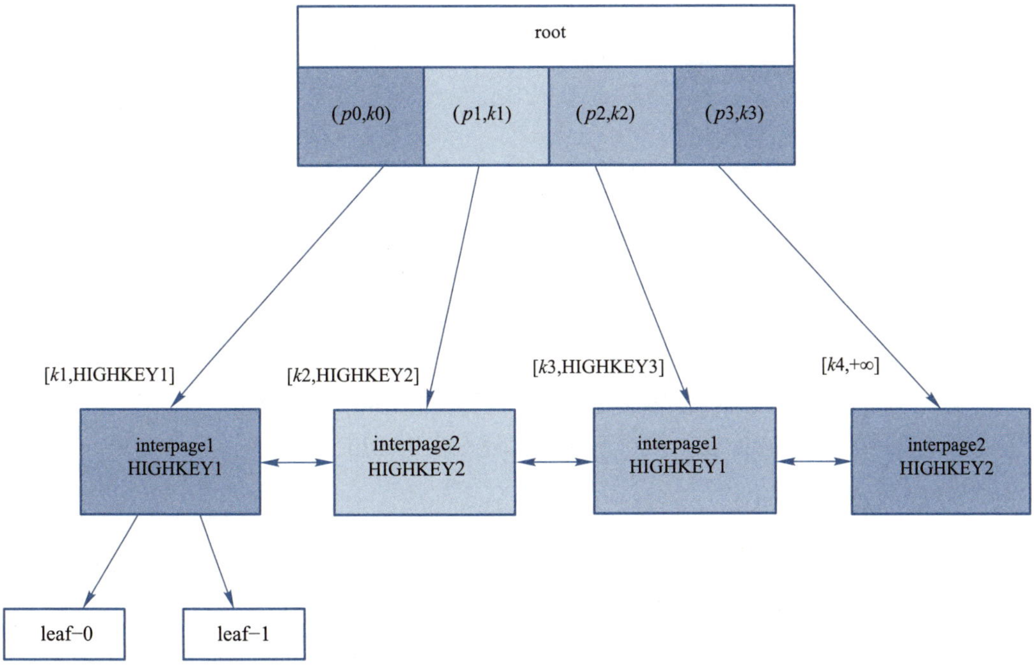

图 10.11 btree 索引节点页面的索引值取值范围

节点插入 IndexTuple，可能会触发父节点填满而刷盘，因而又产生一个新的父节点，所属层的 BTPageState 也会被更新，沿着 BTPageState 链表会最终把这个新产生的页面也刷盘。最后，还会创建元数据页面，它会记录指向根节点页面的指针。如图 10.12 所示。

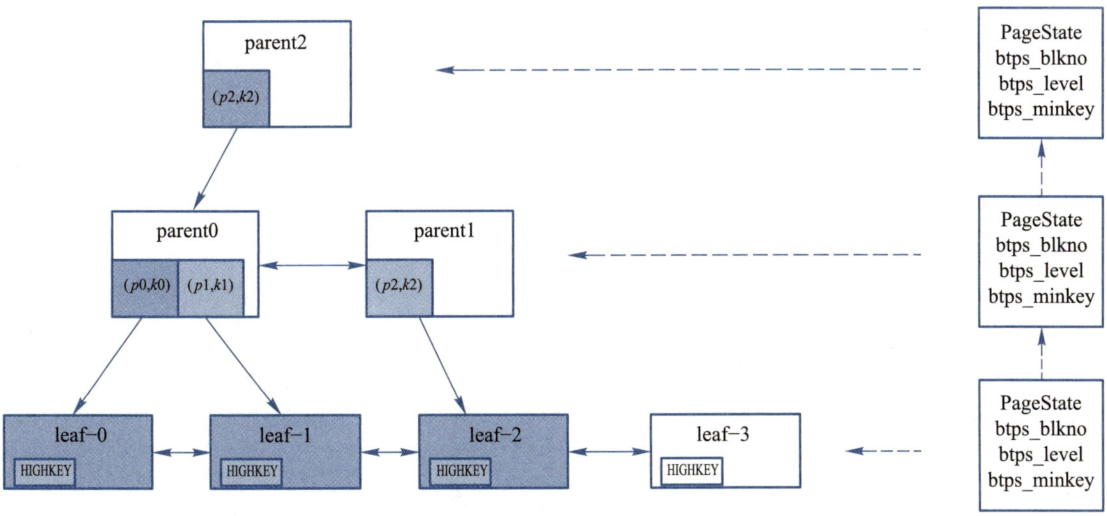

图 10.12 btree 索引构建的收尾工作

10.4　实验步骤

10.4.1　构建 btree 索引

在 railway 数据库的 users 表上，插入若干行随机生成的元组，并在 users 表上创建 btree 索引。

具体步骤如下：

① 确保 openGauss 数据库服务器已启动，用 gsql 连接。

② 确保 railway 数据库中先前实验创建的 users 表已删除。

③ 创建 users 表，执行下面的 CREATE TABLE 语句。

```
CREATE TABLE users
(
    u_id varchar(20),                  --用户 ID
    u_passwd varchar(20),              --密码
    u_name varchar(10),                --真实姓名
    u_idnum varchar(20),               --证件号码
    u_regtime timestamp                --注册时间
);
```

④ 创建函数 gen_hanzi，用于生成随机汉字。

```
CREATE OR REPLACE FUNCTION gen_hanzi(INT)RETURNS TEXT AS $$
DECLARE
    res TEXT;
BEGIN
    IF $1>=1 THEN
        SELECT string_agg(chr(19968+(random()*20901)::int),'')INTO res
        FROM generate_series(1,$1);
        RETURN res;
    END IF;
    RETURN NULL;
END;
$$LANGUAGE plpgsql STRICT;
```

⑤ 为了实验的确定性，设置随机数种子，这样每次生成的随机数序列都一样。

```
railway=#SELECT setseed(0);
    setseed
---------

(1 row)
```

⑥ 向 users 表中插入 100 行随机生成的元组。执行如下 INSERT INTO 语句，

对于 users 表的每个属性，生成值为：

u_id：100~199。

u_passwd：8 位随机数字。

u_name：3 个随机汉字。

u_idnum：11 位随机数字，均以 1 开头。

u_regtime：当前日期随机增加 1~15 天。

```
INSERT INTO users VALUES(
    to_char(generate_series(100,199)),
    to_char(random()*100000000,'09999999'),
    gen_hanzi(3),
    to_char(10000000000+random()*10000000000,'09999999999'),
CURRENT_DATE+floor((random()*15))::int);
```

⑦ 查看 users 表中的数据，结果显示如下：

```
railway=#SELECT*FROM users;
 u_id| u_passwd | u_name |   u_idnum    |      u_regtime
 ----+----------+-- -----+-------------+---------------------
 100 | 17082804 | 謽嗞锒  | 15773035064 | 2023-02-25 00:00:00
 101 | 69219415 | 氬镙諕  | 14460459091 | 2023-02-19 00:00:00
 102 | 73251963 | 捙浀頳  | 18450351371 | 2023-02-22 00:00:00
 103 | 71553859 | 哇猷固  | 15452280235 | 2023-02-19 00:00:00
 104 | 56858542 | 鳑铘孓  | 12755089267 | 2023-02-17 00:00:00
 105 | 92409474 | 熗蹵填  | 10822056858 | 2023-02-28 00:00:00
 106 | 02557493 | 媗洴媢  | 15293334178 | 2023-02-27 00:00:00
 107 | 43061144 | 掌枚賠  | 11073908829 | 2023-02-25 00:00:00
 108 | 70519556 | 他谲濇  | 16488268226 | 2023-02-27 00:00:00
 109 | 50241857 | 蘠熛羪  | 15765586332 | 2023-02-23 00:00:00
 ...
 190 | 92580213 | 桃瓷籲  | 14255022174 | 2023-02-28 00:00:00
 191 | 08916153 | 烃杝蜚  | 13538553193 | 2023-02-22 00:00:00
 192 | 11376509 | 訰駗奨  | 19444544311 | 2023-02-14 00:00:00
 193 | 40187093 | 幖嗾僩  | 14062612057 | 2023-02-20 00:00:00
 194 | 68305980 | 挖逾嘗  | 16476916736 | 2023-02-21 00:00:00
 195 | 49966093 | 媯膴囐  | 12136676568 | 2023-02-27 00:00:00
 196 | 98594791 | 侔鐄埜  | 11334208883 | 2023-02-22 00:00:00
 197 | 13092664 | 钂宊鄜  | 13177227490 | 2023-02-20 00:00:00
 198 | 96692329 | 迷褎鐗  | 19312182534 | 2023-02-15 00:00:00
 199 | 46522077 | 溣洂抦  | 11338282293 | 2023-02-23 00:00:00
(100 rows)(100 rows)
```

⑧ 在 gsql 中开启时间显示：

```
railway=#\timing on
Timing is on.
```

⑨ 执行 SQL，查询指定姓名的 users 表元组：

```
railway=#SELECT*FROM users WHERE u_name='桃瓷籲';
 u_id  | u_passwd | u_name |  u_idnum   |       u_regtime
-------+----------+--------+-----------+---------------------
 190   | 92580213 | 桃瓷籲  |14255022174| 2023-02-28 00:00:00
(1 row)

Time:2.844 ms
```

⑩ 查看上述查询语句的查询执行计划以及执行时间。可以看出，由于 users 表上目前还没有任何索引，也没有为 users 表建立主键（因而没有主键对应默认建立的索引），采用的是顺序扫描运算。查询执行时间为 0.387 ms（该时间小于 gsql 输出的 2.844 ms，原因是 gsql 是在客户端输出的时间，包括服务器和客户端的通信时间以及 gsql 打印的输出时间等）。

```
railway=#EXPLAIN ANALYZE SELECT*FROM users WHERE u_name='桃瓷籲';
                              QUERY PLAN
----------------------------------------------------------------------
Seq Scan on users(cost=0.00..2.25 rows=1 width=45)(actual time=0.202..
    0.209 rows=1 loops=1)
    Filter:((u_name)::text='桃瓷籲'::text)
    Rows Removed by Filter:99
Total runtime:0.387 ms
(4 rows)
```

⑪ 执行 CREATE INDEX 语句，在 users 表上对于 u_name 列构建 btree 索引。USING btree 指定构建的 btree 索引，btree 索引是 CREATE INDEX 语句默认构建的索引类型，USING btree 可以省略。

```
railway=#CREATE INDEX usersidx ON users USING btree(u_name);
CREATE INDEX
```

⑫ 再次执行上述 EXPLAIN ANALYZE 语句，可以发现查询执行计划没有发生任何变化，仍然采用顺序扫描而没有利用 u_name 上刚创建的索引 usersidx 进行查找。请思考其原因。

```
railway=#EXPLAIN ANALYZE SELECT*FROM users WHERE u_name='桃瓷籲';
                              QUERY PLAN
----------------------------------------------------------------------
Seq Scan on users(cost=0.00..2.25 rows=1 width=45)(actual time=0.094..0.101
    rows=1 loops=1)
    Filter:((u_name)::text='桃瓷籲'::text)
    Rows Removed by Filter:99
 Total runtime:0.411 ms
(4 rows)
```

10.4.2 索引相关的系统表

1. 查看 pg_class 系统表

索引也是一种表，新建索引也要在 pg_class 中插入一行。

查看索引 usersidx 对应的 pg_class 行，其中属性 relkind 为 i，表明是索引。

```
railway=#\x
Expanded display is on.
railway=#SELECT*FROM pg_class WHERE relname=usersidx';
-[RECORD 1]------+---------
relname          | usersidx
relnamespace     | 2200
reltype          | 0
reloftype        | 0
relowner         | 10
relam            | 403
relfilenode      | 73876
reltablespace    | 0
relpages         | 2
reltuples        | 100
relallvisible    | 0
reltoastrelid    | 0
reltoastidxid    | 0
reldeltarelid    | 0
reldeltaidx      | 0
relcudescrelid   | 0
relcudescidx     | 0
relhasindex      | f
relisshared      | f
Relpersistence   | p
relkind          | i
relnatts         | 1
relchecks        | 0
relhasoids       | f
relhaspkey       | f
relhasrules      | f
relhastriggers   | f
relhassubclass   | f
relcmprs         | 0
Relhasclusterkey | f
relrowmovement   | f
parttype         | n
relfrozenxid     | 0
relacl           |
reloptions       |
relreplident     | n
```

```
relfrozenxid64    | 0
relbucket         |
relbucketkey      |
relminmxid        | 0
```

2. 查看表 users 和索引 usersidx 对应的磁盘文件信息

通过查询系统表 pg_class，查看表 users 的磁盘文件信息：

```
railway=#SELECT pg_relation_filepath(oid),relpages,reltuples FROM pg_
    class WHERE relname='users';
pg_relation_filepath    | relpages | reltuples
----------------------+----------+-----------
  base/57357/73873      |     1    |     100
(1 row)
```

可以看到，表 users 存储在数据文件夹的 base/57357/73873 文件中（文件名编号对于不同的数据库会不同），占用一个磁盘页面，有 100 条元组。

索引也是一种表，可以用同样方法查看索引 usersidx 的磁盘文件信息。

```
railway=#SELECT pg_relation_filepath(oid),relpages,reltuples
     FROM pg_class WHERE relname='usersidx';
pg_relation_filepath | relpages | reltuples
--------------------+----------+-----------
 base/57357/73876    |     2    |     100
(1 row)
```

可以看到，索引 usersidx 的对应文件是 base/57357/73876，占用 2 个页面，有 100 个索引项，与表 users 中的元组数量相同。

可以通过操作系统查看 $GAUSSHOME/data/base/57357 目录内容，确认存在 73873 和 73876 这两个文件。

```
[dblab@eduog ~]$ ll $GAUSSHOME/data/base/57357/
...
-rw---- 1 dblab dbgrp 8.0K Feb 16 07:09 73873
-rw---- 1 dblab dbgrp 16K Feb  16 07:09 73876
-rw---- 1 dblab dbgrp 4.0K Feb 2 23:10 pg_filenode.map
-rw---- 1 dblab dbgrp 4.0K Feb 2 23:10 pg_filenode.map.backup
-rw---- 1 dblab dbgrp 4 Feb    2 23:10 PG_VERSION
```

3. 查看 pg_attribute 系统表

索引键包含的每个表属性会被插入 pg_attribute 表。执行以下查询，获得 usersidx 索引在 pg_attribute 中对应行的信息。可以看到，有一行结果，即 u_name 属性，其所在表的 ID 为 73876，就是索引 usersidx 的 OID。

```
railway=#\x
```

```
Expanded display is on.
railway=#SELECT a.*FROM pg_class c,pg_attribute a WHERE c.relname=
    'usersidx' and c.oid=a.attrelid;
-[RECORD 1]----+---------
attrelid        | 73876
attname         | u_name
atttypid        | 1043
Attstattarget   | -1
attlen          | -1
attnum          | 1
attndims        | 0
attcacheoff     | -1
atttypmod       | 14
attbyval        | f
attstorage      | x
attalign        | i
attnotnull      | f
atthasdef       | f
attisdropped    | f
attislocal      | t
attcmprmode     | 127
attinhcount     | 0
attcollation    | 100
attacl          |
attoptions      |
attfdwoptions   |
attinitdefval   |
attkvtype       | 0
```

4. 查看 pg_index 系统表

关于一个索引的信息，除了在 pg_class 中保存的与表相同的信息之外，pg_index 系统表还保存了部分索引相关信息。

执行下面的查询，获得 usersidx 索引在 pg_index 表中的信息。其中，

① indexrelid：该索引在 pg_class 里记录的 OID。这里是 usersidx 索引的 OID。

② indrelid：使用这个索引的表在 pg_class 里的记录的 OID。这里是 users 表的 OID。

```
railway=#SELECT i.*FROM pg_index i,pg_class c WHERE c.relname='usersidx'
     and c.oid = i.indexrelid;
-[RECORD 1]----+--------
indexrelid      | 73876
indrelid        | 73873
indnatts        | 1
indisunique     | f
```

```
indisprimary   | f
indisexclusion | f
indimmediate   | t
Indisclustered | f
indisusable    | t
indisvalid     | t
indcheckxmin   | f
indisready     | t
indkey         | 3
indcollation   | 100
indclass       | 3126
indoption      | 0
indexprs       |
indpred        |
Indisreplident | f
indnkeyatts    | 1
```

5. 查看 pg_depend 系统表

索引对其他对象的依赖保存在 pg_depend 表中。

执行下面的查询，查看 usersidx 索引的依赖信息。其中，objid 就是 usersidx 索引的 OID，即 73876。可以看到，refobjid 是该索引依赖的表 users 的 OID，即 73873。

```
railway=#SELECT*FROM pg_depend WHERE objid=73876;
-[RECORD 1]-+------
classid     | 1259
objid       | 73876
objsubid    | 0
refclassid  | 1259
refobjid    | 73873
refobjsubid | 3
deptype     | a
```

6. 查看 pg_am 系统表

pg_am 系统表存储有关索引访问方法的信息。openGauss 支持的每种索引都有一行，下面的查询给出了各种索引的 OID、名称、构建函数、插入函数、获取函数信息。可以看到，对于 btree 索引其构建函数即为 btbuild。

```
railway=#SELECT  oid,amname,ambuild,aminsert,amgettuple  FROM  pg_am;
 oid  | amname |   ambuild    |  aminsert    |   amgettuple
------+--------+-------------+-------------+---------------
 403  | btree  |   btbuild    |  btinsert    |  btgettuple
 405  | hash   |  hashbuild   |  hashinsert  |  hashgettuple
 783  | gist   |  gistbuild   |  gistinsert  | gistgettuple
 2742 | gin    | ginbuild     |  gininsert   | -
 4000 | spgist | spgbuild     |  spginsert   | spggettuple
```

```
4039 | psort  | psortbuild  | -         | psortgettuple
4239 | cbtree | cbtreebuild | btinsert  | cbtreegettuple
4444 | cgin   | cginbuild   | gininsert | -
4439 | ubtree | ubtbuild    | ubtinsert | ubtgettuple
(9 rows)
```

10.4.3 索引的作用与开销

1. 删除 users 表

建立在 users 表上的索引也会被一起删除。

```
railway=#DROP TABLE users;
DROP TABLE
```

2. 再次创建 users 表

```
railway=#CREATE TABLE users
railway-#(
railway(#       u_id varchar(20),              --用户 ID
railway(#       u_passwd varchar(20),          --密码
railway(#       u_name varchar(10),            --真实姓名
railway(#       u_idnum varchar(20),           --证件号码
railway(#       u_regtime timestamp            --注册时间
railway(#);
CREATE TABLE
```

3. 向 users 表插入 1000 行随机生成的元组

```
SELECT setseed(0);
INSERT INTO users VALUES(
    to_char(generate_series(1000,1999)),
    to_char(random()*100000000,'09999999'),
    gen_hanzi(3),
    to_char(10000000000+random()*10000000000,'09999999999'),
    CURRENT_DATE + floor((random()*15))::int);
```

4. 查看 users 表中的数据

结果显示如下：

```
railway=#SELECT*FROM users;
 u_id | u_passwd | u_name |   u_idnum    |      u_regtime
------+----------+--------+-------------+---------------------
 1000 | 17082804 | 謷嗞锒 | 15773035064 | 2023-02-25 00:00:00
 1001 | 69219415 | 氙镙誂 | 14460459091 | 2023-02-19 00:00:00
 1002 | 73251963 | 捶洳赪 | 18450351371 | 2023-02-22 00:00:00
 1003 | 71553859 | 哇猷固 | 15452280235 | 2023-02-19 00:00:00
```

```
 1004 | 56858542 | 鳑锣孓 | 12755089267 | 2023-02-17 00:00:00
 1005 | 92409474 | 熗鸗填 | 10822056858 | 2023-02-28 00:00:00
 1006 | 02557493 | 媗浒媢 | 15293334178 | 2023-02-27 00:00:00
 1007 | 43061144 | 掌枚赔 | 11073908829 | 2023-02-25 00:00:00
 1008 | 70519556 | 杝谲濡 | 16488268226 | 2023-02-27 00:00:00
 1009 | 50241857 | 蘠爂羪 | 15765586332 | 2023-02-23 00:00:00
 ...
 1990 | 73629621 | 榱裈骫 | 18496655440 | 2023-02-19 00:00:00
 1991 | 25423261 | 倭腥虜 | 11234049411 | 2023-02-14 00:00:00
 1992 | 22245231 | 赈窪驳 | 15711533446 | 2023-02-21 00:00:00
 1993 | 45877159 | 勒篚装 | 12184853894 | 2023-02-17 00:00:00
 1994 | 16200922 | 墙绥炨 | 19177057748 | 2023-02-14 00:00:00
 1995 | 40576407 | 鼋妖槠 | 18398121721 | 2023-02-19 00:00:00
 1996 | 27821024 | 僘掣民 | 16415570066 | 2023-02-22 00:00:00
 1997 | 31616519 | 蹒蛔嘱 | 18938132650 | 2023-02-18 00:00:00
 1998 | 22404968 | 跬要暹 | 15345342294 | 2023-02-24 00:00:00
 1999 | 76799028 | 嫶弛娸 | 18346338603 | 2023-02-24 00:00:00
(1000 rows)
```

5. 执行 EXPLAIN ANALYZE 语句

```
railway=#EXPLAIN ANALYZE SELECT*FROM users WHERE u_name='桃瓷籲';
                        QUERY PLAN
-------------------------------------------------------------------
Seq Scan on users(cost=0.00..14.09 rows=2 width=220)(actual time=
    0.087..0.622
    rows=1 loops=1)
    Filter:((u_name)::text='桃瓷籲'::text)
    Rows Removed by Filter: 999
Total runtime: 0.833 ms
(4 rows)
```

6. 执行 CREATE INDEX 语句

在 users 表上对于 u_name 列构建 btree 索引：

```
railway=#CREATE INDEX usersidx ON users(u_name);
CREATE INDEX
```

7. 再次执行 EXPLAIN ANALYZE 语句

可以看到，这时查询执行计划与之前相比发生了变化，不再使用顺序扫描，而是使用了我们创建的 usersidx 索引进行查找（即索引扫描）；而且查询执行时间也由构建索引之前的 0.833 ms 降为 0.365 ms，说明构建的索引确实在查找中发挥了作用。

思考：为什么在 10.4.1 小节中，100 行元组的表上建立的索引没有在查询中发挥作用，而这里在 1 000 行元组的表上建立的索引在查询中就被使用了呢？

```
railway=#EXPLAIN ANALYZE SELECT*FROM users WHERE u_name='桃瓷籲';
                                   QUERY PLAN
-------------------------------------------------------------------
Bitmap Heap Scan on users(cost=4.29..12.76 rows=5 width=220)(actual
     time=0.160..0.161 rows=1 loops=1)
Recheck Cond:((u_name)::text='桃瓷籲'::text)
Heap Blocks: exact=1
->  Bitmap Index Scan on usersidx(cost=0.00..4.29 rows=5 width=0)(actual
      time=0.147..0.147 rows=1 loops=1)
 Index Cond:((u_name)::text='桃瓷籲'::text)
 Total runtime: 0.365 ms
(6 rows)
```

8. 增加表的数据规模

1 000 行元组的表规模对于索引效果来说还不够明显。下面将表规模扩大 100 倍，生成 10 万行元组。

① 先删除 users 表。

```
railway=#DROP TABLE users;
DROP TABLE
```

② 重新创建 users 表。

```
railway=#CREATE TABLE users
railway-#(
railway(#     u_id varchar(20),                  --用户 ID
railway(#     u_passwd varchar(20),              --密码
railway(#     u_name varchar(10),                --真实姓名
railway(#     u_idnum varchar(20),               --证件号码
railway(#     u_regtime timestamp                --注册时间
railway(#);
CREATE TABLE
```

③ 向 users 表中插入 100 000 行随机生成的元组。

```
SELECT setseed(0);
INSERT INTO users VALUES(
    to_char(generate_series(100000,199999)),
    to_char(random()*100000000,'09999999'),
    gen_hanzi(3),
    to_char(1000000000+random()*1000000000,'0999999999'),
    CURRENT_DATE+floor((random()*15))::int);
```

对 10 万行元组的表创建索引，需要等待一段时间（本实验环境用时约 27 s）。

```
railway=#SELECT setseed(0);
```

```
 setseed
---------

(1 row)

Time:0.999 ms
railway=#INSERT INTO users VALUES(
railway(#to_char(generate_series(100000,199999)),
railway(#to_char(random()*100000000,'09999999'),
railway(#gen_hanzi(3),
railway(#to_char(10000000000+random()*10000000000,'09999999999'),
railway(#CURRENT_DATE+floor((random()*15))::int);
INSERT 0 100001
Time:27072.342ms
```

9. 查看 users 表中的数据

结果显示如下：

```
railway=#SELECT *FROM users;
 u_id   | u_passwd | u_name |   u_idnum     |       u_regtime
-------+---------+-------+-------------+---------------------
 100000| 17082804 | 謍嗞锒  | 15773035064 | 2023-02-25 00:00:00
 100001| 69219415 | 氙镙諕  | 14460459091 | 2023-02-19 00:00:00
 100002| 73251963 | 捙溛頳  | 18450351371 | 2023-02-22 00:00:00
 100003| 71553859 | 哇猷固  | 15452280235 | 2023-02-19 00:00:00
 100004| 56858542 | 鳑铘孓  | 12755089267 | 2023-02-17 00:00:00
 100005| 92409474 | 熗鼜填  | 10822056858 | 2023-02-28 00:00:00
 100006| 02557493 | 媗洴媢  | 15293334178 | 2023-02-27 00:00:00
 100007| 43061144 | 掌枚賠  | 11073908829 | 2023-02-25 00:00:00
 100008| 70519556 | 杝谲潏  | 16488268226 | 2023-02-27 00:00:00
 100009| 50241857 | 藡熛羪  | 15765586332 | 2023-02-23 00:00:00
...
 199990| 21035224 | 鈥齬轣  | 17362284488 | 2023-02-19 00:00:00
 199991| 15477972 | 櫝籯籖  | 14379443983 | 2023-02-18 00:00:00
 199992| 96186634 | 峗镯孿  | 16267012893 | 2023-02-19 00:00:00
 199993| 79952950 | 蚓刺價  | 15502620847 | 2023-02-26 00:00:00
 199994| 47388712 | 钅蓺辜  | 11111922599 | 2023-02-16 00:00:00
 199995| 80068734 | 健赽隍  | 14588243724 | 2023-02-16 00:00:00
 199996| 67531171 | 才奥薀  | 18559473427 | 2023-02-20 00:00:00
 199997| 03366714 | 淂釙礚  | 18419933422 | 2023-02-22 00:00:00
 199998| 73260340 | 竖庹郷  | 11089423266 | 2023-02-21 00:00:00
 199999| 54893143 | 燀棚蒠  | 15944298683 | 2023-02-21 00:00:00
(100000 rows)
```

10. 执行 EXPLAIN ANAL YZE 语句

```
railway=#EXPLAIN ANALYZE SELECT*FROM users WHERE u_name='桃瓷籲';
```

```
                              QUERY PLAN
--------------------------------------------------------------------
Seq Scan on users(cost=0.00..2185.01 rows=1 width=48)(actual time=
    0.113..70.165 rows=1 loops=1)
    Filter:((u_name)::text='桃瓷籲'::text)
    Rows Removed by Filter:99999
 Total runtime:70.402 ms
(4 rows)
```

11. 执行 CREATE INDEX 语句

在 users 表上对于 u_name 列构建 btree 索引：

```
railway=#CREATE INDEX usersidx ON users(u_name);
CREATE INDEX
```

12. 再次执行 EXPLAIN ANALYZE 语句

从查询执行计划中可以看出使用了 usersidx 索引。在 10 万行元组规模的 users 表上构建并使用索引，查询执行时间为 0.350 ms，与没有建立索引，直接使用顺序扫描的时间开销 70.402 ms 相比，提升了 201 倍！说明构建的索引可以在大规模表的查询上更好地发挥作用。

```
railway=#EXPLAIN ANALYZE SELECT*FROM users WHERE u_name='桃瓷籲';
                               QUERY PLAN
--------------------------------------------------------------------
[Bypass]
Index Scan using usersidx on users(cost=0.00..8.27 rows=1 width=48)
   (actual time=0.165..0.167 rows=1 loops=1)
   Index Cond:((u_name)::text='桃瓷籲'::text)
 Total runtime:0.350 ms
(4 rows)
```

13. 查看索引的空间开销

pg_relation_size 函数可以查看关系表所占用空间的大小。索引实际上也是一种关系表。下面的语句返回 usersidx 索引的大小：

```
railway=#SELECT pg_size_pretty(pg_relation_size('usersidx'))AS size;
  size
---------
 3104 kB
(1 row)
```

再看 users 关系表的空间大小，可以看到，对于拥有 10 万条元组的 users 表，索引为 3 104 KB，而表占用 7 480 KB，索引大小占表大小的 41.5%。对于大规模表数据来说，索引是一个不小的空间开销。

```
railway=#SELECT pg_size_pretty(pg_relation_size('users'))AS size;
```

```
  size
---------
 7480 kB
(1 row)
```

14. 删除 users 表

```
railway=#DROP TABLE users;
DROP TABLE
```

10.4.4　添加代码：分析 btree 索引构建过程

本小节将在构建 btree 索引的相关底层函数中添加代码，向 gsql 客户端输出 btree 索引构建过程中的相关信息。

根据前面的源代码分析，相关函数的调用顺序如下：

① DefineIndex (indexcmds.cpp)

② index_create (index.cpp)

③ index_build (index.cpp)

④ index_build_storage (index.cpp)

⑤ btbuild (nbtree.cpp)

⑥ btbuild_internal (nbtree.cpp)

⑦ _bt_leafbuild (nbtsort.cpp)

⑧ _bt_load (nbtsort.cpp)

⑨ _bt_buildadd (nbtsort.cpp)

下面将在 btbuild_internal、_bt_leafbuild 和 _bt_buildadd 函数中添加代码。

1. 在 btbuild_internal 函数中添加代码

在 _bt_leafbuild 函数执行完之后，输出构建索引的关系表中的元组数量以及插入索引中的元组数量。

【源代码】src/gausskernel/storage/access/nbtree/nbtree.cpp

```
IndexBuildResult *btbuild_internal(Relation heap, Relation index,
IndexInfo *indexInfo)
{
        … 省略若干行
        // Return statistics
        result = (IndexBuildResult *)palloc(sizeof(IndexBuildResult));
        result->heap_tuples = reltuples;
        result->index_tuples = buildstate.indtuples;
        result->all_part_tuples = allPartTuples;

        /* [ DBLAB ====================================================== */
        ereport(INFO, (0, errmsg("btbuild_internal: [# of tuples seen in
        the relation] = %.0f [# of tuples inserted into index] = %.0f",
        result->heap_tuples, result->index_tuples)));
```

```
    /* DBLAB ] =================================================== */

    return result;
}
```

2. 在 _bt_leafbuild 函数中添加代码

在 _bt_load 函数执行完之后，输出为构建索引而分配的页面数量以及写出磁盘的页面数量。

【源代码】src/gausskernel/storage/access/nbtree/nbtsort.cpp

```
void _bt_leafbuild(BTSpool*btspool,BTSpool*btspool2)
{
    BTWriteState wstate;

    #ifdef BTREE_BUILD_STATS
      if(u_sess->attr.attr_resource.log_btree_build_stats){
          ShowUsage("BTREE BUILD(Spool)STATISTICS");
          ResetUsage();
      }
    #endif/*BTREE_BUILD_STATS */

    tuplesort_performsort(btspool->sortstate);
    if(btspool2!=NULL)
        tuplesort_performsort(btspool2->sortstate);

    wstate.index=btspool->index;

    /*
     * We need to log index creation in WAL iff WAL archiving/streaming is
     * enabled UNLESS the index isn't WAL-logged anyway.
     */
     wstate.btws_use_wal=XLogIsNeeded()&&RelationNeedsWAL(wstate.index);
     /* reserve the metapage */
     wstate.btws_pages_alloced=BTREE_METAPAGE+1;
     wstate.btws_pages_written=0;
     wstate.btws_zeropage=NULL;/*until needed */

     _bt_load(&wstate,btspool,btspool2);

    /* [DBLAB =================================================== */
     ereport(INFO,(0,errmsg("_bt_leafbuild:[#pages allocated]=%u
         [#pages written out]=%u",
         wstate.btws_pages_alloced,wstate.btws_pages_written)));
    /* DBLAB ] =================================================== */
}
```

3. 在 _bt_buildadd 函数中添加代码

在 _bt_buildadd 函数中添加的源代码

① 当页面满时，在 btree 同一层创建新页面，输出新建页面的层级、页面号和已满的旧页面号；同时，输出新建页面的第 1 项索引项键的具体字符串内容。

② 如果此时已满的页面还没有父节点页面，则构建父节点页面，即 btree 增长一层，输出新建父节点的层级。

在递归执行 _bt_buildadd 函数将子节点页面的 minkey 插入父节点之后，输出子节点页面号、父节点页面号、子节点页面的 minkey。

③ 当页面未满时，将索引项添加到 btree 之后，输出索引对应的关系表的页面号、索引项偏移量、索引项键内容、层级以及索引页面号。

4. 编译并安装

① 确保 openGauss 数据库服务器处于停止状态：

```
[dblab@eduog openGauss-server]$ gs_ctl stop -D $GAUSSHOME/data -Z
    single_node -l logfile
```

② 转到 openGauss 源代码目录，执行：

```
[dblab@eduog openGauss-server]$ make -j4
[dblab@eduog openGauss-server]$ make install
```

5. 为含有 100 条元组的表构建 btree 索引并输出信息

① 启动 openGauss 数据库服务器：

```
[dblab@eduog openGauss-server]$ gs_ctl start -D $GAUSSHOME/data -Z
    single_node -l logfile
```

② 用 gsql 客户端连接数据库：

```
[dblab@eduog openGauss-server]$ gsql railway -r
```

③ 重新创建 users 表：

```
CREATE TABLE users
(
    u_id varchar(20),                    -- 用户 ID
    u_passwd varchar(20),                -- 密码
    u_name varchar(10),                  -- 真实姓名
    u_idnum varchar(20),                 -- 证件号码
    u_regtime timestamp                  -- 注册时间
);
```

④ 向 users 表中插入 100 行随机生成的元组：

```
SELECT setseed(0);
```

```
INSERT INTO users VALUES(
    to_char(generate_series(100,199)),
    to_char(random()*100000000,'09999999'),
    gen_hanzi(3),
    to_char(10000000000 + random()*10000000000,'09999999999'),
    CURRENT_DATE + floor((random()*15))::int);
```

⑤ 在 users 表上对 u_name 列构建 btree 索引：

```
railway=#CREATE INDEX usersidx ON users(u_name);
gsql 输出为：
INFO: _bt_buildadd: [rel] blocknum=0,offsetnum=97|[index]key= 侔镳埜,
     level=0,blocknum=1
INFO:_bt_buildadd:[rel]blocknum=0,offsetnum=55|[index]key= 倩瓏篻,level=0,
     blocknum=1
···省略若干行
INFO:_bt_buildadd:[rel]blocknum=0,offsetnum=25|[index]key= 羃爐蛋,level=0,
     blocknum=1
INFO:_bt_leafbuild:[#pages allocated]=2[#pages written out]=2
INFO:btbuild:[#of tuples seen in the relation]=100[#of tuples inserted
     into index]=100
CREATE INDEX
```

可以看到，gsql 输出的这些信息正是我们添加的代码而输出的相关信息。请结合 gsql 中的全部输出信息，在源代码中分析这些输出与 btree 索引构建流程的关系。

10.4.5 使用 pageinspect 插件分析索引页面

确保 pageinspect 插件已成功安装，具体安装方法参见第 8 章的 8.4.1 小节。

1. 重新创建 users 表

```
CREATE TABLE users
(
    u_id varchar(20),                    --用户 ID
    u_passwd varchar(20),                --密码
    u_name varchar(10),                  --真实姓名
    u_idnum varchar(20),                 --证件号码
    u_regtime timestamp                  --注册时间
);
```

2. 向 users 表中插入 1 000 行随机生成的元组

```
SELECT setseed(0);
INSERT INTO users VALUES(
    to_char(generate_series(1000,1999)),
    to_char(random()*100000000,'09999999'),
```

```
    gen_hanzi(3),
    to_char(10000000000 + random()*10000000000,'09999999999'),
    CURRENT_DATE + floor((random()*15))::int);
```

3. 在 users 表上对于 u_name 列构建 btree 索引

```
railway=#CREATE INDEX usersidx ON users(u_name);
```

4. 设置 gsql 客户端的输出显示为竖式显示

```
railway=#\x
Expanded display is on.
```

5. 使用 pageinspect 插件：bt_metap 函数

bt_metap 函数返回指定 btree 索引的元数据页面信息。

```
railway=#CREATE EXTENSION pageinspect;
CREATE EXTENSION
railway=#SELECT*FROM bt_metap('usersidx');
-[RECORD 1]--------
magic      | 340322
version    | 2
root       | 3
level      | 1
fastroot   | 3
fastlevel  | 1
```

6. 使用 pageinspect 插件：bt_page_stats 函数

bt_page_stats 函数返回指定 btree 索引的指定页面的统计信息。

```
railway=#SELECT*FROM bt_page_stats('usersidx',1);
-[RECORD 1]----+-----
blkno          | 1
type           | l
live_items     | 262
dead_items     | 0
avg_item_size  | 24
page_size      | 8192
free_size      | 804
btpo_prev      | 0
btpo_next      | 2
btpo           | 0
btpo_flags     | 1
```

7. 使用 pageinspect 插件：bt_page_items 函数

bt_page_items 函数返回指定 btree 索引的指定页面上索引项的详细信息。

```
railway=#SELECT*FROM bt_page_items('usersidx',1);
itemoffset| ctid  | itemlen | nulls | vars |              data
---------+------+---------+-------+------+------------------------------------
       1  | (9,18) |   24   |   f   |  t   | 15 e6 89 be e5 9f bc e5 8e 89 00 00 00 00 00 00
       2  | (5,100)|   24   |   f   |  t   | 15 e4 b8 8d e7 a8 a1 e5 95 8f 00 00 00 00 00 00
       3  | (4,44) |   24   |   f   |  t   | 15 e4 b8 9e e8 8b ac e7 a3 a4 00 00 00 00 00 00
       4  | (8,45) |   24   |   f   |  t   | 15 e4 b8 ae e5 83 8c e7 8e b1 00 00 00 00 00 00
       5  | (4,38) |   24   |   f   |  t   | 15 e4 b8 af e7 af 99 e7 ad b4 00 00 00 00 00 00
       6  | (3,54) |   24   |   f   |  t   | 15 e4 b9 89 e8 af ab e7 b1 a6 00 00 00 00 00 00
       7  | (6,3)  |   24   |   f   |  t   | 15 e4 b9 8f e5 86 97 e8 8d 9e 00 00 00 00 00 00
       8  | (2,48) |   24   |   f   |  t   | 15 e4 ba 88 e7 9a 97 e9 8f 99 00 00 00 00 00 00
       9  | (3,2)  |   24   |   f   |  t   | 15 e4 ba 88 e9 b4 b1 e6 b7 ba 00 00 00 00 00 00
       0  | (8,40) |   24   |   f   |  t   | 15 e4 ba 9e e9 9a a5 e6 9d a2 00 00 00 00 00 00
      ...
     253  | (6,48) |   24   |   f   |  t   | 15 e6 87 90 e4 be a3 e6 97 b6 00 00 00 00 00 00
     254  | (7,105)|   24   |   f   |  t   | 15 e6 87 92 e9 b4 b9 e8 b2 a2 00 00 00 00 00 00
     255  | (6,97) |   24   |   f   |  t   | 15 e6 87 aa e7 b1 85 e6 a7 85 00 00 00 00 00 00
     256  | (8,79) |   24   |   f   |  t   | 15 e6 87 ac e7 8a a0 e8 ae 9a 00 00 00 00 00 00
     257  | (4,95) |   24   |   f   |  t   | 15 e6 87 ac e9 ac ad e6 a9 a2 00 00 00 00 00 00
     258  | (8,11) |   24   |   f   |  t   | 15 e6 88 9c e9 aa b1 e8 92 87 00 00 00 00 00 00
     259  | (6,101)|   24   |   f   |  t   | 15 e6 89 86 e5 98 a3 e9 89 a7 00 00 00 00 00 00
     260  | (6,105)|   24   |   f   |  t   | 15 e6 89 9a e8 ad b6 e9 a7 a7 00 00 00 00 00 00
     261  | (4,17) |   24   |   f   |  t   | 15 e6 89 a3 e5 9c b4 e4 b9 bc 00 00 00 00 00 00
     262  | (3,45) |   24   |   f   |  t   | 15 e6 89 a7 e6 b0 85 e7 b8 aa 00 00 00 00 00 00
(262 rows)
```

10.5 实验结果

请按照如下要求完成实验操作：

① 完成实验步骤 10.4.1 小节，思考第 13 步是什么以及相应的输出结果。

② 完成实验步骤 10.4.2 小节并查看输出结果。

③ 完成实验步骤 10.4.3 小节并查看输出结果。

④ 完成实验步骤 10.4.4 小节并查看第 5 步中执行 CREATE INDEX 语句的 gsql 输出。

⑤ 完成实验步骤 10.4.5 小节并查看输出结果。

10.6 讨论与总结

请列出实验中遇到的问题描述、解决办法与思考讨论，并对本实验进行总结。

实验中遇到的问题描述、解决办法：

思考讨论：

实验总结：

第 11 章　日志与恢复

11.1　实验介绍

日志与恢复是 openGauss 实现事务处理和确保事务 ACID 特性的重要组成部分。本实验尝试打通目前数据库日志与恢复模块在原理学习与系统实践之间的鸿沟，通过 openGauss 中日志与恢复部分的实现源代码，带领读者分析并验证相关原理与机制，包括 WAL 日志文件、XLOG 日志记录、日志写入过程、检查点机制、数据库恢复、数据库备份与 PITR 恢复。首先，通过实验查看 WAL 日志文件的基本信息与命名方式；然后，通过 immediate 关闭模式验证数据库在重启时的恢复过程，通过添加代码的方法在数据库恢复过程中输出调试信息，并结合源代码阅读更加详细地分析 WAL 日志恢复过程；最后，验证数据库备份与 PITR 恢复机制。

日志与恢复是数据库系统最为繁杂的功能模块之一，其功能的实现需要考虑众多原理中忽略的细节，涉及大量较为底层的系统机制。本实验的实践内容包括较多源代码阅读与分析，具有较大的挑战性。

11.2　实验目的

- 理解 WAL 日志文件的工作原理。
- 理解 XLOG 日志记录的组织。
- 理解 WAL 日志写入过程。
- 理解 WAL 日志检查点机制。
- 理解利用 WAL 日志重做 XLOG 记录进行数据库恢复的原理。
- 掌握数据库备份与 PITR 恢复方法。
- 了解与本实验相关的函数及结构体的源代码。

11.3　实验原理

日志与恢复是数据库管理系统中事务管理机制的重要组成部分。数据库的日志记录功能与基于日志的数据库恢复逻辑可确保在出现系统故障的情况下，数据库不会损坏和丢失任何数据。日志中记录了数据库发生的所有动作。当故障出现时，数据库服务器可以通过依次重新执行日志中记录的动作，将数据库恢复到故障发生前的正确状态。

11.3.1　WAL 日志文件

本小节结合实例来介绍 WAL 日志文件的工作原理。

1. 没有 WAL 日志时的插入操作

我们在名为 TABLE_A 的表中插入数据，假设 TABLE_A 在磁盘上只占一个页面。在没有 WAL 日志的数据库中，操作如图 11.1 所示。

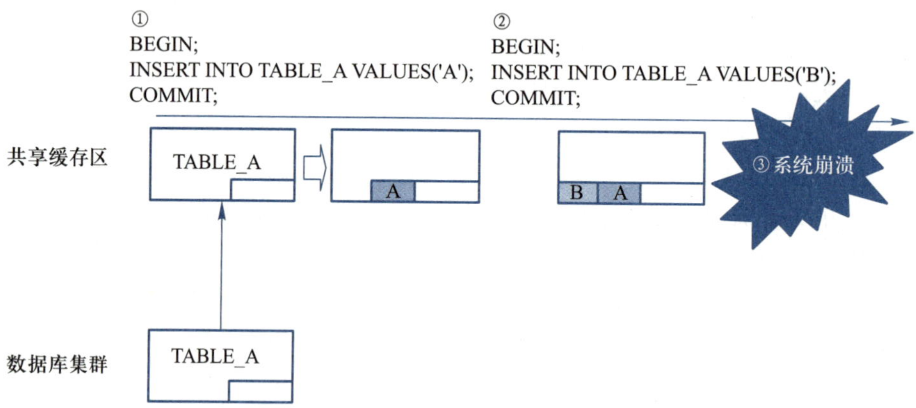

图 11.1　在没有 WAL 日志的数据库中插入数据

① 执行第一条 INSERT 语句，数据库将 TABLE_A 的页面从磁盘文件装载到内存的共享缓存区，将一条元组插入该页面，该页面没有立即写回磁盘文件，修改后的页面称为脏页（dirty page）。

② 执行第二条 INSERT 语句，向位于数据缓存区的页面再次插入一条元组，该页面还是没有写回磁盘文件。

③ 系统由于某种原因崩溃，此时已插入的两条元组都将丢失。

由上可知，在没有 WAL 日志的情况下，当发生系统故障时，数据库可能会丢失数据。

2. 插入操作和数据库恢复

为了解决发生系统故障时的数据丢失问题，openGauss 数据库引入了 WAL 日志机制，将所有的数据更新作为历史记录保存到持久性存储上（如磁盘文件），以备发生故障时恢复数据使用。在 openGauss 中，这些历史记录被保存为 WAL 日志文件，其中包含 XLOG 日志记录。当执行增、删、改等更新操作时，XLOG 记录首先被写入内存的 WAL 缓冲区（WAL buffer）。当事务提交 / 回滚时，立即把 WAL 缓冲区中的内容写入磁盘的 WAL 段文件（WAL segment file）。XLOG 记录的日志序列号（log sequence number，LSN）是该记录在 WAL 日志中的唯一标识符，表示它在 WAL 日志文件中的位置。

我们将系统崩溃时数据库恢复的起点称为重做点（REDO point），即最新的检查点开始时 XLOG 记录写入的位置。如图 11.2 所示。

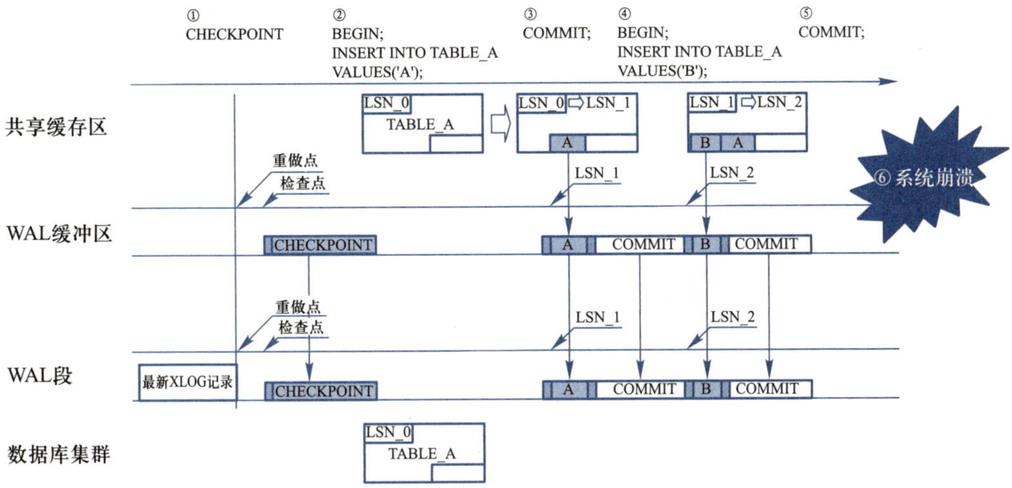

图 11.2　在有 WAL 日志的数据库中插入数据

① 后台线程 checkpointer 定期执行检查点操作（checkpointing），每当该线程启动时，会将一条名为 checkpoint record 的 XLOG 记录写入当前 WAL 段文件。此记录包含最新的重做点的位置。

② 发出第一条 INSERT 语句，将 TABLE_A 的页面从磁盘文件加载到共享缓存区中，向该页中插入一个元组，向 WAL 缓冲区的 LSN_1 位置写入一条相应的 XLOG 记录。将 TABLE_A 的 LSN 从 LSN_0 更新到 LSN_1。在本例中，XLOG 记录是“头数据 + 整个元组”。

③ 提交该事务，创建并向 WAL 缓冲区写入一条 COMMIT 对应的 XLOG 记录，将 WAL 缓冲区中从 LSN_1 位置开始的所有 XLOG 记录写入 WAL 段文件。

④ 发出第二条 INSERT 语句，继续向该页中插入一个新元组，向 WAL 缓冲区 LSN_2 位置写入一条相应的 XLOG 记录，将 TABLE_A 的 LSN 从 LSN_1 更新到 LSN_2。

⑤ 提交该事务，创建并向 WAL 缓冲区写入一条 COMMIT 对应的 XLOG 记录，将 WAL 缓冲区中从 LSN_2 位置开始的所有 XLOG 记录写入 WAL 段文件。

⑥ 系统由于某种原因崩溃，此时即使共享缓存区中的所有数据都丢失，由

于页面的所有修改都已作为历史数据写入 WAL 段文件，这些修改都可以恢复回来。

下面说明如何将数据库恢复到崩溃之前的状态。不需要任何特殊操作，发生故障之后重启 openGauss 时会自动进入恢复模式（recovery-mode），从重做点开始顺序读取和重做（replay）相应 WAL 段文件中的 XLOG 记录。如图 11.3 所示。

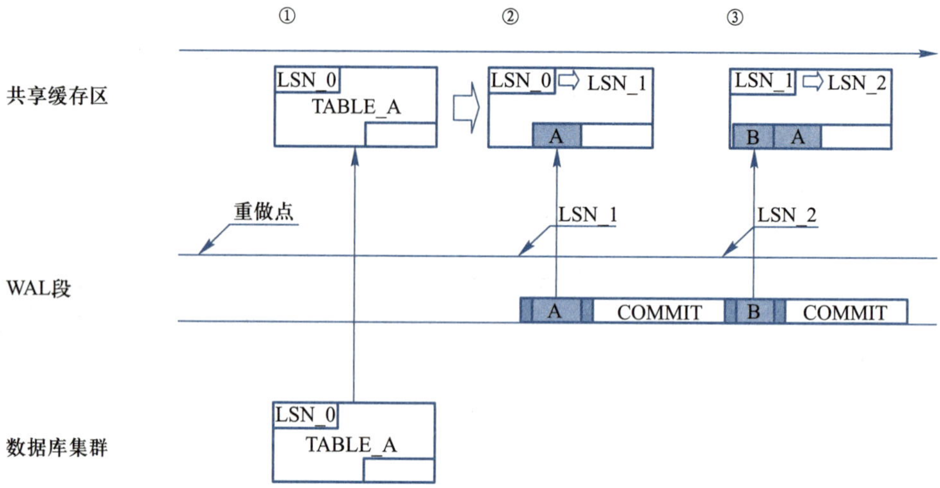

图 11.3　使用 WAL 日志的数据库恢复

① 从相应的 WAL 段文件中读取第一条 INSERT 语句的 XLOG 记录，并将 TABLE_A 的页面从数据库磁盘文件加载到共享缓存区中。

② 在重做 XLOG 记录之前，将比较 XLOG 记录和相应页面的日志序列号（LSN）。重做 XLOG 记录的规则为：

a. 如果 XLOG 记录的 LSN 大于页面的 LSN（XLOG 中数据较新），则 XLOG 记录中的数据部分将插入页面，并将页面（LSN）更新为 XLOG 记录的 LSN。

b. 如果 XLOG 记录的 LSN 较小（数据文件已是最新数据），则不用做任何操作，直接读取下一个 WAL 数据。

在本例中，XLOG 记录需要被重做，因为 XLOG 记录的 LSN（LSN_1）大于 TABLE_A 的 LSN（LSN_0）。重做后，将 TABLE_A 的 LSN 从 LSN_0 更新为 LSN_1。

③ 按照同样的方式重做其余的 XLOG 记录。

openGauss 可以通过按时间顺序重做 WAL 段文件中的 XLOG 记录来完成整个恢复过程。因此，openGauss 实现的 XLOG 是 REDO 日志。

那么，是否只要按照上述方式写 WAL 日志文件，就一定能够进行故障恢复呢？答案是否定的。因为还需要解决部分写（partial writes）的问题，实现一种称为全页写（full-page writes）的机制。

当数据库正在执行将脏页写入磁盘文件的过程中，如果操作系统发生故障，此时 TABLE_A 的页面数据损坏，即只有页面中的一部分数据写入了磁盘文件，这种情况称为部分写问题。这种页面是损坏的，在故障恢复时 XLOG 记录无法在该损坏的页面上重做。

openGauss 默认支持全页写功能来处理部分写问题。openGauss 会在每个检查点之后以及每个页面第一次发生变更时，将“头数据 + 整个页面”作为一条 XLOG 记录写入 WAL 缓冲区。这种包含整个页面的 XLOG 记录称为备份块（backup block）或全页镜像（full-page image）。

下面给出在带有全页写功能的 WAL 日志机制下插入数据的流程，如图 11.4 所示。

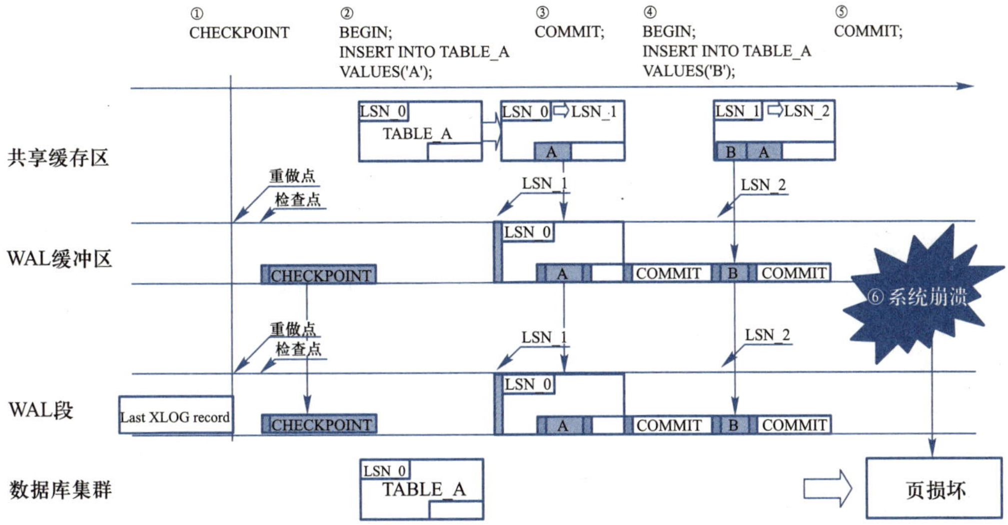

图 11.4　在带有全页写功能的 WAL 日志机制下插入数据

① checkpointer 线程启动一个检查点。

② 在第一条 INSERT 语句插入时，与前面过程的不同之处在于，此时 XLOG 记录的是“头数据 + 整个页面”的备份块（包含整个页面而不仅仅是插入的元组），因为这是在最新的检查点之后该页面的第一次写入。

③ 提交该事务，操作方式与前面对应的步骤相同。

④ 在第二条 INSERT 语句插入时，操作方式与之前对应的步骤完全相同，因为此时 XLOG 记录只是“头数据 + 插入元组”，而不是备份块。

⑤ 提交该事务，操作方式与前面对应的步骤相同。

⑥ 为了说明全页写功能的效果，考虑当写入磁盘文件过程中发生了操作系统故障，TABLE_A 在磁盘上的页面发生部分写问题而被破坏。

openGauss 重启时，恢复过程如图 11.5 所示。

① 读取第一条 INSERT 语句的 XLOG 记录，并将损坏的 TABLE_A 页面从

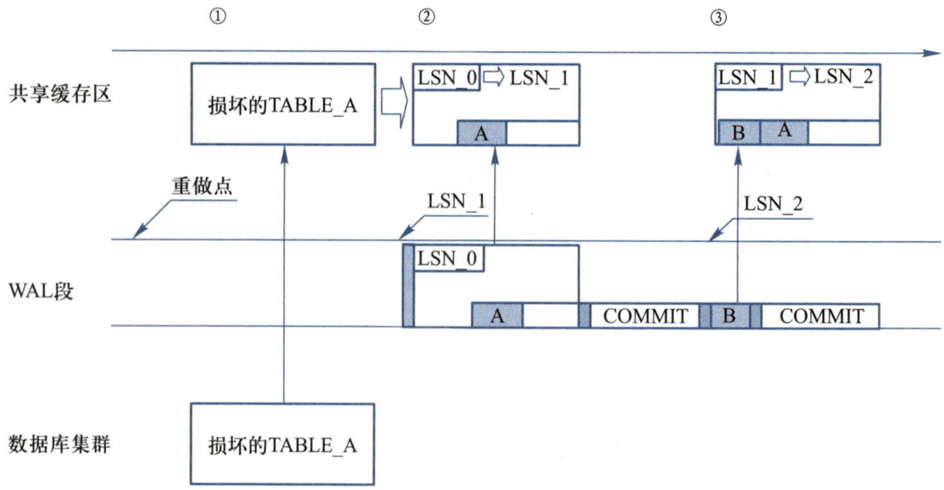

图 11.5　在带有全页写功能的 WAL 日志机制下进行故障恢复

磁盘文件加载到共享缓存区。在本例中，XLOG 记录是备份块，因为根据全页写规则，每个页面的第一条 XLOG 记录总是备份块。

② 当 XLOG 记录是备份块时，使用另一个重做规则，即 XLOG 记录的数据部分（即页面本身）会直接覆盖当前页面而不去比较 LSN 值，并且页面的 LSN 更新为 XLOG 记录的 LSN。本例使用 XLOG 中记录的数据部分覆盖了损坏的页面，并将 TABLE_A 的 LSN 更新为 LSN_1。通过这种方式，损坏的页面通过其对应的备份块恢复了。

③ 第二条 XLOG 记录不是备份块，操作方式与前面对应的步骤相同。

此时，即使发生了一些由于操作系统原因而引起的数据写入错误，数据库也可以恢复。当然，如果发生的是文件系统或介质故障（即磁盘坏了），就不能仅通过 WAL 日志机制来恢复了。通过备份（backup）和复制（replication）机制，再结合 WAL 日志，可以保证即使在介质故障发生时数据库也可以恢复。

在逻辑上，openGauss 将 XLOG 记录写入一个地址空间长度为 64 b（8 B）的事务日志虚拟文件中（最大可达 16 EB，即 2^{64} B）。在物理上，事务日志默认切分为 16 MB 大小的文件，每个文件称为 WAL 段文件。

图 11.6 给出了 WAL 日志文件的命名编码方式。WAL 段文件的名称是一个 24 位的十六进制数，每 8 位是一个部分，即分为三部分：

① 前 8 位为时间线 ID（timelineid），用于 PITR 恢复。这里固定为 00000001。

② 中间 8 位为 WAL 日志的逻辑 ID（logid）。每个逻辑 ID 对应的日志文件总容量默认为 256 × 16 MB（逻辑段数量 × WAL 段文件大小），即每个逻辑 ID 包含 256 个 16 MB 的物理 WAL 段文件。对于给定的 LSN，logid 的计算公式为 $\dfrac{LSN-1}{16\text{MB}\times 256}$。

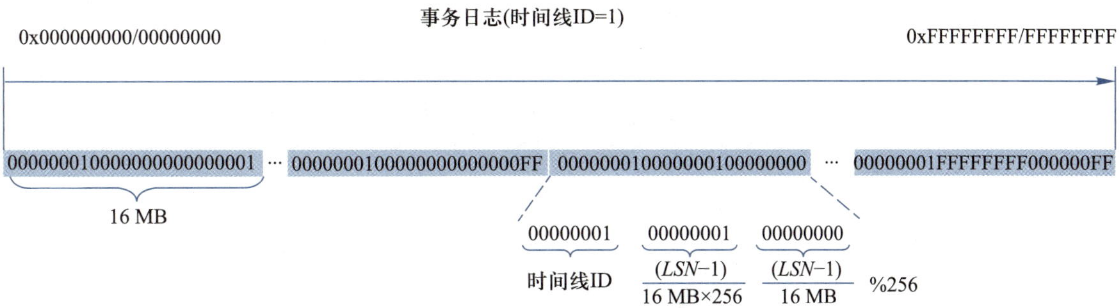

图 11.6 WAL 日志文件的命名编码方式

③ 最后 8 位表示当前 WAL 段文件是本逻辑 ID 的第几个（逻辑段号，logseg）。由于最大是 256 个，只需要使用最后 2 位。对于给定的 *LSN*，logseg 的计算公式为 $\frac{LSN-1}{16\,\text{MB}}\%256$。

由上可知，给定一个 *LSN*，其所在的 WAL 段文件的名称由下面的公式给出：

$$\text{WAL 段文件名}=\text{时间线 ID}+\frac{LSN-1}{16\,\text{MB}\times 256}+\frac{LSN-1}{16\,\text{MB}}\%256$$

WAL 段文件默认是一个 16 MB 的文件，内部切分为若干 8 192 B（8 KB）的页面。第 1 个页面的头数据为结构体 XLogLongPageHeaderData，其余页面的头数据为结构体 XLogPageHeaderData。在页面头数据之后，则是写入页面中的一条条 XLOG 记录。WAL 段文件的内部结构如图 11.7 所示。

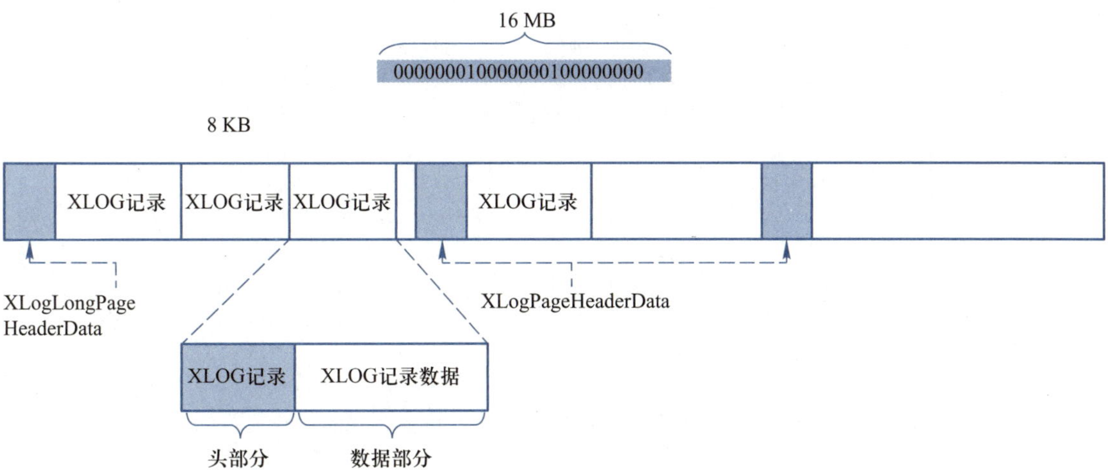

图 11.7 WAL 段文件的内部结构

3. 结构体 XLogPageHeaderData 的源代码

【源代码】src/include/access/xlog_basic.h

```
typedef struct XLogPageHeaderData {
    uint16 xlp_magic;          /* magic value for correctness checks */
    uint16 xlp_info;           /* flag bits, see below */
    TimeLineID xlp_tli;        /* TimeLineID of first record on page */
    XLogRecPtr xlp_pageaddr; /* XLOG address of this page */

    /*
     * When there is not enough space on current page for whole record,
       we
     * continue on the next page.  xlp_rem_len is the number of bytes
     * remaining from a previous page.
     *
     * Note that xl_rem_len includes backup-block data; that is, it
       tracks
     * xl_tot_len not xl_len in the initial header.  Also note that the
     * continuation data isn't necessarily aligned.
     */
    uint32 xlp_rem_len; /* total len of remaining data for record */
    uint32 xlp_total_len;
} XLogPageHeaderData;

typedef XLogPageHeaderData* XLogPageHeader;
```

4. 结构体 XLogLongPageHeaderData 的源代码

```
【源代码】src/include/access/xlog_basic.h

/*
 * When the XLP_LONG_HEADER flag is set,we store additional fields in the
 * page header.(This is ordinarily done just in the first page of an
 * XLOG file.)The additional fields serve to identify the file accurately.
 */
typedef struct XLogLongPageHeaderData{
    XLogPageHeaderData std;      /* standard header fields */
    uint64 xlp_sysid;            /* system identifier from pg_control */
    uint32 xlp_seg_size;         /* just as a cross-check */
    uint32 xlp_xlog_blcksz;      /* just as a cross-check */
} XLogLongPageHeaderData;

typedef XLogLongPageHeaderData*XLogLongPageHeader;
```

11.3.2　XLOG 日志记录

一条 XLOG 记录由通用头部分（结构体 XLogRecord）和数据部分组成。XLOG 记录的数据部分又有自己的头部分和数据部分。

1. 通用头部分：结构体 XLogRecord

字段说明：

① xl_tot_len：该 XLOG 记录的总长度。

② xl_xid：事务 ID。

③ xl_prev：指向前一个 XLOG 记录的指针。

④ xl_info：标志位。

⑤ xl_rmid：该 XLOG 记录的资源管理器。

⑥ xl_crc：CRC 校验。

其中，xl_info 和 xl_rmid 字段均与资源管理器相关。对于 XLOG 来说，不同的资源管理器决定着日志写入与恢复时的具体操作。表 11.1 给出了 openGauss 中不同类型的资源管理器。

表 11.1　openGauss 中不同类型的资源管理器

操作	资源管理器
堆表（heap tuple）操作	RM_HEAP、RM_HEAP2
索引（index）操作	RM_BTREE、RM_HASH、RM_GIN、RM_GIST、RM_SPGIST、RM_BRIN
序列（sequence）操作	RM_SEQ
事务（transaction）操作	RM_XACT、RM_MULTIXACT、RM_CLOG、RM_XLOG、RM_COMMIT_TS
表空间（tablespace）操作	RM_SMGR、RM_DBASE、RM_TBLSPC、RM_RELMAP
复制和热备（replication and hot standby）操作	RM_STANDBY、RM_REPLORIGIN、RM_GENERIC_ID、RM_LOGICALMSG_ID

结构体 XLogRecord 的源代码如下：

```
【源代码】src/include/access/xlog_basic.h
/*
 * The overall layout of an XLOG record is:
 *     Fixed-size header(XLogRecord struct)
 *     XLogRecordBlockHeader struct
 *     XLogRecordBlockHeader struct
 *     ...
 *     XLogRecordDataHeader[Short|Long] struct
 *     block data
 *     block data
 *     ...
 *     main data
 *
```

```
    * There can be zero or more XLogRecordBlockHeaders,and 0 or more
bytes of
    * rmgr-specific data not associated with a block.XLogRecord structs
    * always start on MAXALIGN boundaries in the WAL files,but the rest of
    * the fields are not aligned.
    *
    * The XLogRecordBlockHeader,XLogRecordDataHeaderShort and
    * XLogRecordDataHeaderLong structs all begin with a single 'id' byte.
It's
    * used to distinguish between block references,and the main data structs.
    */
   typedef struct XLogRecord{
       uint32 xl_tot_len;       /*total len of entire record */
       uint32 xl_term;
       TransactionId xl_xid;    /*xact id */
       XLogRecPtr xl_prev;      /*ptr to previous record in log */
       uint8 xl_info;           /*flag bits,see below */
       RmgrId xl_rmid;           /*resource manager for this record */
       uint2 xl_bucket_id;      /*stores bucket id */
       pg_crc32c xl_crc;        /*CRC for this record */

   /* XLogRecordBlockHeaders and XLogRecordDataHeader follow,no padding */
   }XLogRecord;
```

2. XLOG 记录的数据部分

XLOG 记录的数据部分又分为头部分和数据部分。

XLOG 记录数据部分的头部分包含 0 个或多个 XLogRecordBlockHeader 结构体，以及 0 个或 1 个 XLogRecordDataHeaderShort 或 XLogRecordDataHeaderLong 结构体，且至少要包含 1 个上述结构体。当 XLOG 记录存储整页镜像（即备份块）时，XLogRecordBlockHeader 中包括 XLogRecordBlockImageHeader，如图 11.8 所示。

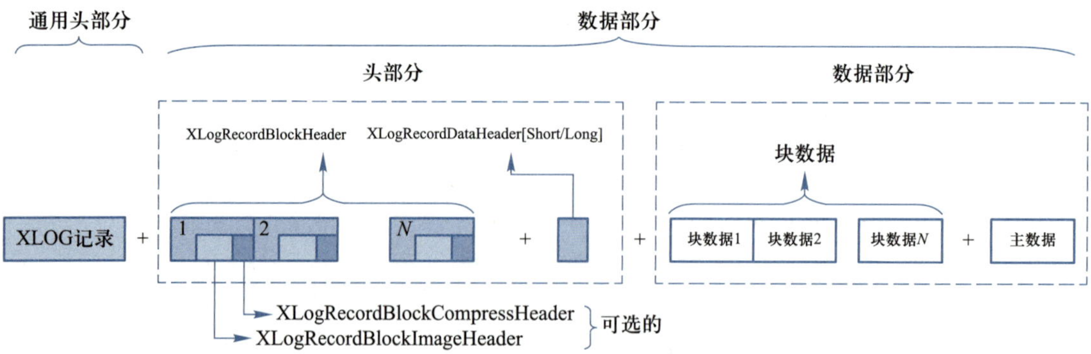

图 11.8　XLOG 记录的数据结构

① 结构体 XLogRecordBlockHeader 的源代码

【源代码】src/include/access/xlogrecord.h

```
/*
 * Header info for block data appended to an XLOG record.
 *
 * Note that we don't attempt to align the XLogRecordBlockHeader struct!
 * So, the struct must be copied to aligned local storage before use.
 * 'data_length' is the length of the payload data associated with this,
 * and includes the possible full-page image, and rmgr-specific data. It
 * does not include the XLogRecordBlockHeader struct itself.
 */
typedef struct XLogRecordBlockHeader {
    uint8 id;               /* block reference ID */
    uint8 fork_flags;       /* fork within the relation, and flags */
    uint16 data_length;     /* number of payload bytes (not including page
                             * image) */

    /* If BKPBLOCK_HAS_IMAGE, an XLogRecordBlockImageHeader struct follows */
    /* If !BKPBLOCK_SAME_REL is not set, a RelFileNode follows */
    /* BlockNumber follows */
} XLogRecordBlockHeader;
```

② 结构体 XLogRecordBlockImageHeader 的源代码

【源代码】src/include/access/xlogrecord.h

```
/*
 * Additional header information when a full-page image is included
 * (i.e.when BKPBLOCK_HAS_IMAGE is set).
 *
 * As a trivial form of data compression,the XLOG code is aware that
 * PG data pages usually contain an unused "hole" in the middle,which
 * contains only zero bytes.If hole_length > 0 then we have removed
 * such a "hole" from the stored data(and it's not counted in the
 * XLOG record's CRC,either).Hence,the amount of block data actually
 * present is BLCKSZ-hole_length bytes.
 */
typedef struct XLogRecordBlockImageHeader{
    uint16 hole_offset;    /* number of bytes before "hole" */
    uint16 hole_length;    /* number of bytes in "hole" */
} XLogRecordBlockImageHeader;
```

③ 结构体 XLogRecordDataHeaderShort 和 XLogRecordDataHeaderLong 的源代码

【源代码】src/include/access/xlogrecord.h

```
/*
 * XLogRecordDataHeaderShort/Long are used for the "main data" portion of
```

```
 * the record. If the length of the data is less than 256 bytes,the short
 * form is used,with a single byte to hold the length.Otherwise the long
 * form is used.
 *
 * (These structs are currently not used in the code,they are here just for
 * documentation purposes).
 */
typedef struct XLogRecordDataHeaderShort{
    uint8 id;/* XLR_BLOCK_ID_DATA_SHORT */
    uint8 data_length;/* number of payload bytes */
} XLogRecordDataHeaderShort;

typedef struct XLogRecordDataHeaderLong{
    uint8 id; /* XLR_BLOCK_ID_DATA_LONG */
              /* followed by uint32 data_length,unaligned */
} XLogRecordDataHeaderLong;
```

XLOG 记录的数据部分由 0 个或多个块数据和 0 个或 1 个主数据组成，但两者至少要有一个。它们的头部分分别对应于 XLogRecordBlockHeader 和 XLogRecordDataHeader。图 11.9 为 XLOG 记录数据部分的不同类型。

④ 备份块

由 INSERT 语句引发的备份块如图 11.9（a）所示，包括以下 5 部分：

a. 结构体 XLOG 记录（通用头部分）。

b. 结构体 XLogRecordBlockHeader，包含一个 XLogRecordBlockImageHeader。其中，XLogRecordBlockHeader 包含用于在数据库集群中定位区块的变量，XLogRecordImageHeader 包含此块的长度和偏移号。

c. 结构体 XLogRecordDataHeaderShort，存储 xl_heap_insert 结构的长度，该结构是记录的主数据。

d. 备份块（块数据）。

e. 结构体 xl_heap_insert（主数据）。

结构体 xl_heap_insert 的源代码如下：

```
【源代码】src/include/access/htup.h
/* This is what we need to know about insert */
typedef struct xl_heap_insert{
    OffsetNumber offnum;/*inserted tuple's offset */
    uint8 flags;

    /* xl_heap_header & TUPLE DATA in backup block 0 */
} xl_heap_insert;
```

⑤ 非备份块（non-backup block）

由 INSERT 语句引发的非备份块如图 11.9（b）所示，包括以下 5 部分：

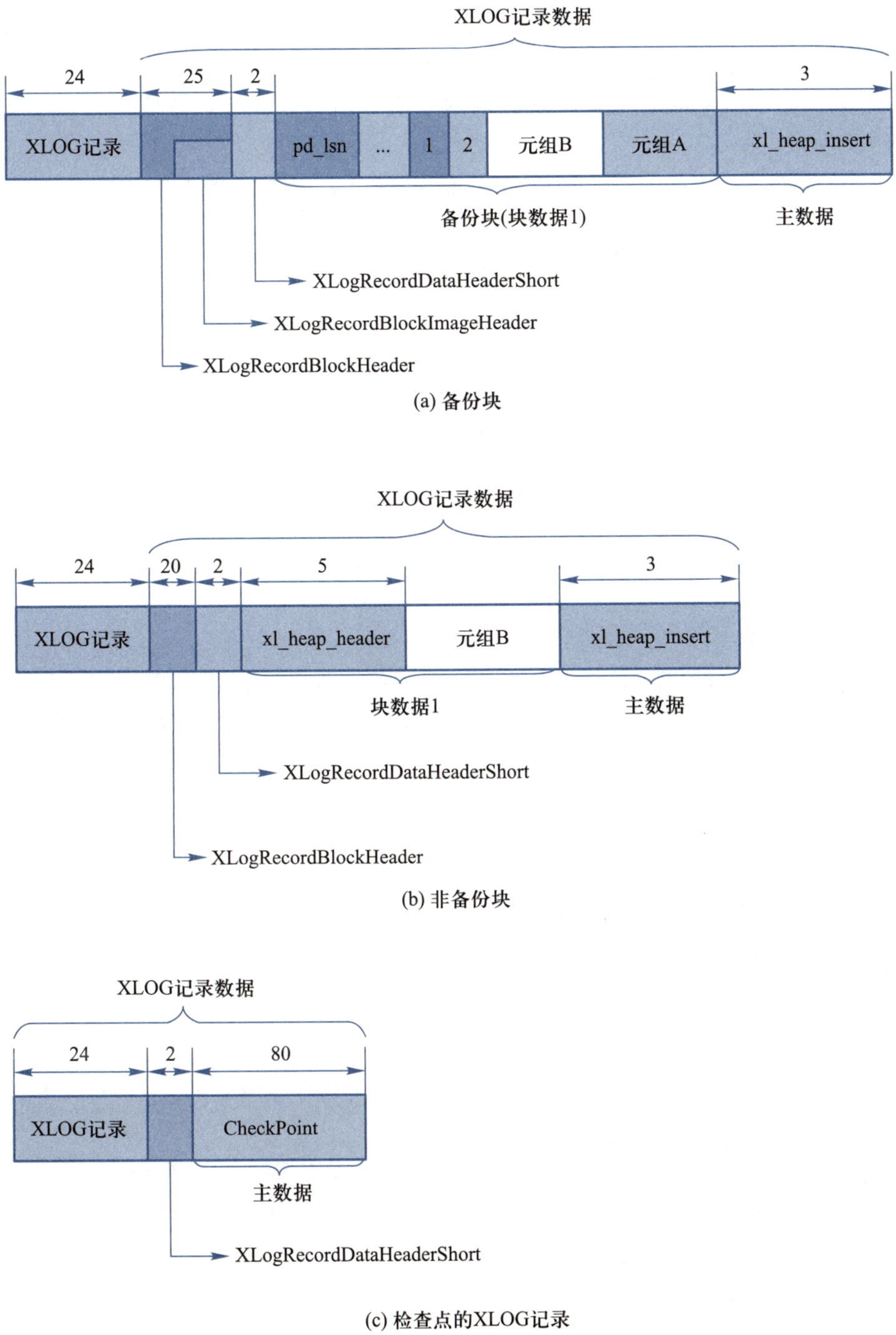

图 11.9 XLOG 记录数据部分的不同类型

a. 结构体 XLOG 记录（通用头部分）。

b. 结构体 XLogRecordBlockHeader，包含用于在数据库集群中定位区块的变量，以此来指定该元组被插入哪个块中，以及要插入元组的数据部分的长度。

c. 结构体 XLogRecordDataHeaderShort，包含新的 xl_heap_insert 结构的长度。新的 xl_heap_insert 只包含两个值：新插入元组在块内的偏移量以及可见性标志。

d. 一条被插入的元组（结构体 xl_heap_header+ 完整的插入数据）。

e. 结构体 xl_heap_insert（主数据）。

结构体 xl_heap_header 的源代码如下：

```
【源代码】src/include/access/htup.h
/*
 * We don't store the whole fixed part(HeapTupleHeaderData)of an inserted
 * or updated tuple in WAL;we can save a few bytes by reconstructing the
 * fields that are available elsewhere in the WAL record,or perhaps just
 * plain needn't be reconstructed.These are the fields we must store.
 * NOTE: t_hoff could be recomputed,but we may as well store it because
 * it will come for free due to alignment considerations.
 */
typedef struct xl_heap_header{
    uint16 t_infomask2;
    uint16 t_infomask;
    uint8 t_hoff;
} xl_heap_header;
```

⑥ 检查点的 XLOG 记录

检查点的 XLOG 记录如图 11.9（c）所示，由 3 个数据结构组成：

a. 结构体 XLOG 记录（通用头部分）。

b. 结构体 XLogRecordDataHeaderShort，包含主数据长度。

c. 结构体 CheckPoint（主数据）。

结构体 CheckPoint 的源代码如下：

```
【源代码】src/include/catalog/pg_control.h
/*
 * Body of CheckPoint XLOG records.This is declared here because we keep
 * a copy of the latest one in pg_control for possible disaster recovery.
 * Changing this struct requires a PG_CONTROL_VERSION bump.
 */
typedef struct CheckPoint{
    XLogRecPtr  redo;               /*next RecPtr available when we began to
                                     *create CheckPoint(i.e.REDO start point) */
    TimeLineID     ThisTimeLineID;  /*current TLI */
    bool           fullPageWrites;  /*current full_page_writes */
    TransactionId  nextXid;         /*next free XID */
    Oid            nextOid;         /*next free OID */
    MultiXactId    nextMulti;       /*next free MultiXactId */
```

```
    MultiXactOffset  nextMultiOffset;  /*next free MultiXact offset */
    TransactionId    oldestXid;        /*cluster-wide minimum datfrozenxid*/
    Oid              oldestXidDB;      /*database with minimum datfrozenxid */
    pg_time_t        time;             /*time stamp of checkpoint */
     XLogSegNo remove_seg;/*the xlog segno we keep during this checkpoint */
     /*
      * Oldest XID still running.This is only needed to initialize hot standby
      * mode from an online checkpoint,so we only bother calculating this for
      * online checkpoints and only when wal_level is hot_standby.Otherwise
      * it's set to InvalidTransactionId.
      */
   TransactionId     oldestActiveXid;
} CheckPoint;
```

11.3.3 日志写入过程

这里以执行一条 INSERT 语句为例，解释 XLOG 记录的写入过程：

① 创建表 table_a：

```
railway=#CREATE TABLE table_a(a CHAR(1));
CREATE TABLE
```

② 执行 INSERT 语句，插入一条元组：

```
railway=#INSERT INTO table_a VALUES('A');
INSERT 0 1
```

openGauss 处理 INSERT 语句的执行时会调用 exec_simple_query() 函数。该函数是将传入的 SQL 语句作为一个简单查询执行，适用于执行那些不返回结果集的查询，例如 INSERT、UPDATE、DELETE 等语句。在执行查询时，该函数将阻塞直到查询完成并返回一个表示执行结果的状态码。该函数的源代码位于：

```
【源代码】src/gausskernel/process/tcop/postgres.cpp
   static void exec_simple_query(const char*query_string,MessageType
messageType,
   StringInfo msg=NULL)
   {
   ...
   }
```

在 exec_simple_query() 函数的执行过程中，将直接或间接调用以下与日志写入相关的函数：

① ExtendCLOG() /* 位于 clog.cpp，将当前事务的状态 "IN_PROGRESS" 写入 CLOG */

② heap_insert() /* 位于 heapam.cpp，插入元组，创建一条 XLOG 记录并调用函数 XLogInsert */

③ XLogInsert() /* 位于 xloginsert.cpp，将插入元组的 XLOG 记录写入 WAL 缓冲区，更新页面的 pd_lsn */

④ finish_xact_command() /* 位于 postgres.cpp，执行提交 */

⑤ XLogInsert() /* 位于 xloginsert.cpp，将该提交行为的 XLOG 记录写入 WAL 缓冲区 */

⑥ XLogWrite() /* 位于 xlog.cpp，将 WAL 缓冲区中所有的 XLOG 写入 WAL 文件 */

⑦ TransactionIdCommitTree() /* 位于 transam.cpp，在 CLOG 中将事务状态由“IN_PROGRESS”改为“COMMITTED” */

上述函数调用完成了 XLOG 记录写入的主要步骤，如图 11.10 所示。

① ExtendCLOG() 函数在内存 CLOG 中将当前事务状态置为 IN_PROGRESS。

② heap_insert() 函数在共享缓存区中插入元组，创建 XLOG 记录，调用函数 XLogInsert()。

③ XLogInsert() 函数将 heap_insert() 函数中创建的 XLOG 记录写入 WAL 缓冲区的 LSN_1 位置，将插入元组的页面的 pd_lsn 由 LSN_0 更新为 LSN_1。

④ finish_xact_command() 函数提交当前事务，创建提交动作的 XLOG 记录，调用函数 XLogInsert()，将该 XLOG 记录写入 WAL 缓冲区的 LSN_2 位置。

⑤ XLogWrite() 函数将所有在 WAL 缓冲区的 XLOG 记录写入 WAL 段文件。

⑥ TransactionIdCommitTree() 函数将 CLOG 中该事务的状态由 IN_PROGRESS 置为 COMMITTED。

能够引起 XLOG 记录写入 WAL 段文件的操作包括：

① 一个事务提交或终止（abort）。

② WAL 缓冲区满。

③ WAL 写线程周期性写入。

日志写线程（WalWriter 线程）是一个后台背景线程，负责周期性地检查 WAL 缓冲区，将所有未写入的 XLOG 记录写入 WAL 段文件。其目的是避免 XLOG 记录的大量集中写入。

11.3.4 检查点机制

当下列任一情形发生时，检查点后台线程 checkpointer 会执行检查点操作：

① 自上次检查点执行时间已超过 checkpoint_timeout 设置（默认 300 s）。

② pg_xlog 目录中的 WAL 段文件大小总和超过 max_wal_size 设置（默认 1 GB，64 个文件）。

③ 以 fast 模式关闭数据库服务器。

④ 手动执行 CHECKPOINT 命令。

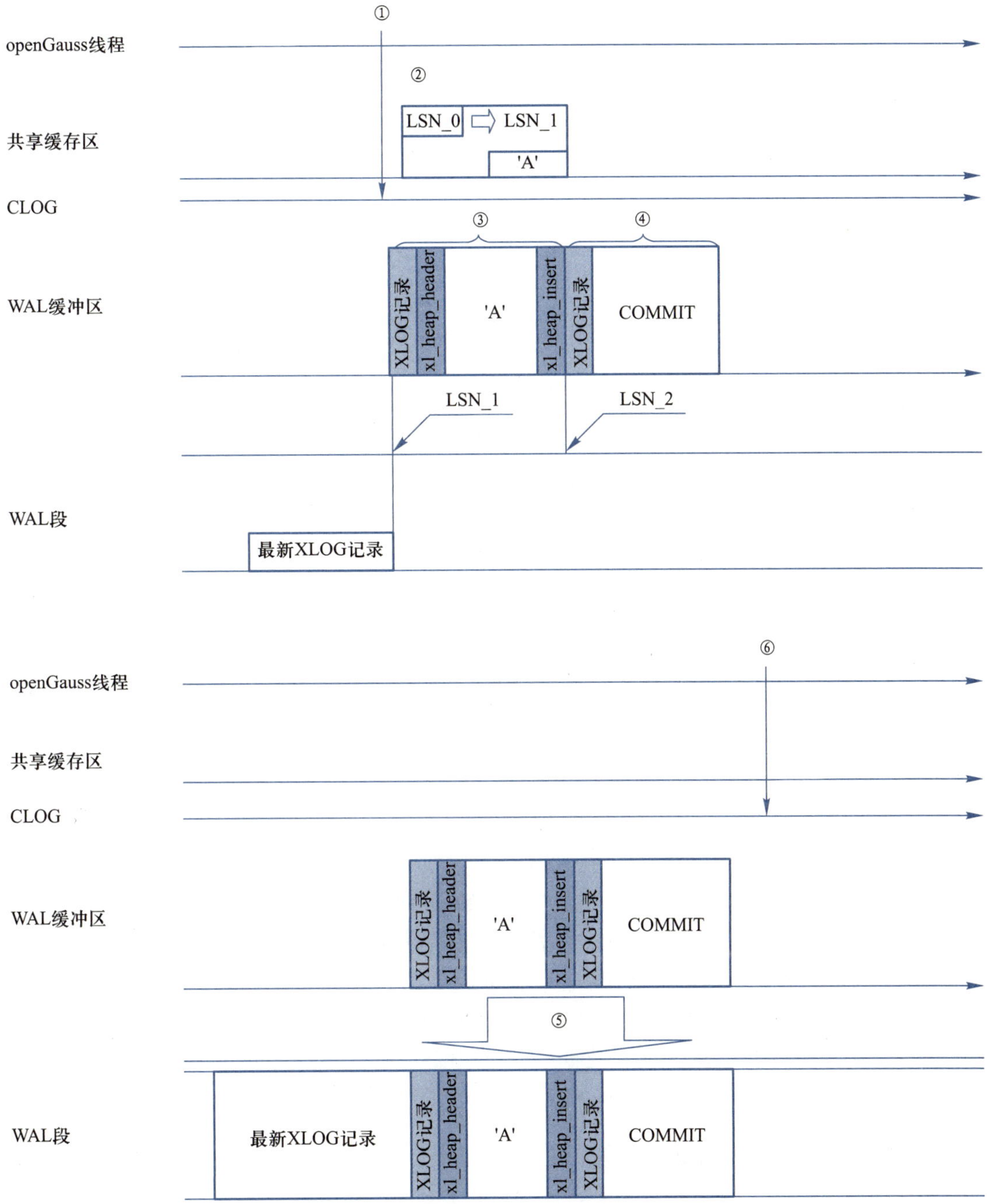

图 11.10 XLOG 记录写入过程

1. 检查点的执行流程

执行检查点有两个目的：为数据库恢复做准备和将共享缓冲池中的脏页写盘。

检查点的执行流程如下（见图 11.11）：

① 检查点线程启动后，会将重做点存储在内存中。重做点是最新的检查点

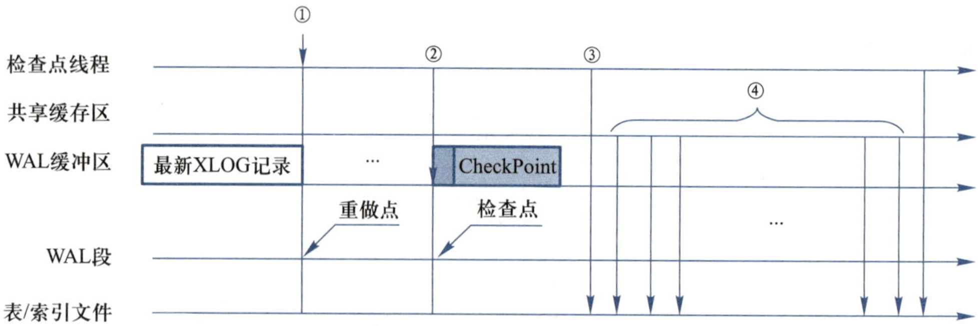

图 11.11　检查点的执行流程

开始时 XLOG 记录写入的位置，也是数据库恢复的起点。

② 将检查点对应的 XLOG 记录（即检查点记录）写入 WAL 缓冲区。该记录的数据部分由 CheckPoint 结构体定义，其中包括步骤①中重做点的位置。此外，写入检查点记录的位置有时也称作检查点。

③ 刷新共享缓冲池中的所有数据（如 CLOG 的内容等）到磁盘。

④ 更新 pg_control 文件，该文件包含一些基本信息，例如检查点记录的写入位置。从数据库恢复的角度看，检查点执行流程在日志文件中创建了一个包含重做点的检查点记录，将检查点位置和更多的信息存储到 pg_control 文件中。数据库恢复时，通过 pg_control 文件获取检查点记录内的重做点，从该重做点开始重做 WAL 日志。

2. pg_control 文件

pg_control 文件包含检查点的基本信息，它对于数据库恢复是必须的。如果它损坏了，系统将无法得知恢复起点，故无法进行恢复。

pg_control 文件中存储了 3 项与数据库恢复相关的信息：

① state：最新检查点开始时数据库服务器的状态。共有 7 种状态，其中 start up 表示数据库正在启动，shutdown 表示数据库正常关闭，in production 表示数据库正在运行等。

② latest checkpoint location：最新检查点在日志文件中的 LSN 位置。

③ prior checkpoint location：前一个检查点在日志文件中的 LSN 位置。

11.3.5　数据库恢复

openGauss 实现了基于 REDO 日志的恢复功能。如果数据库服务器崩溃，openGauss 会从重做点按顺序重做 WAL 段文件中的 XLOG 记录，以恢复数据库。

1. 启动恢复过程

当 openGauss 启动时，它会首先读取 pg_control 文件开始数据库的恢复过程，如图 11.12 所示。

① 数据库服务器启动时读取 pg_control 文件内容。如果 state 为 in production，将进入恢复模式（recovery-mode），因为这意味着数据库没有正常停止；如果

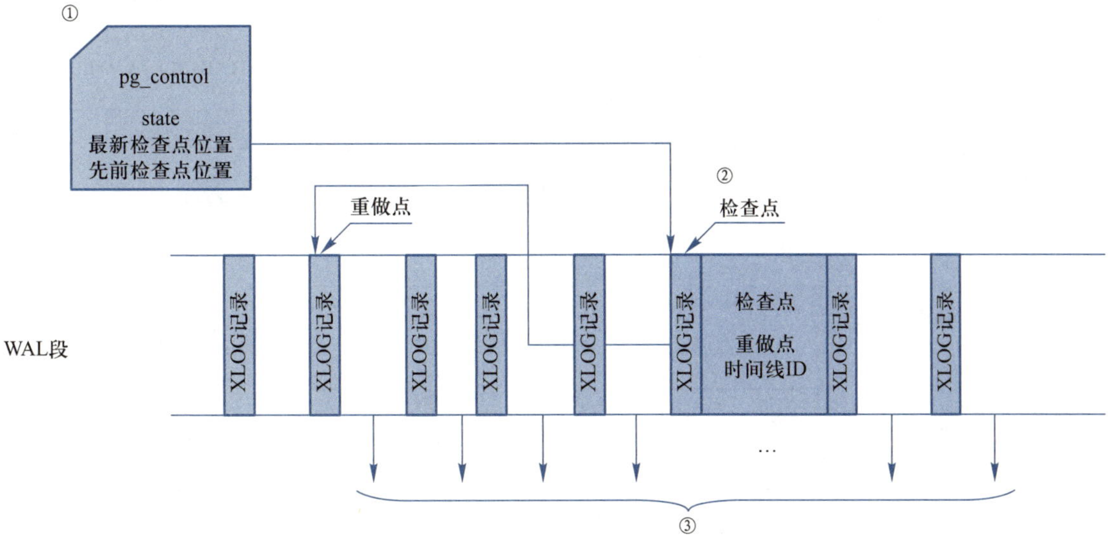

图 11.12 数据库恢复过程

state 为 shutdown，则进入正常启动模式。

② 从相应的 WAL 段文件中读取最新的检查点记录（pg_control 文件中保存了最新的检查点记录在 WAL 段文件中的位置），从该记录中获取重做点。如果最新的检查点记录无效（invalid），将读取前一个检查点记录。如果两个记录都不可读，将放弃恢复。

③ 使用合适的资源管理器从重做点开始按顺序读取和重做 XLOG 记录，直到最新的 WAL 段文件的最后位置。当遇到备份块时，无论其 LSN 如何，都会用其覆盖相应表的页面；否则仅当此 XLOG 记录的 LSN 大于相应页面的 pd_lsn 时，才会重做该 XLOG 记录。

2. LSN 的比较

为什么应该比较非备份块 XLOG 记录的 LSN 与相应页面的 pd_lsn 呢？这里使用一个示例来说明比较两个 LSN 的必要性。注意，这里省略了 WAL 缓冲区以简化描述。如图 11.13 所示：

① 向 TABLE_A 中插入一个元组，并在 LSN_1 处写入一条 XLOG 记录。

② 后台写入线程（BgWriter）将 TABLE_A 的页面写入磁盘。此时，该页面的 pd_lsn 为 LSN_1。

③ 向 TABLE_A 中再插入一个元组，并在 LSN_2 处写入一条 XLOG 记录，修改后的页面还没有写入磁盘。

这时，使用 immediate 模式关闭数据库服务器（这会引起数据库服务器重启时进入恢复过程），然后再次启动数据库服务器，恢复过程如图 11.14 所示。

① 加载第 1 个 XLOG 记录和 TABLE_A 的页面，但不重做该 XLOG 记录，因为该 XLOG 记录的 LSN 不大于 TABLE_A 的 LSN（都是 LSN_1）。

② 重做第 2 个 XLOG 记录，因为该记录的 LSN（LSN_2）大于当前 TABLE_

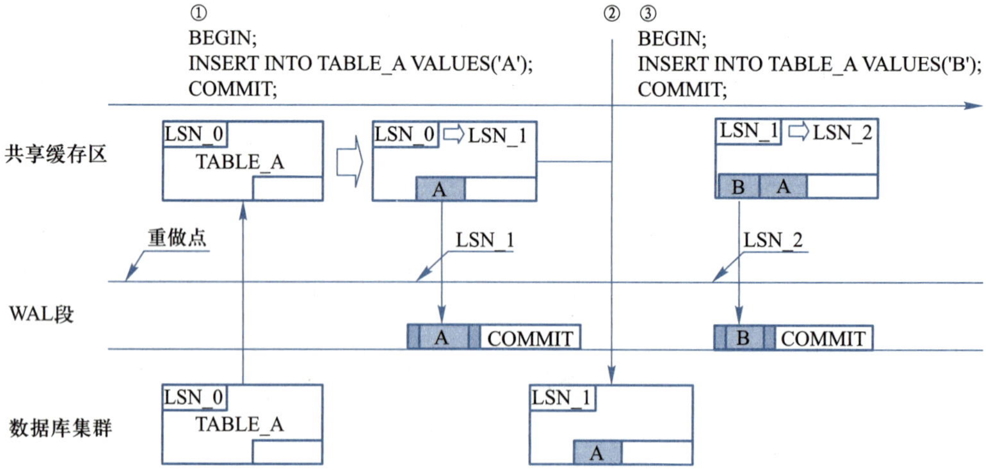

图 11.13　在后台写入线程工作过程中插入数据

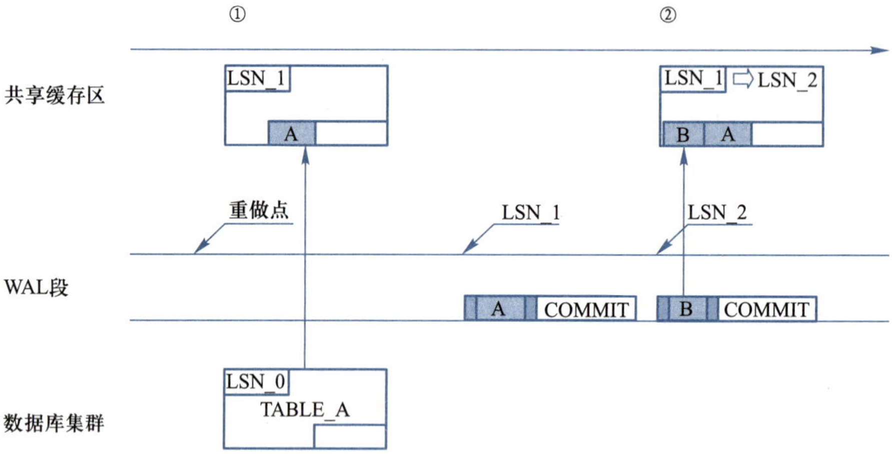

图 11.14　数据库恢复示例

A 的 LSN（LSN_1）。

可以看出，如果非备份块的重做顺序不正确或者被多次重做，将导致数据库中数据的不一致状态。也就是说，非备份块的重做操作不是幂等[①]的（idempotent）。因此，为了保留正确的重做顺序，当且仅当非备份块 XLOG 记录的 LSN 大于相应页面的 pd_lsn 时，才重做该 XLOG 记录；另一方面，由于备份块的重做操作是幂等的，备份块可以重做任意多次，而不管其 LSN 如何。

11.3.6　数据库备份与 PITR

数据库备份是数据库管理中的一个重要方面，它用于保护数据库以避免数

① 在数学中，幂等是指函数执行任意多次所产生的效果与执行一次相同，即 $f(f(x))=f(x)$。

据丢失和损坏。数据库备份可以分为物理备份和逻辑备份两种方式。物理备份是指将数据库的物理文件完全复制到备份存储设备上的过程。物理备份通常包括数据库的所有数据文件、控制文件、日志文件、配置文件等，它们在备份过程中被复制到备份设备上。物理备份速度较快，恢复时也比较方便，但是备份文件较大，不便于跨平台恢复。逻辑备份是指将数据库中的逻辑数据和对象导出到备份文件中的过程。逻辑备份通常包括数据库中的表、视图、存储过程、触发器等逻辑对象，以及这些对象中的数据。逻辑备份的备份文件相对较小，便于跨平台恢复，但是备份和恢复的速度相对较慢。

物理备份适合备份整个数据库以及大型数据库，而逻辑备份适合备份指定的逻辑对象和数据。在实际应用中，根据实际需要可以综合使用物理备份和逻辑备份，以达到最佳的备份效果。

openGauss 中的 PITR（Point-In-Time Recovery，基于时间点恢复）实际上是物理备份和 WAL 日志恢复的结合。在 openGauss 中，物理备份是数据库集群在运行时的一个快照，也称为基础备份（base backup）。

PITR 使用基础备份和归档日志数据，可将数据库恢复到基础备份之后的任意时间点。PITR 的工作原理是在基础备份上重做归档日志中的 XLOG 记录，它可以帮助数据库管理系统将数据库恢复到某个误操作之前的状态。比如一个误操作删除了表中的所有数据，可以通过 PITR 将数据库恢复到执行删除表数据操作之前的时刻。

进行 PITR 操作，需要基于物理备份的全量数据文件和归档的 WAL 日志文件。

PITR 工作流程如下：

① 将物理备份的文件替换目标数据库目录。

② 删除数据库目录下 pg_xlog 中的所有文件。

③ 将归档的 WAL 日志文件复制到 pg_xlog 文件中（通过配置 recovery.conf 恢复命令文件中的 restore_command 项实现，此步骤可以省略）。

④ 在数据库目录下创建恢复命令文件 recovery.conf，指定数据库恢复的程度。

⑤ 启动数据库并连接数据库，查看是否恢复到预期状态。若已经恢复到预期状态，通过 pg_xlog_replay_resume() 指令使主节点对外提供服务。

11.4 实验步骤

11.4.1 查看 WAL 日志文件

1. 查看默认日志大小

```
railway=#SHOW wal_segment_size;
 wal_segment_size
------------------
```

```
 16MB
(1 row)
```

2. 查看当前日志的 LSN（对于不同数据库实例，输出结果不同）

```
railway=#SELECT pg_current_xlog_insert_location();
 pg_current_xlog_insert_location
---------------------------------
 0/1497E7B0
(1 row)
```

3. 查看当前日志文件名

```
railway=#SELECT pg_xlogfile_name('0/1497E7B0');
     pg_xlogfile_name
--------------------------
 000000010000000000000014
(1 row)
```

4. 查看当前日志文件名和 LSN 在 WAL 段文件中的字节偏移量

```
railway=#SELECT pg_xlogfile_name_offset('0/1497E7B0');
        pg_xlogfile_name_offset
-----------------------------------
 (000000010000000000000014,9955248)
(1 row)
```

5. 查看 openGauss 的 WAL 日志文件目录

找到“000000010000000000000014”WAL 段文件。

```
[dblab@eduog pg_xlog]$ ls -l $GAUSSHOME/data/pg_xlog
total 305M
-rw----- 1 dblab dbgrp  16M Feb  1 19:19  000000010000000000000003
-rw----- 1 dblab dbgrp  16M Feb  3 02:44  000000010000000000000004
-rw----- 1 dblab dbgrp  16M Feb  5 04:00  000000010000000000000005
-rw----- 1 dblab dbgrp  16M Feb  10 23:21 000000010000000000000006
-rw----- 1 dblab dbgrp  16M Feb  11 04:20 000000010000000000000007
-rw----- 1 dblab dbgrp  16M Feb  12 08:12 000000010000000000000008
-rw----- 1 dblab dbgrp  16M Feb  13 18:59 000000010000000000000009
-rw----- 1 dblab dbgrp  16M Feb  14 12:35 00000001000000000000000A
-rw----- 1 dblab dbgrp  16M Feb  14 14:53 00000001000000000000000B
-rw----- 1 dblab dbgrp  16M Feb  14 17:03 00000001000000000000000C
-rw----- 1 dblab dbgrp  16M Feb  15 15:51 00000001000000000000000D
-rw----- 1 dblab dbgrp  16M Feb  15 19:09 00000001000000000000000E
-rw----- 1 dblab dbgrp  16M Feb  16 14:09 00000001000000000000000F
-rw----- 1 dblab dbgrp  16M Feb  17 18:01 000000010000000000000010
-rw----- 1 dblab dbgrp  16M Feb  18 16:19 000000010000000000000011
-rw----- 1 dblab dbgrp  16M Feb  19 20:01 000000010000000000000012
-rw----- 1 dblab dbgrp  16M Feb  20 23:54 000000010000000000000013
```

```
-rw----- 1 dblab dbgrp  16M Feb  21 14:27 000000010000000000000014
-rw----- 1 dblab dbgrp  16M Jan  30 20:40 000000010000000000000015
drwx---- 2 dblab dbgrp  4.0K Jan 29 15:07 archive_status
```

11.4.2 验证数据库恢复

1. 通过 immediate 关闭模式触发数据库恢复

停止数据库服务器的命令格式为：

```
gs_ctl stop -D DATADIR -m 关闭模式
```

其中，-D 选项指定数据文件目录为 DATADIR，-m 选项指定关闭模式。关闭模式有快速关闭和立即关闭两种。快速（fast）关闭模式快速关闭数据库，断开客户端的连接，让当前未提交事务回滚，然后正常关闭数据库。立即（immediate）关闭模式立即关闭数据库，停止数据库进程，直接退出。下次启动时会进行数据库恢复。

下面通过实验观察 fast 关闭模式：

① 确保数据库服务器已启动。新建一个 SSH 会话，用 gsql 客户端连接数据库服务器。执行下列语句：

```
railway=#CREATE TABLE table_b(id INT,name VARCHAR(5));
CREATE TABLE
railway=#BEGIN;
BEGIN
railway=#INSERT INTO table_b VALUES(1,'abc');
INSERT 0 1
```

上述语句开启一个事务，执行一条 INSERT 语句，但没有提交该事务。

② 用 fast 模式关闭数据库服务器：

```
[dblab@eduog openGauss-server]$ gs_ctl stop -D $GAUSSHOME/data -m
    fast
waiting for server to shut down···done
server stopped
```

查看 gaussdb 进程输出日志文件（位于 $GAUSSHOME/data/pg_log 目录），其中部分日志行如下：

```
[BACKEND] LOG:    received fast shutdown request
[BACKEND] LOG:    aborting any active transactions
[BACKEND] FATAL:  terminating connection due to administrator command
[BACKEND] LOG:    shutting down
[BACKEND] LOG:    will do full checkpoint,need flush 0 pages.
[INCRE_CKPT] LOG:    pagewriter thread shut down,id is 2
[INCRE_CKPT] LOG:    pagewriter thread shut down,id is 1
[INCRE_CKPT] LOG:    pagewriter thread shut down,id is 4
```

```
[INCRE_CKPT] LOG:    pagewriter thread shut down,id is 3
[INCRE_CKPT] LOG:    pagewriter thread shut down,id is 0
[BACKEND] LOG:    will update control file(create checkpoint),shutdown:1
[BACKEND] LOG:    database system is shut down
[BACKEND] LOG:    Gaussdb exit(0)
```

③ 重启数据库服务器：

```
[dblab@eduog openGauss-server]$ gs_ctl start -D $GAUSSHOME/data -Z
    single_node -l logfile
```

查看表数据，发现未提交的事务被回滚，INSERT 语句插入的数据没有出现在表中。

```
railway=#SELECT *FROM table_b;
 id | name
----+------
 (0 row)
```

下面通过实验观察 immediate 关闭模式：

① 新建一个 SSH 会话，用 gsql 客户端连接数据库服务器。执行下列语句：

```
railway=#INSERT INTO table_b VALUES(1,'abc');
INSERT 0 1
```

② 用 immediate 模式关闭数据库服务器：

```
dblab@eduog openGauss-server]$ gs_ctl stop -D $GAUSSHOME/data -m
    immediate
waiting for server to shut down···done
server stopped
```

查看 gaussdb 进程的输出日志文件（位于 $GAUSSHOME/data/pg_log 目录），其中部分日志行如下：

```
[BACKEND] LOG:  received immediate shutdown request
[BACKEND] LOG:  Gaussdb exit(0)
```

③ 重启数据库服务器：

```
[dblab@eduog openGauss-server]$ gs_ctl start -D $GAUSSHOME/data -Z
    single_node -l logfile
```

查看 gaussdb 进程的输出日志文件（位于 $GAUSSHOME/data/pg_log 目录），其中部分日志行如下：

```
[BACKEND] LOG:database system was not properly shut down;automatic
    recovery in progress
[BACKEND] LOG: redo starts at 0/15E87F98
```

```
[BACKEND] LOG: redo done at 0/15E88170,end at 0/15E881B8
[REDO] LOG:[PR]:Recoverying elapsed: 100631 us,
    redoTotalBytes:544,EndRecPtr:367559096,redoStartPtr:367558552,speed:
    0 MB/s,totalTime:100631
[BACKEND] LOG:last completed transaction was at log time 2023-02-23
    00:25:32.978453+08
LOG: database system is ready to accept connections
[BACKEND] LOG: database first startup and recovery finish,so do
    checkpointer
```

查看表数据，发现 INSERT 语句插入的数据在表中，表明数据库已恢复到正常状态。

```
railway=#SELECT *FROM table_b;
 id | name
----+------
  1 | abc
(1 row)
```

2. 查看 pg_control 文件

pg_control 文件位于数据目录的 global 子目录。

```
[dblab@eduog openGauss-server]$ cd $GAUSSHOME/data/global
[dblab@eduog global]$ ll pg_control
-rw------- 1 dblab dbgrp 8.0K Feb 22 21:10 pg_control
```

使用 pg_controldata 命令可查看 pg_control 文件内容：

```
[dblab@eduog global]$ pg_controldata $GAUSSHOME/data
pg_control version number:              923
Catalog version number:                 201611171
Database system identifier:             18020660039215399202
Database cluster state:                 in production
pg_control last modified:               Wed 22 Feb 2023 09:11:05 PM CST
Latest checkpoint location:             0/15E7A2C8
Prior checkpoint location:              0/15E7A1A8
Latest checkpoint's REDO location:      0/15E7A248
Latest checkpoint's TimeLineID:         1
Latest checkpoint's full_page_writes: off
Latest checkpoint's NextXID:            31334
Latest checkpoint's NextOID:            82069
Latest checkpoint's NextMultiXactId:    2
Latest checkpoint's NextMultiOffset:    0
Latest checkpoint's oldestXID:          12772
Latest checkpoint's oldestXID's DB:     15552
Latest checkpoint's oldestActiveXID:    31334
Latest checkpoint's remove lsn:         0/5
```

```
Time of latest checkpoint:              Wed 22 Feb 2023 09:11:05 PM CST
Minimum recovery ending location:       0/0
Backup start location:                  0/0
Backup end location:                    0/0
End-of-backup record required:          no
Current wal_level setting:              hot_standby
Current max_connections setting:        250
Current max_prepared_xacts setting:     200
Current max_locks_per_xact setting:     256
Maximum data alignment:                 8
Database block size:                    8192
Blocks per segment of large relation: 131072
WAL block size:                         8192
Bytes per WAL segment:                  16777216
Maximum length of identifiers:          64
Maximum columns in an index:            32
Maximum size of a TOAST chunk:          1996
Date/time type storage:                 64-bit integers
Float4 argument passing:                by value
Float8 argument passing:                by value
Database system TimeLine:               55
```

11.4.3　分析代码：数据库恢复过程

openGauss 发生非正常停止后，重启时会进入恢复模式，这时会自动重做 XLOG 日志记录。

恢复过程调用的主要函数是 StartupXLOG。该函数的代码行数非常大，我们只关注关键步骤。其源代码如下：

```
【源代码】src/gausskernel/storage/access/transam/xlog.cpp
/*
 * This must be called ONCE during postmaster or standalone-backend startup
 */
void StartupXLOG(void)
{
    XLogCtlInsert *Insert=NULL;
    CheckPoint checkPoint;
    CheckPointNew checkPointNew;    /*to adapt update and not to modify the
                                    storage format */
    CheckPointPlus checkPointPlus; /*to adapt update and not to modify the
                                    storage format for global clean */
    CheckPointUndo checkPointUndo;
    uint32 recordLen=0;
    bool wasShutdown=false;
    bool DBStateShutdown=false;
    bool reachedStopPoint=false;
```

```
    bool haveBackupLabel=false;
    bool haveTblspcMap=false;
    XLogRecPtr RecPtr,checkPointLoc,EndOfLog;
    XLogSegNo endLogSegNo;
XLogRecord *record=NULL;
...
```

调用函数 ReadControlFile，读取 pg_control 文件。其源代码如下：

【源代码】src/gausskernel/storage/access/transam/xlog.cpp
```
    /*
     * Read control file and check XLOG status looks valid.
     *
     * Note: in most control paths,*ControlFile is already valid and
       we need
     * not do ReadControlFile()here,but might as well do it to be sure.
     */
...
ReadControlFile();
...
```

输出数据库的 timeline，每次执行恢复时 timeline 会增加 1。其源代码如下：

【源代码】src/gausskernel/storage/access/transam/xlog.cpp
```
/* description: timeline > MAX_INT32 */
if(IsUnderPostmaster){
    t_thrd.shemem_ptr_cxt.ControlFile->timeline=
    t_thrd.shemem_ptr_cxt.ControlFile->timeline + 1;
    ereport(LOG,(errmsg("database system timeline:%u",
    t_thrd.shemem_ptr_cxt.ControlFile->timeline)));
    if(t_thrd.shemem_ptr_cxt.ControlFile->timeline == 0){
       t_thrd.shemem_ptr_cxt.ControlFile->timeline=1;
    }
  }
```

输出上次数据库服务器非正常停止时数据库的状态：

【源代码】src/gausskernel/storage/access/transam/xlog.cpp
```
if(t_thrd.shemem_ptr_cxt.ControlFile->state == DB_SHUTDOWNED){
    DBStateShutdown=true;
    AbnormalShutdown=false;
    ereport(LOG,
    (errmsg("database system was shut down at %s",
    str_time(t_thrd.shemem_ptr_cxt.ControlFile->time))));
} else if(t_thrd.shemem_ptr_cxt.ControlFile->state ==
DB_SHUTDOWNED_IN_RECOVERY){
    DBStateShutdown=true;
    ereport(LOG,(errmsg("database system was shut down in recovery at
```

```
        %s",str_time(t_thrd.shemem_ptr_cxt.ControlFile->time))));
    } else if(t_thrd.shemem_ptr_cxt.ControlFile->state == DB_SHUTDOWNING){
        ereport(LOG,(errmsg("database system shutdown was interrupted;last
            known up at %s",
            str_time(t_thrd.shemem_ptr_cxt.ControlFile->time))));
    } else if(t_thrd.shemem_ptr_cxt.ControlFile->state == DB_IN_CRASH_RECOVERY)
        {
            ereport(LOG,(errmsg("database system was interrupted while in
            recovery at %s",
            str_time(t_thrd.shemem_ptr_cxt.ControlFile->time)),
            errhint("This probably means that some data is corrupted and"
            "you will have to use the last backup for recovery.")));
    } else if(t_thrd.shemem_ptr_cxt.ControlFile->state==
        DB_IN_ARCHIVE_RECOVERY){
            ereport(LOG,(errmsg("database system was interrupted while in
            recovery at log time %s",
            str_time(t_thrd.shemem_ptr_cxt.ControlFile->checkPointCopy.
            time)),
            errhint("If this has occurred more than once some data might
            be corrupted" "and you might need to choose an earlier recovery
            target.")));
    } else if(t_thrd.shemem_ptr_cxt.ControlFile->state == DB_IN_PRODUCTION){
        ereport(LOG,(errmsg("database system was interrupted;last
        known up at %s",str_time(t_thrd.shemem_ptr_cxt.ControlFile->
        time))));
    }
```

创建 XLogReaderState 对象：

```
【源代码】src/gausskernel/storage/access/transam/xlog.cpp
    ...
    xlogreader=XLogReaderAllocate(&XLogPageRead,&readprivate);
    ...
    if(xlogreader == NULL){
    ereport(ERROR,(errcode(ERRCODE_OUT_OF_MEMORY),errmsg("out of
        memory"),errdetail("Failed while allocating an XLog reading
        processor")));
    }
    xlogreader->system_identifier =
    t_thrd.shemem_ptr_cxt.ControlFile->system_identifier;
```

调用函数 ReadCheckpointRecord，获取检查点记录。如果第一次没有获取到（record 为 null），就使用控制文件 ControlFile 中的 prevCheckPoint 来获取。源代码如下：

```
【源代码】src/gausskernel/storage/access/transam/xlog.cpp
    /*
```

```
     * Get the last valid checkpoint record.If the latest one according
     * to pg_control is broken,try the next-to-last one.
     */
    checkPointLoc=t_thrd.shemem_ptr_cxt.ControlFile->checkPoint;
    t_thrd.xlog_cxt.RedoStartLSN =
        t_thrd.shemem_ptr_cxt.ControlFile->checkPointCopy.redo;
    g_instance.comm_cxt.predo_cxt.redoPf.redo_start_ptr =
        t_thrd.xlog_cxt.RedoStartLSN;
    record=ReadCheckpointRecord(xlogreader,checkPointLoc,1);
    if(record != NULL){
        ereport(DEBUG1,
         (errmsg("checkpoint record is at %X/%X",(uint32)(check
              PointLoc>>32),
        (uint32)checkPointLoc)));
} else if(t_thrd.xlog_cxt.StandbyMode){
    /*
     * The last valid checkpoint record required for a streaming
     * recovery exists in neither standby nor the primary.
     */
ereport(PANIC,(errmsg("could not locate a valid checkpoint record")));
} else{
    checkPointLoc=t_thrd.shemem_ptr_cxt.ControlFile->prevCheckPoint;
    record=ReadCheckpointRecord(xlogreader,checkPointLoc,2);
    if(record != NULL){
        ereport(LOG,(errmsg("using previous checkpoint record at %X/%X",
        (uint32)(checkPointLoc>>32), (uint32)checkPointLoc)));
t_thrd.xlog_cxt.InRecovery=true;/*force recovery even if SHUTDOWNED */
} else{
        ereport(PANIC,(errmsg("could not locate a valid checkpoint record")));
    }
}
rcm = memcpy_s(&checkPoint,sizeof(CheckPoint),XLogRecGetData(xlogreader),
     sizeof(CheckPoint));
     securec_check(rcm,"","");

recordLen=record->xl_tot_len;
if(record->xl_tot_len == CHECKPOINTNEW_LEN){
     rcm=memcpy_s(&checkPointNew,sizeof(checkPointNew),
         XLogRecGetData(xlogreader),
         sizeof(checkPointNew));
     securec_check(rcm,"","");
} else if(record->xl_tot_len == CHECKPOINTPLUS_LEN){
     rcm=memcpy_s(&checkPointPlus,sizeof(checkPointPlus),
     XLogRecGetData(xlogreader),
     sizeof(checkPointPlus));
     securec_check(rcm,"","");
```

```
} else if(record->xl_tot_len == CHECKPOINTUNDO_LEN){
    rcm=memcpy_s(&checkPointUndo,sizeof(checkPointUndo),
    XLogRecGetData(xlogreader),
    sizeof(checkPointUndo));
    securec_check(rcm,"","");
}

UpdateTermFromXLog(record->xl_term);

wasShutdown =(record->xl_info == XLOG_CHECKPOINT_SHUTDOWN);
wasCheckpoint=wasShutdown ||(record->xl_info ==
    XLOG_CHECKPOINT_ONLINE);
```

将 RecPtr 设置为检查点位置 checkPointLoc：

```
【源代码】src/gausskernel/storage/access/transam/xlog.cpp
t_thrd.xlog_cxt.LastRec=RecPtr=checkPointLoc;
ereport(LOG,(errmsg("redo record is at %X/%X;shutdown %s",
    (uint32)(checkPoint.redo>>32), (uint32)checkPoint.redo,
    wasShutdown ? "TRUE" : "FALSE")));
```

判断是否需要恢复。如果数据库状态不是正常关闭（DB_SHUTDOWNED）就需要恢复。其源代码如下：

```
【源代码】src/gausskernel/storage/access/transam/xlog.cpp
/*
 * Check whether we need to force recovery from WAL.If it appears to
 * have been a clean shutdown and we did not have a recovery.conf file,
 * then assume no recovery needed.
 */
...
if(XLByteLT(checkPoint.redo,RecPtr)){
    ...
 t_thrd.xlog_cxt.InRecovery=true;
} else if(t_thrd.shemem_ptr_cxt.ControlFile->state != DB_SHUTDOWNED)
    {t_thrd.xlog_cxt.InRecovery=true;
} else if(t_thrd.xlog_cxt.ArchiveRecoveryRequested){
    /* force recovery due to presence of recovery.conf */
    t_thrd.xlog_cxt.InRecovery=true;
    if(ArchiveRecoveryByPending){
        RecoveryByPending=true;
    }
}
```

进入实际的重做日志（REDO）过程。判断数据库是否为 InArchiveRecovery，如果是，则将数据库状态标为 DB_IN_ARCHIVE_RECOVERY，否则标为 DB_IN_CRASH_RECOVERY 并输出：database system was not properly shut down; automatic recovery in progress。

调用函数 PrintCkpXctlControlFile 以输出控制文件中的检查点信息，然后更新 pg_control 中的检查点，该检查点就是进行恢复的起始点。其源代码如下：

```
【源代码】src/gausskernel/storage/access/transam/xlog.cpp
/* REDO */
if (t_thrd.xlog_cxt.InRecovery) {
    /* use volatile pointer to prevent code rearrangement */
    volatile XLogCtlData *xlogctl = t_thrd.shemem_ptr_cxt.XLogCtl;

    /*
     * Update pg_control to show that we are recovering and to show the
     * selected checkpoint as the place we are starting from. We also mark
     * pg_control with any minimum recovery stop point obtained from a
     * backup history file.
     */
    dbstate_at_startup = t_thrd.shemem_ptr_cxt.ControlFile->state;
    if (t_thrd.xlog_cxt.InArchiveRecovery) {
        t_thrd.shemem_ptr_cxt.ControlFile->state = DB_IN_ARCHIVE_RECOVERY;
    } else {
        ereport(LOG, (errmsg("database system was not properly shut down; "
        "automatic recovery in progress")));
        t_thrd.shemem_ptr_cxt.ControlFile->state = DB_IN_CRASH_RECOVERY;
    }
    PrintCkpXctlControlFile(t_thrd.shemem_ptr_cxt.ControlFile->checkPoint,
        &(t_thrd.shemem_ptr_cxt.ControlFile->checkPointCopy), checkPointLoc,
        &checkPoint,t_thrd.shemem_ptr_cxt.ControlFile->prevCheckPoint,
        "StartupXLOG");
    t_thrd.shemem_ptr_cxt.ControlFile->prevCheckPoint =
    t_thrd.shemem_ptr_cxt.ControlFile->checkPoint;
    t_thrd.shemem_ptr_cxt.ControlFile->checkPoint = checkPointLoc;
    t_thrd.shemem_ptr_cxt.ControlFile->checkPointCopy = checkPoint;
    if (t_thrd.xlog_cxt.InArchiveRecovery) {
    /* initialize minRecoveryPoint if not set yet */
    if (XLByteLT(t_thrd.shemem_ptr_cxt.ControlFile->minRecoveryPoint,
    checkPoint.redo)) {
        t_thrd.shemem_ptr_cxt.ControlFile->minRecoveryPoint = checkPoint.redo;
    }
}
```

调用函数 PrintCkpXctlControlFile：

```
【源代码】src/gausskernel/storage/access/transam/xlog.cpp
/*
 * Log checkPoint
 */
inline void PrintCkpXctlControlFile(XLogRecPtr oldCkpLoc,CheckPoint
```

```
    *oldCkp, XLogRecPtr newCkpLoc,CheckPoint *newCkp,
    XLogRecPtr preCkpLoc,char *name)
{
    ereport(LOG,
        errmsg("%s PrintCkpXctlControlFile: [checkPoint]oldCkpLoc:
        %X/%X,oldRedo:%X/%X, newCkpLoc:%X/%X,"
        "newRedo:%X/%X,preCkpLoc:%X/%X",name,
        (uint32)(oldCkpLoc>>32),(uint32)oldCkpLoc,
        (uint32)(oldCkp->redo>>32),
        (uint32)oldCkp->redo,(uint32)(newCkpLoc>>32),
        (uint32)newCkpLoc,(uint32)(newCkp->redo>>32),
        (uint32)newCkp->redo,(uint32)(preCkpLoc>>32),
        (uint32)preCkpLoc));
}
```

获取第一条 XLOG 记录。如果 checkPoint.redo < RecPtr（即重做点小于检查点），则获取重做点对应的 XLOG 记录；否则，获取检查点之后的一条 XLOG 记录。其源代码如下：

```
【源代码】src/gausskernel/storage/access/transam/xlog.cpp
// Find the first record that logically follows the checkpoint --- it
// might physically precede it,though.
if(XLByteLT(checkPoint.redo,RecPtr))//SS_STANDB_PROMOTING{
    /* back up to find the record */
    record=ReadRecord(xlogreader,checkPoint.redo,PANIC,false);
}else{
    /* just have to read next record after CheckPoint */
    record=ReadRecord(xlogreader,InvalidXLogRecPtr,LOG,false);
}
```

函数 ReadRecord 读取一条 XLOG 记录。在 for 循环中，调用函数 XLogReadRecord 进行 XLOG 记录读取。其源代码如下：

```
【源代码】src/gausskernel/storage/access/transam/xlog.cpp
/*
 * Attempt to read an XLOG record.
 *
 * If RecPtr is not NULL,try to read a record at that position. Otherwise
 * try to read a record just after the last one previously read.
 *
 * If no valid record is available,returns NULL,or fails if emode is
   PANIC.
 * (emode must be either PANIC,LOG). In standby mode,retries until a
   valid
 * record is available.
 *
 * The record is copied into readRecordBuf,so that on successful return,
```

```
 * the returned record pointer always points there.
 */
static XLogRecord *ReadRecord(XLogReaderState *xlogreader,XLogRecPtr
    RecPtr,int emode,bool fetching_ckpt)
{
    XLogRecord *record=NULL;
    uint32 streamFailCount=0;
    XLogPageReadPrivate *readprivate=(XLogPageReadPrivate
        *)xlogreader->private_data;

    /* Pass through parameters to XLogPageRead */
    readprivate->fetching_ckpt=fetching_ckpt;
    readprivate->emode=emode;
    readprivate->randAccess=!XLByteEQ(RecPtr,InvalidXLogRecPtr);

    /* This is the first try to read this page. */
    t_thrd.xlog_cxt.failedSources=0;

    for(;;){
        char *errormsg=NULL;

        record=XLogReadRecord(xlogreader,RecPtr,&errormsg);
        t_thrd.xlog_cxt.ReadRecPtr=xlogreader->ReadRecPtr;
        t_thrd.xlog_cxt.EndRecPtr=xlogreader->EndRecPtr;
        g_instance.comm_cxt.predo_cxt.redoPf.read_ptr=t_thrd.xlog_
        cxt.ReadRecPtr;
...
}
```

函数 XLogReadRecord 用于读取 XLOG 记录，其源代码如下：

【源代码】src/bin/pg_basebackup/xlogreader.cpp

```
/*
 * Attempt to read an XLOG record.
 *
 * If RecPtr is not NULL,try to read a record at that position.Otherwise
 * try to read a record just after the last one previously read.
 *
 * If the page read callback fails to read the requested data,NULL is
 * returned.The callback is expected to have reported the error;errormsg
 * is set to NULL.
 *
```

```
 * If the reading fails for some other reason,NULL is also returned,and
 * *errormsg is set to a string with details of the failure.
 *
 * The returned pointer(or*errormsg)points to an internal buffer that's
 * valid until the next call to XLogReadRecord.
 */
XLogRecord *XLogReadRecord(XLogReaderState*state,XLogRecPtr RecPtr,char
**errormsg,bool doDecode,char*xlog_path)
{
...
```

继续回到函数 StartupXLOG 中，输出 redo starts at 重做点 LSN。其源代码如下：

```
【源代码】src/gausskernel/storage/access/transam/xlog.cpp
ereport(LOG,(errmsg("redo starts at %X/%X",
    (uint32)(t_thrd.xlog_cxt.ReadRecPtr>>32),
    (uint32)t_thrd.xlog_cxt.ReadRecPtr)));
```

进入执行 XLOG 记录的 do … while 循环如下：

```
do{
    TermFileData term_file;
    ...
    // 调用函数 DispatchRedoRecord，将 XLOG 记录分派给各种资源管理器，进行实
    // 际的日志重做
    GetRedoStartTime(t_thrd.xlog_cxt.timeCost[TIME_COST_STEP_4]);
    DispatchRedoRecord(xlogreader,t_thrd.xlog_cxt.expectedTLIs,xtime);
    CountRedoTime(t_thrd.xlog_cxt.timeCost[TIME_COST_STEP_4]);
    ...
    // 读取下一条 XLOG 记录
    GetRedoStartTime(t_thrd.xlog_cxt.timeCost[TIME_COST_STEP_1]);
    if(xlogreader->isPRProcess && IsExtremeRedo()){
        record=ReadNextXLogRecord(&xlogreader,LOG);
    } else{
        xlogreader=newXlogReader;
        record=ReadRecord(xlogreader,InvalidXLogRecPtr,LOG,false);
    }
    CountRedoTime(t_thrd.xlog_cxt.timeCost[TIME_COST_STEP_1]);
} while(record != NULL);//end of main redo apply loop
```

对函数 DispatchRedoRecord 进行探索。该函数又调用了函数 ApplyRedoRecord。其源代码如下：

```
【源代码】src/gausskernel/storage/access/transam/multi_redo_api.cpp
void DispatchRedoRecord(XLogReaderState*record,List *expectedTLIs,
```

```
    TimestampTz recordXTime)
{
    if (IsExtremeRedo()){
        extreme_rto::DispatchRedoRecordToFile(record,expectedTLIs,rec-
            ordXTime);
    } else if(IsParallelRedo()){
        parallel_recovery::DispatchRedoRecordToFile(record,expectedTLIs,
            recordXTime);
    } else{
        g_instance.startup_cxt.current_record=record;
        uint32 term=XLogRecGetTerm(record);
        if(term > g_instance.comm_cxt.localinfo_cxt.term_from_xlog){
            g_instance.comm_cxt.localinfo_cxt.term_from_xlog=term;
         }

        long readbufcountbefore=u_sess->instr_cxt.pg_buffer_usage->local_
            blks_read;
        ApplyRedoRecord(record);
        record->readblocks=u_sess->instr_cxt.pg_buffer_usage->local_
            blks_read-readbufcountbefore;
        CountXLogNumbers(record);
        if(XLogRecGetRmid(record)== RM_XACT_ID)
            SetLatestXTime(recordXTime);
        SetXLogReplayRecPtr(record->ReadRecPtr,record->EndRecPtr);
        CheckRecoveryConsistency();
    }
}
```

继续进入函数 ApplyRedoRecord。该函数中有这样一行：

```
RmgrTable[XLogRecGetRmid(record)].rm_redo(record);
```

此行就是我们要找的一条 XLOG 记录对应的某个资源管理器执行 REDO 操作的地方。

```
【源代码】src/gausskernel/storage/access/transam/multi_redo_api.cpp
void ApplyRedoRecord(XLogReaderState *record)
{
    ErrorContextCallback errContext;
    errContext.callback=rm_redo_error_callback;
    errContext.arg =(void *)record;
    errContext.previous=t_thrd.log_cxt.error_context_stack;
    t_thrd.log_cxt.error_context_stack=&errContext;
    if(module_logging_is_on(MOD_REDO)){
        DiagLogRedoRecord(record,"ApplyRedoRecord");
    }
    RmgrTable[XLogRecGetRmid(record)].rm_redo(record);
```

```
    t_thrd.log_cxt.error_context_stack=errContext.previous;
}
```

RmgrTable 设计得非常精妙，它使用 C 语言实现了类似 C++ 多态性。其定义如下：

【源代码】src/gausskernel/storage/access/transam/rmgr.cpp

```
/* must be kept in sync with RmgrData definition in xlog_internal.h */
#define PG_RMGR(symname,name,redo,desc,startup,cleanup,safe_
    restartpoint,undo,undo_desc,type_name)\
    {name,redo,desc,startup,cleanup,safe_restartpoint,undo,undo_
    desc,type_name},

const RmgrData RmgrTable[RM_MAX_ID + 1]={
    #include "access/rmgrlist.h"
};
```

可见，RmgrTable 即资源管理器表，是 RmgrData 类型的数组。这里的巧妙之处在于，RmgrTable 数组的初始值是通过 #include "access/rmgrlist.h" 引入的。

先来看 RmgrData 类型定义：

【源代码】src/include/access/xlog_internal.h

```
/*
 * Method table for resource managers.
 *
 * This struct must be kept in sync with the PG_RMGR definition in
 * rmgr.cpp.
 *
 * RmgrTable[]is indexed by RmgrId values(see rmgrlist.h).
 */
typedef struct RmgrData{
    const char*rm_name;
    void(*rm_redo)(XLogReaderState*record);
    void(*rm_desc)(StringInfo buf,XLogReaderState*record);
    void(*rm_startup)(void);
    void(*rm_cleanup)(void);
    bool(*rm_safe_restartpoint)(void);
    bool(*rm_undo)(URecVector *urecvector,int startIdx,int endIdx,
        TransactionId xid,Oid reloid,Oid partitionoid,
        BlockNumber blkno,bool isFullChain);
    void(*rm_undo_desc)(StringInfo buf,UndoRecord *record);
    const char*(*rm_type_name)(uint8 subtype);
} RmgrData;
```

再来看 access/rmgrlist.h 文件的内容：

【源代码】dest/include/postgresql/server/access/rmgrlist.h

```
/*
 * List of resource manager entries.Note that order of entries defines the
 * numerical values of each rmgr's ID,which is stored in WAL records.New
 * entries should be added at the end,to avoid changing IDs of existing
 * entries.
 *
 * Changes to this list possibly need an XLOG_PAGE_MAGIC bump.
 */
 /* symbol name,textual name,redo,desc,identify,startup,cleanup,undo,
   undo_descinfo_type_name */
PG_RMGR(RM_XLOG_ID,"XLOG",xlog_redo,xlog_desc,NULL,NULL,NULL,
   NULL,NULL,xlog_type_name)
PG_RMGR(RM_XACT_ID,"Transaction",xact_redo,xact_desc,NULL,NULL,NULL,
   NULL,NULL,xact_type_name)
PG_RMGR(RM_SMGR_ID,"Storage",smgr_redo,mgr_desc,NULL,NULL,NULL,
   NULL,NULL,smgr_type_name)
PG_RMGR(RM_CLOG_ID,"CLOG",clog_redo,clog_desc,NULL,NULL,NULL,
   NULL,NULL,clog_type_name)
PG_RMGR(RM_DBASE_ID,"Database",dbase_redo,dbase_desc,NULL,NULL,
   NULL,NULL,NULL,dbase_type_name)
PG_RMGR(RM_TBLSPC_ID,"Tablespace",tblspc_redo,tblspc_desc,NULL,
   NULL,NULL,NULL,NULL,tblspc_type_name)
PG_RMGR(RM_MULTIXACT_ID,"MultiXact",multixact_redo,multixact_desc,
   NULL,NULL,NULL,NULL,NULL,multixact_type_name)
PG_RMGR(RM_RELMAP_ID,"RelMap",relmap_redo,relmap_desc,NULL,NULL,
   NULL,NULL,NULL,relmap_type_name)

PG_RMGR(RM_STANDBY_ID,"Standby",standby_redo,
   standby_desc,StandbyXlogStartup,StandbyXlogCleanup,\
   StandbySafeRestartpoint,NULL,NULL,standby_type_name)

PG_RMGR(RM_HEAP2_ID,"Heap2",heap2_redo,heap2_desc,NULL,NULL,NULL,
   NULL,NULL,heap2_type_name)
PG_RMGR(RM_HEAP_ID,"Heap",heap_redo,heap_desc,NULL,NULL,NULL,
   NULL,NULL,heap_type_name)
PG_RMGR(RM_BTREE_ID,"Btree",btree_redo,btree_desc,btree_xlog_startup,
   btree_xlog_cleanup,btree_safe_restartpoint,
NULL,NULL,btree_type_name)
...
```

可以看到，有若干种不同的资源管理器，每种都有自己的日志处理函数。我们关注的是重做函数。对于 INSERT 语句，执行 XLOG 记录恢复时会调用 RM_HEAP_ID 对应的重做函数 heap_redo。

函数 heap_redo 的定义如下：

【源代码】src/gausskernel/storage/access/heap/heapam.cpp

```
void heap_redo(XLogReaderState*record)
{
    uint8 info=XLogRecGetInfo(record)& ~XLR_INFO_MASK;

    /*
     * These operations don't overwrite MVCC data so no conflict
       processing is
     * required. The ones in heap2 rmgr do.
     */
  switch(info & XLOG_HEAP_OPMASK){
      case XLOG_HEAP_INSERT:
           heap_xlog_insert(record);
           break;
      case XLOG_HEAP_DELETE:
           heap_xlog_delete(record);
           break;
      case XLOG_HEAP_UPDATE:
           heap_xlog_update(record,false);
           break;
      case XLOG_HEAP_BASE_SHIFT:
           heap_xlog_base_shift(record);
           break;
      case XLOG_HEAP_HOT_UPDATE:
           heap_xlog_update(record,true);
           break;
      case XLOG_HEAP_NEWPAGE:
           heap_xlog_newpage(record);
           break;
      case XLOG_HEAP_LOCK:
           heap_xlog_lock(record);
           break;
      case XLOG_HEAP_INPLACE:
           heap_xlog_inplace(record);
           break;
      default:
           ereport(PANIC,(errmsg("heap_redo: unknown op code %hhu",info)));
    }
}
```

可见，不同的表修改 SQL 语句对应不同的 XLOG 处理函数。INSERT 语句对应函数 heap_xlog_insert。

函数 heap_xlog_insert 的定义如下：

【源代码】src/gausskernel/storage/access/heap/heapam.cpp

```
static void heap_xlog_insert(XLogReaderState*record)
{
```

```
Pointer rec_data =(Pointer)XLogRecGetData(record);
bool isinit =(XLogRecGetInfo(record)& XLOG_HEAP_INIT_PAGE)!= 0;
bool tde=XLogRecGetTdeInfo(record);
xl_heap_insert*xlrec=NULL;
RedoBufferInfo buffer;
Size freespace=0;
XLogRedoAction action;
RelFileNode target_node;
BlockNumber blkno;

if(isinit){
    rec_data += sizeof(TransactionId);
}
xlrec =(xl_heap_insert*)rec_data;

XLogRecGetBlockTag(record,HEAP_INSERT_ORIG_BLOCK_NUM,&target_node,
    NULL,&blkno);

/*
 * The visibility map may need to be fixed even if the heap page is
 * already up-to-date.
 */
if(xlrec->flags & XLH_INSERT_ALL_VISIBLE_CLEARED){
    heap_xlog_allvisiblecleared(record,HEAP_INSERT_ORIG_BLOCK_
    NUM);
}

/*
 * If we inserted the first and only tuple on the page,re-initialize
 * the page from scratch.
 */
if(isinit){
    XLogInitBufferForRedo(record,HEAP_INSERT_ORIG_BLOCK_NUM,&buffer);
    action=BLK_NEEDS_REDO;
} else{
    action=XLogReadBufferForRedo(record,
        HEAP_INSERT_ORIG_BLOCK_NUM,&buffer);
}

if(action == BLK_NEEDS_REDO){
    char*maindata=XLogRecGetData(record);
    TransactionId recordxid=XLogRecGetXid(record);
    Size blkdatalen;
    char*blkdata=NULL;
    blkdata=XLogRecGetBlockData(record,HEAP_INSERT_ORIG_BLOCK_NUM,
        &blkdatalen);
```

```
        HeapXlogInsertOperatorPage(
            &buffer,(void*)maindata,isinit,(void*)blkdata,blkdatalen,
            recordxid,&freespace,tde);

        MarkBufferDirty(buffer.buf);
    }
    if(BufferIsValid(buffer.buf)){
        UnlockReleaseBuffer(buffer.buf);
    }
    /*
     * If the page is running low on free space,update the FSM as well.
     * Arbitrarily,our definition of "low" is less than 20%. We can't do much
     * better than that without knowing the fill-factor for the table.
     *
     * XXX:Don't do this if the page was restored from full page image.We
     * don't bother to update the FSM in that case,it doesn't need to be
     * totally accurate anyway.
     */
    if(action == BLK_NEEDS_REDO && freespace < BLCKSZ / 5){
        XLogRecordPageWithFreeSpace(target_node,blkno,freespace);
    }
}
```

函数 heap_xlog_insert 调用函数 XLogReadBufferForRedo，该函数的定义如下：

```
【源代码】src/gausskernel/storage/access/transam/xlogutils.cpp
/*
 * XLogReadBufferForRedo
 * Read a page during XLOG replay
 *
 * Reads a block referenced by a WAL record into shared buffer cache,and
 * determines what needs to be done to redo the changes to it. If the WAL
 * record includes a full-page image of the page,it is restored.
 *
 * 'lsn' is the LSN of the record being replayed.It is compared with the
 * page's LSN to determine if the record has already been replayed.
 * 'block_id' is the ID number the block was registered with,when the WAL
 * record was created.
 *
 * Returns one of the following:
 *
 *  BLK_NEEDS_REDO  - changes from the WAL record need to be applied
 *  BLK_DONE        - block doesn't need replaying
 *  BLK_RESTORED    - block was restored from a full-page image included
                      in the record
 *  BLK_NOTFOUND    - block was not found(because it was truncated away
```

```
                        by an operation later in the WAL stream)
 *
 * On return,the buffer is locked in exclusive-mode,and returned in*buf.
 * Note that the buffer is locked and returned even if it doesn't need
 * replaying.(Getting the buffer lock is not really necessary during
 * single-process crash recovery,but some subroutines such as MarkBufferDirty
 * will complain if we don't have the lock.  In hot standby mode it's
 * definitely necessary.)
 *
 * Note:when a backup block is available in XLOG,we restore it
 * unconditionally,even if the page in the database appears newer.This is
 * to protect ourselves against database pages that were partially or
 * incorrectly written during a crash. We assume that the XLOG data must be
 * good because it has passed a CRC check,while the database page might not
 * be.This will force us to replay all subsequent modifications of the page
 * that appear in XLOG,rather than possibly ignoring them as already
 * applied,but that's not a huge drawback.
 */
XLogRedoAction XLogReadBufferForRedo(XLogReaderState *record,uint8 block_id,
    RedoBufferInfo *bufferinfo)
{
    return XLogReadBufferForRedoExtended(record,block_id,RBM_NORMAL,false,
         bufferinfo);
}
```

继续调用 XLogReadBufferForRedoExtended：

```
【源代码】src/gausskernel/storage/access/transam/xlogutils.cpp
XLogRedoAction XLogReadBufferForRedoExtended(XLogReaderState*record,
    uint8 block_id,
 ReadBufferMode mode,bool get_cleanup_lock,RedoBufferInfo *bufferinfo,
    ReadBufferMethod readmethod)
{
    ...
    redoaction=XLogReadBufferForRedoBlockExtend(&blockinfo,mode,
        get_cleanup_lock,
    bufferinfo,record->EndRecPtr,record->blocks[block_id].last_lsn,
    willinit,readmethod,tde);
    ...
}
```

继续调用 XLogReadBufferForRedoBlockExtend。其中，XLByteLE(xloglsn, PageGetLSN(page)) 比较 XLOG 记录中的 LSN(xloglsn) 与页面中的 LSN(PageGetLSN(page))，如果 xloglsn 较小，则返回 BLK_DONE，表示页面中的数据写入较新，该 XLOG 记录不需要在页面中进行重做；否则返回 BLK_NEEDS_REDO，表示需要在页面中重做该 XLOG 记录。

【源代码】src/gausskernel/storage/access/transam/xlogutils.cpp

```
XLogRedoAction XLogReadBufferForRedoBlockExtend(RedoBufferTag *redoblock,
    ReadBufferMode mode,
bool get_cleanup_lock,RedoBufferInfo *redobufferinfo,XLogRecPtr xloglsn,
    XLogRecPtr last_lsn,bool willinit,ReadBufferMethod readmethod,bool tde)
{
    ...
    redobufferinfo->lsn=xloglsn;
    redobufferinfo->blockinfo=*redoblock;
    if(pageisvalid){
        redobufferinfo->buf=buf;
        redobufferinfo->pageinfo.page=page;
        redobufferinfo->pageinfo.pagesize=pagesize;

        if(XLByteLE(xloglsn, PageGetLSN(page)))
            return BLK_DONE;
        else{
            if(SegmentNeedAdvancedLSNCheck(redoblock->rnode,
                redoblock->forknum,mode)){
                /*
                 *For segment-page storage,before returning BLK_NEEDS_REDO,we
                  need checking LSN.Illegal LSN may be
                 *caused by dropping table and invalidating buffer.So the page
                  can not be replayed on.The xlog can
                 *be skipped,as later commit xlog will remove the invalid page
                 */
                /*If lsn check fails,return invalidate buffer */
               bool needRepair=false;    /*Cannot determine whether the segment
                                         page canbe repaired.*/
               if(!DoLsnCheck(redobufferinfo,willinit,last_lsn,pblk,&needRepair)){
                    redobufferinfo->buf=InvalidBuffer;
                    redobufferinfo->pageinfo ={0};
                    UnlockReleaseBuffer(buf);
                    return BLK_NOTFOUND;
               }
            }
            return BLK_NEEDS_REDO;
        }
    }else{
        redobufferinfo->buf=InvalidBuffer;
    }
    return BLK_NOTFOUND;
}
```

回到函数 heap_xlog_insert。继续调用函数 XLogReadBufferForRedo 以返回是否需要进行重做 XLOG 记录，保存在变量 action 中。如果需要重做（即 action

为 BLK_NEEDS_REDO），则调用函数 HeapXlogInsertOperatorPage 进行重做插入元组的实际页面动作。

函数 HeapXlogInsertOperatorPage 的定义源代码

11.4.4 添加代码：在数据库恢复过程中输出信息

在本小节中，我们将进行代码实验，通过注释掉 xlog.cpp 文件中的一些条件编译宏变量 WAL_DEBUG 和代码，打开一些日志调试信息输出代码。

1. 注释掉条件编译，打开函数 xlog_outrec

通过注释掉两处条件编译 WAL_DEBUG，打开函数 xlog_outrec。该函数用于输出一条 XLOG 记录的相关信息。

【源代码】src/gausskernel/storage/access/transam/xlog.cpp

```
/* [DBLAB========================================================== */
// #ifdef WAL_DEBUG
/* DBLAB]========================================================== */
static void xlog_outrec(StringInfo buf,XLogReaderState *record);
/* [DBLAB========================================================== */
// #endif
/* DBLAB]========================================================== */
```

【源代码】src/gausskernel/storage/access/transam/xlog.cpp

```
/* [DBLAB ========================================================= */
// #ifdef WAL_DEBUG
/* DBLAB]========================================================== */

static void xlog_outrec(StringInfo buf,XLogReaderState*record)
{
    int block_id;

    appendStringInfo(buf,"prev%X/%X;xid%u",(uint32)(XLogRecGetPrev
        (record)>>32),(uint32)XLogRecGetPrev(record),XLogRecGetXid
        (record));

    appendStringInfo(buf,";len%u",XLogRecGetDataLen(record));

    /*decode block references */
    for(block_id=0;block_id<=record->max_block_id;block_id++){
        RelFileNode rnode;
        ForkNumber forknum;
        BlockNumber blk;

        if(!XLogRecHasBlockRef(record,block_id)){
            continue;
        }

        XLogRecGetBlockTag(record,block_id,&rnode,&forknum,&blk);
        if(forknum!=MAIN_FORKNUM){
```

```
            appendStringInfo(buf,";blkref#%u:rel%u/%u/%u,fork %u,
            blk %u",block_id,rnode.spcNode,rnode.dbNode,
            rnode.relNode,forknum,blk);
        } else{
            appendStringInfo(buf,";blkref#%u:rel%u/%u/%u,blk %u",
            block_id,rnode.spcNode,rnode.dbNode,
            rnode.relNode,blk);
        }
        if(XLogRecHasBlockImage(record,block_id)){
            appendStringInfo(buf,"FPW");
        }
    }
}
/* [DBLAB=========================================================== */
// #endif/*WAL_DEBUG*/
/* DBLAB]=========================================================== */
```

2. 注释掉 StartupXLOG 中的条件编译和部分代码

在函数 StartupXLOG 中，注释掉 do…while 循环内的 WAL_DEBUG 条件编译和部分代码，输出进行恢复时重做每条 XLOG 记录的相关信息。

```
【源代码】src/gausskernel/storage/access/transam/xlog.cpp
...
/* [DBLAB ==========================================================*/
  //#ifdef WAL_DEBUG
      // if(u_sess->attr.attr_storage.XLOG_DEBUG||
      //   (rmid==RM_XACT_ID&&u_sess->attr.attr_common.trace_recovery_
           messages<=DEBUG2)||
      //   (rmid!=RM_XACT_ID&&u_sess->attr.attr_common.trace_recovery_
           messages<=DEBUG3)){
/* DBLAB] ==========================================================*/
      StringInfoData buf;
      initStringInfo(&buf);
      appendStringInfo(&buf,"REDO@%X/%X;LSN%X/%X:",
          (uint32)(t_thrd.xlog_cxt.ReadRecPtr>>32),(uint32)t_thrd.
          xlog_cxt.ReadRecPtr,(uint32)(t_thrd.xlog_cxt.EndRecPtr
          >>32),(uint32)t_thrd.xlog_cxt.EndRecPtr);
      xlog_outrec(&buf,xlogreader);
      appendStringInfo(&buf,"-");

      RmgrTable[record->xl_rmid].rm_desc(&buf,xlogreader);
      ereport(LOG,(errmsg("%s",buf.data)));
      pfree_ext(buf.data);
/* [DBLAB ==========================================================*/
//}
// #endif
```

```
/* DBLAB] ============================================================*/
...
```

3. 确保 openGauss 服务器已停止，执行编译安装过程

4. 启动 openGauss 服务器

5. 在新的 SSH 会话中打开 gsql 客户端，执行 SQL 语句

```
[dblab@eduog openGauss-server]$ gsql railway -r
gsql((openGauss 5.0.0 build)compiled at 2025-02-23 16:50:22 commit 0
    last mr debug)
Non-SSL connection(SSL connection is recommended when requiring high-
    security)
Type"help"for help.

railway=#drop table table_a;
DROP TABLE
railway=#CREATE TABLE table_a(a CHAR(1));
CREATE TABLE
railway=#INSERT INTO table_a VALUES('A');
INSERT 0 1
```

6. 立即在启动数据库服务器的 SSH 会话中以 immediate 模式关闭数据库服务器

```
[dblab@eduog openGauss-server]$ gs_ctl stop -D $GAUSSHOME/data
    -m immediate
[2023-02-23 20:33:47.398][2051468][][gs_ctl]:gs_ctl stopped,datadir is
    /home/dblab/opengauss-compile/openGauss-server-v3.0.0/dest/data
waiting for server to shut down···done
server stopped
```

7. 重新启动数据库服务器

```
[dblab@eduog openGauss-server]$ gs_ctl start -D $GAUSSHOME/data -Z
    single_node -l logfile
[2023-02-23 20:35:35.712][2051527][][gs_ctl]:gs_ctl started,datadir is
    /home/dblab/opengauss-compile/openGauss-server/dest/data
[2023-02-23 20:35:35.744][2051527][][gs_ctl]:waiting for server to start···
.
[2023-02-23 20:35:36.757][2051527][][gs_ctl]:done
[2023-02-23 20:35:36.757][2051527][][gs_ctl]:server started
(/home/dblab/opengauss-compile/openGauss-server/dest/data)
```

8. 查看 pg_log 目录下的日志文件

用 vim 查看 pg_log 目录中最新的一个日志文件。此处需要将 postgresql-2023-02-23_203536.log 替换为实验时产生的最新日志文件名。

```
[dblab@eduog openGauss-server]$ vim
```

```
$GAUSSHOME/data/pg_log/postgresql-2023-02-23_203536.log
```

如上述实验步骤无误，将产生以下日志输出（具体时间不同）。请对照 11.4.3 小节中的代码，分析这里的日志输出。

```
...
[BACKEND] LOG: database system timeline: 66
[BACKEND] LOG: database system was interrupted;last known up at 2023-
    02-23 20:33:35 CST
    ...
[BACKEND] LOG: redo record is at 0/162B85E8;shutdown FALSE
...
[BACKEND] LOG: database system was not properly shut down;automatic
    recovery in progress
[BACKEND] LOG: StartupXLOG PrintCkpXctlControlFile:[checkPoint]
    oldCkpLoc:0/
    162B8668,oldRedo:0/162B85E8,newCkpLoc:0/162B8668,newRedo:0/
    162B85E8,preCkpLoc:0/162B6CD8
...
[BACKEND] LOG: redo starts at 0/162B85E8
...
···以下是通过本小节实验操作所产生的重做 XLOG 记录的输出：
[BACKEND]  LOG:  REDO@0/162B85E8;LSN  0/162B8618:  prev  0/162B8408;xid
    0;len 8-XLOG_STANDBY_CSN
[BACKEND]  LOG:  REDO@0/162B8618;LSN  0/162B8668:  prev  0/162B85E8;xid
    0;len 40-   XLOG_RUNNING_XACTS
[BACKEND] LOG: REDO@0/162B8668;LSN 0/162B8708:prev 0/162B8618;xid
    0;len 120 - checkpoint: redo 0/162B85E8;len 120;next_csn 2575;
    recent_global_xmin 34896;tli 1;fpw false;xid 34897;oid 90272;
    multi2;offset 0;oldest xid 12772 in DB 15552;oldest running xid
    34897;oldest xid with epoch having undo 0;online at Thu Feb 23
    20:33:35 2023;remove_seg 0/6
[BACKEND] LOG: REDO@0/162B8708;LSN 0/162B8760:prev 0/162B8668;xid
    34897;len 11;blkref #0:rel 1663/57357/82080,blk 0-XLOG_HEAP_
    INSERTinsert(init):off 34894
[BACKEND] LOG: REDO@0/162B8760;LSN 0/162B87A0:prev 0/162B8708;xid
    34897;len 24 - XLOG_STANDBY_CSN_COMMITTING,xid 34897,csn 2575
[BACKEND] LOG: REDO@0/162B87A0;LSN 0/162B87E8: prev
    0/162B8760;xid 4897;len32-XLOG_XACT_COMMIT_COMPACT commit:2023-02-23
    20:33:45.17921+08;cs
n:2575;RecentXmin:34897
···（通过本小节实验操作所产生的重做 XLOG 记录的输出结束）
...
[BACKEND] LOG: checkpointer started,CheckPointTimeout is 60
...
[BACKEND] LOG: redo done at 0/162B87A0,end at 0/162B87E8
[REDO] LOG: [PR]:Recoverying elapsed:102717 us,redoTotalBytes:512,EndRe
```

```
    cPtr:371951592,redoStartPtr:371951080,speed:0 MB/s,totalTime:102717
...
[BACKEND] LOG: last completed transaction was at log time 2023-02-23
    20:33:45.17921+08
...
[BACKEND] LOG: redo done,nextXid: 35253,startupMaxXid: 35253,recentLo
    calXmin:34898,recentGlobalXmin:34898,PendingPreparedXacts:0,Next
    CommitSeqNo: 2576,cutoff_csn_min:0.
...
```

11.4.5 验证数据库备份与 PITR

在实验原理（11.3.6 小节）中，我们已经知道，进行 PITR 恢复需要具备两个前提条件数据：物理备份的全量数据文件和 WAL 日志文件。openGauss 提供 gs_basebackup 脚本进行全量数据文件备份（需要在数据库启动状态下进行）。

① 启动数据库并连接数据库，确定初始数据库中已有的数据表。

```
openGauss=#\d
List of relations
Schema |  Name | Type  | owner |                Storage
-------+-------+-------+-------+----------------------------------
public | users | table | dblab | {orientation=row,compression=no}
(1 row)
```

此时数据库中只有一个 users 表，退出数据库，并对初始数据库进行备份。

② 输入 gs_basebackup -D /home/dblab/backup -h 127.0.0.1 -p 5432（执行备份命令前要确保备份目录已创建；建议使用与示例相同的目录进行备份，以防出现权限问题）。

```
[dblab@eduog openGauss-server]$ gs_basebackup -D/home/dblab/
     backup -h 127.0.0.1 -p 5432
INFO: The starting position of the xlog copy of the full build is:
     0/3000028.The slot minimum LSN is: 0/0.
[2023-01-14 14:52:51]: begin build tablespace list
[2023-01-14 14:52:51]: finish build tablespace list
[2023-01-14 14:52:51]: begin get xlog by xlogstream
[2023-01-14 14:52:51]: check identify system success
[2023-01-14 14:52:51]: send START_REPLICATION 0/3000000 success
[2023-01-14 14:52:51]: keepalive message is received
[2023-01-14 14:52:51]: keepalive message is received
[2023-01-14 14:52:56]: gs_basebackup: base backup successfully
```

备份成功，进入备份目录，可以查看到备份成功的文件。

```
[dblabaeduog backup]$ ls
asp_data      gs_profile          pg_csnlog          pg_ident.conf
```

```
pg_notify       pg_snapshots        PG_VERSION          postmaster.pid.lock
backup_label    gswlm_userinfo.cfg  pg_ctl.lock         pg_llog
pg_perf         pg_stat_tmp         pg_xlog             sql_monitor
Base            pg_audit            pg_errorinfo        pg_logical
pg_replslot     pg_tblspc           postgresql.conf     undo
Global          pg_clog             pg_hba.conf         pg_multixact
pg_serial       pg_twophase         postgresql.conf.lock
```

此时就有了两个前提条件数据中的第一个条件：物理备份的全量数据文件。插入测试数据并拷贝 WAL 日志文件。

③ 连接数据库，并在此基础上插入测试数据，之后调用 pg_create_restore_point 函数创建了一个还原点 1。

```
openGauss=#CREATE TABLE testPITR1 AS SELECT*FROM pg_class;
INSERT 0 787
openGauss=#SELECT pg_create_restore_point('restore_point_1');
pg_create_restore_point
----------------------------
0/40416D8
(1 row)
```

④ 再创建一个测试表 testPITR2，并创建还原点 2：

```
openGauss=#CREATE TABLE testPITR2 AS SELECT*FROM pg_description;
INSERT 0 3517
openGauss=#SELECT pg_create_restore_point('restore_point_2');
pg_create_restore_point
-----------------------------
0/40AA048
(1 row)
```

⑤ 退出数据库，并把 WAL 日志文件（存储在数据目录下的 dest/data/pg_xlog 文件夹中）复制到其他目录中，如 /home/dblab/archive。

```
[dblab@eduog openGauss-server]$ cp-r dest/data/pg_xlog/*/home/dblab/
    archive/
```

此时就把 WAL 日志文件复制到了其他文件夹中，得到了两个前提条件数据的第二个，即 WAL 日志文件。

接着实现 PITR。根据实验步骤 11.3.6 小节中的 PITR 步骤进行操作。

① 关闭数据库。

```
[dblab@eduog openGauss-server]$ gs_ctl stop -D $GAUSSHOME/data -Z
        single_node -l logfile
[2023-01-14 15:05:06.382][727548][][gs_ctl):gs_ctl stopped,datadir
    is/home/dblab/opengauss-compile/openGauss-server/dest/data
waiting for server to shut down···done
```

```
server stopped
```

② 清空当前数据目录下的文件，并把之前的全量备份文件复制过来。

```
[dblab@eduog opengauss-server]$ cd $GAUSSHOME/data
[dblab@eduog data]$ rm -r *
[dblab@eduog data]$ cp -r /home/dblab/backup/*$GAUSSHOME/data
[dblab@eduog data]$ ls
asp_data     gs_profile          pg_csnlog          pg_ident.conf
pg_notify    pg_snapshots        PG_VERSION         postmaster.pid.lock
backup_label gswlm_userinfo.cfg  pg_ctl.lock        pg_llog
pg_perf      pg_stat_tmp         pg_xlog            sql_monitor
base         pg_audit            pg_errorinfo       pg_logical
pg_replslot  pg_tblspc           postgresql.conf    undo
global       pg_clog             pg_hba.conf        pg_multixact
pg_serial    pg_twophase         postgresql.conf.lock
```

③ 清空 data/pg_xlog 下的文件，并把之前复制好的 WAL 日志文件复制过来。

```
[dblab@eduog data]$ rm -r pg_xlog/*
[dblab@eduog data]$ cp -r /home/dblab/archive/*$GAUSSHOME/data/pg_
xlog/
```

④ 编辑 recovery.conf 文件，在其中输入 recovery_target_name='restore_point_1' 来配置恢复进度。

```
[dblab@eduog data]$vim recovery.conf
[dblab@eduog data]$cat recovery.conf
recovery_target_name='restore_point_1'
```

在配置文件中，指定将数据文件恢复到还原点 1。

⑤ 启动数据库。

```
[dblab@eduog data]$gs_ctl start-D $GAUSSHOME/data-Z single_node-l
    logfile
[2023-01-14 15:17:3.603][727926][][gs_ctl]:gs_ctl started,datadir is/
    home/dblab/opengauss-compile/openGauss-server/dest/data
[2023-01-14 15:17:33.636][727920][][gs_ctl]:waiting for server to
    start···
[2023-01-14 15:17:37.658][727920][][gs_ctl]:done
[2023-01-14 15:1737.658][727920][][gs_ctl]:server started(/home/
    dblab/opengauss-compile/openGauss-server/dest/data)
[dblab@eduog data]$ gsql postgres -r
gsql((openGauss 5.0.0 build )compiled at 2025-02-23 16:50:22 commit 0
    last mr debug)
Non-SSL connection(SSL connection is recommended when requiring high-
    security)
Type "help" for help.
```

```
openGauss=#\d
                     List of relations
Schema |    Name    | Type  | Owner |          Storage
-------+-----------+--------+-------+----------------------------------
public | testPITR1| table  | dblab | {orientation=row,compression=no}
public |  users    | table  | dblab | {orientation=row,compression=no}
(2 rows)
```

输入 \d 可以看到，还原点 1 前的 testPITR1 表已经被恢复了，但是还原点 2 才有的 testPITR2 表没有被恢复。

⑥ 退出并关闭数据库，将配置文件修改为还原到还原点 2。

```
openGauss=#\q
[dblab@eduog data]$gs_ctl stop -D $GAUSSHOME/data -Z single_node-l
    logfile
[2023-61-14 15:18:37.340][727974][][gs_ctl]:gs_ctl stopped,datadir is
    /home/dblab/opengauss-compil1e/openGauss-server/dest/data
waiting for server to shut down···done
server stopped
[dblab@eduog data]$vim recovery.conf
[dblab@eduog data]$cat recovery.conf
recovery_target_name='restore_point_2'
```

⑦ 重新启动数据库，再次查看表 testPITR2 是否被创建。

```
openGauss=#\d
List of relations
Schema  |    Name    | Type | Owner |            Storage
--------+-----------+------+-------+----------------------------------
Public  | testPITR1 | table | dblab | {orientation=row,compression=no}
Public  | testPITR2 | table | dblab | {orientation=row,compression=no}
Public  |   users   | table | dblab | {orientation=row,compression=no}
(3 rows)
```

可以看到表 testPITR2 已经被创建了。至此，我们就利用数据库备份和 WAL 日志完成了数据库的 PITR 恢复。

11.5 实验结果

请按照如下要求完成实验操作：

① 完成实验步骤 11.4.1、11.4.2 小节并查看输出。

② 完成实验步骤 11.4.3 小节，绘制实验步骤中函数 StartupXLOG 涉及的函数调用图。

③ 完成实验步骤 11.4.4 小节，查看第 8 步的日志输出。

④ 完成实验步骤 11.4.5 小节并查看输出。

11.6 讨论与总结

请列出实验中遇到的问题描述、解决办法与思考讨论，并对本实验进行总结。

实验中遇到的问题描述、解决办法：   思考讨论：   实验总结：

第 12 章　并发控制与锁

12.1　实验介绍

与日志和恢复机制相同，并发控制与锁机制是 openGauss 实现事务处理和确保事务 ACID 特性的另一重要部分。目前，数据库原理教学中对于并发控制与锁机制模块缺乏行之有效的实践教学手段，部分原因归咎于并发控制与锁机制在数据库管理系统中涉及的相关代码繁多复杂。本实验旨在借助阅读 openGauss 的开源代码，一方面对于并发控制与锁机制的原理进行落地的代码工程实践，另一方面最大限度地减小源代码繁复程度的影响。本章实验原理主要包括 openGauss 的事务处理和锁机制。首先，通过实验查看 openGauss 数据表的加锁信息；然后，通过复现的方式分别验证 Share 锁、Access Share 锁、Row Exclusive 锁和 Access Exclusive 锁。

并发控制与锁机制也是数据库管理系统实现中最为复杂和精妙的部分之一。它与日志和恢复部分类似，也会涉及若干系统层面的实现代码。希望通过本实验的实践内容，提升读者对于并发控制与锁机制的理解程度，让读者更好地认识系统软件在工程实现方面的复杂性。

12.2　实验目的

- 理解 openGauss 的事务处理原理。
- 了解 openGauss 事务处理模块的实现机制。
- 理解 openGauss 的锁机制原理。
- 了解 openGauss 锁机制的若干实现过程。
- 掌握 openGauss 中 Share 锁的复现方法。
- 掌握 openGauss 中 Access Share 锁的复现方法。
- 掌握 openGauss 中 Row Exclusive 锁的复现方法。
- 掌握 openGauss 中 Access Exclusive 锁的复现方法。
- 了解本实验相关的函数及结构体的源代码。

12.3 实验原理

本章实验原理包括 openGauss 事务处理和锁机制。

12.3.1 openGauss 的事务处理

事务是数据库操作的执行单位，需要满足最基本的 ACID 特性。

openGauss 的事务模块实现了数据库事务的基本特性，使用户数据不丢不错、修改不乱、查询无错误。其总体架构如图 12.1 所示。其中：

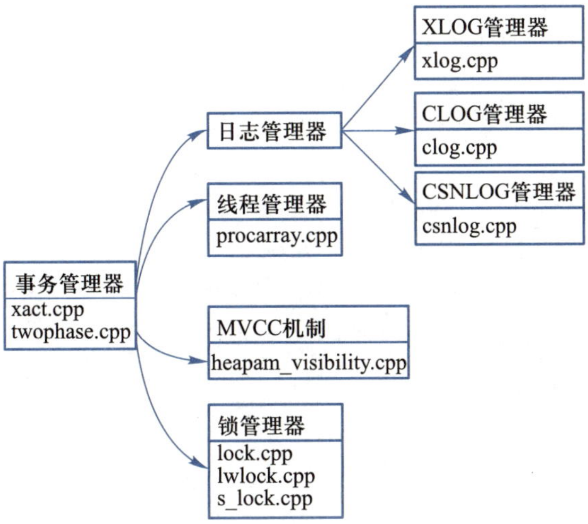

图 12.1 openGauss 事务处理模块的总体架构

① 事务管理器：事务处理系统的中枢，它的实现是一个有限循环状态机，通过接受外部系统的命令并根据当前事务所处的状态，决定事务的下一步执行过程。

② 日志管理器：用来记录事务执行的状态以及数据变化的过程，包括事务提交日志（CLOG）管理器、事务提交序列日志（CSNLOG）管理器以及事务日志（XLOG）管理器。其中：CLOG 只用来记录事务执行的结果状态，CSNLOG 记录日志提交的顺序，用于可见性判断；XLOG 是数据的 REDO 日志，用于恢复及持久化。XLOG 日志已在第 11 章中探讨和实践了。

③ 线程管理器：通过一片内存区域记录所有线程的事务信息。任何一个线程都可以通过访问该区域，获取其他事务的状态信息。

④ MVCC 机制：openGauss 系统中，事务读流程结合各事务提交序列号（CSN），采用多版本并发控制机制实现了元组的读和写互不阻塞。

⑤ 锁管理器：实现系统的写并发控制。通过锁机制来保证事务写流程的隔离性。

1. 事务并发控制

事务并发控制机制用来保证在并发执行事务的情况下数据库中事务的 ACID 特性。

openGauss 将事务处理系统分为事务块状态 TBlockState（上层）以及事务状态 TransState（底层）两个层次。通过分层设计，在处理上层业务时可以屏蔽具体细节，实现灵活支持客户端各类事务执行语句（BEGIN/START TRANSACTION/COMMIT/ROLLBACK/END）。

（1）事务块状态 TBlockState

事务块状态是客户端查询的状态，用于提高用户操作数据的灵活性，用事务块的形式支持在一个事务中执行多条查询语句。

事务块状态 TBlockState 定义为枚举结构，具体如下：

【源代码】src/include/access/xact.h

```
/*
 *  transaction block states - transaction state of client queries
 *
 * Note:the subtransaction states are used only for non-topmost
 * transactions;the others appear only in the topmost transaction.
 */
typedef enum TBlockState{
    /* not-in-transaction-block states */
    TBLOCK_DEFAULT,/*idle */
    TBLOCK_STARTED,/*running single-query transaction */

    /* transaction block states */
    TBLOCK_BEGIN,              /* starting transaction block */
    TBLOCK_INPROGRESS,         /* live transaction */
    TBLOCK_END,                /* COMMIT received */
    TBLOCK_ABORT,              /* failed xact,awaiting ROLLBACK */
    TBLOCK_ABORT_END,          /* failed xact,ROLLBACK received */
    TBLOCK_ABORT_PENDING,      /* live xact,ROLLBACK received */
    TBLOCK_PREPARE,            /* live xact,PREPARE received */
    TBLOCK_UNDO,               /* Need rollback to be executed for this
                                  topxact */

    /* subtransaction states */
    TBLOCK_SUBBEGIN,           /* starting a subtransaction */
    TBLOCK_SUBINPROGRESS,      /* live subtransaction */
    TBLOCK_SUBRELEASE,         /* RELEASE received */
    TBLOCK_SUBCOMMIT,          /* COMMIT received while TBLOCK_
                                  SUBINPROGRESS */
```

```
    TBLOCK_SUBABORT,          /* failed subxact,awaiting ROLLBACK */
    TBLOCK_SUBABORT_END,      /* failed subxact,ROLLBACK received */
    TBLOCK_SUBABORT_PENDING, /* live subxact,ROLLBACK received */
    TBLOCK_SUBRESTART,        /* live subxact,ROLLBACK TO received */
    TBLOCK_SUBABORT_RESTART, /* failed subxact,ROLLBACK TO received */
    TBLOCK_SUBUNDO            /* Need rollback to be executed for this
                                 subxact */
} TBlockState;
```

事务块状态通过函数调用实现状态转换，如图 12.2 所示。

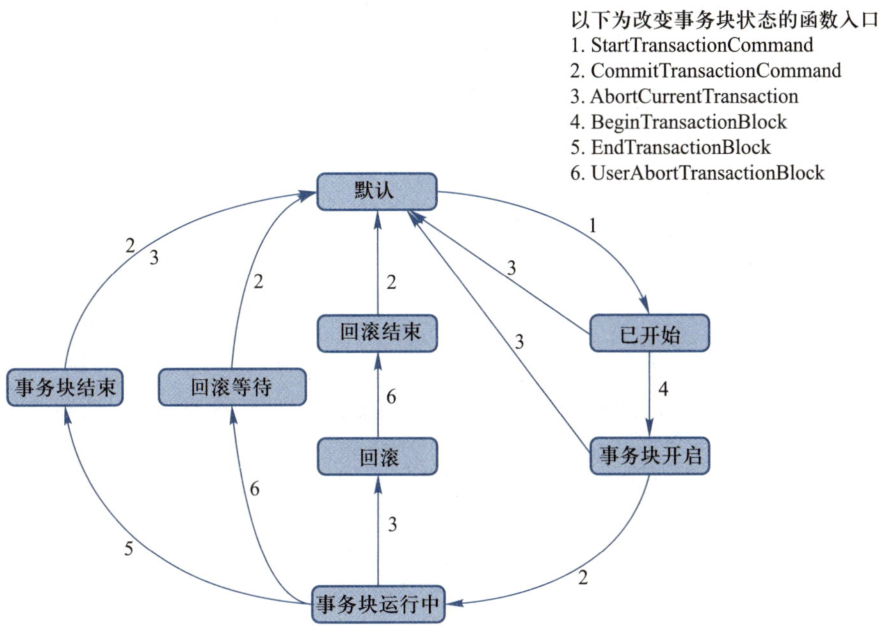

图 12.2　openGauss 事务块状态 TBlockState 的转换

为了便于理解，这里我们不关注子事务块的状态转换。

事务块状态在正常情况下按照以下状态切换循环：

① 默认（TBLOCK_DEFAULT）。

② 已开始（TBLOCK_STARTED）。

③ 事务块开启（TBLOCK_BEGIN）。

④ 事务块运行中（TBLOCK_INPROGRESS）。

⑤ 事务块结束（TBLOCK_END）。

⑥ 默认。

事务块状态的其余转换是在上述正常流程下各个状态点的异常处理分支：

① 在进入事务块运行中之前出错，因为事务块还没有开启，直接报错并回滚，清理资源并回到默认状态。

② 在事务块运行中出错分为以下两种情形：

a. 事务执行失败：事务块运行中→回滚（TBLOCK_ABORT）→回滚结束（TBLOCK_ABORT_END）→默认。

b. 用户手动回滚执行成功的事务：事务块运行中→回滚等待（TBLOCK_ABORT_PENDING）→默认。

③ 在用户执行 COMMIT 语句时出错：事务块结束→默认。事务开始后离开默认状态，事务完全结束后回到默认状态。

④ openGauss 同时还支持隐式事务块，当客户端执行单条 SQL 语句时可以自动提交，其状态机相对比较简单：按照默认→已开始→默认循环。

（2）事务状态 TransState

事务状态是 openGauss 内核视角的事务状态，是真正意义上的事务状态，用于记录整个事务当前所处的具体状态。

事务状态 TransState 也定义为枚举结构，具体如下：

```
【源代码】src/include/access/xact.h
/*
 * transaction states - transaction state from server perspective
 */
typedef enum TransState{
    TRANS_DEFAULT,          /* idle */
    TRANS_START,            /* transaction starting */
    TRANS_INPROGRESS,       /* inside a valid transaction */
    TRANS_COMMIT,           /* commit in progress */
    TRANS_ABORT,            /* abort in progress */
    TRANS_PREPARE,          /* prepare in progress */
    TRANS_UNDO              /* applying undo */
} TransState;
```

事务状态 TransState 的转换如下：

① 在事务开启前事务状态为 TRANS_DEFAULT。

② 事务开启过程中事务状态为 TRANS_START。

③ 事务成功开启后一直处于 TRANS_INPROGRESS。

④ 事务结束 / 回滚的过程中为 TARNS_COMMIT/ TRANS_ABORT。

⑤ 事务结束后事务状态回到 TRANS_DEFAULT。

2. 事务状态处理的详细过程

下面使用一条 SQL 语句作为实例来说明事务状态处理的详细过程。

① 在 gsql 客户端执行 SQL 语句创建 users 表：

```
CREATE TABLE users
(
   u_id varchar(20),              -- 用户 ID，用于系统登录账户名（主键）
   u_passwd varchar(20),          -- 密码，用于系统登录密码
   u_name varchar(10),            -- 真实姓名
   u_idnum varchar(20),           -- 证件号码
```

```
    u_regtime timestamp,            --注册时间
    CONSTRAINT pk_users PRIMARY KEY(u_id)
);
```

② 插入数据：

```
INSERT INTO users VALUES(1,'qweasd','张三','123456789','2000-06-23 12:00:00');
INSERT INTO users VALUES(2,'qweasd','李四','123456712','2000-06-24 13:00:00');
INSERT INTO users VALUES(3,'qweasd','王五','123456754','2000-06-25 14:00:00');
INSERT INTO users VALUES(4,'qweasd','赵六','123456709','2000-06-26 15:00:00');
INSERT INTO users VALUES(5,'qweasd','小明','123423709','2000-06-27 15:00:00');
INSERT INTO users VALUES(6,'qweasd','小李','123423709','2000-06-27 16:00:00');
INSERT INTO users VALUES(7,'qweasd','小赵','123423712','2000-06-27 10:00:00');
INSERT INTO users VALUES(8,'qweasd','小红','142423709','2000-06-27 11:00:00');
INSERT INTO users VALUES(9,'qweasd','小秦','163423709','2000-06-27 19:00:00');
```

③ 执行下述语句，开启一个事务，该事务中只有一条 SELECT 语句：

```
BEGIN;
SELECT*FROM users;
END;
```

执行结果如下：

```
railway=#BEGIN;
BEGIN
railway=#SELECT*FROM users;
 u_id | u_passwd | u_name |  u_idnum   |      u_regtime
------+----------+--------+------------+---------------------
 1    |  qweasd  |  张三  | 123456789 | 2000-06-23 12:00:00
 2    |  qweasd  |  李四  | 123456712 | 2000-06-24 13:00:00
 3    |  qweasd  |  王五  | 123456754 | 2000-06-25 14:00:00
 4    |  qweasd  |  赵六  | 123456709 | 2000-06-26 15:00:00
 5    |  qweasd  |  小明  | 123423709 | 2000-06-27 15:00:00
 6    |  qweasd  |  小李  | 123423709 | 2000-06-27 16:00:00
 7    |  qweasd  |  小赵  | 123423712 | 2000-06-27 10:00:00
 8    |  qweasd  |  小红  | 142423709 | 2000-06-27 11:00:00
 9    |  qweasd  |  小秦  | 163423709 | 2000-06-27 19:00:00
(9 rows)

railway=#END;
COMMIT
```

任何语句的执行总是先进入事务处理接口事务块中，然后调用事务底层函数处理具体命令，最后返回到事务块中。上述事务语句的整体执行流程如图 12.3 所示。

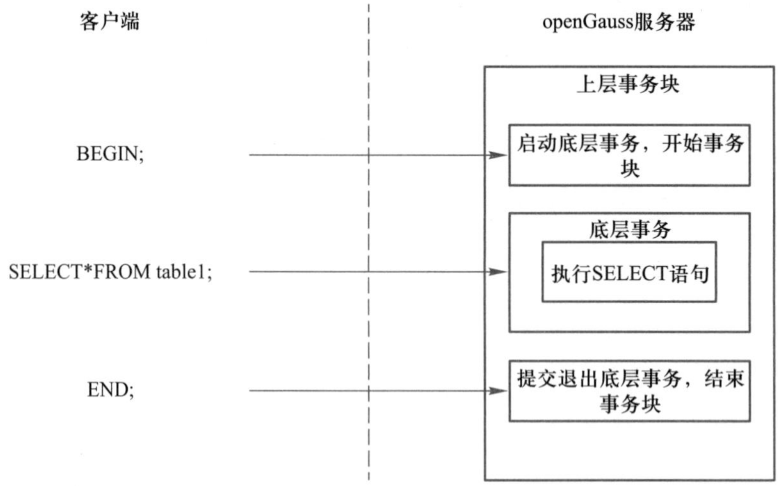

图 12.3　SQL 事务块语句执行整体流程

其中：BEGIN 语句的执行流程如图 12.4 所示。

a. 入口函数 Exec_simple_query 处理 BEGIN 命令。

b. Start_xact_command 函数开始一个查询命令，调用 StartTransactionCommand 函数，此时事务块状态为 TBLOCK_DEFAULT，继续调用 StartTransactionCommand 函数，设置事务状态 TRANS_START，完成内存、缓存区、锁资源的初始化后，将事务状态设为 TRANS_INPROGRESS，最后在 StartTransactionCommand 函数中设置事务块状态为 TBLOCK_STARTED。

c. PortalRun 函数处理 BEGIN 语句，依次向下调用函数，最后调用 BeginTransactionBlock 函数，设置事务块状态为 TBLOCK_BEGIN。

d. Finish_xact_command 函数结束一个查询命令，调用 CommitTransactionCommand 函数，设置事务块状态从 TBLOCK_BEGIN 变为 TBLOCK_INPROGRESS，并等待读取下一条命令。

SELECT 语句的执行流程如图 12.5 所示。

a. 入口函数 Exec_simple_query 处理“SELECT * FROM users；”语句。

b. Start_xact_command 函数启动一个查询命令，调用 StartTransactionCommand 函数，由于当前上层事务块状态为 TBLOCK_INPROGRESS，说明已经在事务块内部，则直接返回，不改变事务上层以及底层的状态。

c. PortalRun 函数处理 SELECT 语句，依次向下调用 ExecutorRun 函数，根据执行计划执行最优路径查询。

d. Finish_xact_command 函数结束一条查询命令，调用 CommitTransactionCommand 函数。当前事务块状态仍为 TBLOCK_INPROGESS，不改变当前事务上层以及底层的状态。

END 语句的执行流程如图 12.6 所示。

① 入口函数 Exec_simple_query 处理“END;”语句。

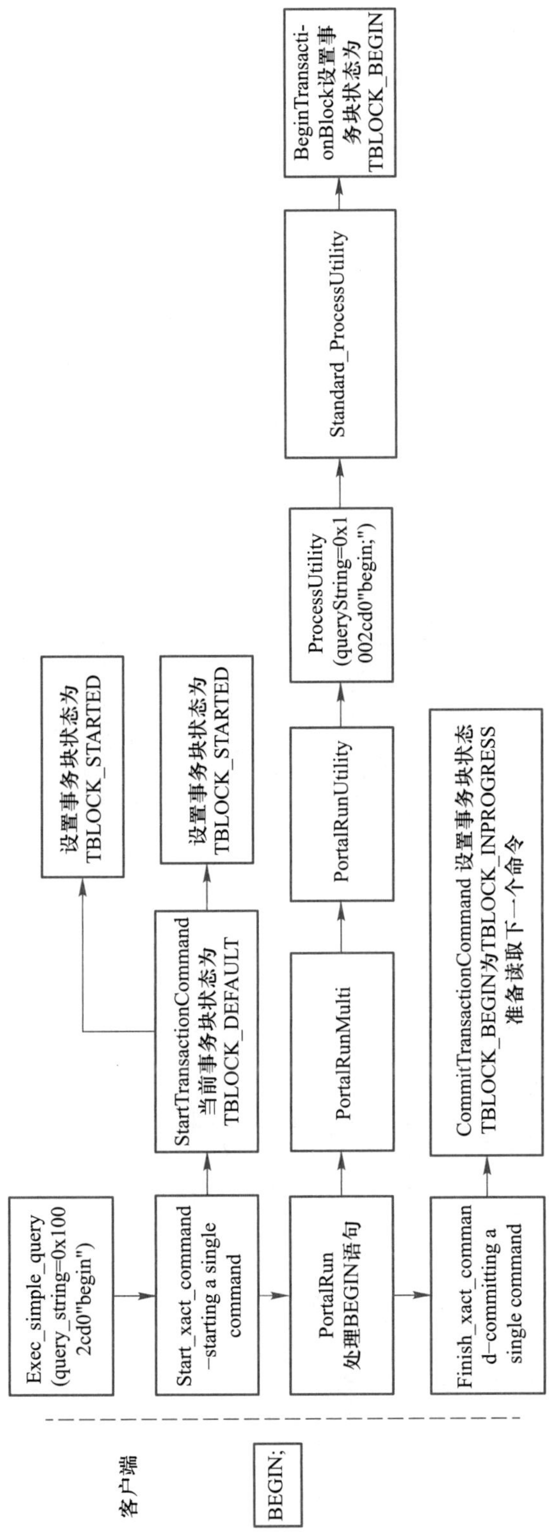

图 12.4 BEGIN 语句执行流程

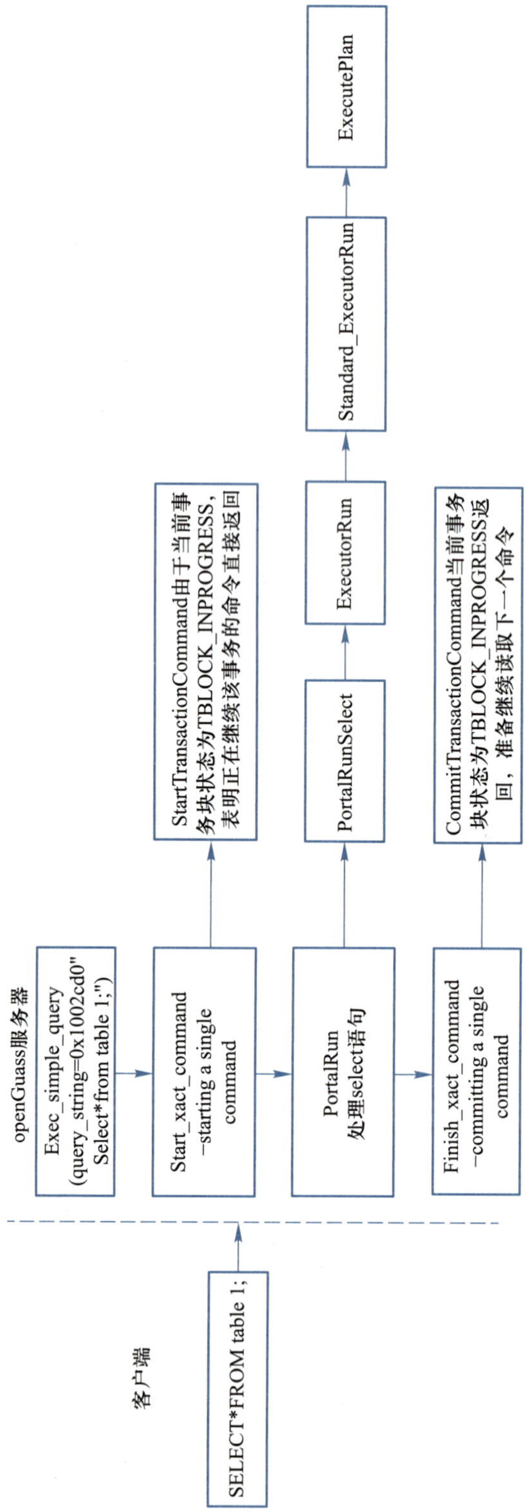

图 12.5　SELECT 语句执行流程

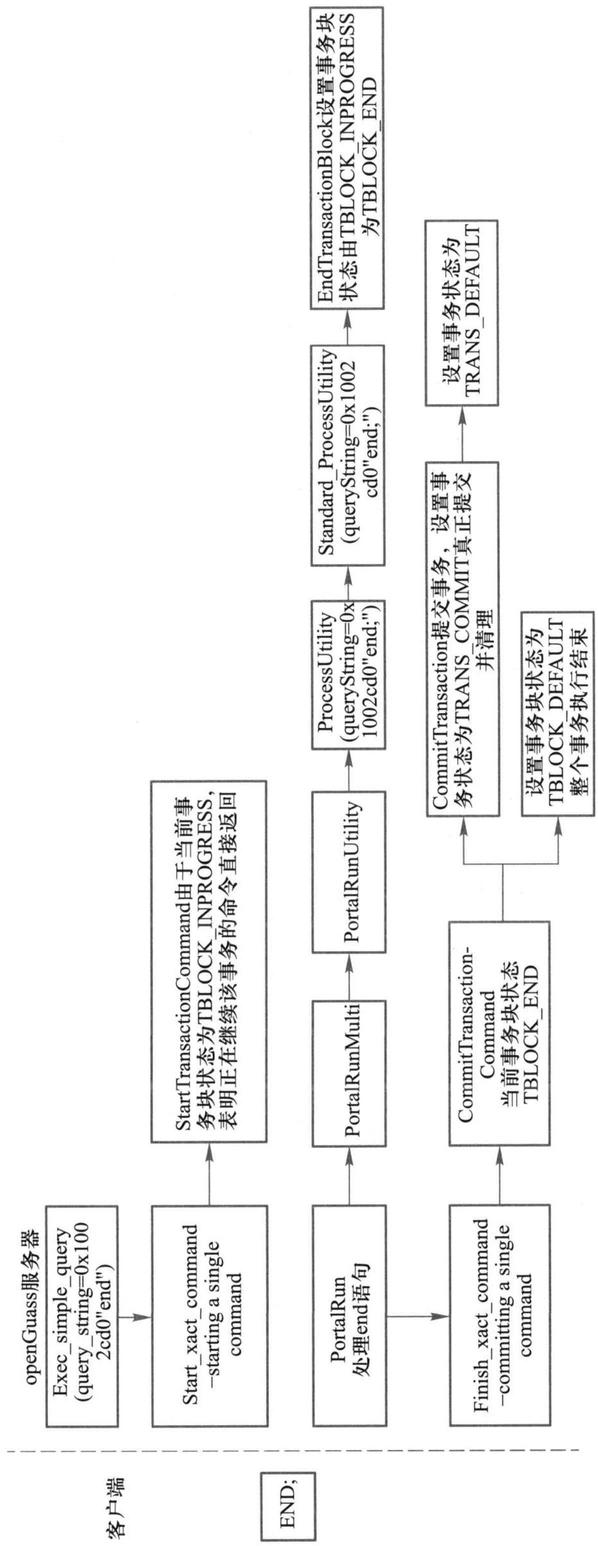

图 12.6 END 语句执行流程

② Start_xact_command 函数启动一个查询命令，调用 StartTransactionCommand 函数，当前上层事务块状态为 TBLOCK_INPROGESS，表明事务仍然在进行，此时也不改变任何上层及底层事务状态。

③ PortalRun 函数处理 END 语句，依次调用 ProcessUtility 函数，最后调用 EndTransactionBlock 函数，对当前上层事务块状态机进行转换，设置事务块上层状态为 TBLOCK_END。

④ Finish_xact_command 函数结束查询命令，调用 CommitTransactionCommand 函数，当前事务块状态为 TBLOCK_END；继续调用 CommitTransaction 函数提交事务，设置事务底层状态为 TRANS_COMMIT，进入事务提交流程并且清理事务资源；清理后设置底层事务状态为 TRANS_DEFAULT，返回 Commit TansactionCommand 函数；设置事务块上层状态为 TBLOCK_DEFAULT，整个事务块执行结束。

3. 事务状态转换相关函数

① 事务处理函数：根据当前事务上层状态机，对事务的资源进行相应的申请、回收及清理。表 12.1 给出了事务处理函数的介绍。

表 12.1 事务处理函数

函数	说明
StartTransaction	开启事务，对内存及变量进行初始化操作，完成后将底层事务状态设置为 TRANS_INPROGRESS
CommitTransaction	当前的底层状态为 TRANS_INPROGRESS，然后设置为 TRANS_COMMIT，本地持久化 CLOG 及 XLOG 日志，并清空相应的事务槽位信息，最后将底层状态设置为 TRANS_DEFAULT
PrepareTransaction	当前底层状态为 TRANS_INPROGRESS，同前面描述的 CommitTransaction 函数类似处理，设置底层状态为 TRANS_PREPARE，构造两阶段 GXACT 结构并创建两阶段文件，加入 dummy 的槽位信息，将线程的锁信息转移到 dummy 槽位中，释放资源，最后将底层状态设置为 TRANS_DEFAULT
AbortTransaction	释放 LWLock、UnlockBuffers、LockErrorCleanup，当前底层状态为 TRANS_INPROGRESS，设置为 TRANS_ABORT，记录相应的 CLOG 日志，清空事务槽位信息，释放各类资源
CleanupTransaction	当前底层状态应为 TRANS_ABORT，继续清理一些资源，一般紧接着 AbortTransaction 调用
FinishPreparedTransaction	结束两阶段提交事务

② 事务执行函数：根据相应的状态调用函数。表 12.2 给出了事务执行函数的介绍。

③ 上层事务状态控制函数。表 12.3 给出了上层事务状态控制函数的介绍。

表 12.2 事务执行函数

函数	说明
StartTransactionCommand	事务开启时根据上层状态调用相应的事务执行函数
CommitTransactionCommand	事务结束时根据上层状态调用相应的事务执行函数
AbortCurrentTransaction	事务内部出错，长跳转 longjump 调用，提前清理掉相应的资源，并将事务上层状态设置为 TBLOCK_ABORT
AbortTransaction	释放 LWLock、UnlockBuffers、LockErrorCleanup，当前底层状态为 TRANS_INPROGRESS，设置为 TRANS_ABORT，记录相应的 CLOG 日志，清空事务槽位信息，释放各类资源

表 12.3 上层事务状态控制函数

函数	说明
BeginTransactionBlock	开启一个显式事务时，将上层事务状态变为 TBLOCK_BEGIN
EndTransactionBlock	显式提交一个事务时，将上层事务状态变为 TBLOCK_END
UserAbortTransactionBlock	显式回滚一个事务时，将上层事务状态变为 TBLOCK_ABORT_PENDING/ TBLOCK_ABORT_END
PrepareTransactionBlock	显式执行 PREPARE 语句时，将上层事务状态变为 TBLOCK_PREPARE

4. 事务 ID 分配

openGauss 会为每个事务分配唯一的标识符，即事务 ID（transaction ID），简称为 XID。XID 是 uint64 单调递增的序列。当事务结束后，使用 CLOG 日志记录事务是否提交，使用 CSNLOG 日志记录该事务提交的序列，用于可见性判断。

openGauss 对每一个写事务均会分配一个唯一的标识。当事务插入时，会将事务信息写到元组头部的 xmin，代表插入该元组的 XID；当事务进行更新和删除时，会将当前事务信息写到元组头部的 xmax，代表删除该元组的 XID。当前事务 ID 的分配采用的是 uint64 单调递增序列，为了节省空间以及兼容老的版本，当前设计是将元组头部的 xmin/xmax 分成两部分存储：元组头部的 xmin/xmax 均为 uint32 的数字；页面的头部存储 64 位的 xid_base，为当前页面的 xid_base。如图 12.7 所示。对于每一条元组，真正的 xmin、xmax 计算公式为：

页面 xid_base + 元组头部中 xmin/xmax

为了使 XID 不消耗过快，openGauss 当前只对写事务进行 XID 的分配，不会向只读事务额外分配 XID。也就是说，并不是任何事务一开始都会获得 XID，只有真正使用 XID 时 openGauss 才会去分配。理论上 64 位 XID 已经足够使用：假设数据库每秒能够执行的事务数为 1 000 万，则 XID 可以使用 58 万年。

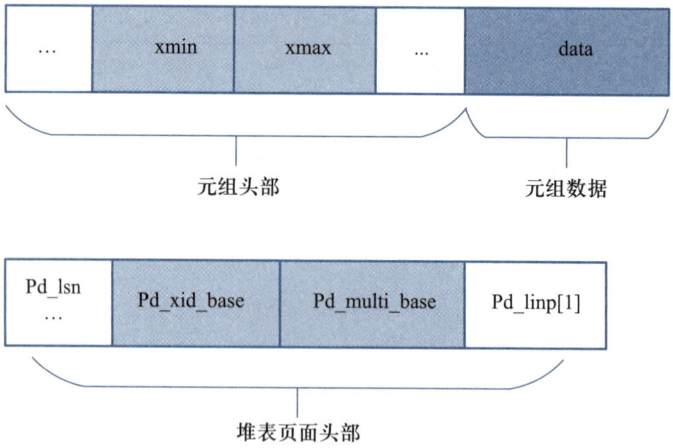

图 12.7 页面中与事务处理有关的字段结构

5. CLOG 和 CSNLOG

CLOG 维护事务 ID 到 CommitLog 的映射关系，CSNLOG 维护事务 ID 到 CommitSeqNoLog 的映射关系。由于内存资源有限，并且系统中可能会有长事务存在，内存中可能无法存放所有的映射关系，此时需要将这些映射写盘为物理文件，所以产生了 CLOG（XID->CommitLog Map）、CSNLOG（XID->CommitSeqNoLog Map）文件。CLOG 和 CSNLOG 均采用了 SLRU（simple least recently used，简单最近最少使用）机制来实现文件的读取及刷盘操作。

① CLOG 用于记录事务 ID 的提交状态。openGauss 中对于每个事务 ID 使用 4 b 长度来标识它的状态。CLOG 定义代码如下：

```
【源代码】src/include/access/clog.h
#define CLOG_XID_STATUS_IN_PROGRESS 0x00  表示该事务未开始或还在运行中（故障
    场景可能是 crash）
#define CLOG_XID_STATUS_COMMITTED 0x01    表示该事务已经提交
#define CLOG_XID_STATUS_ABORTED 0x02      表示该事务已经回滚
```

CLOG 文件的物理组织形式如图 12.8 所示。事务 0、1、4、5 还在运行中，事务 2 已经提交，事务 3 已经回滚。

② CSNLOG 用于记录事务提交的序列号。openGauss 为每个事务 ID 分配 8 B uint64 的 CSN 号，所以一个 8 KB 页面能保存 1K 个事务的 CSN 号。同 XID 号类似，CSN 号预留了几个特殊的号。CSNLOG 定义代码如下：

```
【源代码】src/include/access/transam.h
#define COMMITSEQNO_INPROGRESS UINT64CONST(0x0)         表示该事务还未提交或回滚
#define COMMITSEQNO_ABORTED UINT64CONST(0x1)            表示该事务已经回滚
#define COMMITSEQNO_FROZEN UINT64CONST(0x2)             表示该事务已提交，且对任何快照可见
#define COMMITSEQNO_FIRST_NORMAL UINT64CONST(0x3)       表示该事务正常的 CSN 号起始值
#define COMMITSEQNO_COMMIT_INPROGRESS(UINT64CONST(1)<<62) 表示该事务正在提交中
```

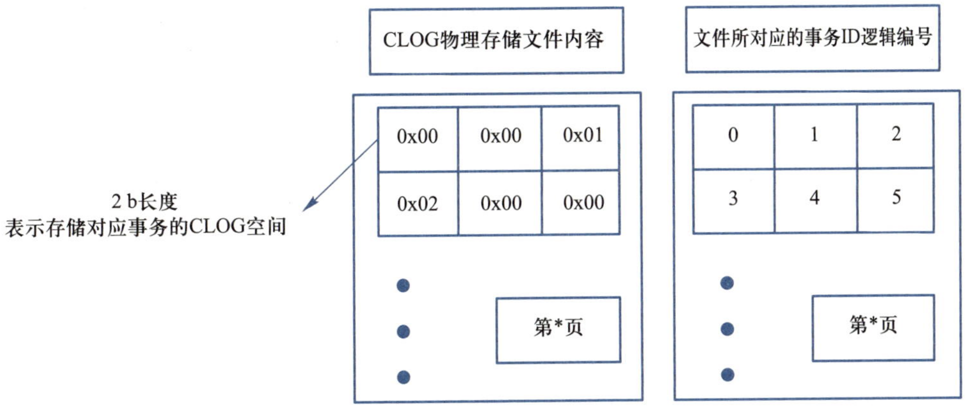

图 12.8　CLOG 文件的物理组织形式

同 CLOG 相似，CSNLOG 文件的物理组织形式如图 12.9 所示。

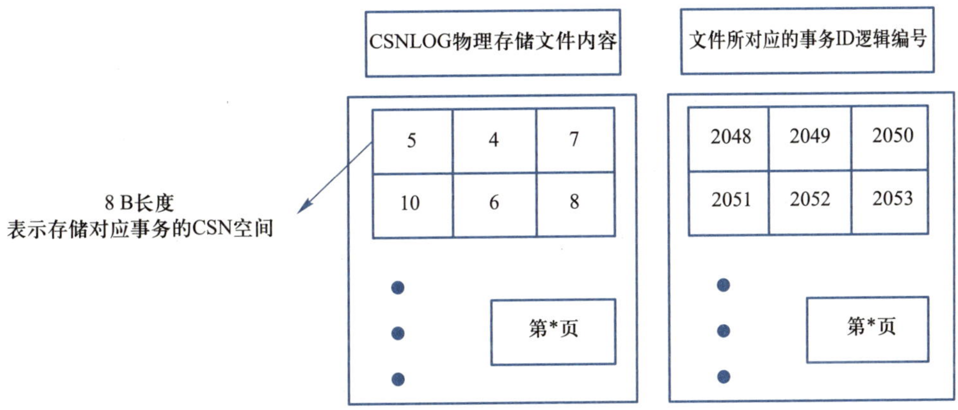

图 12.9　CSNLOG 文件的物理组织形式

事务 ID 2048、2049、2050、2051、2052、2053 对应的 CSN 号依次是 5、4、7、10、6、8。也就是说，事务提交的次序依次是 2049->2048->2052->2050->2053->2051。

6. MVCC 可见性判断机制

openGauss 利用多版本并发控制（MVCC）机制来维护数据的一致性。当扫描数据时每个事务看到的只是拿快照那一刻的数据，而不是数据当前的最新状态。这样就可以避免一个事务看到其他并发事务的更新而导致数据不一致的场景。使用 MVCC 机制的主要优点是读取数据的锁请求与写数据的锁请求不冲突，以此来实现读不阻塞写，写也不阻塞读。

SQL 标准考虑了并行事务间应避免的现象，定义了以下几种隔离级别（见表 12.4）:

表 12.4　事务隔离级别

隔离级别	P0：脏写	P1：脏读	P2：不可重复读	P3：幻读
读未提交	不可能	可能	可能	可能
读已提交	不可能	不可能	可能	可能
可重复读	不可能	不可能	不可能	可能
可串行化	不可能	不可能	不可能	不可能

① 脏写（dirty write）：两个事务分别写入，两个事务分别提交或回滚，则事务的结果无法确定，即一个事务可以回滚另一个事务的提交。

② 脏读（dirty read）：一个事务可以读取另一个事务未提交的修改数据。

③ 不可重复读（fuzzy read）：一个事务重复读取前面读取过的数据，数据的结果被另外的事务修改。

④ 幻读（phantom）：一个事务重复执行范围查询，返回一组符合条件的数据，每次查询的结果集因为其他事务的修改而发生改变。

openGauss 提供读已提交隔离级别和可重复读隔离级别，在实现上可重复读隔离级别无幻读问题。

7. CSN 机制

CSN 机制的原理如图 12.10 所示。

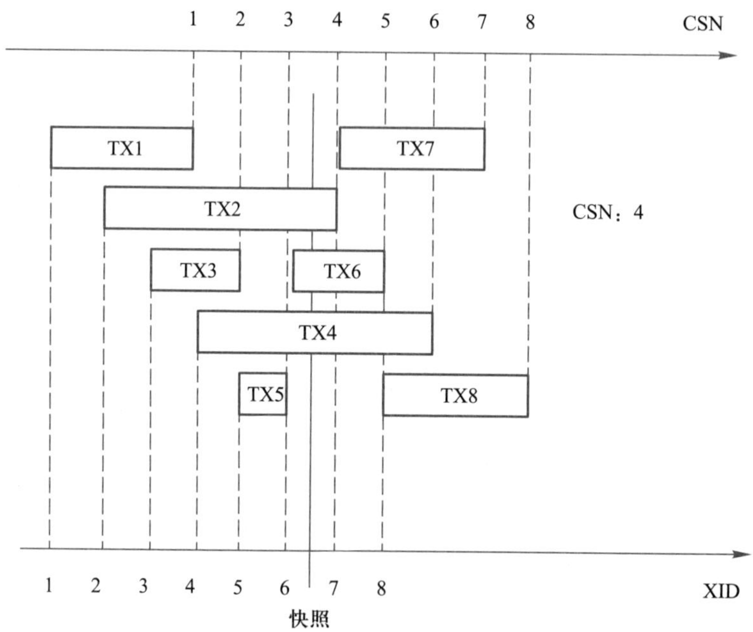

图 12.10　CSN 机制的原理

每个非只读事务在运行过程中会取得一个 XID 号，在事务提交时会推进 CSN，同时会将当前 CSN 与事务的 XID 映射关系保存起来（CSNLOG）。在图 12.10 中，实心竖线标识取 snapshot（快照）时刻，会获取最新提交 CSN（即 3）的下一个值 4。TX1、TX3、TX5 已经提交，对应的 CSN 号分别是 1、2、3。TX2、TX4、TX6 正在运行，TX7、TX8 是还未开启的事务。对于当前快照而言，严格小于 CSN 号 4 的事务提交结果均可见；其余事务提交结果在获取快照时刻还未提交，不可见。

8. MVCC 快照可见性判断流程

获取快照时记录当前活跃的最小 XID，记为 snapshot.xmin。当前最新提交的"事务 ID（latestCompleteXid）+ 1"，记为 snapshot.xmax。当前最新提交的"CSN 号 + 1"（NextCommitSeqNo），记为 snapshot.csn。例如图 12.10 给出的快照时刻，事务 TX1、TX3、TX5 已提交，TX2、TX4、TX6 正在运行，当前活跃的最小 XID 即 snapshot.xmin 由 TX2 给出，值为 2；最新提交的事务为 TX5，其 XID 和 CSN 号分别为 5 和 3，由此得出 snapshot.xmax 和 snapshot.csn 的值分别为 6 和 4。

可见性判断的简易流程如图 12.11 所示。

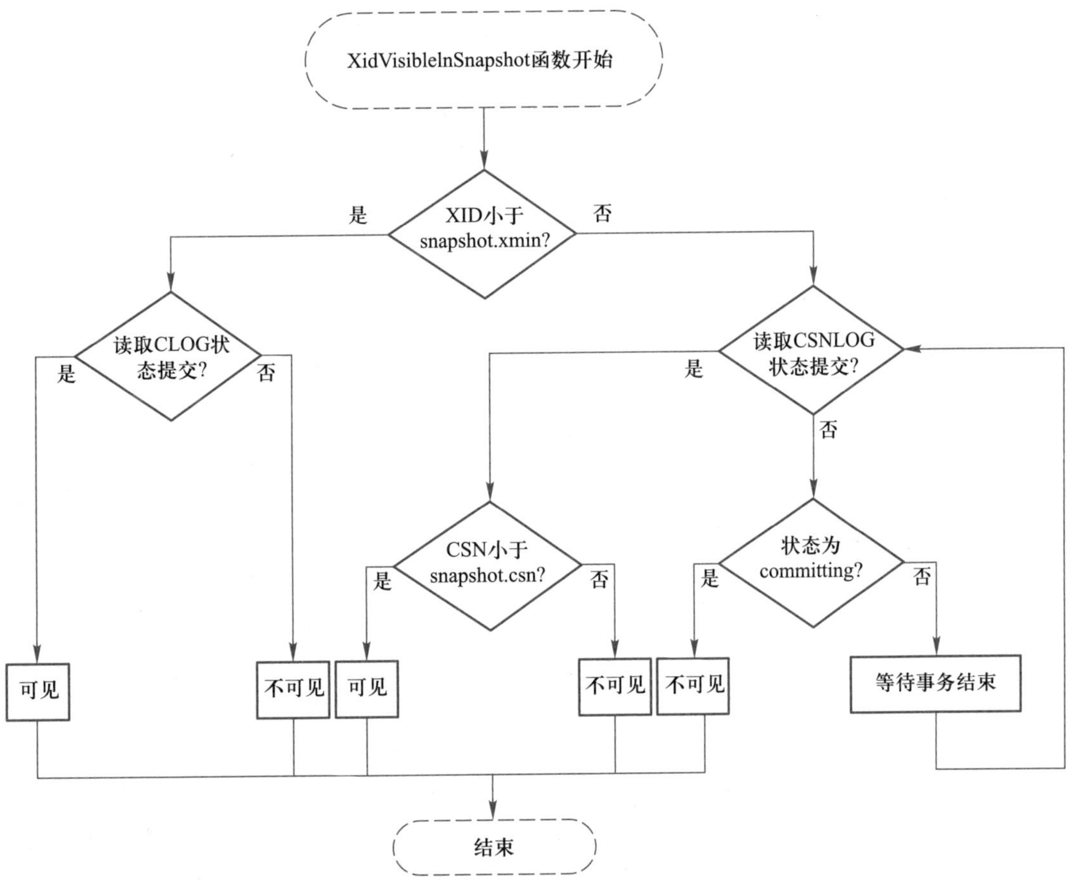

图 12.11 MVCC 快照可见性判断的简易流程

① XID 大于或等于 snapshot.xmax 时，该事务 ID 不可见。

② XID 比 snapshot.xmin 小时，说明该事务 ID 在本次事务开启以前已经结束，需要去 CLOG 查询事务的提交状态，并在元组头上设置相应的标记位。

③ XID 处于 snapshot.xmin 和 snapshot.xmax 之间时，需要从 CSN-XID 映射中读取事务结束的 CSN；如果 CSN 有值且比 snapshot.csn 小，表示该事务可见，否则不可见。

9. 事务提交流程

事务提交过程中涉及 CLOG 和 CSNLOG 的设置，如图 12.12 所示。

① 设置 CSN-XID 映射 commit-in-progress 标记位。

② 原子更新 NextCommitSeqNo 值。

③ 生成 REDO 日志，写 CLOG，写 CSNLOG。

④ 更新 PGPROC：将对应的事务信息从 PGPROC 中移除，XID 设置为 InvalidTransactionId，xmin 设置为 InvalidTransactionId 等。

图 12.12　事务提交流程

12.3.2　openGauss 的锁机制

数据库对公共资源的并发控制是通过锁来实现的，根据用途不同，通常可以将锁分为 3 种：自旋锁（spinlock）、轻量级锁（LWLock，light weight lock）和常规锁（或基于这 3 种锁的进一步封装）。使用锁的一般操作流程可以简述为 3 步：加锁、临界区操作、放锁。在保证正确性的情况下，锁的使用及争抢成为制约性能的重要因素。

1. 自旋锁

自旋锁一般是使用 CPU 的原子指令 TAS（test-and-set）实现的。它只有 2 种状态：锁定和解锁。自旋锁最多只能被一个进程持有。自旋锁与信号量的区别在于，当进程无法得到资源时，信号量使进程处于睡眠阻塞状态，而自旋锁使进程处于忙等待状态。自旋锁主要用于加锁时间非常短的场合，比如修改标志或者读取标志字段，在几十个指令之内。编写代码时，要保证自旋锁的加锁和解锁在一个函数内。自旋锁由编码来保证不会产生死锁，它没有死锁检测，并且没有等待队列。由于自旋锁消耗 CPU，当使用不当长期持有时会触发内核 core dump（核心转储），openGauss 中将许多 32/64/128 位变量的更新改用 CAS（compare and swap）原子操作，旨在避免或减少使用自旋锁。

与自旋锁相关的操作主要有下面几个：

① SpinLockInit：自旋锁的初始化。

② SpinLockAcquire：自旋锁加锁。

③ SpinLockRelease：自旋锁释放锁。

④ SpinLockFree：自旋锁销毁并清理相关资源。

2. 轻量级锁

轻量级锁是使用原子操作、等待队列和信号量实现的。轻量级锁有两种类型：共享锁和排他锁。多个进程可以同时获取共享锁，但排他锁只能被一个进程拥有。当进程无法得到资源时，轻量级锁会使进程处于睡眠阻塞状态。轻量级锁主要用于内部临界区操作比较久的场合，加锁和解锁的操作可以跨越函数，但使用完后要立即释放。轻量级锁应由编码来保证不会产生死锁。但是由于代码复杂度及各类异常处理，openGauss 提供了 LWLock 的死锁检测机制，旨在避免各类异常场景产生的 LWLock 死锁问题。

与轻量级锁相关的函数有如下几个；

① LWLockAssign：申请一个 LWLock。

② LWLockAcquire：加锁。

③ LWLockConditionalAcquire：条件加锁，如果没有获取锁则返回 false，并不一直等待。

④ LWLockRelease：释放锁。

⑤ LWLockReleaseAll：释放拥有的所有锁。当事务运行过程中出错时，会将持有的所有 LWLock 全部回滚释放，避免残留阻塞后续操作。

3. 常规锁

常规锁是使用哈希表实现的。常规锁支持多种锁模式，这些锁模式之间的语义和冲突是通过冲突表来定义的。常规锁主要用于业务访问的数据库对象加锁。常规锁的加锁遵守数据库的两阶段加锁协议，即访问过程中加锁，事务提交时释放锁。

常规锁有等待队列并提供了死锁检测机制，当检测到死锁发生时选择一个事务进行回滚。

openGauss 提供了 8 个锁级别，分别用于不同的语句并发操作，其中：1 级锁一般用于 SELECT 查询操作；3 级锁一般用于基本的 INSERT、UPDATE、DELETE 操作；4 级锁用于 VACUUM、ANALYZE 等操作；8 级锁一般用于各类 DDL 语句

具体宏定义及命名代码如下：

```
【源代码】src/include/storage/lock/lock.h
 #define AccessShareLock 1  /* SELECT 语句 */
#define RowShareLock 2              /* SELECT FOR UPDATE/FOR SHARE 语句 */
#define RowExclusiveLock 3          /* INSERT、UPDATE、DELETE 语句 */
```

```
#define ShareUpdateExclusiveLock4   /* VACUUM(non-FULL)、ANALYZE、CREATE
                                    INDEX CONCURRENTLY 语句 */
#define ShareLock 5                 /* CREATE INDEX(WITHOUT CONCURRENTLY)
                                    语句 */
#define ShareRowExclusiveLock 6     /* 类似于独占模式，但是允许 ROW SHARE 模式
                                    并发操作 */
#define ExclusiveLock7              /* 阻塞 ROW SHARE，如 SELECT···FOR UPDATE
                                    语句 */
#define AccessExclusiveLock 8       /* ALTER TABLE、DROP TABLE、VACUUM FULL、
                                    LOCK ABLE 语句 */
```

这 8 个级别的锁冲突及并发控制如表 12.5 所示，其中√表示两个锁操作可以并发执行。

表 12.5　锁冲突及并发控制

锁级别	1级锁	2级锁	3级锁	4级锁	5级锁	6级锁	7级锁	8级锁
1 级锁 ACCESS SHARE	√	√	√	√	√	√	√	—
2 级锁 ROW SHARE	√	√	√	√	√	√	—	—
3 级锁 ROW EXCLUSIVE	√	√	√	√	—	—	—	—
4 级锁 SHARE UPDATE EXCLUSIVE	√	√	√	—	—	—	—	—
5 级锁 SHARE	√	√	—	—	√	—	—	—
6 级锁 SHARE ROW EXCLUSIVE	√	√	—	—	—	—	—	—
7 级锁 EXCLUSIVE	√	—	—	—	—	—	—	—
8 级锁 ACCESS EXCLUSIVE	—	—	—	—	—	—	—	—

在这 8 种表级锁中，最简单且最初始的就是 Share 锁与 Exclusive 锁。Share 锁是共享锁，Exclusive 是排他锁，可以把 Share 锁理解为读锁，把 Exclusive 锁理解为写锁。如果一个表被一个事务施加了读锁，那么其他事务就不能修改这个表；如果一个表被一个事务加上了写锁，这时其他事务不能写也不能读其数据。

随着数据库技术的发展，出现了多版本功能，于是就有了 Access Share 和 Access Exclusive 锁，锁中的关键字 Access 是与多版本读特性相关的。有了多版本的功能后，当修改一行数据时，如果实际并没有改原先那行数据，而是复制了一个新行，即修改都在新行上，那么事务不提交的情况下，其他人是看不到修改的这条数据的。由于旧的行数据没有变化，在修改过程中，读数据的人仍然可以读到旧的数据。所以一个表被一个事务添加了 Access Share 锁后，仍然可以被修改数据，而一个表被一个事务添加了 Access Exclusive 锁后，仍然可以被读取数据。

由于上述锁的加锁对象都是表，这在实际生产环境中使得加锁的范围太

大，导致并发量无法提高，于是人们提出了行级锁的概念，并使用更新锁机制来描述行级锁与表级锁之间的关系。方法就是当我们要修改表中的某一行数据时，需要先在表上加一种锁，如 Row Share 和 Row Exclusive，表示即将在表的部分行上加共享锁或排他锁，也就是我们常说的更新锁。

剩下的两种锁 Share Update Exclusive 和 Share Row Exclusive 使用频率较低，Share Update Exclusive 用来保护一个表的模式不被并发修改，以及禁止在目标表上执行垃圾回收命令（VACUUM）。Share Row Exclusive 则禁止对表进行任何的并发修改，属于独占锁，一个会话中只能获取 1 次。

若要加锁对象数据结构，则需要通过对 field1->field5 赋值来标识不同的锁对象，使用 locktag_type 标识锁对象类型，如 relation 表级对象、tuple 行级对象、事务对象等。对应的代码如下：

```
【源代码】src/include/storage/lock/lock.h
typedef struct LOCKTAG{
    uint32 locktag_field1;              /* 32 b位 */
    uint32 locktag_field2;              /* 32 b位 */
    uint32 locktag_field3;              /* 32 b位 */
    uint32 locktag_field4;              /* 32 b位 */
    uint16 locktag_field5;              /* 32 b位 */
    uint8 locktag_type;                 /* 详情见枚举类 LockTagType */
    uint8 locktag_lockmethodid;         /* 锁方法类型 */
} LOCKTAG;

typedef enum LockTagType{
    LOCKTAG_RELATION,                   /* 表关系 */
    /* LOCKTAG_RELATION 的 ID 信息为所属库的 OID+ 表 OID；如果库的 OID 为 0 则表
       示此表是共享表，其中 OID 为 openGauss 内核通用对象标识符 */
    LOCKTAG_RELATION_EXTEND,        /* 扩展表的优先权 */
    /* LOCKTAG_RELATION_EXTEND 的 ID 信息 */
    LOCKTAG_PARTITION,              /* 分区 */
    LOCKTAG_PARTITION_SEQUENCE,     /* 分区序列 */
    LOCKTAG_PAGE,                   /* 表中的页 */
    /* LOCKTAG_PAGE 的 ID 信息为 RELATION 信息 +BlockNumber（页面号）*/
    LOCKTAG_TUPLE,                  /* 物理元组 */
    /* LOCKTAG_TUPLE 的 ID 信息为 PAGE 信息 +OffsetNumber（页面上的偏移量）*/
    LOCKTAG_TRANSACTION,            /* 事务 ID（为了等待相应的事务结束）*/
    /* LOCKTAG_TRANSACTION 的 ID 信息为事务 ID 号 */
    LOCKTAG_VIRTUALTRANSACTION,     /* 虚拟事务 ID */
    /* LOCKTAG_VIRTUALTRANSACTION 的 ID 信息为它的虚拟事务 ID 号 */
    LOCKTAG_OBJECT,                 /* 非表关系的数据库对象 */
    /* LOCKTAG_OBJECT 的 ID 信息为数据 OID+ 类 OID+ 对象 OID+ 子 ID */
    LOCKTAG_CSTORE_FREESPACE,       /* 列存储空闲空间 */
    LOCKTAG_USERLOCK,               /* 预留给用户锁的锁对象 */
    LOCKTAG_ADVISORY,               /* 用户顾问锁 */
```

```
    LOCK_EVENT_NUM
} LockTagType;
```

对于常规锁 LOCK 结构，tag 是常规锁对象的唯一标识，procLocks 是将该锁所有的持有、等待线程串联起来的结构体指针。对应的代码如下：

```
【源代码】src/include/storage/lock/lock.h
typedef struct LOCK{
    /* 哈希键 */
    LOCKTAG tag;                        /* 锁对象的唯一标识 */

    /* 数据 */
    LOCKMASK grantMask;                 /* 已经获取锁对象的位掩码 */
    LOCKMASK waitMask;                  /* 等待锁对象的位掩码 */
    SHM_QUEUE procLocks;                /* 与锁关联的 PROCLOCK 对象链表 */
    PROC_QUEUE waitProcs;               /* 等待锁的 PGPROC 对象链表 */
    int requested[MAX_LOCKMODES];       /* 请求锁的计数 */
    int nRequested;                     /* requested 数组总数 */
    int granted[MAX_LOCKMODES];         /* 已获取锁的计数 */
    int nGranted;                       /* granted 数组总数 */
} LOCK;
```

对于 PROCLOCK 结构，主要是将同一锁对象等待和持有者的线程信息串联起来的结构体。对应的代码如下：

```
typedef struct PROCLOCK{
    /* 标识 */
    PROCLOCKTAG tag;                    /* proclock 对象的唯一标识 */

    /* 数据 */
    LOCKMASK holdMask;                  /* 已获取锁类型的位掩码 */
    LOCKMASK releaseMask;               /* 预释放锁类型的位掩码 */
    SHM_QUEUE lockLink;                 /* 指向锁对象链表的指针 */
    SHM_QUEUE procLink;                 /* 指向 PGPROC 链表的指针 */
} PROCLOCK;
```

t_thrd.proc 结构体的 waitLock 字段记录了该线程等待的锁，此结构体中 procLocks 字段将所有跟该锁有关的持有者和等待者串起来，其队列关系如图 12.13 所示。

常规锁的主要函数如下：

① LockAcquire：对锁对象加锁。

② LockRelease：对锁对象释放锁。

③ LockReleaseAll：释放所有锁资源。

Share、Access Share、Row Exclusive、Access Exclusive 4 种锁是最为常见的表级锁，其说明如表 12.6 所示。

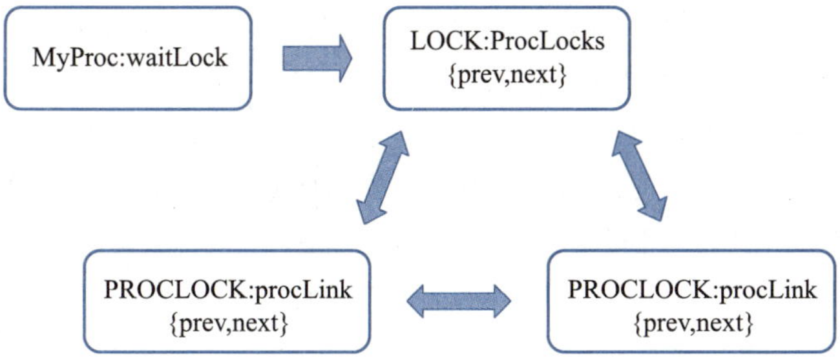

图 12.13 t_thrd.proc 结构体队列关系图

表 12.6 表级锁介绍

锁模式	说明
Share	共享锁。CREATE INDEX 命令会获得这种锁模式
Access Share	共享锁。SELECT 语句将会在它查询的表上获取 Access Share 锁，一般来说，任何一个对表上的只读查询操作都将获取这种类型锁
Row Exclusive	更新锁。UPDATE/DELETE/INSERT 命令会在目标表上获得这种类型的锁，一般来说，更改表数据的命令都将在这张表上获得 Row Exclusive 锁
Access Exclusive	排他锁。这种模式保证了当前只有一个用户访问这张表。ALTER TABLE、DROP TABLE、TRUNCATE 等命令都会获得这种类型锁

从表中可以看到，不同的锁适合不同的 SQL 语句。对于 Share 锁来说，添加之后只能进行读取操作，因此适用于 CREATE INDEX 这种场景。与上述 4 种模式中的 Row Exclusive、Access Exclusive 锁模式冲突，Share 模式保护一张表的数据不被并发更改。

其他普通的 SELECT 语句使用 Access Share 语句即可，既可以读取也可以写入数据，保证了数据库在生产环境中的并发性。它只与 Access Exclusive 锁模式冲突。

Row Exclusive 更新锁适用于更改表数据的语句，它用来向对应行施加行级上的排他锁，与上述 4 种模式中的 Share、Access Exclusive 模式冲突。

Access Exclusive 排他锁则是表级上的排他锁，与其他所有锁模式均冲突。

4. 死锁检测机制

死锁主要是由于进程 B 要访问进程 A 所在的资源，而进程 A 又由于种种原因不释放其锁占用的资源，从而使数据库一直处于阻塞状态。如图 12.14 中，T1 使用资源 R1 的同时去请求 R2，而 T2 事务持有 R2 的资源并去申请 R1。

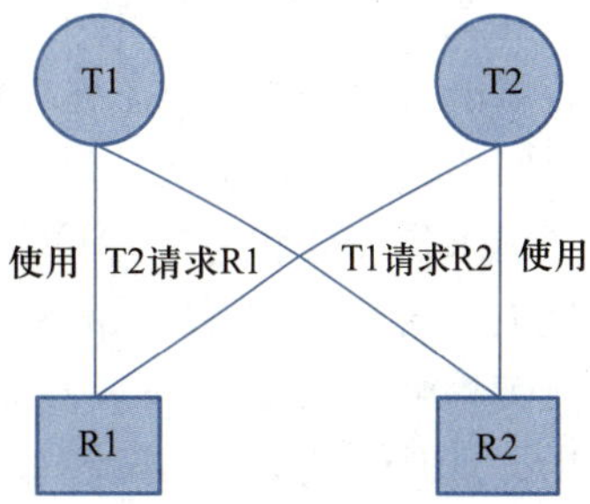

图 12.14 死锁状态

形成死锁的必要条件是资源的请求与保持。每一个进程都可以在使用一个资源的同时去申请访问另一个资源。打破死锁的常见处理方式是中断其中一个事务的执行，打破环状等待。openGauss 提供了 LWLock 死锁检测及常规锁死锁检测机制。

（1）LWLock 死锁检测自愈

openGauss 使用一个独立的监控线程来完成轻量级锁的死锁探测、诊断和解除。工作线程在请求轻量级锁成功之前会写入一个时间戳数值，成功获得锁之后将该时间戳置为 0。监控线程可以通过快速对比时间戳数值来发现长时间获得不到锁资源的线程，这一过程是快速轻量的。只有发现长时间的锁等待，死锁检测的诊断才会触发。这么做的目的是防止频繁诊断而影响业务的正常执行。一旦确定了死锁环的存在，监控线程首先会将死锁信息记录到日志中，然后采取恢复措施使死锁自愈，即选择死锁环中的一个线程报错退出。如图 12.15 所示。

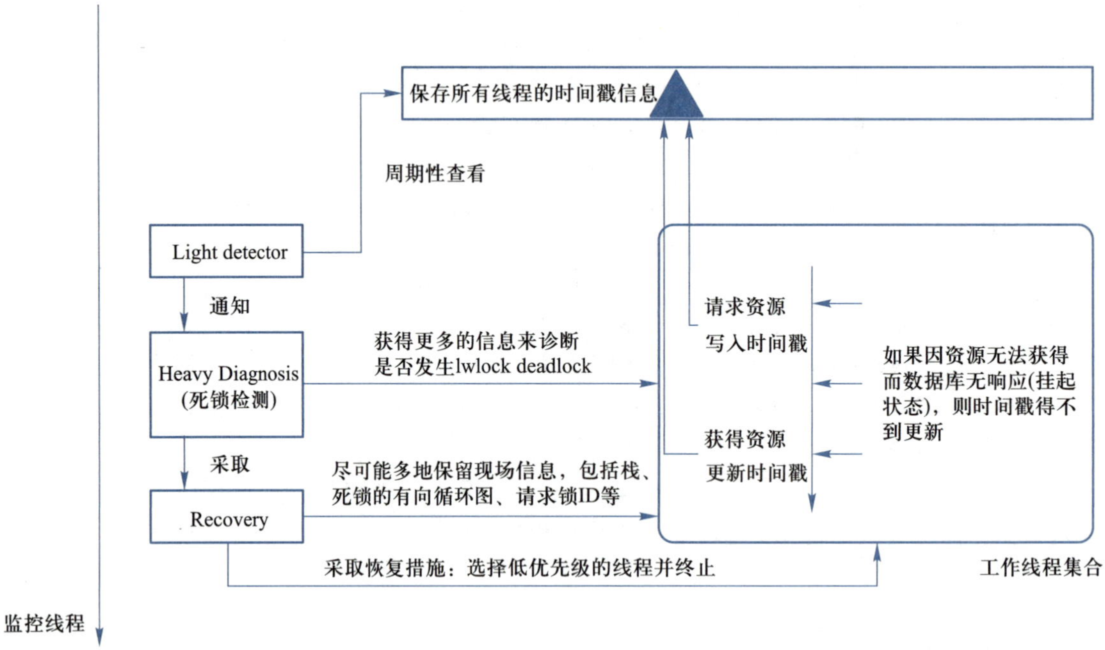

图 12.15　LWLock 死锁检测自愈

为了不影响数据库性能和运行稳定性，轻量级死锁检测使用了一种轻量式的探测，即采用看门狗（watchdog）的方法，利用时间戳来探测，快速判断是否可能发生了死锁。工作线程在锁请求进入时会在全局内存上写入开始等待的时间戳；在锁请求成功后，将该时间戳清 0。对于一个发生死锁的线程，它的锁请求是 wait 状态，时间戳也不会清 0，且与当前运行时间戳数值的差值越来越大。由 GUC 参数 fault_mon_timeout 控制检测间隔时间，默认为 5 s。LWLock 死锁检测每隔 fault_mon_timeout 进行检测，如果当前发现有同样线程、同样锁 ID，且时间戳等待时间超过检测间隔时间值，则触发真正的死锁检测。时间统计及轻量级检测函数如下：

① pgstat_read_light_detect：从统计信息结构体中读取线程及锁 ID 相关的时间戳，并记录到指针队列中。

② lwm_compare_light_detect：与几秒检测之前的时间对比，如果找到可能发生死锁的线程及锁 ID 则返回 true，否则返回 false。

真正的 LWLock 死锁检测是一个有向无环图的判定过程，它的实现与常规锁类似，这部分会在后续内容详细介绍。死锁检测需要两部分信息：一是锁，包括请求和分配的信息；二是线程，包括等待和持有的信息。这些信息记录到相应的全局变量中，供死锁监控线程访问并进行判断。相关的函数如下：

① lwm_heavy_diagnosis：检测是否有死锁。

② lwm_deadlock_report：报告死锁详细信息，方便定位诊断。

③ lw_deadlock_auto_healing：治愈死锁，选择环中一个线程退出。

用于死锁检测的锁和线程的数据结构如下：

① lock_entry_id 记录线程信息，其中 thread_id 及 sessionid 用于适配线程池框架，以准确地从统计信息中找到相应的信息。对应的代码如下：

```
【源代码】src/include/pgstat.h
typedef struct{
    ThreadId thread_id;
    uint64 st_sessionid;
} lock_entry_id;
```

② lwm_light_detect 记录可能出现死锁的线程，最后用一个链表的形式将当前所有信息串联起来。对应的代码如下：

```
【源代码】src/include/pgstat.h
typedef struct{
    /* 线程 ID */
    lock_entry_id entry_id;

    /* 轻量级锁检测引用计数 */
    int lw_count;
} lwm_light_detect;
```

③ lwm_lwlocks 记录线程相关的锁信息、持有锁数量，以及等锁信息。对应的代码如下：

```
【源代码】src/include/pgstat.h
typedef struct{
    lock_entry_id be_tid;                /* 线程 ID */
    int be_idx;                          /* 后台线程的位置 */
    LWLockAddr want_lwlock;              /* 预获取锁的信息 */
    int lwlocks_num;                     /* 线程持有的轻量级锁个数 */
    lwlock_id_mode* held_lwlocks;        /* 线程持有的轻量级锁数组 */
} lwm_lwlocks;
```

（2）常规锁死锁检测

openGauss 在获取锁时如果没有冲突可以直接上锁；如果有冲突则设置一个定时器 timer，并进入等待状态，过一段时间会被 timer 唤起进行死锁检测。如果在某个锁的等锁队列中，进程 T2 排在进程 T1 后面，且进程 T2 需要获取的锁与 T1 需要获取的锁存在资源冲突，则 T2 到 T1 会有一条软等待边（soft edge）。如果进程 T2 的加锁请求与 T1 进程所持有的锁冲突，则有一条硬等待边（hard edge）。那么整体思路就是通过递归调用，从当前等锁的顶点出发，沿着等待边向前走，看是否存在环，如果环中有 soft edge，说明环中两个进程都在等锁，重新排序，尝试解决死锁冲突。如果没有 soft edge，那么只能终止当前等锁的事务，解决死锁等待环。如图 12.16 所示，虚线代表 soft edge，实线代表 hard edge。进程 A 等待进程 B，进程 B 等待进程 C，进程 C 等待进程 A，因为进程 A 等待进程 B 是 soft edge，进行一次调整后呈现图 12.16 右侧的等待关系，此时发现进程 A 等待进程 C，进程 C 等待进程 A，没有 soft edge，检测到死锁。

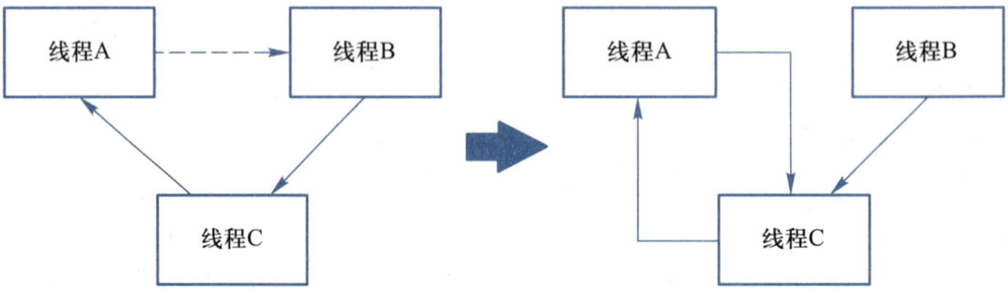

图 12.16　常规锁死锁检测示意图

主要函数如下：

① DeadLockCheck：死锁检测函数。

② DeadLockCheckRecurse：如果死锁则返回 true，如果有 soft edge 则返回 false 并且尝试解决死锁冲突。

③ check_stack_depth：openGauss 会检查死锁检测递归堆栈（如果死锁检测递归堆栈过长，则会引发在死锁检测时长期持有所有锁的 LWLock 分区阻塞业务）。

④ CheckDeadLockRunningTooLong：openGauss 会检查死锁检测时间，防止死锁检测时间过长，阻塞后面所有业务。其代码如下：

```
【源代码】src/gausskernel/storage/lmgr/deadlock.cpp
static void CheckDeadLockRunningTooLong(int depth)
{ /* 每 4 层检测一下 */
    if(depth > 0 &&((depth % 4)== 0)){
         TimestampTz now=GetCurrentTimestamp();
         long secs=0;
         int usecs=0;

         if(now > t_thrd.storage_cxt.deadlock_checker_start_time){
```

```
            TimestampDifference(t_thrd.storage_cxt.deadlock_checker_start_
            time,now,&secs,&usecs);
            if(secs > 600){/* 如果从死锁检测开始超过10分钟则报错处理 */
                #ifdef USE_ASSERT_CHECKING
                    DumpAllLocks();/* 在debug版本时导出所有的锁信息，便于定位问题 */
                #endif

                ereport(defence_errlevel(),(errcode(ERRCODE_INTERNAL_ERROR),
                errmsg("Deadlock checker runs too long and is greater than
                10 minutes.")));
            }
        }
    }
}
```

⑤ FindLockCycle：检查是否有死锁环。

⑥ FindLockCycleRecurse：死锁检测内部递归调用函数。

相应的数据结构有：

① 死锁检测中最核心、最关键的有向边数据结构。对应的代码如下：

```
【源代码】src/gausskernel/storage/lmgr/deadlock.cpp
typedef struct EDGE{
    PGPROC *waiter;          /* 等待的线程 */
    PGPROC *blocker;         /* 阻塞的线程 */
    int pred;                /* 拓扑排序的工作区 */
    int link;                /* 拓扑排序的工作区 */
} EDGE;
```

② 可重排的一个等待队列。对应的代码如下：

```
【源代码】src/gausskernel/storage/lmgr/deadlock.cpp
typedef struct WAIT_ORDER{
    LOCK *lock;          /* the lock whose wait queue is described */
    PGPROC **procs;      /* array of PGPROC *'s in new wait order */
    int nProcs;
} WAIT_ORDER;
```

③ 死锁检测最后打印的相应信息。对应的代码如下：

```
【源代码】src/gausskernel/storage/lmgr/deadlock.cpp
typedef struct DEADLOCK_INFO{
    LOCKTAG locktag;         /* 等待锁对象的唯一标识 */
    LOCKMODE lockmode;       /* 等待锁对象的锁类型 */
    ThreadId pid;            /* 阻塞线程的线程ID */
} DEADLOCK_INFO;
```

5. 无锁原子操作

openGauss封装了32、64、128位变量的原子操作，主要用于取代自旋锁，实现简单变量的原子更新操作。

① gs_atomic_add_32：32 位原子加，并且返回加之后的值。对应的代码如下：

```
【源代码】src/include/utils/atomic.h
static inline int32 gs_atomic_add_32(volatile int32* ptr,int32 inc)
{
    return __sync_fetch_and_add(ptr,inc)+ inc;
}
```

② gs_atomic_add_64：64 位原子加，并且返回加之后的值。对应的代码如下：

```
【源代码】src/include/utils/atomic.h
static inline int64 gs_atomic_add_64(int64* ptr,int64 inc)
{
    return __sync_fetch_and_add(ptr,inc)+ inc;
}
```

③ gs_compare_and_swap_32：32 位 CAS 操作，如果 dest 在更新前没有被更新，则将 newval 写到 dest 地址。dest 地址的值没有被更新，就返回 true；否则返回 false。对应的代码如下：

```
【源代码】src/include/utils/atomic.h
static inline bool gs_compare_and_swap_32(int32* dest,int32
oldval,int32 newval)
{
    if(oldval == newval)
        return true;
        volatile bool res=__sync_bool_compare_and_swap
        (dest,oldval,newval);

    return res;
}
```

④ gs_compare_and_swap_64：64 位 CAS 操作，如果 dest 在更新前没有被更新，则将 newval 写到 dest 地址。dest 地址的值没有被更新，就返回 true；否则返回 false。对应的代码如下：

```
【源代码】src/include/utils/atomic.h
static inline bool gs_compare_and_swap_64(int64* dest,int64 oldval,
int64 newval)
{
    if(oldval == newval)
        return true;

    return __sync_bool_compare_and_swap(dest,oldval,newval);
}
```

⑤ arm_compare_and_swap_u128：openGauss 提供跨平台的 128 位 CAS 操作，

在 ARM 平台下，使用单独的指令集汇编了 128 位原子操作，用于提升内核测锁并发的性能，详情可以参考下一小节。对应的代码如下：

```
【源代码】src/include/utils/atomic.h
static inline uint128_u arm_compare_and_swap_u128(volatile uint128_u*
    ptr,uint128_u oldval,uint128_u newval)
{
    #ifdef __ARM_LSE
        return __lse_compare_and_swap_u128(ptr,oldval,newval);
    #else
        return __excl_compare_and_swap_u128(ptr,oldval,newval);
    #endif
}
#endif
```

⑥ atomic_compare_and_swap_u128：128 位 CAS 操作，如果 dest 地址的值在更新前没有被其他线程更新，则将 newval 写到 dest 地址。dest 地址的值没有被更新，就返回新值；否则返回被别人更新后的值。需要注意的是，必须由上层的调用者保证传入的参数是 128 位对齐的。对应的代码如下：

```
【源代码】src/include/utils/atomic.h
static inline uint128_u atomic_compare_and_swap_u128(
    volatile uint128_u* ptr,
    uint128_u oldval=uint128_u{0},
    uint128_u newval=uint128_u{0})
{
    #ifdef __aarch64__
        return arm_compare_and_swap_u128(ptr,oldval,newval);
    #else
        uint128_u ret;
        ret.u128=__sync_val_compare_and_swap(&ptr->u128,oldval.u128,
            newval.u128);
        return ret;
    #endif
}
```

12.3.3 关键数据结构及函数

1. 结构体 SnapshotData

该结构体表示事务处理时的快照，其源代码如下：

```
【源代码】src/include/utils/snapshot.h
typedef struct SnapshotData{
    SnapshotSatisfiesFunc satisfies; /* 判断可见性的函数；通常使用 MVCC，即
                                        HeapTupleSatisfiesMVCC */
    TransactionId xmin;              /* 当前活跃事务最小值，小于该值的事务说明已结束 */
```

```
    TransactionId xmax;                /* 最新提交事务 id(latestCompeleteXid)+1，若大
                                       于等于此值则说明事务还未开始，该事务 id 不可见 */
    TransactionId* xip;                /* 记录当前活跃事务链表，在 CSN 版本中该值无用 */
    TransactionId* subxip;             /* 记录缓存子事务活跃链表，在 CSN 版本中该值无用 */
    uint32 xcnt;                       /* 记录活跃事务的个数(xip 中元组数)，在 CSN 版本中该
                                       值无用 */
    GTM_Timeline timeline;             /* 单机 openGauss 中该值无用 */
    uint32 max_xcnt;                   /* xip 的最大个数，在 CSN 版本中该值无用 */
    int32 subxcnt;                     /* 缓存子事务活跃链表的个数，在 CSN 版本中该值无用 */
    int32 maxsubxcnt;                  /* 缓存子事务活跃链表最大个数，在 CSN 版本中该值无用 */
    bool suboverflowed;                /* 子事务活跃链表是否已超过共享内存中预分配的上限，在
                                       CSN 版本中该值无用 */

    CommitSeqNo snapshotcsn;           /* 快照的 CSN 号，一般为最新提交事务的 CSN 号 +1(Next
                                       CommitSeqNo)，CSN 号严格小于该值的事务可见 */

    int prepared_array_capacity;       /* 单机 openGauss 中该值无用 */
    int prepared_count;                /* 单机 openGauss 中该值无用 */
    TransactionId* prepared_array;     /* 单机 openGauss 中该值无用 */

    bool takenDuringRecovery;          /* 是否为 Recovery 过程中产生的快照 */
    bool copied;                       /* 该快照是会话级别静态的，还是新分配内存拷贝的 */

    CommandId curcid;                  /* 事务块中的命令序列号，即同一事务中，前面插入的数
                                       据，后面可见 */
    uint32 active_count;               /* ActiveSnapshot stack 的 refcount */
    uint32 regd_count;                 /* RegisteredSnapshotList 的 refcount */
    void* user_data;                   /* 本地多版本快照使用，标记该快照还有线程使用，不能
                                       直接释放 */
    SnapshotType snapshot_type;        /* 单机 openGauss 中该值无用 */
} SnapshotData;
```

2. 函数 HeapTupleSatisfiesMVCC

该函数用于一般读事务的快照扫描，基于 CSN 的大体逻辑。其源代码如下：

```
【源代码】src/gausskernel/storage/access/heap/heapam_visibility.cpp
/*
 * HeapTupleSatisfiesMVCC
 *     True iff heap tuple is valid for the given MVCC snapshot.
 *
 * Here,we consider the effects of:
 *     all transactions committed as of the time of the given snapshot
 *     previous commands of this transaction
 *
 * Does _not_ include:
 *     transactions shown as in-progress by the snapshot
 *     transactions started after the snapshot was taken
```

```
 *      changes made by the current command
 *
 * This is the same as HeapTupleSatisfiesNow,except that transactions that
 * were in progress or as yet unstarted when the snapshot was taken will
 * be treated as uncommitted,even if they have committed by now.
 *
 * (Notice,however,that the tuple status hint bits will be updated on the
 * basis of the true state of the transaction,even if we then pretend we
 * can't see it.)
 */
static bool HeapTupleSatisfiesMVCC(HeapTuple htup,Snapshot snapshot,Buffer buffer)
{
    bool HeapTupleSatisfiesMVCC(HeapTuple htup,Snapshot snapshot,Buffer buffer)
{
        ··· /*  初始化变量  */

if(!HeapTupleHeaderXminCommitted(tuple)){
/* 此处先判断用一个 bit 位记录的 hint  bit(提示比特位：openGauss 判断可见性时，通常需要知道元组 xmin 和 xmax 对应的 CLOG 的提交状态；为了避免重复访问 CLOG，openGauss 内部对可见性判断进行了优化。hint  bit 是把事务状态直接记录在元组头中，用一个 bit 位来表示提交和回滚状态。openGauss 并不会在事务提交或者回滚时主动更新元组上的 hint  bit，而是等到访问该元组并进行可见性判断时，如果发现 hint  bit 没有设置，则从 CLOG 中读取并设置，否则直接读取 hint  bit 的值)，防止同一条元组反复获取事务最终提交状态。如果一次扫描发现该元组的 xmin/xmax 已经提交，就会打上相应的标记，加速扫描；如果没有标记则继续判断。*/
if(HeapTupleHeaderXminInvalid(tuple))
/* 同样判断 hint bit。如果 xmin 已标记为 invalid，则说明插入该元组的事务已回滚，直接返回不可见
*/
    return false;

if(TransactionIdIsCurrentTransactionId(HeapTupleHeaderGetXmin(page,tuple))){
/* 如果是一个事务内部，需要去判断该元组的 CID，也即在同一个事务内，后面的查询可以查到当前事务之前插入的扫描结果 */
    ...
} else{  /* 如果扫描别的事务，需要根据快照判断事务是否可见 */
    visible=XidVisibleInSnapshot(HeapTupleHeaderGetXmin(page,tuple),snapshot,&h
    intstatus); /* 通过 CSNLOG 判断事务是否可见，并且返回该事务的最终提交状态 */
    if(hintstatus==XID_COMMITTED) /* 如果该事务提交，则打上提交的 hint bit 用于加速判断 */
        SetHintBits(tuple,buffer,HEAP_XMIN_COMMITTED,HeapTupleHeaderGetXmin
        (page,tuple));

    if(hintstatus==XID_ABORTED){
        ··· /* 如果事务回滚，则打上回滚标记 */
        SetHintBits(tuple,buffer,HEAP_XMIN_INVALID,InvalidTransactionId);
    }
    if(!visible){/* 如果 xmin 不可见则该元组不可见，否则表示插入该元组的事务对于本次快照已经
                 提交，继续判断删除该元组的事务是否对本次快照提交 */
```

```
            return false;
        }
    } else{ /* 如果该条元组的 xmin 已经被打上提交的 hint bit，则通过函数接口
        CommittedXidVisibleInSnapshot 判断是否对本次快照可见 */
        /* xmin is committed,but maybe not according to our snapshot */
        if(!HeapTupleHeaderXminFrozen(tuple)&&
        !CommittedXidVisibleInSnapshot(HeapTupleHeaderGetXmin(page,tuple),snapshot)){
            return false;
        }
    }
    ...
    /* 后续 xmax 的判断同 xmin 类似，如果 xmax 对于本次快照可见，说明删除该条元组的事务已经提交，则
该元组不可见，否则可见，此处不再赘述 */
    if(!(tuple->t_infomask & HEAP_XMAX_COMMITTED)){
        if(TransactionIdIsCurrentTransactionId(HeapTupleHeaderGetXmax(page,tuple)))
        {
            if(HeapTupleHeaderGetCmax(tuple,page)>=snapshot->curcid)
                return true;  /* 在扫描前该删除事务已经提交 */
            else
                return false; /* 扫描开始后删除操作的事务才提交 */
        }

        visible=XidVisibleInSnapshot(HeapTupleHeaderGetXmax(page,tuple),
        snapshot,&hintstatus);
        if(hintstatus==XID_COMMITTED){
            /* 设置 xmax 的 hint bit */
            SetHintBits(tuple,buffer,HEAP_XMAX_COMMITTED,
            HeapTupleHeaderGetXmax(page,tuple));
        }
        if(hintstatus==XID_ABORTED){
            /* 回滚或者故障 */
            SetHintBits(tuple,buffer,HEAP_XMAX_INVALID,InvalidTransactionId);
        }
        if(!visible){
            return true;/* 快照中 xmax 对应的事务不可见，则认为该元组仍然活跃 */
        }
    } else{
    /*xmax 对应的事务已经提交，但是快照中该事务不可见，说明删除该元组的操作未完成，仍然认为该元组
    可见 */
    if(!CommittedXidVisibleInSnapshot(HeapTupleHeaderGetXmax(page,tuple),snapshot))
        {
            return true; /* 认为元组可见 */
        }
    }
    return false;
}
```

3. 结构体 LWLock

该结构体为轻量级锁，源代码如下：

```
【源代码】src/include/storage/lock/lwlock.h
#define LW_FLAG_HAS_WAITERS((uint32)1<<30)
#define LW_FLAG_RELEASE_OK((uint32)1<<29)
#define LW_FLAG_LOCKED((uint32)1<<28)

#define LW_VAL_EXCLUSIVE((uint32)1<<24)
#define LW_VAL_SHARED 1 /* 用于标记 LWLock 的 state 状态，实现锁的获取和释放 */

typedef struct LWLock{
    uint16 tranche;                          /* 轻量级锁的 ID 标识 */
    pg_atomic_uint32 state;                  /* 锁的状态位 */
    dlist_head waiters;                      /* 等锁线程的链表 */
#ifdef LOCK_DEBUG
    pg_atomic_uint32 nwaiters;               /* 等锁线程的个数 */
    struct PGPROC *owner;                    /* 最后独占锁的持有者 */
#endif
#ifdef ENABLE_THREAD_CHECK
    pg_atomic_uint32 rwlock;
    pg_atomic_uint32 listlock;
#endif
} LWLock;
```

4. 与锁相关的一些结构体与宏定义

（1）LOCKMODE 定义

```
【源代码】src/include/storage/lock/lock.h
/*
 * LOCKMODE is an integer(1..N)indicating a lock type.LOCKMASK is a bit
 * mask indicating a set of held or requested lock types(the bit 1<<mode
 * corresponds to a particular lock mode).
 */
typedef int LOCKMASK;
typedef int LOCKMODE;

/* MAX_LOCKMODES cannot be larger than the#of bits in LOCKMASK */
#define MAX_LOCKMODES 10

#define LOCKBIT_ON(lockmode) (1U <<(lockmode))
#define LOCKBIT_OFF(lockmode) (~(1U <<(lockmode)))
```

（2）LockMethod 定义

```
【源代码】src/include/storage/lock/lock.h
/*
```

```
 * This data structure defines the locking semantics associated with a
 * "lock method".The semantics specify the meaning of each lock mode
 * (by defining which lock modes it conflicts with).
 * All of this data is constant and is kept in const tables.
 *
 * numLockModes -- number of lock modes(READ,WRITE,etc)that
 *    are defined in this lock method.Must be less than MAX_LOCKMODES.
 *
 * conflictTab -- this is an array of bitmasks showing lock
 *    mode conflicts. conflictTab[i] is a mask with the j-th bit
 *    turned on if lock modes i and j conflict. Lock modes are
 *    numbered 1..numLockModes;conflictTab[0] is unused.
 *
 * lockModeNames -- ID strings for debug printouts.
 *
 * trace_flag -- pointer to GUC trace flag for this lock method. (The
 * GUC variable is not constant,but we use"const"here to denote that
 * it can't be changed through this reference.)
 */
typedef struct LockMethodData{
    int numLockModes;
    const LOCKMASK* conflictTab;
    const char* const* lockModeNames;
    const bool* trace_flag;
} LockMethodData;

typedef const LockMethodData* LockMethod;

/*
 * Lock methods are identified by LOCKMETHODID.(Despite the declaration as
 * uint16,we are constrained to 256 lockmethods by the layout of LOCKTAG.)
 */
typedef uint16 LOCKMETHODID;

/*
 * These identify the known lock methods
 * Attention:adding new lock method should also modify MAX_LOCKMETHOD
   in knl_session.h
 */
#define DEFAULT_LOCKMETHOD 1
#define USER_LOCKMETHOD 2
```

（3）不同的 LOCKMODE 值

【源代码】src/include/storage/lock/lock.h

```
/*
 * These are the valid values of type LOCKMODE for all the standard lock
```

```
 * methods(both DEFAULT and USER).
 */

/* NoLock is not a lock mode,but a flag value meaning "don't get a
lock" */
#define NoLock 0

#define AccessShareLock 1    /* SELECT */
#define RowShareLock 2       /* SELECT FOR UPDATE/FOR SHARE */
#define RowExclusiveLock 3   /* INSERT,UPDATE,DELETE */
#define ShareUpdateExclusiveLock 4
/* VACUUM(non-FULL),ANALYZE,CREATE INDEX CONCURRENTLY */
#define ShareLock 5          /* CREATE INDEX(WITHOUT CONCURRENTLY) */
#define ShareRowExclusiveLock 6
/* like EXCLUSIVE MODE,but allows ROW SHARE */
#define ExclusiveLock 7      /*blocks ROW SHARE/SELECT···FOR UPDATE */
#define AccessExclusiveLock 8
/* ALTER TABLE,DROP TABLE,VACUUM FULL,and unqualified LOCK TABLE */
```

（4）LOCKTAG 类型定义

【源代码】src/include/storage/lock/lock.h

```
/*
 * LOCKTAG is the key information needed to look up a LOCK item in the
 * lock hashtable.A LOCKTAG value uniquely identifies a lockable object.
 *
 * The LockTagType enum defines the different kinds of objects we can lock.
 * We can handle up to 256 different LockTagTypes.
 */
typedef enum LockTagType{
    LOCKTAG_RELATION,/*whole relation */
    /* ID info for a relation is DB OID+REL OID;DB OID=0 if shared */
    LOCKTAG_RELATION_EXTEND,/*the right to extend a relation */
    /* same ID info as RELATION */
    LOCKTAG_PARTITION,           /*partition */
    LOCKTAG_PARTITION_SEQUENCE, /*partition sequence */
    LOCKTAG_PAGE,                /*one page of a relation */
    /* ID info for a page is RELATION info + BlockNumber */
    LOCKTAG_TUPLE,/*one physical tuple */
    /* ID info for a tuple is PAGE info + OffsetNumber */
    LOCKTAG_TRANSACTION,/*transaction(for waiting for xact done) */
    /* ID info for a transaction is its TransactionId */
    LOCKTAG_VIRTUALTRANSACTION, /*virtual transaction(ditto) */
    /* ID info for a virtual transaction is its VirtualTransactionId */
    LOCKTAG_OBJECT,/*non-relation database object */
    /* ID info for an object is DB OID+CLASS OID+OBJECT OID+SUBID */
    LOCKTAG_CSTORE_FREESPACE,/*cstore free space */
```

```
    /*
     * Note:object ID has same representation as in pg_depend and
     * pg_description,but notice that we are constraining SUBID to 16 bits.
     * Also,we use DB OID=0 for shared objects such as tablespaces.
     */
    LOCKTAG_USERLOCK,/*reserved for old contrib/userlock code */
    LOCKTAG_ADVISORY,/* advisory user locks */
    /* same ID info as spcoid, dboid, reloid */
    LOCKTAG_RELFILENODE, /*relfilenode */
    LOCKTAG_SUBTRANSACTION,/*subtransaction(for waiting for subxact done)*/
    /*ID info for a transaction is its TransactionId + SubTransactionId*/
    LOCKTAG_UID,
    LOCK_EVENT_NUM
} LockTagType;

#define LOCKTAG_LAST_TYPE(LOCK_EVENT_NUM - 1)
extern const char* const LockTagTypeNames[];

/*
 * The LOCKTAG struct is defined with malice aforethought to fit into 16
 * bytes with no padding.Note that this would need adjustment if we were
 * to widen Oid,BlockNumber,or TransactionId to more than 32 bits.
 *
 * We include lockmethodid in the locktag so that a single hash table in
 * shared memory can store locks of different lockmethods.
 */
typedef struct LOCKTAG{
    uint32 locktag_field1;       /* a 32b ID field */
    uint32 locktag_field2;       /* a 32b ID field */
    uint32 locktag_field3;       /* a 32b ID field */
    uint32 locktag_field4;       /* a 32b ID field */
    uint16 locktag_field5;       /* a 16b ID field */
    uint8 locktag_type;          /* see enum LockTagType */
    uint8 locktag_lockmethodid; /* lockmethod indicator */
} LOCKTAG;
```

5. 获取锁的相关函数

① 若需要获取锁的相关代码，则应当调用 lock.cpp 中的 LockAcquire 函数，该函数会 调用 LockAcquireExtended 函数。

【源代码】src/gausskernel/storage/lmgr/lock.cpp

```
LockAcquireResult LockAcquire(const LOCKTAG *locktag,LOCKMODE
lockmode,bool sessionLock,bool dontWait,bool allow_con_update,int
waitSec)
{
```

```
    return LockAcquireExtended(locktag,lockmode,sessionLock,dontWait,
    true,allow_con_update,waitSec);
}
```

② LockAcquireExtended 函数会调用 LockAcquireExtendedXC 函数。

```
【源代码】src/gausskernel/storage/lmgr/lock.cpp
LockAcquireResult LockAcquireExtended(const LOCKTAG *locktag,LOCKMODE
lockmode,bool sessionLock,bool dontWait,bool reportMemoryError,bool
allow_con_update,int waitSec)
{
    return LockAcquireExtendedXC(locktag,lockmode,sessionLock,dontWait,
    reportMemoryError,false,allow_con_update,waitSec);
}
```

③ LockAcquireExtendedXC 函数中实际执行获取锁的具体操作。

```
【源代码】src/gausskernel/storage/lmgr/lock.cpp
static LockAcquireResult LockAcquireExtendedXC(const LOCKTAG
*locktag,LOCKMODE lockmode,bool sessionLock,bool dontWait,bool
reportMemoryError,bool only_increment,bool allow_con_update,int waitSec)
{
    LOCKMETHODID lockmethodid=locktag->locktag_lockmethodid;
    LockMethod lockMethodTable;
    LOCALLOCKTAG localtag;
    LOCALLOCK *locallock=NULL;
    LOCK *lock=NULL;
    PROCLOCK *proclock=NULL;
    bool found=false;
    ResourceOwner owner=NULL;
    uint32 hashcode;
    LWLock *partitionLock=NULL;
    int status;
    bool log_lock=false;
    ···省略若干行
}
```

12.4 实验步骤

12.4.1 查看锁信息

1. 创建表

```
CREATE TABLE users
```

```
(
   u_id varchar(20),              --用户 ID，用于系统登录账户名（主键）
   u_passwd varchar(20),          --密码，用于系统登录密码
   u_name varchar(10),            --真实姓名
   u_idnum varchar(20),           --证件号码
   u_regtime timestamp,           --注册时间
   CONSTRAINT pk_users PRIMARY KEY(u_id)
);
```

2. 插入一些随机数据

```
INSERT INTO users VALUES(
    to_char(generate_series(100,199)),
    to_char(random()* 100000000,'09999999'),
    to_char(10000 + random()* 10000,'09999'),
    to_char(10000000000 + random()* 10000000000,'09999999999'),
    CURRENT_DATE 4+ floor((random()* 15))::int);
```

3. 查看当前会话 ID

首先通过 SELECT pg_backend_pid(); 命令查看当前会话的会话 ID，实验结果如下：

```
openGauss=#SELECT pg_backend_pid();
pg backend pid
------------------
139628707247872
(1 row)
```

4. 查看当前会话的锁

再从系统表中查找当前会话所添加的锁：

```
SELECT locktype,database,relation,pid,mode FROM pg_locks WHERE pid=
139628707247872;
```

查找结果如下：

```
openGauss=#SELECT locktype,database,relation,pid,mode FROM pg_locks
 WHERE pid=139628707247872;
 Locktype   |database|  relation   |       pid        |      mode
-----------+---------+------------+-----------------+----------------
 Relation   | 14553  |   12009     | 139628707247872 | AccessShareLock
 Virtualxid|         |             | 139628707247872 | ExclusiveLock
```

可以看到，上面列出了当前会话的锁，locktype 列表示被施加锁的类型名，关注名为 relation 的锁类型即可，relation 列表示对应 relation 锁类型的 ID。mode 表示锁模式。

5. 查找所创建的表 users 的 relation ID

查找结果如下：

```
openGauss=#SELECT oid FROM pg_class WHERE relname='users';
oid
-------
24582
(1 row)
```

Users 表的对应 ID 为 24582。

12.4.2　复现 Share 锁

从实验原理中了解到，CREATE INDEX 命令才会添加 Share 锁，由于命令执行时间太短，我们通过 BEGIN 命令来生成事务，再创建索引，以方便获取锁信息。

1. 生成事务，添加 Share 锁

```
BEGIN;
CREATE INDEX idx_idnum ON users(u_idnum);
SELECT locktype,database,relation,pid,mode FROM pg_locks WHERE pid=
139628707247872;
```

执行结果如下：

```
openGauss=#BEGIN;
BEGIN
openGauss=#CREATE INDEX idx_idnum ON users(u_idnum);
CREATE INDEX
openGauss=#SELECT locktype,database,relation,pid,mode FROM pg_locks
    WHERE pid= 139628707247872;
 locktype      |database|relation|       pid      |       mode
--------------+--------+--------+---------------+-------------------
 relation      | 14553  | 12009  |139628707247872| AccessSharelock
 Virtualxid    |        |        |139628707247872| ExclusiveLock
 relation      | 14553  | 24582  |139628707247872| AccessSharelock
 relation      | 14553  | 24582  |139628707247872| Sharelock
 transactiontd|        |        |139628707247872| ExclusiveLock
 relation      | 14553  | 24587  |139628707247872| AccessExclusiveLock
(6 rows)
```

可以看到，在 users 表上添加了 Share 锁。由于 Share 锁与 Row Exclusive、Access Exclusive 锁模式存在冲突，所以此时应该无法进行 INSERT、ALTER 或 DROP 等操作，但是可以执行 SELECT 操作。

2. 进行 INSERT 操作

打开另一个会话窗口，进行 INSERT 操作，发现该命令被堵塞，执行失败。

命令如下：

```
openGauss=#INSERT INTO users VALUES('1234','1234','asdzxc','1234',
    '2000-04-20');
```

3. 进行 SELECT 操作

打开另一个会话窗口，进行 SELECT 操作，因为 Share 锁和之前第 2 步中的 INSERT 操作都不会阻塞该 SELECT 语句，所以成功执行。执行结果如下：

```
openGauss=#SELECT*FROM users WHERE u_id='100';
 u_id | u_passwd | u_name |     u_idnum     |       u_regtime
------+----------+--------+-----------------+--------------------
 100  | 27850548 | 16514  |  13452643161    | 2022-05-29 00:00:00
(1 row)
```

4. 提交事务，释放 Share 锁

在第一个会话中提交事务，发现第二个会话中的 INSERT 操作成功执行。执行结果如下：

```
openGauss=#COMMIT;
COMMIT
openGauss=#INSERT INTO USer VALUES('1234','1234','asdzxc",'1234',
    '2000-04-20');
INSERT 0 1
```

12.4.3　复现 Access Share 锁

从实验原理中了解到，普通的查询命令都会添加 Access Share 锁。

1. 生成锁

```
BEGIN;
SELECT*FROM users WHERE u_id='100';
SELECT locktype,database,relation,pid,mode FROM pg_locks WHERE pid=
139628707247872;
```

可以看到，在 users 表上添加了 Access Share 锁。由于 Access Share 锁与 Access Exclusive 锁模式存在冲突，所以此时无法进行 ALTER 或 DROP 等表级操作，但是可以执行 SELECT、INSERT、UPDATE 等操作。执行结果如下：

```
openGauss=#BEGIN;
Begin
openGauss=#SELECT*FROM users WHERE u_id="100';
 u_id  | u_passwd | u_name |  u_idnum   |          u_regtime
-------+----------+--------+------------+----------------------------
 100   | 27371846 |  12400 |18015805623|    2022-05-18 00:00:00
```

```
(1 row)
openGauss=#SELECT locktype,database,relation,pid,mode FROM pg_ locks
    WHERE pid= 139628707247872;
locktype    | database  | relation |       pid        |       mode
-----------+-----------+----------+---------------+-----------------
relation    |   14553   |   12009  |139628707247872| AccessShareLock
relation    |   14553   |   24587  |139628707247872| AccessShareLock
relation    |   14553   |   24585  |139628707247872| AccessShareLock
relation    |   14553   |   24582  |139628707247872| AccessShareLock
virtualxid |           |          |139628707247872| ExclusiveLock
(5 rows)
```

2. 进行 SELECT 操作

打开另一个会话窗口，进行 SELECT 操作，成功执行。执行结果如下：

```
openGauss=#SELECT*FROM users WHERE u_id='120';
 u_id   | u_passwd | u_name |   u_idnum    |       u_regtime
-------+----------+--------+-------------+-----------------------
 120    | 88119327 | 17967  | 19510355243 |   2022-05-30 00:00:00
(1 row)
```

3. 进行 ALTER 操作

打开另一个会话窗口，进行 ALTER 操作，发现该命令被堵塞，执行失败。执行结果如下：

```
openGauss=#ALTER TABLE users ADD(address varchar(10));
WARNING:Session unused timeout
FATAL:terminating connection due to administrator command
Could not send data to server:Broken pipe
The connection to the server was lost. Attempting reset:Succeeded.
openGauss=#ALTER TABLE users ADD(address warchar(10));
```

4. 提交事务，释放锁

在第一个会话中提交事务，发现第三个会话中的 ALTER 成功执行。执行结果如下：

```
openGauss=#COMMIT;
COMMIT
openGauss=#ALTER TABLE users ADD(address warchar(10));
ALTER TABLE
```

12.4.4 复现 Row Exclusive 锁

从实验原理中了解到，更改表数据的语句会添加 Row Exclusive 锁。通过 BEGIN 命令来生成事务，再更改表数据，以获取锁信息，执行结果如下：

1. 生成锁

```
openGauss=#BEGIN;
BEGIN
openGauss=#UPDATE users SET u_passwd='123asd' WHERE u_id='120';
UPDATE 1
openGauss=#SELECT locktype,database,relation,pid,mode FROM pg_locks
    WHERE pid= 139628707247872;
locktype     |database|relation|       pid        |      mode
-------------+--------+--------+-----------------+-----------------
relation     | 14553  | 12009  | 139628707247872 | AccesshareLock
relation     | 14553  | 24587  | 139628707247872 | RowExcTustyelock
relation     | 14553  | 24595  | 139628707247872 | RowExcTustyelock
relation     | 14553  | 24582  | 139628707247872 | RowExcTustyelock
virtualxid   |        |        | 139628707247872 | ExclusiveLock
transactionid|        |        | 139628707247872 | ExclusiveLock
(6 rows)
```

可以看到，确实在 users 表上添加了 Row Exclusive 锁。由于 Row Exclusive 锁与 Share、Access Exclusive 锁模式存在冲突，所以此时应该无法进行 CREATE INDEX、ALTER 或 DROP 等操作。

2. 进行 CREATE INDEX 操作

打开另一个会话窗口，进行 CREATE INDEX 操作，发现该命令被堵塞，执行失败。执行结果如下：

```
openGauss=#CREATE INDEX idx_name ON users(u_name);
```

3. 此时在第一个会话中提交事务，发现第二个会话中的 CREATE INDEX 操作成功执行

第一个会话执行结果如下：

```
openGauss=#BEGIN;
BEGIN
openGauss=#UPDATE users SET u_passwd='123asd' WHERE u_id='120';
UPDATE 1
openGauss=#SELECT locktype,database,relation,pid,mode FROM pg_locks
    WHERE pid= 139628707247872;
locktype     |database|relation|       pid        |      mode
-------------+--------+--------+-----------------+-----------------
relation     | 14553  | 12009  | 139628707247872 | AccesshareLock
relation     | 14553  | 24587  | 139628707247872 | RowExcTustyelock
relation     | 14553  | 24585  | 139628707247872 | RowExcTustyelock
relation     | 14553  | 24582  | 139628707247872 | RowExcTustyelock
virtualxid   |        |        | 139628707247872 | ExclusiveLock
transactionid|        |        | 139628707247872 | ExclusiveLock
(6 rows)
```

```
openGauss=#COMMIT;
COMMIT
```

第二个会话执行结果如下：

```
openGauss=#CREATE INDEX idx_name ON users(u_name);
CREATE INDEX
```

同理，ALTER TABLE 等表级操作也将会被堵塞。但是普通的查询语句不会被堵塞。

12.4.5 复现 Access Exclusive 锁

从实验原理中了解到，更改表结构的语句会添加 Access Exclusive 锁。通过 BEGIN 命令来生成事务，再更改表，以获取锁信息。

1. 生成锁执行结果

```
openGauss=#BEGIN;
BEGIN
openGauss=#ALTER TABLE users ADD(sex varchar(10));
ALTER TABLE
openGauss=#SELECT locktype,database,relation,pid,mode FROM pg_locks
    WHERE pid= 139628707247872;
locktypo   |database| relation |        pid        |     mode
----------+--------+----------+-----------------+---------------
relation   | 14553  |  12009   | 139628707247872 | AccessshareLock
virtualxid| 14553  |          | 139628707247872 | ExclusiveLock
relation   | 14553  |  24582   | 139628707247872 | AccessExclusiveLock
relation   |        |          | 139628707247872 | ExclusiveLock
(4 rows)
```

可以看到，在 users 表上添加了 Access Exclusive 锁。由于 Access Exclusive 锁与其他所有锁模式都存在冲突，所以此时应该无法进行 SELECT、INSERT、CREATE INDEX 等操作。

2. 进行 SELECT 操作

打开另一个会话窗口，进行 SELECT 操作，发现该命令被堵塞，执行失败。

执行结果如下；

```
openGauss=#SELECT*FROM users;
```

3. 提交事务

此时在第一个会话中提交事务，发现第二个会话中的 SELECT 操作成功执行。提交第一个会话执行结果如下：

```
openGauss=#BEGIN;
BEGIN
```

```
openGauss=#ALTER TABLE users ADD(sex varchar(10));
ALTER TABLE
openGauss=#SELECT locktype,database,relation,pid,mode FROM pg_locks
    WHERE pid= 139628707247872;
locktypo   | database |relation|        pid          |      mode
----------+----------+--------+-----------------+---------------
relation   |   14553   | 12009  | 139628707247872 | AccessshareLock
virtualxid|   14553   |        | 139628707247872 | ExclusiveLock
relation   |   14553   | 24582  | 139628707247872 | AccessExclusiveLock
relation   |           |        | 139628707247872 | ExclusiveLock
(4 rows)

openGauss=#COMMIT;
COMMIT
```

第二个会话 SELECT 语句执行成功，结果如下：

```
openGauss=#SELECT*FROM users;
u_id|u_passwd|u_name|   u_idnum    |      u_regtime      |address|sex
----+--------+------+-------------+-------------------+-------+-----
1234|33283598|asdzxc|     1234     |2000-04-20 00:00:00|       |
10  |37949309| 17275 | 13802157128 |2022-05-28 00:00:00|       |
11  |38536763| 18770 | 10338732097 |2022-05-21 00:00:00|       |
12  |49277871| 14428 | 15410211668 |2022-05-24 00:00:00|       |
13  |69054886| 16443 | 19563251198 |2022-05-16 00:00:00|       |
14  |72895860| 13429 | 17649156391 |2022-05-20 00:00:00|       |
15  |63811959| 12835 | 15001087133 |2022-05-24 00:00:00|       |
16  |63811959| 18873 | 18701889757 |2022-05-27 00:00:00|       |
17  |71957045| 15961 | 11624111109 |2022-05-24 00:00:00|       |
18  |41386669| 10463 | 19581409139 |2022-05-22 00:00:00|       |
19  |65930947| 10408 | 11436991268 |2022-05-26 00:00:00|       |
20  |20029237| 12412 | 10669710946 |2022-05-22 00:00:00|       |
```

12.4.6 添加代码：输出获取与释放锁的信息

本小节将在 openGauss 源代码中添加语句，以便分别输出获取锁和释放锁的信息。获取锁和释放锁的代码均在 src/gausskernel/storage/lmgr/lock.cpp 文件中。

1. 输出获取的锁信息

在获取锁的相关函数中添加代码，以便输出获取锁的信息。

获取锁时调用的函数为 lock.cpp 中的 LockAcquire 函数，而该函数将继续调用 LockAcquireExtended 函数；LockAcquireExtended 函数会继续调用 LockAcquireExtendedXC 函数。

在 LockAcquireExtendedXC 函数中添加如下代码。此处的 “if (locktag->locktag_field2==24582) {” 表明只会输出获取 OID 为 24582 这个数据库对

象上锁的信息，这里“24582”实际上是users表的OID。需要注意的是，每次创建表都会获得不同的OID，因而在添加代码时，要替换为自己机器上的users表的OID。

```
【源代码】src/gausskernel/storage/lmgr/lock.cpp
static LockAcquireResult LockAcquireExtendedXC(const LOCKTAG*locktag,
    LOCKMODE lockmode,
    bool sessionLock,bool dontWait,bool reportMemoryError,bool only_
    increment,bool allow_con_update,int waitSec)
{
    ··· 省略若干行
    #ifdef LOCK_DEBUG
    if(LOCK_DEBUG_ENABLED(locktag))
        ereport(LOG,(errmsg("LockAcquire:lock [%u,%u] %s",
        locktag->locktag_field1,locktag->locktag_field2,
        lockMethodTable->lockModeNames[lockmode])));
    #endif
    /* [ DBLAB ============================================================ */
    if(locktag->locktag_field2 == 24582){
        ereport(INFO,(errmsg("LockAcquire:lock [%u,%u] %s",
        locktag->locktag_field1,locktag->locktag_field2,
        lockMethodTable->lockModeNames[lockmode])));
    }
/* DBLAB ] ================================================================ */

instr_stmt_report_lock(LOCK_START,lockmode,locktag);
...
}
```

这里所添加的代码会输出3个信息：

① locktag->locktag_field1：users表所在railway数据库的ID。

② locktag->locktag_field2：users表的OID。

③ lockMethodTable->lockModeNames[lockmode]：不同锁类型的信息，如AccessShareLock、RowExclusiveLock等。

2. 输出释放锁的信息

在释放锁的相关函数中添加代码，以便输出释放锁的信息。释放锁时调用的函数为lock.cpp中的LockRelease函数和LockReleaseAll函数。

在LockRelease函数中添加如下代码，也将输出步骤1中的3个信息：

```
【源代码】src/gausskernel/storage/lmgr/lock.cpp
bool LockRelease(const LOCKTAG *locktag,LOCKMODE lockmode,bool
sessionLock)
{
...
#ifdef LOCK_DEBUG
```

```
    if(LOCK_DEBUG_ENABLED(locktag))
        ereport(LOG,(errmsg("LockRelease:lock [%u,%u] %s",locktag->locktag_field1,locktag->locktag_field2,
        lockMethodTable->lockModeNames[lockmode])));
#endif

    /* [DBLAB ================================================== */
    if(locktag->locktag_field2 == 24582){
        ereport(INFO,(errmsg("LockRelease:lock [%u,%u] %s",
        locktag->locktag_field1,locktag->locktag_field2,
        lockMethodTable->lockModeNames[lockmode])));
    }
    /* DBLAB ] ================================================== */

    /*
     * Find the LOCALLOCK entry for this lock and lockmode
     */
    errno_t rc=memset_s(&localtag,sizeof(localtag),0,sizeof(localtag));/*
    must clear padding */
    securec_check(rc,"","");
    localtag.lock=*locktag;
    localtag.mode=lockmode;
    ...
}
```

在 LockReleaseAll 函数中添加如下代码。这里只是输出信息“LockRelease-All”。

```
【源代码】src/gausskernel/storage/lmgr/lock.cpp
void LockReleaseAll(LOCKMETHODID lockmethodid,bool allLocks)
{
    ...
    #ifdef LOCK_DEBUG
    if(*(lockMethodTable->trace_flag))
        ereport(LOG,(errmsg("LockReleaseAll:lockmethod=%d",lockmethodid)));
    #endif

    /* [DBLAB ================================================== */
    ereport(INFO,(errmsg("LockReleaseAll")));
    /* DBLAB ] ================================================== */

    /*
     * Get rid of our fast-path VXID lock,if appropriate.Note that this is
     * the only way that the lock we hold on our own VXID can ever get
     * released:it is always and only released when a toplevel transaction
     * ends.
```

```
    */
    if(lockmethodid == DEFAULT_LOCKMETHOD)
        VirtualXactLockTableCleanup();
    ...
}
```

3. 关闭 openGauss 数据库服务器
4. 进行 openGauss 编译和安装
5. 启动 openGauss 数据库服务器

```
[dblab@eduog openGauss-server]$ gs_ctl start -D $GAUSSHOME/data -Z
    single_node -l logfile
[2023-03-26 15:25:54.950][214768][][gs_ctl]:gs_ctl started,datadir is /
home/dblab/opengauss-compile/openGauss-server/dest/data
[2023-03-26 15:25:54.989][214768][][gs_ctl]:waiting for server to start···
.INFO:LockReleaseAll
INFO:LockReleaseAll

[2023-03-26 15:25:56.211][214768][][gs_ctl]:done
[2023-03-26 15:25:56.211][214768][][gs_ctl]:server started
(/home/dblab/opengauss-compile/openGauss-server/dest/data)
```

由上可知，输出了两条“INFO: LockReleaseAll”信息。

6. 重新连接 gsql 客户端

```
[dblab@eduog ~]$ gsql -r postgres
INFO:  LockReleaseAll
INFO:  LockReleaseAll
INFO:  LockReleaseAll
INFO:  LockReleaseAll
INFO:  LockReleaseAll
INFO:  LockReleaseAll
INFO:  LockReleaseAll
INFO:  LockReleaseAll
gsql((openGauss 5.0.0 build)compiled at 2025-02-23 16:50:22 commit 0
    last mr debug)
INFO:  LockReleaseAll
INFO:  LockReleaseAll
INFO:  LockReleaseAll
INFO:  LockReleaseAll
Non-SSL connection(SSL connection is recommended when requiring high-
security)
Type "help" for help.

openGauss=#
```

由上可知，输出了若干条“INFO:LockReleaseAll”信息。

7. 删除 users 表中的全部数据

```
openGauss=#delete from users;
INFO:  LockAcquire:lock[15557,24582]RowExclusiveLock
LINE 1: delete from users;
                          ^
INFO:  LockAcquire:lock [15557,24582] AccessShareLock
INFO:  LockRelease:lock [15557,24582] AccessShareLock
INFO:  LockAcquire:lock [15557,24582] AccessShareLock
INFO:  LockRelease:lock [15557,24582] AccessShareLock
INFO:  LockAcquire:lock [15557,24582] AccessShareLock
INFO:  LockRelease:lock [15557,24582] AccessShareLock
INFO:  LockAcquire:lock [15557,24582] AccessShareLock
INFO:  LockRelease:lock [15557,24582] AccessShareLock
INFO:  LockAcquire:lock [15557,24582] RowExclusiveLock
INFO:  LockAcquire:lock [15557,24582] AccessShareLock
INFO:  LockRelease:lock [15557,24582] AccessShareLock
INFO:  LockReleaseAll
INFO:  LockReleaseAll
DELETE 100
```

由上可知，输出了获取和释放 RowExclusiveLock 锁以及 AccessShareLock 锁的信息，表明执行删除数据的 DELETE 语句需要获取这两种锁。

8. 再次插入数据到 users 表中

```
openGauss=#INSERT INTO users VALUES(
openGauss(#   to_char(generate_series(100,199)),
openGauss(#   to_char(random()* 100000000,'09999999'),
openGauss(#   to_char(10000+random()*10000,'09999'),
openGauss(#   to_char(10000000000+random()*10000000000,'09999999999'),
openGauss(#   CURRENT_DATE + floor((random()*15))::int);
INFO:   LockAcquire:lock[15557,90277]RowExclusiveLock
LINE 1: INSERT INTO users VALUES(
                          ^
INFO:  LockAcquire:lock[15557,90277]AccessShareLock
INFO:  LockRelease:lock[15557,90277]AccessShareLock
INFO:  LockAcquire:lock[15557,90277]RowExclusiveLock
INFO:  LockAcquire:lock[15557,90277]xclusiveLock
INFO:  LockRelease:lock[15557,90277]ExclusiveLock
INFO:  LockAcquire:lock[15557,90277]ExclusiveLock
INFO:  LockRelease:lock[15557,90277]ExclusiveLock
INFO:  LockAcquire:lock[15557,90277]AccessShareLock
INFO:  LockRelease:lock[15557,90277]AccessShareLock
INFO:  LockReleaseAll
INFO:  LockReleaseAll
INSERT 0 100
```

可见，输出了获取和释放 ExclusiveLock、RowExclusiveLock 和 AccessShareLock 锁的信息，表明执行插入数据的 INSERT 语句需要获取这三种锁。

9. 执行 users 表上的查询语句

```
openGauss=#select*from users limit 10;
INFO:  LockAcquire: lock[15557,90277]AccessShareLock
LINE 1:select*from users limit 10;
                        ^
INFO:  LockAcquire:lock[15557,90277]AccessShareLock
INFO:  LockRelease:lock[15557,90277]AccessShareLock
INFO:  LockAcquire:lock[15557,90277]AccessShareLock
INFO:  LockRelease:lock[15557,90277]AccessShareLock
INFO:  LockAcquire:lock[15557,90277]AccessShareLock
INFO:  LockRelease:lock[15557,90277]AccessShareLock
INFO:  LockAcquire:lock[15557,90277]AccessShareLock
INFO:  LockRelease:lock[15557,90277]AccessShareLock
INFO:  LockAcquire:lock[15557,90277]AccessShareLock
INFO:  LockRelease:lock[15557,90277]AccessShareLock
INFO:  LockAcquire:lock[15557,90277]AccessShareLock
INFO:  LockReleaseAll
INFO:  LockReleaseAll
 u_id | u_passwd  | u_name |   u_idnum    |      u_regtime
------+-----------+--------+--------------+---------------------
 100  |  84744649 |  14187 |  11712828493 | 2023-04-08 00:00:00
 101  |  32110406 |  10451 |  19948854805 | 2023-04-02 00:00:00
 102  |  33926037 |  18168 |  18822833803 | 2023-03-27 00:00:00
 103  |  78584907 |  16159 |  19664696818 | 2023-04-05 00:00:00
 104  |  86179597 |  14966 |  10198638942 | 2023-03-31 00:00:00
 105  |  33821661 |  18035 |  19427528442 | 2023-04-02 00:00:00
 106  |  51520118 |  16392 |  16104313722 | 2023-04-08 00:00:00
 107  |  83419337 |  10959 |  10173469703 | 2023-04-09 00:00:00
 108  |  22461876 |  14669 |  11647198098 | 2023-03-28 00:00:00
 109  |  53118411 |  19305 |  14048828408 | 2023-04-03 00:00:00
(10 rows)
```

可见，输出了获取和释放 AccessShareLock 锁的信息，表明执行查询数据的 SELECT 语句只需要获取 AccessShareLock 锁。

12.5 实验结果

请按照如下要求完成实验操作：

① 完成实验步骤 12.4.2 小节，复现 Share 锁，并验证 Share 锁不会对 SELECT 操作进行堵塞。

② 完成实验步骤 12.4.3 小节，复现 Access Share 锁，并验证 Access Share 锁不会对 SELECT 操作、INSERT 操作进行堵塞。

③ 完成实验步骤 12.4.4 小节，复现 Row Exclusive 锁，并验证 Row Exclusive 锁不会对 SELECT 操作、INSERT 操作进行堵塞。

④ 完成实验步骤 12.4.5 小节，复现 Access Exclusive 锁。

12.6 讨论与总结

请列出实验中遇到的问题描述、解决办法与思考讨论，并对本实验进行总结。

实验中遇到的问题描述、解决办法：   思考讨论：   实验总结：